普通高等教育“十一五”国家级规划教材

食品科学与工程导论

刘学文　主编

化学工业出版社

·北京·

内容提要

本书对食品科学基础、食品工程技术基础、食品加工与保藏原理、典型食品加工工艺简介、食品包装原理简介、食品感官分析概述、食品工业废弃物及其处理、食品的安全性及其控制、食品法律法规与标准这几个方面进行了详细的介绍。

本书内容新颖、简明扼要、深浅适度。可作为高等院校食品科学与工程及相关专业本科生的必修课教材，可供生化工程、生物技术、食品营养与卫生、食品安全与检验等专业和辅修食品科学与工程专业的大学生作为指导教材或参考书学习使用，也可供食品工业及相关研究领域的科研人员、企事业管理者参考。

图书在版编目(CIP)数据

食品科学与工程导论/刘学文主编．—北京：化学工业出版社，2007.3 （2024.8重印）
普通高等教育“十一五”国家级规划教材
ISBN 978-7-122-00059-0

Ⅰ．食…　Ⅱ．刘…　Ⅲ．①食品工业-基础科学-高等学校-教材②食品工程学-高等学校-教材　Ⅳ．TS201

中国版本图书馆 CIP 数据核字（2007）第 029783 号

责任编辑：赵玉清　　文字编辑：俞方远　周　倜
责任校对：陈　静　　装帧设计：潘　峰

出版发行：化学工业出版社(北京市东城区青年湖南街 13 号　邮政编码 100011)
印　　装：河北延风印务有限公司
787mm×1092mm　1/16　印张 14¾　字数 371 千字　　2024 年 8 月北京第 1 版第 20 次印刷

购书咨询：010-64518888　　售后服务：010-64518899
网　　址：http://www.cip.com.cn
凡购买本书，如有缺损质量问题，本社销售中心负责调换。

定　　价：39.80 元

前　言

自改革开放以来，我国不少综合性大学、农业院校、工科类院校、师范院校和职业技术学院相继开设了食品科学与工程、食品工程、食品科学与技术、食品加工机械、农副产品加工与贮藏、食品营养与卫生、食品安全与检验等相关或相近专业，且随着我国食品工业的迅速发展，招生规模不断扩大。但刚踏入大学校门的新生，对将要学习和从事的专业不甚了解，对本门学科的研究领域、基本理论、基本工艺十分陌生，学习目的和发展方向不明确。因此，本教材用浅显易懂的文字将食品科学与工程的最重要方面介绍给学生，力图帮助本专业和相关专业的初学者了解该学科的专业范畴、科学基础、工程基础和食品生产工艺基本知识，形成对这门学科的整体认识，激发学生学习本专业的兴趣，并在此基础上更加主动地学习更高层次的理论和更专业的知识，使之成为具有强烈创新意识、扎实专业知识、宽广科技视野、适应新世纪科技发展的高素质人才。

在编写本教材的过程中，我们参考了美国康奈尔大学教授 Noman N. Potter 和 Joseph H. Hotchkiss 编写的“Food Science”第五版、中国人民大学杨昌举教授编著的《食品科学概论》和内蒙古农业大学德力格尔桑教授主编的《食品科学与工程概论》等教材，这些著作和教材特色突出，深受读者喜爱。与此同时，我们还查阅、吸收了最近几年国内外出版的相关专著和科技文献，尽可能使本书反映本学科领域中的最新进展，从而使本书系统性、综合性、新颖性、指导性更强，适应面更广。

本教材由四川大学食品系刘学文主编，并负责统稿工作。刘学文编写第 1 章、第 2 章、第 6 章第 5～10 节、第 8 章、第 10 章；冉旭编写第 5 章第 1～5 节、第 6 章第 1～4 节；曾里编写第 3 章；王文贤编写第 4 章第 1 节、第 5 章第 6 节、第 7 章、第 9 章第 1～3 节、第 11 章；刘晓虎编写第 4 章第 2 节；谢永洪编写第 9 章第 4 节。王文贤还协助了全书的资料整理和统稿工作。

本书可作为高等院校食品科学与工程及相关专业本科生的必修课教材，总学时数为24～34 学时，在教学内容、教学方式上可根据教学实际需要取舍整合。此外，本教材还可供生化工程、生物技术、食品营养与卫生、食品安全与检验等专业和辅修食品科学与工程专业的大学生作为指导教材或参考书学习使用，也可供食品工业及相关研究领域的科研人员、企事业管理者参考。

由于编者水平有限，书中错误和不妥之处在所难免，诚望读者和同行专家不吝斧正。

作者
于四川大学

目　录

1 绪　论

1.1 食品的概念

1.1.1 食品的定义

食物是人体生长发育、更新细胞、修补组织、调节机能必不可少的营养物质，也是产生热量、保持体温、进行各种活动的能量来源。所以，食物是人体的必需营养品，没有食物，人类就不能生存。

人类的食物，除少数物质如水、空气和盐类外，几乎全部来自于其他生物，如动物、植物等。人类通过种植、饲养、捕捞、狩猎来获得这些食物。然而，这些动物、植物原料易于腐败变质，不便于贮藏、运输和食用，有的也不适应人们的饮食习惯和爱好，因此在社会发展的各个阶段，都不同程度地对这些食物原料进行配制、烹饪和加工处理，制作成形态、风味、营养价值各不相同的花色繁多的加工产品。由此引出了食物和食品的概念。

通常，人们把加工了的食物称为食品，但营养学家又常使用“食物”一词。那么，什么叫食品呢？根据中华人民共和国卫生法对食品的定义，食品是指各种供人食用或饮用的成品和原料，以及按照传统既是食品又是药品的物品，但不包括以治疗为目的的物品。该定义包括了食品和食物的所有内容，第一部分是指加工后的食物，即供人食用或饮用的成品；第二部分是指通过种植、饲养、捕捞、狩猎获得的食物，即食品原料；第三部分是指食药两用物品，即既是食品又是药品的动植物原料，但不包括药品。由此，食品科学家把食品的定义简述为：食品是有益于人体健康并能满足食欲的物品。

1.1.2 食品应具备的条件

按照定义，食品是有益于人体健康并能满足食欲的物品，因此必须具备以下最基本的条件。

(1) 安全卫生　所谓安全卫生是指食品必须干净，不含不洁之物，其卫生指标应严格符合国家制定的卫生标准，绝对不能含有对人体不利的物质或有毒物质，食用者食用后不会引起不适，更不能发生食物中毒或引起食用者致癌、致畸、致突变等。

(2) 应含有一定的营养成分　食物必须含有人体所需要的营养素，如蛋白质、脂肪、碳水化合物、维生素、矿物质、纤维素等。不同的食品，其营养成分和含量不同。而食品营养价值的高低，除取决于所含的营养成分外，还取决于是否满足食用者所需要的程度。

(3) 感官性状良好　食品的感官性状是指色、香、味、形和质等，由于地区、国别、民族、气候、职业、年龄、经济收入、食品供应和生活习惯等因素，人们对食品感官性状的要求千差万别，所谓众口难调就是这个道理，但最基本的是食品必须具有良好的感官性状，否则无论其卫生条件多好，营养价值多高，都不可能成为食品。

(4) 其他条件　除上面三点外，真正作商品销售的食品，还应具有包装合理、开启简单、食用方便、耐贮藏运输等。

1.1.3 食品与药品的区别

(1) 原料不同　食品所用原料是经过人们长期食用检验并证明对人体无毒无害的大宗物

料，药品采用的原料往往对人体有一定的毒副作用，有的药品是经化学合成、提炼、微生物发酵等技术获得的小宗量物质。

（2）功能不同　食品具有充饥饱腹、满足人们的食欲、营养保健、联络感情、享受审美、社会安定这六大功能。药品和一些保健品，虽然也可起到营养保健、联络感情、社会安定等作用，但主要功能是防病治病，特别在某些方面与食品有截然不同的区别，比如不能充饥饱腹，不能满足人们的食欲，更不可能具有文化性、艺术性等审美功能。

1.1.4　食品的分类

（1）食品分类的意义　食品种类繁多，新食品不断涌现，因此将食品科学地进行分类具有十分重要的意义：①有利于食品生产、加工、包装及环境管理；②有利于食品贸易、流通、销售、贮运、购买和消费；③有利于食品的管理、卫生监督、打击假冒伪劣食品，以及食品法律法规和食品标准的制定；④有利于新食品的开发研究；⑤有利于食品教学、科研工作的顺利进行。

（2）食品的分类方法　目前，食品的分类方法有5种。

① 根据食品加工与否分类　根据食品加工与否将食品分为原料食品和加工食品两大类。

a. 原料食品　它是由各生产部门（如农业、林业、牧业、渔业等）所提供的各种未经再加工的产品，主要分为下列3类。

植物性食品。陆生植物性食品的主要种类有谷类、杂粮、薯类、豆类、糖类、植物油料类、蔬菜、果品、茶叶、咖啡、可可等；水生植物性食品的主要种类是海产藻类和淡水藻类，如海带、鹿角菜、裙带菜、紫菜、石花菜和螺旋藻等。

动物性食品。陆生动物性食品的主要种类有畜类、禽类、蛋类、奶类等；水生动物性食品的主要种类有鱼类、虾类、贝类、蟹类、鳖类等。

矿物性食品。来源于非生物界的食品，如各种矿泉水、食盐等。

除此之外，又可根据原料食品生理生化特点和品质特征的不同，分为鲜活食品、生鲜食品和粮豆类食品3类。

鲜活食品。鲜活食品一般是指具有呼吸作用的新鲜食品，如蔬菜、水果、鲜蛋和水产活品等。植物性鲜活食品呼吸作用的强弱与它们的生命活动及贮藏性能有密切关系。

生鲜食品。生鲜食品一般是指含有多种酶类，但不具有呼吸作用的新鲜食品，如鲜畜肉、鲜禽肉、鲜奶和水产鲜品等。生鲜食品的各种生化作用仍在不断进行，外界环境条件对它们的质量变化有很大的影响。

粮豆类食品。主要包括稻谷、小麦、玉米、高粱、小米、大豆、绿豆、小豆等，它们收割后经晾晒或烘干，其水分含量很低，呼吸作用十分微弱，可耐较长时间的贮藏。

b. 加工食品　它是原料食品经过加工后所得到的各种加工层次的产品，其种类和品种多种多样，其中包括以下几种。

根据加工技术和方法的不同，可分为冷冻食品、干燥食品、发酵食品、膨化食品、烘烤食品、浓缩食品、结晶食品、蒸煮食品、罐头食品、消毒食品、腌制食品、熏制食品、辐照食品等。

根据加工食品原料的不同，可分为粮食制品、淀粉制品、蔬菜制品、水果制品、肉制品、禽制品、蛋制品、乳制品、糖果、茶叶、酒等。

根据加工食品形态的不同，可分为固态食品、液态食品、凝胶食品、流体食品、悬浮食品等。

根据加工程度的不同，可分为成品和半成品。

② 根据食品营养成分的特点分类　不同食品具有不同的营养价值，从这点出发可把食品分为下列 6 类。

a. 谷类食品　主要提供碳水化合物、植物性蛋白质、维生素 B_1 和尼克酸。在以植物性食品为主的食物结构中，谷类食品是热能的主要来源。

b. 动物性食品　主要提供动物性蛋白质、脂肪、无机盐和维生素 A、维生素 B_2、维生素 B_{12} 等。

c. 大豆及其制品　主要提供植物性优质蛋白质、脂肪、无机盐、B 族维生素和植物纤维。

d. 蔬菜、水果及其加工品　主要提供膳食纤维、无机盐、维生素 C 和胡萝卜素。

e. 食用油脂　主要提供脂肪、必需脂肪酸、脂溶性维生素和热能。

f. 糖和酒类　主要提供热能。

③ 根据食品在膳食中的比重不同分类　在膳食中所占比重大的食品通常称为主食，比重小的为副食。

主食。在当前，我国大多数居民的主食是各类粮食及其加工品。

副食。主食以外的食品通称为副食，主要包括菜、果、肉、禽、鱼、蛋、奶、糖、酒、茶及其加工品和各种调味品。

随着我国人民生活水平的提高，主食在膳食中所占的比例逐渐减少，而副食所占的比例逐渐增大，主食和副食的界限正逐渐模糊和消失。

④ 根据食品的食用对象不同分类　根据食品的食用对象不同分为普通食品和专用食品两类。

普通食品。适合于大多数人食用的食品。

专用食品。适合于特殊人群食用的食品，如婴幼儿食品、孕妇食品、产妇食品、老年人食品、运动员食品和宇航食品等。

⑤ 其他食品　随着科学技术的进步、人民生活水平的提高，人们环保意识和营养保健意识的不断增强，各种新型食品随着食品科学技术的日新月异而不断问世，近年来出现了以下一些新型食品。

方便食品。指稍作加工处理即可食用的食品，其特点是经济快捷、食用便利，比如方便面、方便饭、微波食品、软硬罐头等。

保健食品。又称功能性食品，是指具有特定保健功能的食品，即适宜于特定人群食用，可增强免疫力、调节机体功能，但不以治疗疾病为目的，比如调节血脂、血糖、补充矿物质和微量元素、补充维生素和减肥食品等。

绿色食品。是指遵循可持续发展，按照特定生产方式生产，经专门机构认证，许可使用绿色食品标志的无污染的安全、优质、营养类食品。绿色是对突出这类食品出于良好的生态环境，能给人们带来旺盛的生命力，其标志图有太阳、叶片、蓓蕾，向人们展示绿色食品生态安全和无污染的特征，并提醒人们通过改善人与环境的关系，创造自然界新的和谐。绿色食品分为 A 级和 AA 级两种，A 级和 AA 级绿色食品的根本区别是，A 级绿色食品准许使用化学合成食品添加剂，最大允许使用量一般为普通食品中最大使用量的 60%；而 AA 级绿色食品不允许使用化学合成食品添加剂，只允许使用天然无毒的食品添加剂。

有机食品（organic food）。是指一类真正无污染、纯天然、高品质、高质量的健康食品。有机食品和绿色食品是有区别的，不能混为一谈。有机食品生产过程中，必须完全不使用任何人工合成的化肥、农药和添加剂，并经有关颁证组织检测，确认为纯天然、无污染、安全营养的食品。而绿色食品在生产过程中，仍可容许使用化肥、低毒农药和添加剂等。有机食品的生产加工标准非常严格，比如只能使用有机肥、生物源农药和物理方法防治病虫害等。

转基因食品。又称基因修饰食品（genetically modified food，GMF），是利用基因工程技术改变基因组构成，将某些生物的基因转移到其他物种中去，改造其生物的遗传物性，并使其性状、市场价值、物种品质向人们所需要的目标转变。主要分为3类：转基因植物食品，如转基因的大豆、玉米、番茄、水稻等；转基因动物食品，如转基因鱼、肉类等；转基因微生物食品，如转基因微生物发酵而制得的葡萄酒、啤酒、酱油等。

1.2 食品的质量标准

1.2.1 食品质量的概念

（1）国内外学术界关于产品质量的一般定义　国内外学术界和有关标准给“质量”下的定义主要有以下五个。

第一个定义是国际标准化组织（ISO）标准化原理研究常设委员会关于质量的暂拟定义：质量是指产品或服务所具有的、能用以鉴别其是否合乎规定要求的一切特性和特征的总和。

第二个定义是美国质量管理协会（ASQC）和欧洲质量管理组织（EOQC）同意的定义：质量是指产品或服务内在特性和外部特征的总和，以此构成其满足给定需求的能力。

第三个定义是“符合规格”。由美国著名质量管理专家克劳斯比提出。质量一词用来指称下列短语的相对价值：“好质量”、“坏质量”。同时，必须把质量定义为“符合规格”，而规格必须明确指出以便不产生误解，发现不合规格即是质量差。

第四个定义是美国著名质量管理专家格鲁科克做出的。质量是指产品所有相关的特性和特性符合用户所有方面需求的程度。完整的质量定义不仅要强调“产品所有相关的内在特性和外部特性”，而且要同等地强调“用户需求的方面”的质量。质量的基础是质量特性，各种质量特性共同构成质量。

第五个定义是由世界著名质量管理专家菲根鲍姆做出的。他在《全面质量管理》中把产品或服务质量定义为：产品或服务是指营销、设计、制造、维修中各种特性的综合体，借助于这一综合体，产品和服务在使用中就能满足顾客的期望。衡量质量的主要目的就在于，确定和评价产品或服务接近于这一综合体的程度或水平。

（2）食品质量的定义　世界卫生组织（WHO）对食品质量定义为：食品满足消费者明确的或者隐含的需要的特性。陈于波在《食品工业企业技术管理》一书中指出：食品质量是指食品产品适合一定用途，能满足社会需要及其满足程度的属性，包括功用性、卫生性、营养性、稳定性和经济性。

功用性：色、香、味、形，提供能量，提神兴奋，防暑降温、爽身。

卫生性：不污染、无毒、无害。

营养性：生物价值高。

稳定性：易保存、不变质、不分解。

经济性：物美价廉、食用方便。

由国内外学术界对产品质量的一般定义和对食品质量的定义可以看出，食品质量是满足消费者需要及其满足的程度。

（3）食品质量的特点　根据食品质量的定义，食品质量应具有以下特点。

① 食品质量的物质性和客观性　食品是有形商品，由一定成分组成，这是客观存在的。

因此可以对它进行检验、鉴别和鉴定。

② 食品质量的主观性 不同的消费者对食品的质量有不同的要求，特别是食品的感官质量，要求相差更大，因此同一种食品在不同的消费者中，可能得到不同的评价。

③ 食品质量的社会性和可变性 不同消费者对同一食品的质量评价可能不一样，而对整个社会的消费群体而言，其质量评价又基本一致，这就是食品质量的社会性；但是社会对食品质量的看法，又受到许多因素（卫生、营养科学的普及，消费观念的更新，食品工业的发展，国民收入的变化等）的影响，因此某种食品有时可能会身价百倍，有时则会一落千丈。这就要求食品科学家不断创新，不断开发新产品，不断提高产品的质量。

（4）食品质量鉴定与评价 由食品质量的定义和特点可以看出，对食品质量做出客观、全面、正确的评价和鉴定要做大量的基础工作，主要步骤如下。

① 通过食品检验取得有关食品质量评价的主客观数据 食品检验方法有理化检验、卫生检验和感官检验三种，通过这三种检验方法，可获得最常用的主客观数据。a. 食品营养成分的种类和含量，特别是微量元素、维生素、必需氨基酸和必需脂肪酸的含量。b. 食品中有害成分的种类和含量，包括动植物天然毒素、有害微生物的种类和数量、微生物毒素（特别是黄曲霉毒素和其他致病菌毒素）、农药残留、重金属元素（包括 As、Pb、Hg、Cd、Cu 等）、*N*-亚硝基化合物、多环芳烃（特别是 3,4-苯并芘）、食品添加剂（要注意是否超过卫生标准的最大使用量）、食品包装材料的脱落物、放射性核素、食品在贮藏和流通中产生的有毒物质等。c. 食品的物理特性，如食品的外观、形态、色泽、光泽、弹性、黏度、韧度。d. 食品的风味和口感，包括食品的香气、滋味、质地和口感等。e. 食用者喜爱或厌恶的程度。

② 考察食品生产、流通、消费的全过程 影响食品质量的因素包括硬件和软件两个方面。硬件指原辅材料、加工装备、检测手段、车间厂房、生产环境、产品包装和贮藏等，软件指生产从业人员和管理人员的整体素质、生产过程中的规章制度、生产工艺和检测记录等。通过考察生产流通过程中工艺和装备的先进性以及整个软件是否完善、合理和执行力度，可对食品质量的优劣做出评价和判定。消费过程中，主要考察食用者对食品质量的评价和食用效果，考察该产品在同类食品中的市场占有率，可判定食品是否满足消费者的需求。

③ 鉴定和评价食品质量的方法 食品质量的鉴定和评价主要通过三种途径进行：官方机构和民间机构鉴定评价、专家（包括美食家、营养学家、食品专家等）鉴定评价、消费者鉴定评价（品尝、问卷调查和直接访问等）。一般来说，许多食品有质量标准可作依据，因此对食品卫生质量和营养质量的鉴定容易取得一致的意见。而对食品整体质量的评价，则消费者、专家和机构往往从不同的角度来进行，仁者见仁、智者见智，如消费者主要从感官的角度，营养学家主要从营养的角度，美食家主要从色、香、味、形的角度，卫生检验机构从食品卫生指标的角度，如此种种，再加上一些其他的主观因素，就可能对同一食品做出不同的评价，特别是对某些争议较大的食品，或褒或贬，相差甚远。所以要对食品做出正确的评价并非易事，往往需要组织一个经验丰富的食品质量评价机构，综合各方人士的意见和前述的各种检验数据及形形色色的质量影响因素，才能做出综合、全面、正确、公正的评价。

1.2.2 食品的感官质量标准

在食品质量标准中，感官指标列在第一位。所谓感官指标就是通过目视、鼻闻、手摸和口尝检查各种食品外观的指标，一般包括外观、色、香、味、形、质地等。通过人的感官鉴定，检查某种食品的色泽、气味、口味是否正常；有无霉变和其他异物污染；如是固体食品，是否有发黏或软化等现象；如是液态食品，是否出现混浊、沉淀、凝块或发霉等现象。

根据这些指标，就可以判断或初步判断食品的质量，就可以知道食品是否腐败变质及变质的程度。

（1）食品的外观　食品的外观是消费者对食品的第一印象。它由人们的视觉所判断或使用测量仪器所测得，包括食品的形状、大小、完整性、受损度、透明度、光泽、色泽、黏度和稠度等内容。

食品外观往往因食品种类、加工食品的用途及消费人群不同而千差万别。比如火腿肠的外观要求是肠体均匀饱满，无损伤，表面干净，密封良好，结扎牢固，肠衣的结扎部位无内容物。而广式腊肠的外观要求是肠体干爽，呈完整的圆柱形，表面有自然皱纹，断面组织紧密，长度150～200mm，直径17～26mm。由此可见，虽然都是灌肠肉制品，但品种不同，其外观内容也不相同。对于某些食品，比如水果、蔬菜，其大小和形状还作为国家以及某些地区分级标准的重要因素。

（2）食品的色泽　色、香、味、形是构成食品感官的统一体，而食品的颜色给消费者视觉第一印象。食品的色泽在很大程度上决定食品的感官质量，明快、艳丽、协调、悦目的色泽可刺激食用者的视觉，使人觉得生机勃勃、精神振奋，能增进食欲，从而提高人体对食物的消化率。反之，加工和贮运不当，或者受光、热、氧等的影响而褪色的天然食品、加工食品和色泽失真的人造食品等，会使人们产生不协调、食品变质的错觉，进而产生畏惧感和厌恶感，食品的质量和价值将大为降低。在食品的标准中，在感官指标一栏都将以适当而贴切的语言来描述食品的色泽，如对火腿肠色泽指标的描述为断面呈淡粉红色。

（3）食品的风味　食品的风味是指食品的香气和滋味。食品的风味在食品感官质量中占有极为重要的位置，常言道："民以食为天，食以味为先"，这足以说明味在食品中的重要性了。食品的香气主要是由能刺激人体嗅觉器官的低沸点呈香物质产生的，这些香气成分有醇、醛、酮、酸、醚、呋喃、酯类、萜类、苯系化合物、含硫化合物、含氮化合物等芳香物质，随着科学技术的发展，已可由现代分析仪器，如色谱、质谱等定性或定量地检测分析出这些化合物。食品的滋味有咸、酸、甜、苦、辣、鲜、涩7种味觉。这些味感又可组合成复合味，如香辣味、甜酸味、咸鲜味、五香味、椒盐味等。呈味物质主要是盐、糖、酸、氨基酸、核苷酸、生物碱、萜烯、糖苷等。食品的风味非常复杂，大多数食品的风味还不能完整地被描述出来，不仅色泽和质构影响风味评价，而且许多主观因素也影响对风味的评判。比如完全相似的两份勾芡肉汤，当其中一种加了无味淀粉或增稠剂变稠时，许多人将评价较稠的样品风味更足，这完全可能是心理作用，但也充分说明了食品质构对风味的影响。主观评价因素有心理上的，更多的是来自于人们文化和生理上的差异。在食品质量标准中，对风味的描述应实事求是、不夸张，用词贴切实在，比如对火腿肠风味的描述为咸淡适中，鲜香可口，具猪肉固有风味，无异味。

（4）食品的质地　食品的质地又称食品的质感，主要指食品的硬度、稠度、湿度、黏度、韧度、密度、弹性、光滑度、含气度和层次等，对每一质感可用不同的语言来描述，如硬度有软、嫩、硬之分；湿度有湿、干、焦之别；黏度有爽、滞、黏之分；韧度有韧、筋、老之别；密度有松、酥、脆、实之分；表面光滑度有滑、滞、粗、糙之别；含气度有少泡、多泡之分；层次有少层次、多层次之别。在火腿肠标准中，对质地指标的描述为组织紧密、有弹性、切片光滑良好、无软骨及其他杂物。

1.2.3 食品的理化质量标准

食品的理化质量标准主要体现在食品的理化指标上。这些理化指标主要包括五个方面的内容：正常营养成分指标、有害成分指标、有效成分指标、食品添加剂指标和其他指标。

（1）正常营养成分指标　该指标包括：蛋白质、脂肪、碳水化合物（糖类）、维生素、矿物质、纤维素、微量元素等。

（2）有害成分指标　该指标主要指：重金属含量指标，比如砷、铅、汞、镉等；农药残留指标，比如有机氯农药（六六六和DDT）、有机磷农药（敌百虫、马拉松、对硫磷等）、氨基甲酸酯类农药（速灭威、呋喃丹等）、其他农药（除草剂、苯并咪唑类杀菌剂、除虫菊酯类等）；细菌毒素指标，比如黄曲霉毒素 B_1 含量。

（3）有效成分指标　这类指标是指某些食品应该具有的有效成分，比如奶粉中的蛋白质含量，酱油中的氨基态氮含量、总氮含量和可溶性无盐固形物含量以及保健强化食品的功能成分含量等。

（4）食品添加剂指标　为了改善食品品质和色、香、味、形、营养价值以及为了保存和加工工艺的需要，往往要加入化学合成或天然的食品添加剂。这些食品添加剂不能盲目使用和无限制地添加，在食品中的添加标准和食品中的最终含量应严格执行国家关于食品添加剂的使用卫生标准，如GB 2760—96规定。

（5）其他指标　为了保证食品的安全，对某些指标还应作强制性要求，比如含脂类较高的肉制品、油炸食品的过氧化值和酸价，这两个指标均指示脂肪是否酸败和氧化变质。

1.2.4 食品的卫生质量标准

食品的卫生质量也称食品的卫生安全性，通常是指食品中各项卫生指标符合食品卫生标准的程度。食品的卫生质量直接影响人体健康。食用不卫生的食物，轻者身体不适、腹痛、腹泻，重者发生食物中毒，甚至威胁生命，有的物质还可能致癌、致畸、致突变等。

（1）食品卫生质量的指标　在食品标准中，食品卫生指标分别在理化指标和细菌指标中体现，主要包括以下三个方面。

a. 严重危害人体健康的指标　该指标主要指致病菌和某些有毒有害物质。致病菌包括各种可能引起食物中毒的致病微生物，如肠道致病菌及致病性球菌、沙门菌等，在食品卫生标准中规定不得检出。有毒有害物质指各种化学毒素、放射性毒素和微生物毒素等，在食品卫生标准中通常规定不得超过一定的允许量。

b. 表示食品被污染的指标　这类指标主要包括细菌总数、大肠菌群最近似数和食品感官性状变化的指标。该指标表示食品可能受污染或受污染的程度以及可能对人体健康造成一定的威胁。食品中细菌总数通常以每克或每毫升或每平方厘米面积食品上的细菌数目，不考虑其种类。根据检测计数方法不同而有两种表示方法。一种是在严格规定的条件下（样品处理、培养基及其pH、培养温度与时间、计数方法等），使适应这些条件的每一个活菌细胞必须而且只能生成一个肉眼可见的菌落，经过计数所获得的结果称为该食品的菌落总数。另一种方法是将食品经过适当处理（溶解和稀释）后，在显微镜下对细菌细胞数进行直接计数，既包括活菌，也包括尚未被分解的死菌体，称为细菌总数。我国目前的食品卫生标准，一般都采用细菌总数作为指标。一般来讲，细菌总数越多，食品卫生状况越差，食品污染越严重，腐败变质越快。大肠菌群检验结果，在我国和其他国家均采用每100ml（g）样品中大肠菌群最近似数来表示，简称为大肠菌群MPN，它是按一定方案检测结果的统计数值。大肠菌群在食品卫生标准中，用作粪便污染食品的指标菌和肠道致病菌污染食品的指标菌。食品感官性状变化的指标，如色泽变化、气味变化、发黏等，其主要是微生物污染引起的食品腐败变质所致。

c. 反映食品卫生质量可能发生变化的指标　食品中某些成分的变化虽然不会对人体的健康造成明显的危害，但它却意味着食品可能会腐败变质和卫生质量发生变化，或者为此创造了条件。比如油脂中酸价和过氧化值升高，预示油脂可能氧化变质了；又比如干燥食品中的含水量增加，将为微生物生长繁殖创造条件，使食品贮藏期缩短；再如饮料酒中乙醇含量、罐头食品的pH值等，这两个指标均将影响食品的杀菌条件和货架期。这类指标的制定应在保证不危害人体健康的基础上视不同的食品而定。

（2）影响食品卫生质量的因素　影响食品卫生质量的因素有很多，但概括起来主要是两大方面，即食品中自身存在的天然毒物和食品污染。

a. 食品中存在的天然毒物　有些食品或食品原料含有某种天然毒物，烹饪加热时间不足或食用不当，会危害人体健康，严重的将引起食物中毒。植物性食物中的天然毒物有豆类籽实中的凝集素，马铃薯块茎、香蕉、芒果中的酶抑制剂，毒蕈中的毒肽，核果和仁果中的氰苷类（可产生毒性极大的氢氰酸）、茄苷和硫苷等，鲜黄花菜和菌类中的生物碱等。动物性食物中的毒物有河豚鱼毒素和贝类毒素等。

b. 食品污染　食品在生产、流通、消费过程中，不可避免地会受到外界环境的污染。根据污染物的性质，食品污染可分为生物性污染、化学性污染和放射性污染。

生物性污染指有害生物及其所产生的毒素对食品所造成的各种污染，包括微生物及其毒素的污染，寄生虫及其卵的污染，食品害虫、老鼠与螨的污染等。其中最普通的是微生物及其毒素的污染，被微生物严重污染的食品会发生腐败、霉变、“发酵”等一系列变质现象，不仅使食品的质量严重下降，还会危害人体健康；若被产毒微生物污染，还会导致食用者发生食物中毒。

化学性污染包括农药污染、有毒金属（砷、铅、汞、铜、镉等）污染、*N*-亚硝基化合物（该种化合物基团可和食品中的仲胺或酰胺反应生成致癌物质亚硝胺）污染、多环芳烃化合物（主要来自柏油路上的沥青和烟熏剂中的苯并芘等）污染、不当包装材料和不按国家规定标准使用的食品添加剂污染等。这类污染不仅导致食品卫生质量下降，而且严重危害人体健康，有的污染易在体内积蓄而引起慢性中毒，有的是致癌、致畸、致突变因子，有的可直接使人体中毒。

放射性污染指食品的放射性高于其天然放射性的本底或食品被放射性源辐射后吸收的剂量超过一定的数量。核爆炸试验、放射性同位素废物排放、核矿渣、核设施（核电站、原子能反应堆）的意外事故等都会通过污染水源、污染农作物和污染动物体而污染食品。食品辐射保藏超过辐照剂量也会污染食品。放射性同位素污染可引起动物多种基因突变、染色体畸形和癌变等危害。

1.2.5 食品的附加质量

（1）食品附加质量的概念　食品最重要的功能是供人食用或饮用，因此，食品的卫生质量、营养质量和感官质量是食品质量最重要的组成部分，通常称为食品的食用质量或食用品质。在食品的流通过程中，除了要求食用质量优良外，还要求食品质量稳定、商品性和文化性强、购买便宜、消费便捷、食用方便、不污染环境，同时能给消费者提供更多的有用信息。如此种种构成了食品的附加质量。其中食品的流通质量与包装质量、食品的方便性与信息性、食品的文化性与科学性、食品的经济性与合理性是食品最重要的附加质量。虽然这些附加质量不直接构成食品本身的品质，但它会影响食品的食用质量，并直接影响食品附加值的提升。

（2）食品的流通质量　食品从生产到消费要经历加工、包装、运输、贮存、销售等若干个流通环节。在流通过程中，食品由于内部的特性及环境因素的影响，在化学成分、物理状态和组织结构等方面会发生不同程度的变化，从而引起食品的质量变化。食品的流通质量是指食品在流通过程中一定的环境条件下，食品本身所具有的能够阻止或减缓其质量发生变化的性质，因此也称为食品的贮藏性能或耐贮性。食品的耐贮性与其质量的稳定性有密切的关系，它是食品各种化学、物理、生理、生化性质的综合反映。食品质量的稳定性高，则食品在流通中不容易发生质量变化，其流通质量就好，反之就差。影响食品流通质量的因素有食品原辅材料的贮藏性能、食品成分及状态、食品加工工艺、食品包装、贮藏条件和外部环境。

(3) 食品的包装质量　食品的包装质量由包装的卫生安全性、保护性、流通性和商品性构成。

食品包装的卫生安全性包括两个方面的内容：首先是包装材料本身应符合食品包装卫生标准，不得污染食品；其次是包装材料不得与内装食品发生化学反应而生成异物，也不得因洗脱、腐蚀而污染食品，影响食品品质。

食品包装的保护性指食品经包装后可保护食品免受机械损伤和病虫害、免受或减少外界微生物的污染、避免外部环境（如光、氧、水分等）影响食品品质。

食品包装的流通性是指食品经过包装之后，可便利地通过流通领域的各个环节，包括食品的分配、调拨、运输、装卸、贮存、保管和销售等；同时也保证食品在流通过程中不因包装方面的问题而受到阻碍。食品包装流通性的优劣取决于食品包装的设计，其中包括包装的规格、重量、大小、形状，包装材料和包装容器的选择，包装的标志和装潢等。

食品包装的商品性主要体现在两个方面：食品包装能促进食品的销售和包装容器本身具有消费者所需要的或收藏的商品价值。

(4) 食品的方便性　食品的方便性是指食品生产者生产、加工、制作的食品可顺利进入流通领域以及为销售者和消费者提供各种方便的程度。随着科学技术的进步、文化艺术的繁荣和社会的日益开放，各种机会不断地增多，工作生活节奏不断加快，人们普遍感到时间越来越不够用。因此，食品方便性的程度越高，为消费者节省的时间就越多，省下来的时间可以从事各种工作、学习、社交和娱乐等活动。食品的方便性也就自然成为食品质量的一个方面，因此市场上各种方便食品不断面世，并且日益受到消费者的青睐。

食品的方便性主要体现在流通方便和消费方便两个方面。流通方便是指食品便于运输、贮藏、上架陈列、展销和出售等。消费方便是指消费者在认知、识别、挑选、携带、烹饪食品时的难易程度，对加工食品来说还包括开启的简便程度和食用的便利程度。

(5) 食品的信息性　食品的信息性是指被销售的食品所包含的信息量及其对消费者的意义。食品的色香味形、食品包装装潢和标签等都向消费者提供各种信息，其中向消费者提供信息量最大的是食品标签。

① 食品标签的概念　食品标签是指预包装食品容器上的文字、图形、符号，以及一切说明物。所谓预包装食品是指预先包装于容器中，以备交付给消费者的食品。

② 食品标签应遵循的基本原则　我国国家技术监督局批准并实施的《食品标签通用标准》(GB 7718—94) 要求食品标签应遵循如下 4 项基本原则：a. 食品标签的所有内容，不得以错误的、引起误解的或欺骗性的方式描述或介绍食品；b. 食品标签的所有内容，不得以直接或间接暗示性的语言、图形、符号导致消费者将食品或食品的某一性质与另一产品混淆；c. 食品标签的所有内容，必须符合国家法律和法规的规定，并符合相应产品标准的规定；d. 食品标签的所有内容，必须通俗易懂、准确、科学。

③ 对食品标签的基本要求　上述国家标准对食品标签提出下列 6 条基本要求：a. 食品标签不得与包装容器分开；b. 食品标签的一切内容，不得在流通环节中变得模糊甚至脱落，

必须保证消费者购买和食用时醒目、易于辨认和识读；c. 食品标签的一切内容必须清晰、简要、醒目，文字、符号、图形应直观、易懂，背景和底色应采用对比色；d. 食品名称必须在标签的醒目位置，食品名称和净含量应排在同一视野内；e. 食品标签所用文字必须是规范的汉字，可以同时使用汉语拼音，但必须拼写正确，且不得大于相应的汉字，可以同时使用少数民族文字或外文，但必须与汉字有严密的对应关系，外文不得大于相应的汉字；f. 食品标签所用的计量单位必须以国家法定计量单位为准，如质量单位，g 或克，kg 或千克；体积单位，ml 或毫升，L 或升。

④ 食品标签必须标注的内容　在国内销售的预包装食品的标签，根据《食品标签通用标准》(GB 7718—94) 的规定，必须向消费者提供下列 8 个方面的信息。

a. 食品名称　必须采用表明食品真实属性的专用名称。当国家标准或行业标准中已规定了某食品的一个或几个名称时，应选用其中的一个；无上述规定的名称时，必须使用不使消费者误解或混淆的常用名称或俗名。在使用“新创名称”、“奇特名称”、“牌号名称”或“商标名称”时，必须同时使用国家标准或行业标准中已规定的任意一个名称。

b. 配料表　除单一配料的食品外，食品标签上必须标明配料表。配料表的标题为“配料”或“配料表”。各种配料必须按加入量的递减顺序一一排列。如果某种配料本身是由两种或两种以上的其他配料构成的复合配料，必须在配料表中标明复合配料的名称，再在其后加括号，按加入量的递减顺序一一列出原始配料。当复合配料在国家标准或行业标准中已有规定名称，其加入量小于食品总量的 25%时，则不必将原始配料标出，但其中的食品添加剂必须标出。

各种配料必须按关于食品名称的规定使用具体名称，食品添加剂必须使用 GB 2760 规定的产品名称或种类名称。

当加工过程中所用的原料已改变为其他成分时（指发酵产品，如酒、酱油、醋等），为了表明产品的本质属性，可用“原料”或“原料与配料”代替“配料”，并按加入量的递减顺序一一排列给予标注。

c. 净含量及固形物含量　必须标明容器中食品的净含量，按以下方式标明：液态食品，用体积；固态食品，用质量；半固态食品，用质量或体积。

容器中含有固、液两相物质的食品，除标明净含量外，还必须标明该食品的固形物含量，用质量或百分数表示。

同一容器中如果含有互相独立且品质相同、形态相近的几件食品时，在标明净含量的同时还必须标明食品的数量。

d. 制造者、经销者的名称、地址和电话　必须标明食品制造、包装、分装或销售单位经依法登记注册的名称和地址。

进口食品必须标明原产国、地区（指中国香港、澳门、台湾）名及总经销者在国内依法登记注册的名称和地址。

e. 日期标志和贮藏指南　必须标明食品的生产日期、保质期或/和保存期。日期的标注顺序为年、月、日。可以采用下列方式之一标明保质期或保存期。

“最好在……之前食用”，或“最好在……之前饮用”（用于保存期）。

“……之前食用最佳”，或“……之前饮用最佳”（用于保质期）。

“保质期至……”或“保质期……个月”。

“保存期至……”或“保存期……个月”。

如果食品的保质期或保存期与贮藏条件有关，必须标明食品的贮藏方法。

f. 质量（品质）等级　产品标准（国家标准、行业标准）中已明确规定质量（品质）等级的食品，必须标明食品的质量等级。

g. 产品标准号　必须标明产品的国家标准、行业标准或企业标准的代号和顺序号。

h. 特殊标注内容　经电离辐射线或电离能量处理过的食品，必须在食品名称附近标明“辐照食品”。经电离辐射线或电离能量处理过的任何配料，必须在配料表中加以说明。

⑤ 推荐标注内容主要有三方面内容

a. 批号　由食品的生产或分装单位自行确定方法，标明食品的生产（分装）批号。

b. 食用方法　为保证食品的正确食用，可以在标签上标明容器的开启方法、食用方法、每日推荐摄入量、烹调再制方法等对消费者有帮助的说明。必要时可以在标签之外单独附加说明。

c. 热量和营养素　可以按特殊营养食品标签（GB 13432）的规定，标明热量和营养素的含量。

（6）食品的文化性　随着生活水平和文化素养的提高，人们不仅要求食品色艳、香浓、味美、形优，还要求食品具有一定的文化品味，使消费者食用时充满情趣，既可满足感官上的需求又能获得精神上的享受。食品所蕴含的这些文化功能就是食品的文化性。食品的文化性主要包括食品的命名、食品的历史沿革、传说及故事等，还包括食品的科学性及艺术性。

（7）食品的经济合理性　食品属于一次性生活必需消耗品，人们每天都要食用或饮用，因此消费者对食品的价格及其变动极为敏感，食品的价格与价值是否一致直接影响到食品的经济合理性。如果昂贵的包装物占食品总价格的百分比太高、流通环节过多导致流通成本太高，显然会严重影响食品的经济合理性。目前，世界各国均在想法控制食品的包装成本和减少流通环节。

1.2.6 食品质量的控制

食品质量关系到千家万户，影响到人们的生命健康。据专家估测，我国每年食物中毒至少在 20 万～40 万人。因此，如何确保食品质量和食品安全是摆在政府部门、食品生产企业及食品科技工作者面前亟待解决的重要课题，食品安全隐患已经成为我国乃至全球关注的焦点之一。目前，我国在控制食品质量方面主要采取了以下几项大的措施。

（1）加强食品安全法律、法规、标准和认证体系的建设　控制食品质量和保障食品安全是一项十分重大的系统工程，为了确保这一系统工程的实施，我国政府构建了四大保障体系。

① 法律法规体系建设　自改革开放以来，我国政府十分重视法律法规体系的建设，于 1982 年颁布了《中华人民共和国食品卫生法（试行）》，对保障我国食品的卫生质量和有关部门对食品卫生的监督起到了极为重大的积极作用。在经过 13 年的实施之后，全国人大八届十六次会议对某些条款作了修订、增补，于 1995 年 10 月 30 日正式通过《中华人民共和国食品卫生法》。该部法规对食品卫生监督、食品及其生产经营的卫生要求、食品卫生标准的制定和管理以及违反本法规所负的法律责任等均做出了明确的规定。它是各种食品卫生法规、规章、标准和制度等卫生保证措施制定的依据。与此同时，我国还制定了大量的相关法律，如《中华人民共和国产品质量法》、《中华人民共和国农产品质量安全法》、《中华人民共和国消费者权益保护法》、《中华人民共和国广告法》和《中华人民共和国商标法》等。这一系列的法律法规对保证食品质量和卫生安全，防止食品污染和有害因素对人体的危害，保障人民身体健康和增强人民体质发挥了重要作用。

② 标准体系的建设　除了立法和加大对违法案件的惩处力度外，我国政府的有关部门，如卫生部、农业部、质量技术监督管理局、工商行政管理局和国家食品药品监督管理局，还

制定完善了各种技术、产品质量及卫生等标准体系，构建了一个从原辅料、生产厂址、周围环境、厂房、生产车间、加工装备、生产工艺到产品包装、贮存、运输、批发和销售等环节全过程的技术标准。这些具有科学性、先进性和实用性的标准已成为各方共同遵守的准则，切实保证了食品质量和卫生安全。

③ 检测体系的建设　根据标准对食品生产原料、生产环境、生产资料和产品进行分析检测，是保证食品质量和卫生安全的又一重要体系。我国各级政府十分重视这一体系的建设，充分利用大专院校、科研院所、卫生部门和技术质量监督部门的检测设备，设立了很多定点检测检验所、检验站等；同时不断投入人力物力开发引进先进的检测技术，尤其是快速检测技术，以确保农产食品在产前、产中和产后检测及时，结果准确可靠。

④ 认证体系的建设　根据食品标准化的要求，对食品开展产品认证和质量体系认证，提高食品的“市场通过力”，促进优质安全食品成为名牌产品。目前在我国开展的认证体系主要有 ISO 9000 系列认证和 QS 认证。

a. ISO 体系认证　ISO 是国际标准化组织（International Standard Organization）的缩写。ISO 9000 和 ISO 9001 标准，是国际标准化组织制定、颁布的质量管理体系标准，旨在指导企业如何运用质量管理的科学理论和先进方法来建立和健全组织的质量体系。企业通过质量体系的不断改进和完善，实现产品质量的提高。变事后检验为事前预防，变被动管理为主动管理，不断地识别和满足顾客现行的和潜在的需要。依据该标准的要求建立的质量管理体系，以质量管理原则为基本原理，其标准条款涵盖了从分析、识别顾客需求开始，到组织最后输出顾客满意产品、提供售后服务的生产/质量活动全过程，适用于各种类别、各种形式的产品。它包含现代生产与质量管理的科学方法，从人、机、料、法、环几个方面来控制、改进每一过程，实现体系的持续改进，不断提高企业实现其质量方针、质量目标的能力。

b. QS 认证　QS 认证是我国食品质量安全市场准入制度。QS 为“质量安全”英文“quality safety”的缩写，是食品生产企业在获得国家质量监督检验检疫总局颁发的《食品生产许可证》后，在其产品的最小包装上可以使用的特殊标识。2002 年 7 月，国家质量监督检验检疫总局下发《加强食品质量安全监督管理工作实施意见》的通知，正式公布在我国建立实施食品质量安全市场准入制度，并将小麦粉、大米、食用植物油、酱油、醋这 5 类与人民息息相关的食品率先纳入 QS 认证管理。2003 年 7 月，国家质量监督检验检疫总局制定并发布了《食品质量安全市场准入审查通则》，将肉制品、乳制品、饮料、调味品（糖、味精）、方便食品、饼干、罐头、冷冻饮品、速冻面米食品、膨化食品这 10 类食品纳入 QS 认证管理。为贯彻落实 2004 年 9 月国务院下发的《关于进一步加强食品安全工作的决定》的文件精神，同年 9 月在北京召开中国食品安全年会。会上宣布，我国将于 2005 年对全部 28 大类食品全面实行 QS 认证管理。QS 认证内容包括对生产场所、设备等硬件和人员、技术、工艺等软件的认证。简要归纳如下。

认证企业的生产条件、生产管理。对食品加工企业实行生产许可证制度，只有当企业的生产条件、生产管理达到要求，获得《食品生产许可证》后方可加工生产食品。

认证食品质量。对食品生产加工企业的食品实行强制性检验制度，确保食品生产加工企业的出厂食品都经过检验（自行检验或委托出厂检验）并达到食品质量安全的要求。

认证 QS 标志。对获得食品质量安全市场准入的企业生产的食品实行 QS 标志制度，即在包装上印制 QS 标志，以便于广大消费者知情、识别和购买。

（2）建立了从农田到餐桌的全程食品安全管理控制体系　我国政府颁布了《中华人民共和国农产品质量安全法》，以标准化为重点，对农产食品从生产到销售实行全程控制。第一是把好环境污染关。食品生产基地在建设和管理过程中，既要防止食品企业对环境的污染，更要防止环境对食品的污染，使食品生产基地远离污染源。第二是把住农资和原料关。要求各级行政执法部门对农药、肥料、兽药、饲料、生长调节剂、添加剂等的使用实行监控，对禁用农药、兽药等从源头即生产厂家实施有效监督。第三是把住流通交易，堵住走私进口渠道。在食品批发交易过程中，要求售出方与购入方应专门签订卫生安全的质量协定，出具质量证明，以证明产品符合有关食品安全的标准。第四是严把市场监督，严格执行市场准入制。对市场上的食品加强抽查和标准检验，定期或不定期公布卫生安全不合格厂家的名单，严禁销售无 QS 标志的食品。

（3）构建食品信用安全体系　建立国家食品安全信息与检测体系，系统、全面地收集、整理有关食品安全方面的各种信息资料。食品安全信用信息来源于政府、行业和社会三个方面。政府信息主要是食品安全监督管理部门的基础监管信息，行业信息包括行业协会的评价等，社会信息包括新闻媒体舆论监督信息、信用调查机构的调查报告、认证机构的认证情况、消费者的投诉情况等。

（4）加强制度建设，建立长效管理机制　通过多部门行政执法和公安、司法部门联合，从源头、生产、流通、销售各环节控制食品的污染，加大了涉及食品安全事件责任企业和责任人的惩罚和打击力度，健全和规范了相关制度，如市场准入制度、不安全食品强制召回制度、质量评价制度、披露制度和奖惩制度等。

（5）加快研究和推广运用高新技术　为从技术上保障食品质量与安全，我国政府鼓励科技部门和食品企业加快研究和推广运用现代食品工程高新技术，比如生物工程技术、微波技术、超临界流体萃取技术、纳米技术、挤压技术、高压杀菌技术、低温杀菌技术、膜分离技术和绿色包装技术等。尽最大可能地减少人为质量因素和人为污染，发展高品质和高安全食品。目前已有很多应用实例，收到了很好的效果，限于篇幅，不在此处列举。

1.3　现代食品科学与工程的研究领域

食品科学与工程学科是以农业、林业、牧业、副业、渔业产品为研究对象，以化学、生物学和工程学为基础，研究它们的贮存、保鲜、加工、营养、卫生和深度开发利用等基础科学与工程技术问题。随着经济的高速发展，人们生活水平的提高和生活节奏的加快，食品已不仅是维持生存、发育的必需品，人们将饮食作为一种享受，对食品营养、品质与安全的要求不断提高，促使食品科学与工程学科不断向前发展。就目前而言，现代食品科学与工程学科是以现代科学、高新技术与工程为基础，以食品生产、加工、包装、贮藏、流通、消费、环保等为主要研究内容，以食品卫生、营养、感官品质等食品质量及其变化、维护、检验、评价等为研究中心，并与化学工程、公共卫生、预防医学、药学以及现代管理科学、人文科学、市场营销等学科有很密切联系的一门跨学科的综合性交叉学科。

鉴于食品涉及的原料和产品范围十分宽广，本学科下设四个二级学科：食品科学，粮食、油脂及植物蛋白工程，农副产品加工及贮藏工程，水产品加工及贮藏工程。四个二级学科之间关系密切，基础雷同，又各有所侧重，自成特色，国内的一些大学可授予学士学位、硕士学位和博士学位，国外的大学也设有食品科学专业。食品科学与工程的主要研究领域有以下若干方面。

1.3.1　食品科学基础理论的研究

食品科学是以数学、物理学、化学、生物学和食品工程为基础的应用基础学科，基础理论的研究内容有食品的化学变化、食品物理性能变化、食品生物化学变化、微生物对食品品质的影响、食品的营养与卫生、食品质量与安全等。基础学科有植物生理学、动物生理学、微生物学、生物化学、酶化学等学科，与其关系密切的相关学科有无机化学、分析化学、有机化学、物理化学、胶体化学、放射化学、现代分析检测技术、原子物理学、人体生理学、药物学等。研究领域涉及以下五个方面。

(1) 食品化学、食品毒理学的研究　主要研究食品加工及贮藏过程中的化学变化理论和规律；研究风味化学及营养学；研究食品中的功能因素；研究食品的内源性及外源性污染的毒性及其控制。

(2) 食品物理性质的研究　也叫食品物性学的研究。主要研究食品在加工过程中的物理性质，比如力学性质、电学性质、光学性质、热学性质等的变化规律和基础理论，为控制食品的物理性质提供理论依据。

(3) 食品微生物学的研究　主要研究微生物与食品工业的关系，包括食品中常见的有益微生物和有害微生物的类别特性，有益微生物在食品中的应用和有害微生物的预防控制，食品卫生质量的优劣与人们身体健康之间的密切关系等。

(4) 食品营养与卫生的研究　食品营养学主要研究食品与人体健康的关系、营养素的种类、营养与膳食、营养与疾病、食品贮藏加工对营养素的影响。食品卫生学主要研究食品中可能存在的、威胁人体健康和安全的有害因素及其预防措施，在食品加工贮藏中怎样提高食品卫生质量等。

(5) 食品分析检验的研究　主要研究食品的感官检验、理化检验和卫生检验的基本理论和检测新技术的开发等。研究如何采用最快捷、最经济、最准确的检验方法，为食品科学与工程服务，为生产部门、技术卫生监督和消费者服务。

1.3.2　食品生产工艺过程技术的研究

生产和加工满足消费者需求的高品质食品是一个庞大的系统工程。它关系到农业、林业、畜牧业、渔业、养殖业和食品工业等许多部门，不仅与这些部门的经济发展水平有关，而且与食品原辅料生产和食品加工的工艺过程及技术水平密切相关。

食品生产工艺过程技术（包括烹饪）既有现代科学技术，也有传统手工制作。现代食品加工是由食品工业来完成的，其工程技术一直是食品科学与工程重要的研究领域，主要学科包括新型食品机械及加工装备、食品工程原理、食品工艺学、食品加工工程（如粮食工程、油脂工程、制糖工程、冷冻冷藏工程等）和食品添加剂等，涉及工学和理学的许多学科，如化工原理、高分子材料学、计算机技术、流体力学、传热学、传质学、机械电子、电工学、应用光学、应用数学等。

科学技术的突飞猛进使食品的生产、加工技术日新月异，新技术在食品生产中的应用具有重要的意义，也是现代食品科学的重点研究课题。速冻技术、冻干技术、辐照技术、气调技术、涂膜技术、无菌技术、微胶囊技术、膜技术、超临界流体萃取技术、环保技术等在食品加工中大显神通，生产出许多高技术含量的新型食品。对这些技术的研究、开发、应用和改进，为食品科学与工程提供了无限的发展空间。

遗传工程、克隆技术和其他生物技术的迅速发展及其在食品生产中的运用，为生产出更能满足消费者多种需求的未来食品提供了可能。这类技术现在已显露出诱人的魅力，有可能在不久的将来会改变目前人们餐桌上的食物组成，这些食品将更富有营养、更加安全卫生、外形更美、风味更佳、价格更便宜。

1.3.3　食品资源、种类和新产品的开发研究

食品科学与工程的另一个重要研究领域是食品资源、种类和新产品的开发研究。随着世

界人口的急剧增长，耕地面积不断减少，传统的食品资源已逐渐不能满足需要，开发新的食品（或食物）资源和种类已成为食品科学与工程研究的热点之一。新食品资源是指在我国新发现、新研制（含新工艺和新技术）或新引进的无食用习惯或仅在个别地区有食用习惯的食品或食品原料。据专家预测，21 世纪的新食品资源有叶蛋白、微生物食品、单细胞蛋白、藻类食品、昆虫食品、山区野生食品资源及各种杂粗粮的精深加工等。

随着科学技术的飞速发展和新产品开发的速度加快，各种各样的新型食品不断出现，除前面提到的方便食品、休闲食品、保健食品、快餐食品、绿色食品等已在传统的原料食品和加工食品中占有一席之地外，科学家还开发出了宇航员专用食品。宇航员向装有脱水食品的包装袋中加入少量无菌水，然后轻揉袋子，通过一根管子即可将食物吸入口中。这种食品充分考虑到了在宇宙航行的条件下，空间狭小、携带重量受阻，不可能安置大型冷冻和空调设备，而且膳食营养也应符合宇航员活动较少和失重等情况的需要，同时还应防止食物碎屑或液体可能在宇航舱内到处漂流而对设备的安全运行造成危害等问题。近年来食品科学家正在研究在太空进行食物再生的可能性。如果要延长宇航员在太空逗留的时间，必须能在太空生长和加工食物。这一系统工程中存在着很多的问题，是对食品科学家的严峻挑战。

在世界各地，许多食品科学家正在开发研究新型食品。超市货柜上成千上万种食品琳琅满目，它们在工艺、配方、包装等方面都在不断改进完善。食品科学工作者的责任是研发各种新的产品以满足广大人民不断增长的物质需要和文化需要。成功的食品产品是科学知识和创新精神的完美结合。

1.3.4 食品质量与监督保证的研究

食品质量的高低关系到消费者的健康与安全，因此食品质量是现代食品科学的研究中心，重点研究食品质量的构成与变化，主要包括：①食品的卫生质量、营养质量、感官质量和各种附加质量；②食品质量变化的内在原因和外界的影响因素；③食品质量变化的趋势与类型；④食品质量变化的生物学规律、热力学规律和动力学规律；⑤食品质量变化的控制和品质保持等。

同时，为监督保证食品在生产、加工、包装、贮藏、运输和消费等各个环节的质量和安全，食品科学与工程专业还应研究相关的质量标准和有关的法律，建立一个完善、合理、科学的食品标准体系和法律体系，维护消费者和生产者的合法权益，促进食品科技的进步、食品生产的健康发展和食品市场的繁荣。

1.3.5 食品流通和营销的研究

（1）关于食品流通的研究　食品生产的最终目的是为了消费，而食品从生产到消费要经过一系列的流通环节，其中对食品质量影响最大的是食品的贮藏与运输，因此现代食品科学与工程要研究食品贮藏与运输的诸多方面，包括食品贮藏原理、食品在流通中的寿命损失、食品流通的技术手段与方法措施、食品在流通中的品质保持等。

（2）关于食品营销的研究　食品通过各式各样的市场和五花八门的经营方式到达消费者的手中。厂家和商家在市场经济的大舞台上各显神通，广告和其他的促销技巧在食品营销中发挥着巨大的作用，直接沟通了消费者与厂家及商家的联系。现代食品科学与工程研究各类食品市场、供销渠道、食品广告和各种促销手段，重点研究食品在销售过程中的质量损失以及维持其品质应采取的措施。

1.3.6 食品与环境相互关系的研究

食品与环境的相互作用是食品科学研究的一个崭新课题，它包括两种情况：①由于食物原料生长生活环境（包括植物性食物原料赖以生存的土壤、水源和大气，畜、禽、鱼等动物性食物原料生产前的生活环境、饲料和加工、流通过程等）受到农药、化肥、饲料、工厂“三废”等污染而对食物原料所造成的各种环境卫生问题；②食物生产、加工、流通、消费和包装废弃物丢弃等对环境所造成的污染。在食品卫生学中要注意的是前一种情况，即环境污染对食品卫生的危害。随着社会与民众环境意识的日益增强，经过农业部门、环保部门、卫生部门和有关各方的通力合作，继一些发达国家之后，我国也推出了“绿色食品”的宏伟工程。随着世界环保浪潮的日益高涨，后一种情况也日渐受到人们的普遍关注，清洁生产工艺和“工业生态化”在许多发达国家应运而生，并受到国际社会的普遍重视。在以胡锦涛主席“科学发展观”为指导、实现可持续发展和以环境保护作为基本国策的年代里，现代食品科学与工程必须认真研究这一领域的有关问题，确保食品与环境的协调发展。

1.3.7 食品其他领域的研究

（1）关于食品消费科学的研究　食品消费既要讲究营养、卫生，又要讲究科学、合理。对食用者而言，平衡膳食是从膳食中获得合理营养的最佳选择；对一个国家来说，国民的食物结构是食品消费的核心问题。而食品的消费又有其自身的发展规律，并且受到多种因素的影响，它不仅与社会经济、农业生产、食品工业的发展水平有密切关系，而且与饮食文化、国民受教育的程度、营养科学的普及、人均国民收入等因素有密切的关系。现代食品科学关于食品消费的研究，除了要重点研究食物结构和平衡膳食之外，还要研究食品的消费规律和影响食品消费的各种因素。

（2）关于食品文化的研究　食品文化是指与食品有关的一切文化现象，广义食品文化是指人们在食品生产、加工、流通和消费等过程中所创造的各种物质财富和精神财富的总和；狭义食品文化是指与人类饮食密切相关的食品（如烹饪食品、酿造食品、发酵食品等）、器皿及饮食的文化现象，如酒文化、茶文化、豆腐文化等。对食品文化还很难给予一个确切的定义，通常称之为饮食文化或食文化，烹饪界人士则称之为烹饪文化。现代食品科学除了要研究食品文化的内涵，还要重点研究食品文化对食品消费、食品市场、食品工业、食品生产及国民健康等的影响。

（3）关于食品包装与装潢的研究　食品包装与装潢不仅对保护食品质量，使其免受或减少在流通中的质量损失具有重要的意义，而且在宣传商品、吸引顾客、便于携带、方便消费等方面起着重要的作用。而食品包装物的丢弃会对环境造成污染，因此研究对食品有良好包装功能和对环境友好的“绿色包装”，无论是对食品的保护还是对环境的保护都具有重要的意义。

参考文献

1 杨昌举编著．食品科学概论．北京：中国人民大学出版社，1999

2 ［美］诺曼．N 波特著．食品科学．第 5 版．王璋等译．北京：中国轻工业出版社，2001

3 德力格尔桑主编．食品科学与工程概论．北京：中国农业出版社，2002

4 天津轻工业学院，无锡轻工业学院合编．食品工艺学（上册）．北京：轻工业出版社，1987

5 张守文．当前我国围绕食品安全内涵及相关立法的研究热点．食品科技，2005，9：1～4

6 潘建周，郑尧隆等．QS 认证及其对我国蜂产品产业的影响．中国养蜂，2005，9（56）：32～34

7 曹荣安，孔保华．食品企业安全卫生质量管理体系的一体化——HACCP 与 ISO 9001 的整合探讨．肉品卫生，2005，6：31～34

8 覃峭．食品生产企业“QS”认证与 ISO 9001. 广西轻工业，2006，1：22～24

2 食品工业导论

2.1 食品工业的范畴

2.1.1 食品工业的概念

传统概念上的食品工业是指把农业、林业、牧业、副业、渔业产品原料加工成为食品成品的过程。这一加工过程涉及若干的工业单元操作，如分选分级、清洗、加热冷却、冷冻、干燥、发酵、灌装、杀菌、分析检验和包装等。食品工业是食品科学与工程专业的载体和背景工业，随着科学技术的突飞猛进和人民生活水平的不断提高，食品科学与工程的研究内容迅速增加，研究成果越来越多，食品加工深度不断向纵深发展，食品产业链不断向多方延伸。因此，现代的食品工业已经不同于传统概念的食品工业，它不仅包括农副产品的加工，还包括食品原料的生产，食品原料及加工成品的运输、贮藏、销售，食品加工机械与设备，食品辅料（添加剂）的生产，以及从农业、林业、牧业、副业、渔业产品中分离、富集、生产具有各种特定保健功能的生理活性物质和将这类物质科学地组合到食品中去。

2.1.2 食品工业的分类及特点

（1）食品工业的分类

① 按食品加工对象分类　按食品加工对象不同将食品加工分为18类。

粮食加工业：指将粮食加工成大米、面粉、面条等各类食品的行业。

食用植物油加工业：指以大豆、油菜籽、芝麻、棉籽、葵花籽、胡麻籽等油料作物为原料生产植物油和其他副产品的食品加工行业。

制茶工业：指采用茶树的鲜叶加工制成各类茶叶和饮料的食品生产行业。

屠宰及肉类加工业：指猪、牛、羊、家禽等的屠宰及其肉类加工行业。

调味品加工业：指能改进食品色、香、味的调料加工行业。

蛋制品加工业：指对禽蛋进行加工的食品行业。

蔬菜加工业：指蔬菜贮藏、深加工、干菜加工和酱腌加工食品行业。

焙烤食品加工业：指用油、糖、面、奶和各种辅料制造食品的行业。

水果加工业：指水果贮藏保鲜、深加工以及把果实或块状果肉经糖煮和糖渍的果脯蜜饯加工行业。

豆制品加工业：指以豆类为原料加工制造为其他食用产品的行业。

制糖加工业：指以甘蔗、甜菜等糖料或以粮食淀粉为原料生产食糖的行业。

乳制品加工业及代乳品工业：指以乳加工处理为各种食品的行业。

烟草加工业：指把烟草变为消费品需要的行业。

饮料加工业：指加工制造饮用液体（或固体饮料）的食品行业。

饮酒加工业：指将粮食、果品通过酿造生产酒的行业。

食品添加剂工业：指少量添加入食品后能改善食品加工工艺以及改善食品色、味、香、形和营养的产品制造行业。

蜂产品加工业：指以蜂产品为原料的食品加工行业。

水产食品工业：指对水产捕捞业或水产养殖业所生产的原料加工成食品的行业。

② 按产品用途分类　按产品用途分类的食品工业品如下。

糕点加工品：按制作特点分，有烘烤制品、蒸制品、油炸品、烙制品和熔制品等；按商品本身特点分，有酥皮类、硬皮类、油酥类、蛋糕类等；按商品名称分，有糕点、月饼、饼干、面包等。

蔬菜、水果加工品：干果、干菜类；腌菜、酱菜类，腌菜按其腌制加工特点，又有以盐腌为主的腌菜和以乳酸发酵为主的腌菜；蜜饯、果脯类。

肉及肉制品：按加工方法不同，有腌腊制品、烧制品、炸制品、灌肠制品、脱水肉制品等；按地方特色分类，有京式肉制品、苏式肉制品、广式肉制品、蜀湘式肉制品、西式肉制品等。

水产加工品：咸干鱼，如咸鱼制品、干鱼制品等；虾蟹加工品，如虾皮、海米、蚶子米、虾子、蟹肉等；海藻加工业等。

豆制加工品：豆芽菜加工；豆腐类加工，如豆腐衣、豆腐、豆腐干等；豆类淀粉制品加工，如粉丝、粉皮等；豆类蛋白加工，如大豆蛋白冻胶、大豆蛋白纤维、海绵蛋白、组织蛋白、分离蛋白等；豆粉类等。

乳制品：包括消毒鲜奶、酸奶、奶粉、炼乳、奶油、奶酪、干酪素等。

罐头加工品：按其所用原料分类，有肉、禽、水产、水果、蔬菜等；按加工方法分类，有清蒸、调味、腌制、油浸、烟熏、糖水、糖浆、果酱、汤品、果汁等；按加工容器分类，有马口铁罐、玻璃罐、塑料罐、软包装等。

酒类加工品：如啤酒、葡萄酒、白酒、黄酒、果酒、配制酒、酒精等。

③ 按加工深度分类　食品加工的次数可多可少，有的加工一次、两次，有的多次。按加工的次序和深度，一般可分为初加工和深加工，或粗加工和精加工。如薯类加工成淀粉，为粗加工；淀粉又可加工成糖、氨基酸等，为深加工。有些农产品加工成食品前后，有贮藏保鲜问题，如蔬菜、水果、水产品、畜禽产品、食用菌等。有些需要综合利用，如棉籽加工后的壳可用来培养蘑菇，用稻草、秕子、玉米芯、麸皮、谷糠等为原料培养食用菌。

(2) 食品工业的特点　食品工业属于再生性资源的加工。它不同于一般的农业生产，可以通过一系列生物化学作用，使不适宜于人类食用的物质转化为人类可以食用的营养物品，也不同于钢铁、机械、石油化工等工业的生产，依赖消耗不可更新资源来生产物质产品，而是兼有农业生产和工业生产某些特点的特殊类型的工业部门。有些食品工业是农业生产过程的继续，如粮油食品工业，可以使不能直接为人们食用的谷物类原料和棉籽、菜籽等，加工成适宜于人们食用的大米、白面和食油；有些食品工业是农业再生产过程（大循环系统）中的一个中间环节，如香精、香料工业和食品添加剂工业等，它可以强化人体对各种食品的转化过程；有的食品工业则已完全独立于农业生产过程之外，成为现代化工业的一个重要组成部分，如酒类、饮料、保健食品等。

与一般工业相比较，食品工业具有下列特点。

① 食品工业是生产消费品的产业　从社会总生产的角度来看，食品工业主要是生产消费品的产业，而且生产的是一次性消费品。

② 受农副业生产发展水平所制约　由于食品工业以农产品为生产原料，将受三个方面的制约，第一是食品工业的发展规模和发展速度受农副产品所提供的原材料数量所制约。农业生产特别是粮食和经济作物的产量大幅度增长，食品工业就有可能得到相应的发展。第二是食品工业的发展受农业提供原料的种类和品质所制约。比如以粮食为主要产品的单一经

济，给食品工业提供的原料数量少，则食品工业生产的产品品种数量更少，但如果实行农业、林业、牧业、副业、渔业综合的经济发展方针，不仅会给食品工业大量增加新的加工原料，而且食品工业新产品的数量也会不断增加，从而为城乡市场提供丰富的食品消费品。第三是受农产品采收季节所制约。由于农产品是生物性产品，生产具有季节性，因而作为食品工业的加工原料的供应量随着季节变化而变化，而市场对食品工业消费品的需求则是相对稳定的。如苹果食品的加工，原料进货的时间主要在苹果采摘季节，过了这一季节，作为原料的苹果，便会出现供给不足或价格上涨，若提高加工能力，在苹果采摘季节，生产量扩大，但由于市场对苹果加工品的需求相对稳定，这样又势必造成加工产品的积压。可见，农业原料供给的季节性与市场对食品加工产品需求的稳定性存在尖锐矛盾。

③ 食品工业产品质量要求复杂、产品品种多　食品工业产品的质量要求，不能像对日用工业品那样，只考虑产品的适用性、坚固耐久性以及结构和外观的良好性，而必须具备多方面的复杂要求。首先，要根据食品原料均极易变质和腐败的特点，分别通过加热、密封、冷藏、脱水等加工工艺，使产品能够耐久贮存；其次，要根据各个地区和各类人群的饮食习惯不同，采用先进的多种加工工艺，使产品外观好看，风味可口，色、香、味、形俱全，适合于各地区和各类人群的口味；再次，要根据食品在加工过程可能导入有害病菌的情况，要求食品加工厂和生产人员必须特别注意卫生，使产品符合卫生标准；最后，还要根据食品是人们吸收营养的源泉的特点，在加工中，不仅要防止原有营养成分受到破坏，还要在不妨碍风味的前提下，添加某些营养成分，使产品具有较高的营养价值。

2.2 食品工业相关产业

食品工业是一个非常庞大的工业领域，除农业生产外还需要许多相关产业的配合与支撑，同时也带动这些相关产业的发展，相互促进，相得益彰。

（1）包装工业　包装工业是与食品工业关系最为密切的产业。包装在食品产品成本中仅次于食品原料或远大于食品原料，围绕着食品工业，形成了庞大的食品包装材料及制品业，每年包装产业的制造商们利用钢铁原料、铝材原料加工成数千万个食品金属罐。他们也在研究不同食品对金属材料的腐蚀性和相互作用，研究空罐重量减轻、价格降低等问题。铝制品公司制造食品工业用的铝罐、铝盘和铝箔也是这样。还有用于食品包装的玻璃、纸和塑料的研究，用于遮蔽紫外线并保护光敏食品的有色玻璃的研究，用于防止高温、氧化、抗热、抗冻的塑料薄膜的研究等。在聚合物方面的最新研究进展还包括用于食品的新型塑料包装，如在微波炉内能抗加热或者耐受贮藏期间所产生的压力的塑料罐。为了避免对环境的“白色污染”，人们正在致力于研究生物可降解的绿色包装材料。新型包装材料的发展，也促使食品工业生产了更多的新型食品。

（2）机电工业　为食品工业提供现代化装备。现代食品工业，特别是现代化的大规模食品工业，机械化和自动化程度都很高，目前几乎所有的现代先进工业技术都应用于食品工业。食品机械和装备的制造者往往就是食品加工新技术和新体系的主要创新者，例如杀菌机、蒸发器、灌装机、制冷机、检测仪器等。这一产业的大发展促使食品工业更加走向机械化、自动化和现代化。特别是计算机控制技术在成套食品加工和制造生产线投入使用，使食品工业规模越来越大，产品质量更加稳定，经济效益大幅度提高。

（3）化学工业　现代食品工业促进了食品添加剂产业的形成，食品添加剂品种繁多，有防腐保鲜剂、乳化剂、增稠剂、调香料、调味料、色素、质构改良剂等。而这数万种食品添加剂的生产，需要大量的化工原料，大大促进了化学工业的扩展。

(4) 运输业　现代食品工业是一个庞大的网络，是一个国际化的产业。从原料到加工场到市场，流通性很强，水、陆、空等不同形式的运输方式，都在食品工业中起着重要的作用，食品原料和食品产品的流通，成为国际运输业的一类重要业务。

(5) 其他产业　食品产业的发展还将带动其他产业的发展，如印刷业、广告业等。

2.3 食品工业的发展历史

2.3.1 食品工业的发展推动力

在早期农业社会中，食品原料匮乏、加工技术水平低下，食品加工仅限于家庭，随着社会分工及产品交易，食品加工渐渐工业化，特别是随着经济发展的起飞、科学技术的进步，食品工业发展十分迅速，并成熟稳定。影响及促进食品工业发展的因素主要有以下几个方面。

(1) 农业革命与工业革命推进了食品工业的发展　食品工业脱胎于农业，农业革命和工业革命刺激了食品生产方式的变化。早期是由农民和牧民对食品原料进行粗加工，米、面、油、肉、蛋、奶是食品工业的主要产品，加工手段以手工为主，而以机械作为特征的食品工业则在经过欧洲封建社会神学黑暗统治之后，随近代自然科学和工程技术的发展而发展起来的，具体说是18世纪中叶到19世纪末，近代后期科学技术的全面发展产生出近代工业的同时，逐渐出现近代食品加工厂。例如18世纪末，英国出现了以蒸汽机为动力的面粉厂，自从1810年法国阿培尔发明“食品贮藏法”，提出排气、密封和杀菌的基本方法后，1829年世界上建成第一个罐头厂，1872年美国发明喷雾式奶粉生产工艺，1885年乳品生产跨进工业性生产行列。

(2) 社会的发展，生活方式、饮食方式、食物结构的演变促进了食品工业的发展

① 人口结构的变化　社会工业化程度的提高，大量农村人口离开土地迁移到城镇，从农民变为工人，农业人口与城市人口比例发生了巨大的变化，同时城市的发展，生活方式的改变，人口的年龄结构也发生变化，老龄化人口增多，所有这些对食物供应量及形式都产生了巨大影响，刺激了食品工业的发展。

② 职业结构的变化　社会发展的一个重要标志就是产业的多样化，这促进了职业的急剧分化，不同职业的不同工作方式、生活方式和消费水平，导致饮食行为演化，特别是由于生活节奏加快，消费观念更新和第三产业的出现，促使人们从厨房走向餐厅，走向更加方便的食品，由自己制作改为外买，为食品工业发展奠定了深厚的社会基础。

③ 营养观念的变化　随着科学技术的发达，特别是医学事业的进步，教育水平的提高，营养科学的普及，人们的健康意识普遍增强，“营养、卫生、科学、合理、方便”，形成了新的膳食观念，促进了食品工业不断向前发展，使得食品新产品日新月异，层出不穷，食品工业也因此成为最富有生命力的工业门类。

(3) 基础工业和新技术的发展　食品工业的发展依赖于其他基础工业和新技术的发展水平，需要其他基础工业提供先进的机械装备、包装技术、生产辅料、检测控制等，一定时代的食品工业水平，都与该时代的基础工业状况相适应。在食品工业中也几乎采用了当时所有工业技术的先进成果，比如现阶段的生物技术、膜分离技术、纳米技术等。

(4) 市场竞争　食品工业产品直接面对消费者个人，是市场上竞争最激烈的产品之一。因此，企业和产品必须具有良好的形象，以增强消费者购买的欲望和信任感，为创造这种形

象，食品企业必须不断提高技术水平，产品必须不断进化、创新和保持高质量，由此推动整个食品工业界在竞争中优胜劣汰，不断发展壮大。

2.3.2 中国食品工业的现状及发展

中国称之为“食之国”，有着悠久的饮食文化传统和产业结构。但是由于长期的封建社会，小农经济，满足于食物的自给自足，直到新中国成立前，食品加工在中国基本没有形成一个工业体系。

中国近代食品工业产生于19世纪末和20世纪初，我国的榨油工业是1895年英商太古洋行在辽宁营口设厂方才开始，至于汽水、罐头、乳品等工业部门的产生，则是20世纪的事，如1906年成立上海泰丰食品公司，我国开始有了罐头食品工业，1942年建立浙江瑞安宁康炼乳厂，生产炼乳和奶油，我国有了第一座乳品厂。可见，我国近代食品工业的出现，大概比西方资本主义国家迟50年。

中国食品工业的快速发展是在20世纪后20年中，1978年全国食品工业总产值只有471.7亿元，到1996年就增加到5153.62亿元，在全国工业部门总产值中所占的比重首次上升到第一位。1997年，食品工业全行业完成工业总产值5317.86亿元，1999年又跃升到7800亿元。在技术水平上，已从原来的手工作坊式向机械化、自动化方向发展，食品工业的规模和范围迅速扩大。产品类型大幅度增加，除米、面、油外，深加工、高附加值的食品比例提高，甚至上升到主导产品的位置。我国居民食品消费的资金总额中，用于初级农产食品和经过进一步加工的食品的投入的比例，1981年为68/32，1990年为60/40，1996年为56/44，2000年达到50/50。但是由于历史的原因，我国食品工业的整体水平仍然较差，这一比例与发达国家相比还存在较大差距，如美国在1972年就为8/92，日本在1975年就为18/82。另外，在农产品和食品工业的产值与农业产值的比值上，发达国家为（2.0～3.7）∶1，发展中国家为1∶1，我国为0.43∶1；在加工的深度上，发达国家为95%，发展中国家为50%，我国为30%；在工业食品占食品消费量上，发达国家为90%，发展中国家低于38%，我国为20%左右。所有这些都说明我国食品工业发展的潜力巨大，发展空间广阔，特别是在全面建设小康社会中，中国食品工业界将大有可为。

2.4 食品工业在国民经济中的重要地位

（1）食品工业是国民经济的重要产业之一　食品工业在国际上被喻为永恒不衰的产业和长青工业。世界上大部分国家都把食品工业作为国民经济的主要支柱产业之一加以扶持，其总产值占工业总产值的比重和所创造的价值均位于各工业行业的前列，并保持良好的发展势头。据1998年秋在法国举行的巴黎国际食品展资料表明，食品工业已成为目前世界上的第一产业。其每年的营业额高达12万亿法郎，远远超过汽车工业、航天工业及新兴的电子信息工业。1999年全世界食品工业的总销售额为2.7万亿美元，居各行业之首，是全球经济中的重要产业。中国的食品工业是国民经济的重要产业之一，进入21世纪以来，中国食品工业始终保持着持续、快速发展的趋势，2001年完成工业总产值9260亿元人民币，比上年增长12.12%，2002年增长16.6%，2003年增长19.8%，2004年的发展速度进一步加快，累计完成现代工业总产值16163.86亿元人民币。这充分说明了中国食品工业在国民经济中的地位日益重要。

（2）食品工业为世界各国创造了大量的就业机会　据有关资料报道，在欧盟国家中，食品工业提供的工作岗位为250万个，占到整个工业就业岗位的11%。在美国，食品工业就业人数150万，占全国工业就业人数的9%。在日本，食品工业就业人数130万，占全国工业就业人数的13%。据统计，到2000年底中国共有年销售收入500万元以上的各类农产品加工企业5.4万多家，就业人口达407.3万人，占全国工业企业就业总人数的7.3%。由此可见，食品工业为世界各国创造了大量的就业岗位。

(3) 食品工业和农业将在新的结合点上共同增长　传统的食品工业是农业的下游产业，是农业的延伸和继续，农业生产什么就加工什么，而未来的食品工业将根据市场需要什么才加工什么，对农业生产将提出新的原料要求，推动农业产业结构、产品结构的调整和新技术的推广应用。比如要生产优质面条、面包，必须发展面筋强度大、蛋白质含量高的小麦品种。反过来，农业产业结构的调整和优质的农副产品的加工必然会推动食品工业提高技术水平，不断创新，开发新工艺新产品，由此在新的结合点上相互促进共同增长。

(4) 带动相关产业的发展　食品工业的发展将带动包装业、化工、机电、信息技术、高分子材料、运输等相关产业的发展。反过来，化工、机电、高分子材料、信息技术的进步将促进食品工业的发展。

(5) 食品工业的发展有利于不断增强人民体质　人民群众具有强壮的体质，是国家富裕和民族兴旺的重要标志。人民的体质如何，主要取决于人民是否能够按时吸取到合理的营养素。而所谓合理的营养素，现在国际上一般认为，人均每天膳食提供100464kJ热量、75g蛋白质和65g脂肪，才能基本保证维持正常身体健康的需要。又据中国医学科学院1982年进行的膳食营养调查，当年城市居民蛋白质摄入量为65g，农村为67g，均低于前述75g标准的需要量。至于缺钙、缺铁和缺维生素的情况，就更为普遍。

为了解决食物营养中的问题，除了要大力发展优质农副业生产外，发展食品工业也是重要途径之一。

① 减少营养损失　食品工业可以运用现代加工方法，采用先进的贮藏设备和加工工艺，以减少并防止加工过程中营养成分的损失。

② 均衡营养价值　食品工业可以按照营养学的要求，在加工过程中，进行合理组合，科学配制，借以创造出具有合理营养价值的食品。

③ 特殊营养食品　食品工业可以按照不同人们对营养的特殊需要，生产各种各样的专用食品，例如婴儿食品、学生食品、老年食品、疗效食品等，从而普遍提高食品的营养价值。

综上所述，食品工业在国民经济中的重要地位是毋庸置疑的，因此世界各国都把发展食品工业作为富国强民的重要决策和战略部署。

参考文献

1 蔡根戈主编．食品工业企业经营管理．成都：四川科学技术出版社，1995.7
2 彭珊珊等主编．食品工业企业管理．北京：中国财政经济出版社，1997.2
3 潘蓓蕾．前进中的中国食品工业．中国食品工业，2003，1：1～6
4 刘兴平．食品工业的发展趋势．食品研究与开发，2001，2（25）：3～5
5 德力格尔桑主编．食品科学与工程概论．北京：中国农业出版社，2002

3 食品科学基础

3.1 食品的化学基础

3.1.1 食品成分、作用及特性

食品化学是从化学角度和分子水平上研究食品的化学组成、结构、理化性质、营养和安全性质，以及它们在生产、加工、贮存和运输、销售过程中的变化及其对食品品质和食品安全性影响的科学。食品化学为改善食品品质、开发食品新资源、革新食品加工工艺和贮运技术、科学调整膳食结构、改进食品包装、加强食品质量控制、提高食用原料加工和综合利用水平奠定了科学理论基础。

食品是有益于人体健康并能满足食欲的物品，食品的化学组成如下。

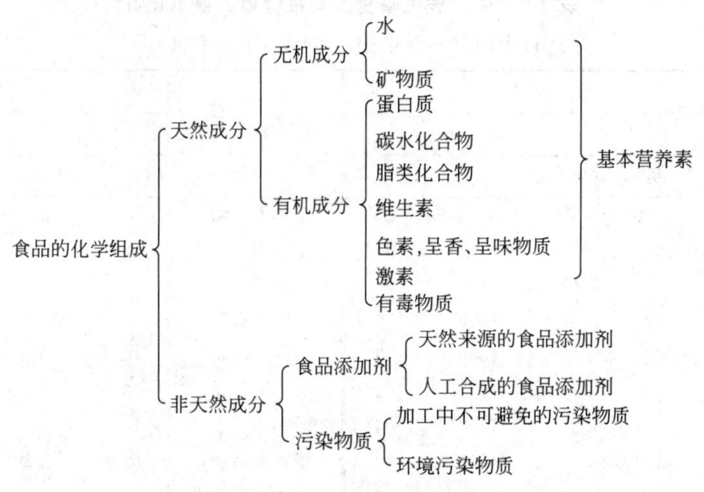

食品的化学组成主要来源于动物、植物等生物资源的天然成分，经过一定的加工后又带入一部分非天然成分。天然成分中的全部无机成分和部分有机成分构成了基本营养素。营养素是指那些能维持人体正常生长发育和新陈代谢所必需的物质，目前已知的有40～50种人体必需的营养素，从化学性质可分为6大类，即蛋白质、脂肪、碳水化合物、矿物质、维生素和水，目前也有人提出将膳食纤维列为第七类营养素。食品的非天然成分包括加工过程添加的食品添加剂及加工和环境带来的污染物质。食品中各种成分的不同组合，构成了不同食品特有的结构、质地、风味、色泽及营养价值。因此认为食品中的不同成分以及这些成分特有的结合方式构成了不同食品的特性。例如，全脂乳与新鲜苹果含有相似的水分，然而它们一种呈液态，另一种呈固态，这是因为其各种成分的构成方式不同。当食品的结构、质地、风味、色泽、营养价值及保藏不能令人满意时，常向食品中添加其他成分以改善食品的一项或多项特性。添加的物质可以是天然的，也可以是人工合成的。

3.1.2 食品的能量

食品的能量是人类为维持生命、从事各种体力活动、满足机体需要的源泉。食物的能量与其化学成分有关，食品最主要的能量来源于食品三大营养物质：碳水化合物、脂肪和蛋白

质。其中碳水化合物是最便宜的食物能源，而脂肪是产热量最高的食物能源，蛋白质则是最昂贵的能源。食品的能量值以热量单位焦耳（J）表示。不考虑机体的其他营养要求，除儿童和老人，一般认为每日摄能应超过 8.4MJ。

各种食物能量值含量相对恒定，一些常见的代表性食物能量值见表 3-1。但人体对能量的要求各不相同，这取决于体力活动、气候条件、体重、年龄、性别及个体代谢差异等因素（表 3-2）。特别是体力活动，一个成年男子的每日要求可能在大约 10.0～13.4MJ；如为强体力活动者，能量要求可达 13.4MJ，则必须吃一些脂肪，以获取更多能量。

表 3-1 常见食物能量值

食物(100g)	可食部分/g	热量值/kJ	食物(100g)	可食部分/g	热量值/kJ
米饭	100	490	猪肉(瘦)	100	598
豆腐	100	339	牛乳	87	226
马铃薯	94	318	鸡蛋(白)	100	577
苹果	76	218	菜籽油	100	3761
花生仁(生)	100	2356	白砂糖	100	1674

表 3-2 中国居民膳食能量推荐摄入量（RNI）

（选自中国营养学会中国 DRI，2000 年 10 月）

年龄	RNI				年龄	RNI			
	MJ/d		kcal/d			MJ/d		kcal/d	
	男	女	男	女		男	女	男	女
0～0.5 岁	0.40MJ/(kg·d)①		95kcal/(kg·d)①		中体力活动	11.30	9.62	2700	2300
0.5～1 岁	0.40MJ/(kg·d)①		95kcal/(kg·d)①		重体力活动	13.38	11.30	3200	2700
1～2 岁	4.60	4.40	1100	1050	50～60 岁				
2～3 岁	5.02	4.81	1200	1150	轻体力活动	9.62	7.94	2300	1900
3～4 岁	5.64	5.43	1350	1300	中体力活动	10.87	8.36	2600	2000
4～5 岁	6.06	5.85	1450	1400	重体力活动	13.00	9.20	3100	2200
5～6 岁	6.70	6.27	1600	1500	60～70 岁				
6～7 岁	7.10	6.70	1700	1600	轻体力活动	7.94	7.10	1900	1800
7～8 岁	7.53	7.10	1800	1700	中体力活动			2200	2000
8～9 岁	7.94	7.53	1900	1800	70～80 岁				
9～10 岁	8.36	7.94	2000	1900	轻体力活动	7.94	7.10	1900	1700
10～11 岁	8.80	8.36	2100	2000	中体力活动	8.80	7.94	2100	1900
11～14 岁	10.04	9.20	2400	2200	80 岁以上	7.94	7.10	1900	1700
14～18 岁	12.13	10.04	2900	2400	孕妇(4～6 个月)		+0.84		+200
18～50 岁					孕妇(7～9 个月)		+0.84		
轻体力活动	10.04	8.80	2400	2100	乳母		+2.09		+500

① 为 AI，非母乳喂养应增加 20%。

注：kcal 为非法定计量单位，1kcal＝4.184kJ。

3.1.3 水和矿物质

（1）水 水是食品的主要组成成分。食品中水的含量、分布和状态对食品的结构、外观、质地、风味、新鲜程度等产生极大的影响。食品中的水分是引起食品化学性质改变及微生物改变的重要原因之一，因而直接关系到食品的贮藏特性。水还是食品生产中的重要原料之一，食品加工用水的水质直接影响到食品的品质和加工工艺。因此，全面了解食品中水的特性及其对食品品质和保藏性的影响，对食品加工具有重要意义。

水有一些突出的化学与物理性质，即溶解力强、介电常数大、黏度小和比热容高。这些特性使它在生物体内具有特殊重要的意义。同时机体内的水平衡与食物成分分布有密切关系。通常认为，每同化 1g 糖类时，可在体内蓄积 3g 水。脂肪不但不会促进水的蓄积，还会迅速引起水的负平衡。而盐类和蛋白质的代谢产物尿素都会增加体液的渗透压。

生物组织与食物中的水分状态分为束缚水和自由水。由氢键结合力系着的水习惯上称为束缚水，由毛细管力系着的水称为自由水。束缚水有两个特点：①不易结冰（冰点−40℃）；②不能作为溶质的溶剂。束缚水不易结冰这一点具有重要的生物学意义，由于具有这种性质，植物的种子和微生物的孢子（都是几乎不含有自由水的材料）得以在很低的温度下保持其生命力；而多汁的组织（新鲜水果、蔬菜、肉等）在冰冻后细胞结构被冰晶所破坏，解冻后组织立即崩解。而所谓自由水就是指组织、细胞中容易结冰，也能溶解溶质的这部分水。大致可以分为三类，即不可移动水或滞化水、毛细管水、自由流动水。

实际上除了自由流动水以外，水分程度不等地被束缚着。为了更好地定量说明生物材料和食品中的水分状态，引入了水分活度的概念。

$$A_w=\frac{P}{P_0}=\frac{ERH}{100}$$

式中　A_w——水分活度；

P——溶液或食品中的水蒸气分压；

P_0——纯水的蒸汽压；

ERH——平衡相对湿度，即物料既不吸湿也不散湿时的大气相对湿度。

各种食品都有一定的 A_w 值，各种微生物的活动和各种化学与生物化学反应也都有一定的 A_w 阈值。A_w 值对估价食品耐藏性具有重要意义。因为食品的成分和质构状态不同，对水分的束缚度不同，A_w 值也就不同。因此，即使同样含水量的食物，在贮藏期间的稳定性也因种类而异。了解食品微生物、化学、生物化学反应所需的 A_w 条件使人们有可能预测食品的耐藏性。现在食品科学界正致力于探索按预定要求控制一些食品的 A_w 值以达到免杀菌保存一些食物的可能性。

（2）矿物质　人体营养所需的矿物质成分，一部分来自作为食物的动物、植物组织，一部分来自饮水和食盐。目前，在人体及其他生物体内，已经查明的元素成分有 50 多种。从食物与营养的角度，一般把矿物质元素分为必需元素、非必需元素和有毒元素三类。所谓必需元素是指这种元素在一切有机体的所有健康组织中都存在，并且含量浓度比较恒定，缺乏时所发生的组织上和生理上的异常，在补给这种元素后可以恢复正常，或可防止这种异常发生。但这种区分是有条件的，所有的必需元素在摄取过量后都会有毒。矿物质在生物体内的功能主要包括：机体的重要组成部分；保持神经、肌肉的兴奋性；对机体具有特殊的生理作用；对于食品感官质量的作用。食物中的矿物质以多种状态存在。常量元素，特别是单价金属离子一般以溶解状态存在，为游离态，如阳离子的钠、钾及阴离子的氯离子和硫酸根。一些多价离子则以一种游离、溶解的非离子化的胶状形式存在。而金属离子还常以一种螯合状态存在于食品中，如维生素 B_{12} 中的钴元素。研究这些食品中的矿物质，目的在于提供建立合理膳食结构的理论依据，保证提供适量的营养元素，避免有毒元素的影响，维持人类身体健康。

3.1.4　碳水化合物

碳水化合物是生物界三大基础物质之一，是自然界中分布广泛、最丰富的有机物质，是绿色植物光合作用的直接产物。自然界的生物物质中，碳水化合物约占3/4，从细菌到高等动物都含有糖类化合物，植物体中含量最丰富，约占其干重的85%～90%，其中以纤维素最为丰富。动物体中的含量仅占干重的2%以下，但却是动物体赖以取得生命运动所需能量的主要来源。在人类膳食中，来自碳水化合物的能量占60%～70%。此外，碳水化合物还是人类生活和生产资料的重要来源（棉、蔗、竹、木等）。

（1）碳水化合物的结构　碳水化合物的分类常按其组成分为单糖、寡糖和多糖。

单糖是一类结构最简单的糖，是不能再被水解的糖单位。根据其所含原子的数目单糖可分为丙糖、丁糖、戊糖和己糖等；根据官能团的特点又分为醛糖或酮糖。单糖的分子量较小，含有5个或6个碳原子，分子式为$C_x(H_2O)_y$，单糖是D-甘油醛的衍生物。它们的区别在于氧原子和氢原子在环上的位置不同，这些原子的不同排布方式，导致了这些糖有不同的溶解性、甜度、微生物发酵速度及其他一些品质。

寡糖一般是由2～10个分子单糖缩合而成，水解后产生单糖。自然界最重要的寡糖是双糖。蔗糖（即甘蔗糖或甜菜糖）由葡萄糖和果糖（一种五环结构）构成；麦芽糖由两分子葡萄糖构成；乳糖由葡萄糖和半乳糖构成。这些双糖在溶解度、甜度、发酵敏感度及其他性质等方面均不相同。

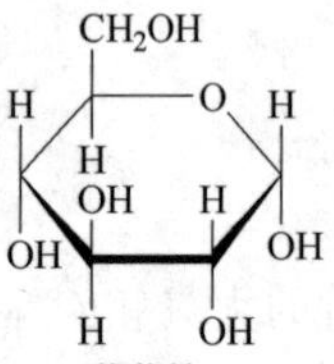

葡萄糖 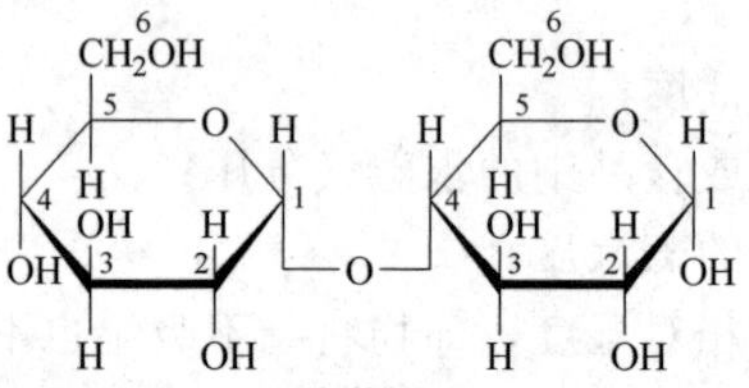　　麦芽糖

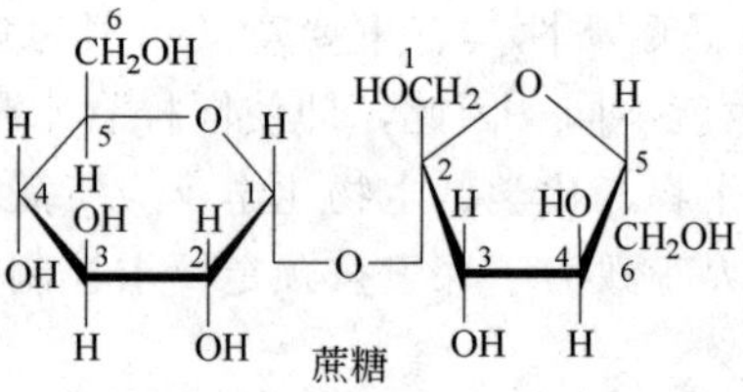

蔗糖

多糖是由多个单糖分子缩合而成的糖类，是自然界中分子结构复杂的一类高分子物质，广泛存在于动物和植物中。多糖中由相同的单糖基组成的称为同聚多糖，不相同的单糖基组成的称为杂聚多糖。如按其分子中有无支链，则分为直链多糖、支链多糖。按其功能不同，则可分为结构多糖、贮存多糖、抗原多糖等。如淀粉是一类由D-葡萄糖组成的多糖，其中的直链淀粉以α-1,4-糖苷键连接而成。而纤维素是由多个葡萄糖分子以β-1,4-糖苷键相连接形成的另一类多糖。

（2）碳水化合物的性质　碳水化合物的化学反应基团是环上的羟基（—OH），当环状结构打开时，醛基变成了酮基。含有醛基或酮基的糖被称为还原糖，因此所有的单糖都是还原糖。当两个或更多的单糖通过醛基或酮基连成长链后，还原性消失，形成非还原糖。双糖中的麦芽糖是还原糖，而蔗糖是非还原糖。还原糖极易与食品中的其他成分，如蛋白质中的氨基酸发生反应，其产物会影响食品的颜色、风味及其他性质。多糖中的反应基团可通过类似的方式结合成交联结构，在这种状况下长链可排列在一起构成纤维、薄膜和立体的网状胶，这正是由淀粉为原料生产可食薄膜作为包装材料的理论基础。

（3）特性　葡萄糖、果糖、麦芽糖、蔗糖及乳糖等单糖和寡糖类在某种程度上说，都具有如下特性：作为甜味剂使用；易溶于水形成糖浆；当溶液中的水分被蒸发后形成结晶（例如从甘蔗汁中制取蔗糖的方法)；提供能量；易于被微生物发酵；高浓度时可阻止微生物的生长，因此可被用作保藏剂；加热时颜色变黑或产生焦糖化反应；某些糖可与蛋白质结合产生褐色，称为褐变反应；使感官得到除甜味以外的性质。

而多糖中的淀粉在食品中起着重要作用并具有如下性质：无甜味；不溶于冷水；在热水中呈糊状或胶状；在植物体中作为能量贮存形式，从营养的角度而言，可提供能量；在植物种子或块茎中以淀粉粒的形式存在。

3.1.5 蛋白质

蛋白质是由许多单个的氨基酸结合在一起形成的长链。氨基酸则由碳、氢、氧、氮等基本元素构成，某些氨基酸还含有硫、铁等其他元素。蛋白质是所有生命的物质基础：在动物体内，蛋白质有助于形成软骨、皮肤、指甲、头发及肌肉等支撑和保护组织；蛋白质还是构成酶、抗体、多种激素、体液（血液、乳液、蛋白液）的主要成分。

(1) 氨基酸组成　氨基酸中的氨基（—NH_2）和羧基（—COOH）是连在同一个碳原子上的。氨基和羧基均具有化学活泼性，可与酸、碱及许多试剂发生反应。由于氨基具有碱性，羧基具有酸性，因此，一个氨基酸中的氨基很容易与另一个氨基酸的羧基脱去一分子水后，结合在一起，形成肽键。其化学结构如下：

$$H_2N—CH_2—\overset{\overset{\large O}{\|}}{C}—\underset{\underset{\large H}{|}}{N}—\underset{\underset{\large H}{|}}{\overset{|}{C}}—COOH$$

这种情况下，两个氨基酸反应，形成一个二肽，肽键位于二肽的中间。分子末端剩余的自由氨基和羧基又可以按上述方式分别与其他氨基酸反应，形成多肽。

多肽以及不同氨基酸长链上的各种反应基团，可与多种食品组分产生一系列的化学反应。人体的组织、血红蛋白、激素和酶类，均由 20 种主要氨基酸和少量次要氨基酸构成。这 20 种主要氨基酸都是用以维持人体正常生长和健康必需的，其中有 8 种氨基酸是人体自身不能合成的，必须从食物中补充，因而被称为人体必需氨基酸（表 3-3）；其余的 12 种氨基酸人体可通过其他氨基酸和含氮化合物在体内合成，因此被称为人体非必需氨基酸（表 3-4）。

表 3-3　人体必需氨基酸

中文名称	缩写符号	中文名称	缩写符号
赖氨酸	Lys	苯丙氨酸	Phe
蛋氨酸	Met	苏氨酸	Thr
亮氨酸	Leu	色氨酸	Trp
异亮氨酸	Ile	缬氨酸	Val

表 3-4　人体非必需氨基酸

中文名称	缩写符号	中文名称	缩写符号	中文名称	缩写符号
丙氨酸	Ala	半胱氨酸	Cys	脯氨酸	Pro
精氨酸	Arg	谷氨酸	Glu	丝氨酸	Ser
天冬氨酸	Asp	甘氨酸	Gly	酪氨酸	Tyr
胱氨酸	$(Cys)_2$	羟脯氨酸	Hyp	天冬酰胺	Asn

(2) 蛋白质的结构　蛋白质是经复杂的氨基酸聚合作用而形成的链状生物大分子。蛋白质分子的结构非常复杂，分层次描述分为一级结构、二级结构、三级结构、四级结构。每种蛋白质分子的结构特性就表现在分子结构的各个层次上。蛋白质的一级结构又叫初级结构、基

本化学结构或共价结构，即肽链中的氨基酸顺序。蛋白质分子的二级结构是指肽链主链有规则地盘曲折叠所形成的构象，包括α-螺旋、β-折叠、β-转角和无规则卷曲。球状蛋白质分子在一级结构、二级结构基础上，再进行三维空间的多向性盘曲折叠所形成的特定的近似球状的构象称为三级结构。有些球状蛋白质分子由两个或两个以上的三级结构单位缔合而成为寡聚蛋白质，寡聚蛋白质分子中亚基与亚基间的立体排列及相互作用关系构成了蛋白质分子的四级结构。正是蛋白质的各种不同结构，导致了鸡肉、牛肉及凝乳在风味和组织结构上大相径庭。

(3) 蛋白质的性质　蛋白质复杂而精细的构象在物理因素或化学试剂作用下很容易发生变化。溶液中的蛋白质可转变为胶体或产生沉淀，当蛋白质被加热时，就产生凝固现象。这种过程也可以按相反的方向进行，即将蛋白质沉淀转变成胶体或溶液。例如，用酸或碱分解动物的蹄制取动物胶就是典型的例子。

当蛋白质有秩序的分子排列和空间构象被破坏时，蛋白质即发生变性。加热、化学因素作用、过度搅拌及酸、碱试剂等均会引起蛋白质变性。当蛋白质被加热后，就从液态转变成为固态，此时即发生了不可逆变性。

蛋白质溶液还可以形成薄膜，因此搅拌蛋白质可以呈泡沫状，这种薄膜可以包裹空气，但过度搅拌会导致蛋白质变性，使薄膜破裂，泡沫因此而消失。

与碳水化合物类似，蛋白质长链在酸、碱或酶的作用下，长链可被打断，形成各种不同大小及不同性质的中间体。蛋白质降解的产物按分子大小及复杂程度递减的顺序依次排列为：蛋白质、蛋白胨、多肽、短肽、肽、氨基酸、氨及氮元素。此外，高呈味化合物，例如硫醇、甲基吲哚、丁二胺和硫化氢，都会在腐败过程中产生。

今天，除了利用蛋白质的营养价值以外，蛋白质特殊的功能，诸如分散性、溶解性、吸湿性、黏性、黏附性、弹性、乳化性、发泡性都已经广泛地应用于食品加工。为了更有效和更充分地利用蛋白质，对动物蛋白、植物蛋白及微生物蛋白的提取、修饰及重组等新技术的研究成了新一轮研究热点。

3.1.6 脂质

脂类是生物体内一大类不溶于水，能溶于有机溶剂的重要有机化合物。脂类物质存在于一切动植物中，它是动植物体代谢所需能量的贮存形式和运输形式，其热能为相同干重的蛋白质或碳水化合物2.25倍。一般在室温下为固态的称为脂，在室温下为液态的称为油，有时也将两者统称为油脂。天然食品的脂肪中，常含有其他成分，如脂肪中常含有维生素A、维生素D、维生素E、维生素K；动物脂肪中常含有胆固醇等固醇类物质；植物脂肪中常含有麦角甾醇。

典型的脂肪分子由甘油和三个脂肪酸构成。脂肪酸是指天然脂肪水解得到的脂肪族一元羧酸。不同脂肪酸的区别主要在于碳链的长短不同、饱和度不同以及双链的数目位置不同。例如，甲酸、乙酸、丙酸是最短的三种脂肪酸；硬脂酸则是一种常见的长链脂肪酸。

$$\begin{array}{l} CH_2OH \\ | \\ CHOH \\ | \\ CH_2OH \end{array} \qquad CH_3-CH_2-CH_2-COOH$$

甘油　　　　丁酸

如上所示，甘油分子含有三个羟基，脂肪酸分子含有一个羧基。因此，一个甘油分子可与三个脂肪酸分子缩合，失去三个水分子后，形成一个甘油三酯分子。

天然油脂中大约有20余种不同的脂肪酸可与甘油相连接，天然油脂主要是以三酰基甘油形式存在的，即：

$$\begin{array}{l} CH_2OH \\ | \\ CHOH \\ | \\ CH_2OH \end{array} + \begin{array}{l} HOOC—R^1 \\ | \\ HOOC—R^2 \\ | \\ HOOC—R^3 \end{array} \longrightarrow \begin{array}{l} CH_2—OOR^1 \\ | \\ HC—OOR^2 \\ | \\ CH_2—OOR^3 \end{array} + 3H_2O$$

甘油可与脂肪酸结合生成甘油一酯（一酰基甘油)、甘油二酯（二酰基甘油）和甘油三酯（三酰基甘油)，它们分别是由一个甘油分子与一个、二个、三个脂肪酸反应而生成的。甘油一酯和甘油二酯具有特殊的乳化特性。

天然油脂并非由一种分子结构组成，多数都是简单甘油三酯与混合甘油三酯所组成的复杂的混合物。近代化学已经能够说明各种油脂的特性，并将这些油脂混入各种原料中，用于各种食品的生产。

油脂的化学变化会产生各种不同的功能、营养价值和保质特性。不同油脂的熔点不同就是一种功能变化的典型范例。长链的脂肪酸一般形成的油脂较硬，而短链的脂肪酸则形成较软的油脂，不饱和脂肪酸也形成较软的油脂。油是一种在室温下呈液态的脂肪，将氢加入高度不饱和脂肪酸使之饱和，称为氢化过程，这也是将液态脂肪转变为固态脂肪的基本方法。

油脂在食品技术中的一些重要特性如下。①油脂被加热后逐渐变软。②油脂烟点、闪点和燃点。当油脂被加热，则首先开始发烟，然后达到闪点，继而开始燃烧。出现这些现象的温度依次被称为烟点、闪点和燃点。这些参数对商业油炸操作十分重要。③油脂易氧化。当油脂与氧气反应或在酶的作用下释放出脂肪酸时，油脂即产生哈败现象。④形成乳浊液。油脂中存在水和空气时，可形成乳浊液。在牛奶或稀奶油中，脂肪球悬浮于大量的水中；在黄油中，小水滴则悬浮于大量的脂肪中。空气可被包裹在加糖奶油浆或搅拌黄油中，类似于油脂中的乳浊液。⑤作润滑剂和溶剂。油脂是食物中的润滑剂，也就是说，添加黄油后，可使面包吞咽更加容易。油脂在体内可作为溶剂而溶解脂溶性维生素，帮助吸收。⑥油脂具有起酥作用。当油脂与蛋白质和淀粉交织在一起时，可使它们分散和变短，而不是拉长。因此，油脂用于焙烤制品可使产品更加酥脆。⑦油脂可形成食品的风味特征。油脂中含有的一些酯、醛、酮和有机酸等可形成食品的风味特征。⑧少量油脂即可产生饱腹感或减少饥饿感。

3.1.7 维生素与激素

维生素是人和动物的外源性生物活性物质，是人和动物为维持正常的生理功能而必须从食物中获得供给的一类微量有机物质。维生素主要在代谢——物质和能量的变化——的一般过程中起作用，它们在机体内不提供能量，而是通过作用于酶系统而促进蛋白质、碳水化合物和脂肪的代谢来帮助机体吸收大量能源和构成基本物质的原料。每一种维生素都具有特殊的生理功能，在保持健康方面有重要的作用。它们在体内一般不能合成或合成数量较少而不能充分满足需要，也不能大量贮存，所以必须靠饮食经常提供。维生素的种类很多，化学结构与生理功能各异，因此无法按照结构或功能分类，现在采用的方法是根据溶解性能分为脂溶性维生素及水溶性维生素两大类。表 3-5 中表示与人体健康明确有关的各种维生素的一般特征。

激素是人和动物的内源性生物活性物质。激素的作用不仅限于器官与组织的分化，而且对体内生物化学过程的维持也有关系。激素本身不是营养物质，不能提供能量，它只是作为一种信息传递到细胞上去，以增强或减弱细胞内原有的代谢过程，从而影响特定的生理功能。机体内，极微量激素即可对机体的生长、发育、生殖等基本生理过程起极大的作用。如果激素分泌过多或过少，均会造成机体代谢的紊乱，出现某种内分泌机能亢进或功能减退的疾病，严重时可危及生命。激素按其来源可分为动物激素和植物激素。常用动物激素包括生长激素（GH)、性激素，如甲状腺激素、胰岛素、肾上腺激素、性腺激素和脑下垂体激素等；植物激素包括植物生长素、赤霉素、细胞分裂素、脱落酸、乙烯等。

表 3-5 主要维生素的分类、功用及来源

类别		代表字母	其他名称	生理功能	主要来源
脂溶性维生素		$A(A_1、A_2)$	抗干眼病醇、抗干眼病维生视觉醇	抗干眼病、参与视力作用预防表皮细胞角化，促进生长	鱼肝油，胡萝卜，绿色蔬菜
		$D(D_1、D_2)$	骨化醇、抗佝偻病维生素	调节钙、磷代谢，预防佝偻病与软骨病	鱼肝油、奶油、用紫外线照射的牛乳
		E	生育维生素、生育酚	预防不育症	谷类的胚芽及其中的油
		$K(K_1、K_2、K_3)$	止血维生素	促进血液凝固	菠菜、肝
水溶性维生素	维生素B族	B_1	硫胺素、抗神经炎维生素	抗神经炎，预防脚气病，促进碳水化合物的代谢，构成辅酶成分	粮谷、豆类、胚芽、肝
		B_2	核黄素	预防唇炎、舌炎等、促进机体内氧化还原作用、促进生长	酵母、肝
		B_5	泛酸、遍多酸	辅酶 A 的组成成分，参与碳水化合物、参与脂肪的代谢	酵母、肝
		PP，B	烟酸、尼克酸、抗赖皮病维生素	预防赖皮病，形成辅酶Ⅰ、辅酶Ⅱ的成分，调节神经系肠胃道、表皮的活动	酵母、谷类胚芽、肝、花生
		B_8	吡哆素、抗皮炎维生素	与氨基酸代谢有关	酵母、米糠、谷类胚芽、肝
		B_{11}	叶酸	预防恶性贫血，为动物生长及生血作用所需	肝、植物的叶
		B_{12}	氰钴素	预防恶性贫血	肝
		H	生物素	预防皮肤病，促进脂类的代谢	肝、酵母
		H_1	对氨基苯甲酸	预防灰发	肝、酵母
			胆碱	防止脂肪累积、促进肝中磷脂合成	胆、卵黄、谷类、胚芽
			肌醇	防止毛发脱落，防止肝中脂肪中毒	肝、酵母、谷类、胚芽
	维生素C族	C	抗坏血酸、抗坏血病维生素	预防及治疗坏血病，促进细胞间质的生长	蔬菜、水果
		P	芦丁、渗透性维生素、柠檬素	增加毛细血管抵抗力，维持血管正常透过性	柠檬、芸香、苦荞麦、银杏叶

3.1.8 纤维素

纤维素是植物组织中的一种结构性多糖，也是植物中碳水化合物的主要存在形式之一，是组成植物纤维部分（如细胞壁）的主要成分，分布十分广泛，在细胞壁的机械物理性质方面起着重要作用。

纤维素虽然与淀粉、糖原类似，由葡萄糖构成，但葡萄糖分子间以 β-1,4-糖苷键连接，不含支链。天然纤维素的分子质量约为 57ku。纤维素分子的空间构象呈带状，糖链之间可以通过分子间的氢键而堆积起来成为紧密的片层结构，这使纤维素具有很强的机械强度，对生物体起支持和保护作用。

纤维素与碘无颜色反应，较难分解，不溶于冷水及热水中，也不能被人体消化，因而不产生能量。然而，纤维素在人们的膳食中非常重要，长的纤维素链结合成束状，形成了宏观的纤维，食物中的纤维构成了人体必要的膳食纤维。膳食纤维对人体无营养价值，主要起刺激肠道蠕动作用。近几十年来的研究表明，膳食纤维还有更多的生理作用。它可吸附肠道中的胆酸，使之从粪便中排出，从而可降低血清胆固醇的含量。由于可加快排便，减轻盲肠压力，减少肠黏膜与粪便接触时间，降低肠道中某些致癌物的产生，而减少肠癌的发生率。高膳食纤维饮食可降低糖尿病患者对胰岛素的需求，还可改变消化系统中菌群，诱生大量好气菌群等。

含膳食纤维丰富的食物有魔芋精粉、竹笋、黑木耳、银耳、紫菜、燕麦和蘑菇等。正常成人每日摄入25～30g膳食纤维为宜。饮食中有适当数量的粮谷类、水果类和蔬菜类时，膳食纤维一般不会过低，也不会过量。健康人群食用过高膳食纤维没有必要，还会产生一定的副作用。

3.1.9 酶

酶是生物细胞所产生的，以蛋白质为主要成分的一类生物催化剂。酶作为生物催化剂对细胞的代谢过程是十分重要的。

（1）酶的分类

① 根据酶的化学组成分类　按酶的化学组成可将酶分为两大类。

a. 单纯蛋白质酶（简称单纯蛋白酶）　这类酶本身是具有催化活性的单纯蛋白质分子，如脲酶、胰蛋白酶等。

b. 结合蛋白质酶（简称结合蛋白酶）　这类酶的组成中，除蛋白质外还含有非蛋白质部分。蛋白质部分称为酶蛋白，非蛋白质部分称为辅助因子。酶蛋白与辅助因子单独存在时均无催化活性，只有两部分结合起来组成复合物才能显示催化活性，此复合物称为全酶。

全酶＝酶蛋白＋辅助因子

有些酶的辅助因子是金属离子，有些酶的辅助因子是有机小分子。在这些有机小分子中，凡与酶蛋白结合紧密的就称为辅基；与酶蛋白结合得比较松弛，用透析法等可将其与酶蛋白分开者则称为辅酶。辅基与辅酶之间并没有严格界限。

② 根据酶促反应的类型分类　按酶促反应的类型可将酶分为以下六类。

a. 氧化还原酶类　氧化还原酶类催化氧化还原反应。如乳酸脱氢酶、琥珀酸脱氢酶、细胞色素氧化酶、过氧化氢酶等。反应通式为：

$$A \cdot 2H + B \rightleftharpoons A + B \cdot 2H$$

b. 转移酶类　转移酶类催化分子间基团的转移反应。如转氨酶、转甲基酶等，反应通式为：

$$AB + C \rightleftharpoons A + BC$$

c. 水解酶类　水解酶类催化水解反应。如唾液淀粉酶、胃蛋白酶、核酸酶、脂酶等。反应通式为：

$$AB + HOH \rightleftharpoons AOH + BH$$

d. 裂解酶类　裂解酶类催化从底物上移去一个基团的反应或其逆反应。反应通式为：

$$AB \rightleftharpoons A + B$$

e. 异构酶类　异构酶类催化各种同分异构体的相互转变。反应通式为：

$$A \rightleftharpoons B$$

f. 合成酶类（或称连接酶类）　合成酶类催化两个分子合成一个分子的反应。合成过程中伴有ATP分解。如谷氨酰胺合成酶、谷胱甘肽合成酶、CTP合成酶等。反应通式为：

$$A + B + ATP \rightleftharpoons AB + ADP + Pi$$

（2）酶分子的结构

① 酶分子的空间结构　酶分子都具有球状蛋白质分子所共有的一级结构、二级结构、三级结构，许多酶还具有四级结构或更高级的结构。以一个独立三级结构为完整生物功能分子最高结构形式的酶，称为单体酶；以四级结构作为完整生物功能分子结构形式的酶，称为寡聚酶。酶的高效率、高度专一性和酶活性可调节等催化特性，都与酶蛋白本身的结构直接

相关。酶蛋白的一级结构决定酶的空间构象，而酶的特定空间构象是其生物功能的结构基础。

② 酶分子的活性中心　在酶分子三级结构内的构象中，由少数必需基团组成的能与底物分子结合，并完成特定催化反应的空间小区域，称为酶的活性中心或酶活中心。酶蛋白中只有少数特定的氨基酸残基组成的侧链基团和酶的催化活性直接有关，这些官能团称为酶的必需基团。有的必需基团负责与底物分子结合，称为结合基团或结合部位；有些必需基团负责打断底物的键形成新的键，称为催化基团。研究发现，在酶活中心出现频率最高的氨基酸残基是丝氨酸、组氨酸、半胱氨酸、酪氨酸、天冬氨酸、谷氨酸和赖氨酸。它们的极性侧链基团常常是酶活性中心的必需基团。

③ 酶原和酶原激活　某些蛋白酶，在细胞内合成或初分泌时，并无催化活性，经一些酶或酸的激活，才能变成具有活性的酶。这些具催化活性的酶分子前体称为酶原，使酶原转变为具有活性的酶的作用称为酶原激活或活化作用。酶原激活过程的本质是酶原分子中肽链的局部水解，部分肽段断裂并伴随有空间结构的变化。例如，胰蛋白酶原，在肠激酶的作用下，水解成一个六肽，使肽链螺旋度增加，导致含有必需基团的组氨酸、丝氨酸、缬氨酸及亮氨酸聚集在一起，形成活性中心。于是胰蛋白酶原就变成了胰蛋白酶。

(3) 影响酶活的因素　影响酶活的因素比较复杂，包括温度、pH 值、酶浓度、底物浓度、激活剂和抑制剂、水分活度。

温度是影响酶活的重要影响因素之一。在一定的温度范围内，温度升高，酶促反应速率增大，当升到某一温度时，反应速率达到最大；若继续升高温度，酶促反应速率反而降低，高温使酶蛋白质变性而失活。使酶促反应速率达到最大值时的温度，称为酶促反应的最适温度。不同的酶，最适温度有所不同。

pH 值对酶活的影响是复杂的，它不但影响酶的稳定性，而且还影响酶的活性部位中重要基团的解离状态、酶-底物复合物的解离状态以及底物的解离状态，从而影响酶的反应速率。每一种酶都有其作用的最适 pH 值，在这个 pH 条件下，酶促反应的反应速率最大。

酶浓度和底物浓度影响反应速率。如果酶浓度保持不变，当底物浓度增加时，反应的初速度随之增加并达到最大值；当底物足够过量，其他条件固定，在反应系统中不含有抑制酶活性的物质以及无其他不利于酶发挥作用的因素时，反应速度和酶浓度成正比。

凡是能提高酶活性的物质，都称为激活剂。激活剂对酶的作用具有一定的选择性。有时一种酶激活剂对某种酶能起激活作用，而对另一种酶则可能不起作用。酶的激活剂多为无机离子或简单有机化合物。许多化合物能与一定的酶进行可逆或不可逆的结合，使酶的催化作用受到抑制。凡是能降低酶活性的物质，称为抑制剂。如药物、抗生素、毒物抗生素代谢物等都是酶的抑制剂。一些动物、植物组织和微生物能产生多种水解酶的抑制剂。

降低酶制剂的水分活度可使酶蛋白变性速率显著减缓，有可能提高酶制剂的稳定性。

(4) 酶在食品工业中的应用　酶在食品工业中的应用有以下三个方面。

① 加工上的利用　食品是一种成分极其复杂的体系，除碳水化合物、蛋白质及脂肪外，还含有产生颜色、风味、质地特性的化合物。若加入酶使其与某种底物作用而不影响其他成分，并控制反应的进行，就能达到所需要的品质。如淀粉酶在食品加工中应用广泛，在烘烤食品中用以增加发酵过程中的糖含量；在果汁加工中起到除去淀粉，增加起泡性的作用；在果冻生产中用以除去淀粉，增加产品光泽；在酿造中，用以将淀粉转化为糊精、糖，增加吸收水分能力等。

② 食品成分分析　利用酶的敏感性与专一性来测定加工条件下食品成分的变化，而达到控制的目的。如现代酶分析的光吸收试验，通过分析反应物和产物的光吸收变化来定量分

析其含量的变化情况。它是基于某些脱氢酶［包括葡萄糖-6-磷酸脱氢酶、乳酸脱氢酶、醇脱氢酶（ADH）等］的辅助因子 NADH 在 340nm 处的特征光谱吸收来进行测量。

③ 控制食品原料的贮藏性与品质　有一些植物原料在未完全成熟时即采收，需经过一段时间的催熟才能达到适合食用的品质。实际上是酶控制着成熟过程的变化，如叶绿素的消失、胡萝卜素的生成、淀粉的转化、组织的变软、香味的产生等。如果能了解酶在其中的作用而加以控制，就可改善食品原料的贮藏性并增进其品质。

3.1.10　物质代谢与营养平衡

食品原料来源于动物或植物体，其营养成分经过食用吸收后参与人体的新陈代谢，即生物体内的糖类、脂类、蛋白质、核酸等生物大分子是通过体内的新陈代谢来调节体内的物质代谢与营养平衡的。在生物的新陈代谢过程中，发生各种各样的生物化学反应，例如缩合、聚合、水解、磷酸化、酯化、脱氨基、脱羧基、基团转移等。物质在生物体内所经历的一切化学反应总称为物质代谢或新陈代谢。按照物质转化方向，代谢活动可分为分解代谢和合成代谢。生物体一方面从外界环境中吸收营养物质，经过代谢转化，自我更新，成为生物体的组成成分；另一方面又分解体内原有的物质，以满足代谢的需要。合成代谢和分解代谢相辅相成，有机地联系在一起，构成物质代谢的统一整体。

（1）分解代谢　分解代谢的总特征就是生物质由复杂变为简单。即生物基础成分也就是食物中的三种基本营养素——碳水化合物（糖）、脂肪和蛋白质的分解代谢的化学历程。从分解过程的共同特性来看，碳水化合物、脂肪和蛋白质的分解代谢可分为三个不同的阶段。第一阶段是消化性反应，在动物和微生物中，食物的消化反应大部分都在细胞外进行；在植物中，除了少数例外如食虫植物，营养物质的消化反应都在细胞内进行。第一阶段的结果是产生小分子单体。在第二阶段，这些小分子单体发生部分性的降解、氧化，产生 CO_2 和一些更简单的小分子。这些更简单的小分子在第三阶段中可以彻底被氧化。整个分解过程是复杂的多步骤反应，各步的中间产物又可用于合成代谢。在第三阶段，各种代谢过程都以三羧酸循环为中心而统一起来。

（2）合成代谢　生物合成包括组建生物大分子所需的单体分子的合成、生物大分子的合成、细胞结构的组建、生理活性物质及次生物质的合成等。所有生物合成都是酶促反应过程。不同生物类群的生物合成能力有所不同，所用的原材料和能量来源也不尽相同。但是，一切活细胞都需要自行合成本身所需要的种种生物大分子。合成代谢以蛋白质、多糖为主体，可以分为三个阶段：原料准备阶段，单体分子合成阶段，生物大分子合成阶段。生物合成所需的碳源、氮源、能量和还原力（NADPH）主要通过分解代谢供应。因此分解代谢可以视为合成代谢的原料准备阶段。分解代谢的第二阶段、第三阶段都可为合成其他单体分子提供素材和还原力。单糖、脂肪酸或者氨基酸，在细胞内即可直接用于生物大分子的合成，也可由一种营养物质转化为细胞的其他物质。特别是单糖分解生成的产物以及三羧酸循环的中间产物，可分别作为氨基酸、脂肪酸、核苷酸等单体分子生物合成的前体。

3.1.11　食品中的嫌忌成分

从食品科学的角度来说，由于生物的、加工的或环境的原因，一些食物中常含有一些无益有害的成分，统称为嫌忌成分。食品中的嫌忌成分大致包括：食品及原料中有害的天然成分，食品及其原料在加工和贮藏中由于成分的变化产生的嫌忌成分，各种性质的污染物，选用不当的食品添加剂等。这些嫌忌成分的含量超过一定限度即可构成对人体健康的危害。

（1）食品中的异味　食品中的异味直接影响着食品的质量。异味成分的来源除来自原料本身的成分外，还有食品或原料在贮藏中由于各种因素和微生物作用所产生的异味物质，以及在加工过程中由气味前体物质分解所产生的异味物质。

① 原料本身的成分造成的异味　如水产品的腥臭气。河川鱼腥味的主体成分为六氢吡啶类化合物；海鱼中的气味来自于低级胺，具有腐败腥臭的三甲胺是其主要的臭气成分。由鱼油氧化分解而成的甲酸、丙酸、丙烯酸、丁酸、丁烯-2-酸、戊酸等，也是构成鱼臭气的成分。

② 食品腐败变质产生的异味　有的食品原料在存放时发生腐败变质而产生臭气。如动物性食品的原料在贮存时，所含蛋白质、脂肪、卵磷脂、氨基酸、尿素等物质在细菌作用下产生的氨、甲胺、硫化氢、甲硫醇、吲哚、粪臭素、四氢吡咯、六氢吡啶以及脂肪氧化产生的醛、酮等物质，使这类食物具有强烈的腐败性臭味。经过熟制后的食品，更易被细菌作用产生上述物质而腐败变质。

③ 其他因素产生的异味　加热不当会引起糖类过度焦化，蛋白质、油脂的分解、炭化等，产生刺激的焦臭味；水质中的游离氯能与食物中的酚类物质结合成氯酸，产生刺激性臭味；在一些水果和蔬菜中的草酸、鞣质和香豆素类、奎宁酸等会导致食物涩味。

（2）动植物食品自身的毒素

① 动物性食品中的毒素　含有毒素的功能性食品大多为水产品，一类是鱼类毒素，另一类是贝类毒素。已知的含有毒素的鱼类大约有600多种，产于我国的大约有170种，其中研究最清楚的是河豚鱼毒素（无论是淡水还是海水产的河豚都含有毒素）。贝类中的毒素是由贝类、甲藻类的食品或淡水中蓝绿藻类食品引起的。此毒素对贝类本身无害，因毒素在贝类体内是结合状态，当人食用贝类肉后，毒素将迅速释放并呈现毒性作用。最早分离和提纯的贝类毒素是石房蛤毒素，也称岩藻毒素。

② 植物性食物中的毒素　凝集素、毒苷、毒酚、毒有机酸及酶抑制剂是常见的植物性食物毒素。

3.1.12　食品添加剂

食品添加剂是指为改善食品的品质和风味，或者为了加工工艺和贮存的需要，在食品加工过程中加入食品中的少量天然或化学合成物质。食品添加剂是现代食品行业不可缺少的一个组成部分。

（1）食品添加剂的作用　防止食品腐败变质；有利于改善食品的感观性状；有利于食品加工操作；保持或提高食品的营养价值；满足其他特殊需要。

（2）食品添加剂的分类

① 按来源分类　分为天然食品添加剂和化学合成食品添加剂。天然食品添加剂是从动植物中提取制得或来自微生物的代谢产物；而化学合成食品添加剂是通过化学合成的方法制取得到。

② 按功能分类　按功能可分为酸度调节剂、抗结剂、消泡剂、抗氧化剂、漂白剂、增稠剂、凝固剂、防腐剂、甜味剂、香味剂、营养强化剂、护色剂、乳化剂、酶制剂等，共20余类。

（3）几类重要食品添加剂

① 食品防腐剂　指能防止由微生物所引起的腐败变质，以延长食品保存期的食品添加剂。食品防腐剂按照来源和性质分为：有机化学防腐剂和无机化学防腐剂。

a. 有机化学防腐剂　主要包括苯甲酸及其盐类、山梨酸及其盐类、对羟基苯甲酸酯类、丙酸盐类、乳酸链球菌素、脱氧乙酸及脱氢乙酸钠等。苯甲酸及其盐类、山梨酸及其盐类等均通过未分离的分子起抗菌作用，均需在酸性条件时才有效，故称酸型防腐剂。

b. 无机化学防腐剂　主要包括二氧化硫、亚硫酸及其盐类、硝酸盐及亚硝酸盐类等。其中亚硝酸盐能抑制肉毒梭状芽孢杆菌生长，防止肉毒中毒，但它主要作为护色剂使用。

② 护色剂与漂白剂

a. 护色剂　在肉制品加工过程中，适当添加非色素性的化学物质，使其呈好的色泽，这些物质称为护色剂或发色剂、呈色剂。在使用护色剂的同时，还常常加入一些能促进护色的还原性物质，这些物质称为护色助剂。常用的护色剂有硝酸钾、亚硝酸钾、硝酸钠和亚硝酸钠；常用的护色助剂有 L-抗坏血酸及其钠盐、异抗坏血酸及其钠盐、烟酰胺等。

b. 漂白剂　漂白剂是指使色素褪色或使食品免于褐变的食品添加剂。按其作用方式分为两类，即氧化漂白剂和还原漂白剂。氧化漂白剂是利用色素受氧化作用而分解褪色达到漂白目的，其优点是食品经过漂白，再暴露于空气中，不会再受空气中氧所氧化而使颜色再现。其缺点是有些色素不能被氧化漂白剂所作用，有些色素经过漂白后仍不能达到漂白的目的。因此，氧化漂白剂只能在特殊情况下使用。溴酸钾和过氧化苯甲酰都是这类漂白剂。还原漂白剂是利用色素还原作用而褪色以达到漂白目的。有机物的颜色是由其分子中所含的发色基团产生的。发色基团均含有不饱和键，还原漂白剂释放氢原子可使发色基团所含的不饱和键变成单键，有机物便失去颜色。常用的还原漂白剂为亚硫酸及其盐类。我国目前允许使用的漂白剂有二氧化硫、焦亚硫酸钠或亚硫酸氢钠、亚硫酸钠、低亚硫酸钠。

③ 增稠剂与凝固剂

a. 增稠剂　指改善食品的物理性质或组织状态，使食品黏滑适口的食品添加剂。它可以对食品起乳化和稳定作用。增稠剂品种很多，按来源可分为天然和人工合成品。天然增稠剂多数来自植物，也有来源于动物和微生物的。来自植物的增稠剂有树胶（如卡拉胶等）、种子胶（如瓜果豆胶）、海藻胶（海藻酸钠）和其他植物胶（如果胶等）。改性淀粉也列入食品添加剂中，包括酸处理淀粉、碱处理淀粉、氧化淀粉等。它们在凝胶强度、流动性、颜色、透明性和稳定性等方面均有不同。来自动物的有明胶、酪蛋白酸钠等。来自微生物的有黄原胶等。明胶、酪蛋白酸钠、改性淀粉除有增稠作用外，还有一定的营养价值，安全性高，应用较广。人工合成的增调剂如羧甲基纤维素和聚丙烯酸钠等安全性高，应用较广。

b. 凝固剂　凝固剂主要是指能使蛋白质凝固或防止新鲜果蔬软化的食品添加剂。葡萄糖酸-δ-内酯是一类常用凝固剂。葡萄糖酸-δ-内酯为白色结晶性粉末，无臭，口感先甜后酸，易溶于水，略溶于乙醇，在约 135℃时分解。

④ 蓬松剂、抗结剂、水分保持剂

a. 膨松剂　膨松剂又称膨发剂或疏松剂，是生产面包、饼干、糕点时使面胚在焙烤过程中起发的食品添加剂。通常膨松剂在和面过程中加入，在焙烤加工时因受热分解产生气体使面胚起发，在内部形成均匀、致密的多孔性组织，从而使制品具有酥脆或松软的特征。膨松剂按组成成分可分为碱性膨松剂和复合膨松剂两类。我国使用最多的碱性膨松剂是碳酸氢钠和碳酸氢铵。复合膨松剂一般由碳酸盐类、酸类（或酸性物质）和淀粉等三部分物质组成，主要成分是碳酸盐类，常用的是碳酸氢钠，其用量约占 20%～40%，其作用是与酸反应产生二氧化碳。

b. 抗结剂　抗结剂是加入颗粒或粉末食品中以防止食品结块的食品添加剂。例如用少量无水磷酸氢二钠可防止盐或糖结块，我国常用亚铁氰化钾防止食盐结块。

c. 水分保持剂　水分保持剂主要用于保持食品的水分，品种较多。我国许可使用的磷酸盐是一类具有多种功能的物质，在食品加工时广泛用于各种肉禽、蛋、水产品、乳制品、谷物制品、饮料、果蔬、油脂以及改性淀粉等，具有明显改善品质的作用。例如，磷酸盐可减少肉、禽制品加工时的原汁流失，增加持水性，从而改善风味，提高出品率，并可延长贮藏期；防止鱼类冷藏时蛋白质变质，保持嫩度，减少解冻损失；也可增加方便面的复水性；还可用于生产改性淀粉。食品加工中常用的磷酸盐有正磷酸盐、焦磷酸盐、聚磷酸盐和偏磷酸盐等。

⑤ 食品加工助剂　指在食品加工过程中以催化、溶解、消泡、助滤、吸附、脱色、脱皮、澄清、絮凝等为目的所添加，并且通常最终能从成品中除去的食品添加剂。食品加工助剂种类很多，有酶制剂、酸剂和碱剂、载体溶剂、消泡剂和助滤剂等。

a. 载体溶剂　载体溶剂亦简称溶剂，是能溶解其他物质的物质，食品工业常用的溶剂有乙醇、丙二醇、丙三醇等。

b. 消泡剂　在食品生产的过程中由于所溶解的蛋白质等的作用，有时会产生大量泡沫，若不及时消除，可从容器中溢出而妨碍操作。用于消除这种泡沫而添加进去的某些食品添加剂称为消泡剂。乳化硅油、高碳醇脂肪酸酯复合物都是常用消泡剂。

c. 助滤剂　在食品加工过程中，以帮助过滤的食品添加剂称为助滤剂。它们亦具有吸附作用。主要有活性炭、硅藻土和高岭土等。

3.2 食品的微生物学基础

3.2.1 食品中微生物的种类

微生物包括许多不同的类群，根据现代生物学分类方法可被分为细胞微生物和非细胞微生物两大类。病毒属于非细胞微生物。食品中的微生物主要指细胞微生物，而细胞微生物又可分为原核微生物和真核微生物。细菌、放线菌属于原核微生物；酵母、霉菌、担子菌属于真核微生物。

(1) 原核微生物　原核微生物主要包括细菌、放线菌、蓝细菌以及形态结构比较特殊的立克次体、支原体、衣原体、螺旋体等，食品工业的重点是细菌、放线菌。

① 细菌　细菌是原核微生物的一大类群，在自然界分布广，种类多，与人类生产和生活的关系也十分密切，是微生物学的主要研究对象。食品腐败主要是由于细菌作用的结果。如引起食品腐败的优势腐败菌包括微球菌属、黄杆菌属和假单胞菌属。另外引起食物中毒细菌包括肉毒梭菌属和金黄色葡萄球菌；而沙门菌属和志贺菌属是感染型细菌。在食品微生物中还有一类细菌是植物病原菌——胡萝卜软腐欧文菌。然而食品中更多的是对人类有益的细菌，生产出许多食品和其他重要的化工产品。有益细菌主要为醋酸杆菌属、枯草杆菌、乳酸细菌等。

② 放线菌　放线菌是具有多核的单细胞原核生物，革兰染色阳性。比较原始的放线菌细胞呈杆状分叉或只有基质菌丝没有气生菌丝。典型的放线菌除发达的基质菌丝外，还有发达的气生菌丝和孢子丝。与食品有关的菌种有：玫瑰红放线菌、玫瑰暗黄放线菌、玫瑰黄放线菌、棘孢小单孢菌等。

(2) 真核微生物　真菌、藻类和原生动物都属于真核微生物，而真菌是微生物中的一个庞大类群。据统计，真菌约有 12 万余种。由于真菌的种类极多，一般认为真菌的菌体为单细胞或多细胞的分支丝状体，或为单细胞的不分支的个体。真菌细胞中没有光合色素，不能进行光合作用。真菌属真核生物，细胞中具有完整的、典型的细胞核，与高等生物一样，能进行有丝分裂，其繁殖方式主要靠无性孢子或有性孢子。真菌包括单细胞的酵母菌、单细胞或多细胞的丝状霉菌以及产生子实体的蕈菇。

① 酵母菌 酵母菌是一群以单细胞为主的、以出芽为主要繁殖方式的真菌。在自然界中，酵母主要分布在含糖量较高的偏酸环境中，例如水果、蔬菜、花蜜上，以及果园、油田、炼油厂周围的土壤中，很容易找到它们，目前约有370多种，分属于39个属。酵母是人类利用较早的微生物，具有极大经济价值。酵母菌与发酵调味品工业的关系也很密切，食品中常见常用的酵母菌有：啤酒酵母、葡萄汁酵母、鲁氏酵母、接合酵母属、德巴利酵母属、拟内孢霉属、克勒克酵母属、醭酵母属、丝孢酵母属、裂殖酵母属、酒香酵母属。

② 霉菌 霉菌是丝状真菌的通称，因为它们生长在培养基上都长成绒毛状或棉絮菌丝体，统称为霉菌。霉菌在自然界分布极广，种类繁多，陆生性较强。现在已知的霉菌据估计约有5000种以上。霉菌具有较强的生命力，经常可使食品发霉变质，不能食用；但很大一部分都具有很大的经济价值，在食品发酵工业中占有重要位置。食品中常见常用的霉菌有交链孢属、曲霉属、毛霉属、根霉属、青霉属。

③ 担子菌 担子菌的特征之一是产生担孢子，一般指用于可供人们食用的大型真菌，即蘑菇、香菇、草菇、平菇、金针菇、黑木耳、银耳、猴头、竹荪、鸡坳、松茸等；此外，也应包括传统习惯上作为药用的大型真菌，如灵芝、茯苓、雷丸、马勃、虫草等。据文献资料报道，全世界可供食用真菌种类达2000多种。至于食用蘑菇的种类，目前已报道的达300多种；药用真菌已超过400种。

3.2.2 食品中微生物的生长与控制

(1) 食品中微生物生长的概念 一个微生物细胞在合适的外界环境条件下，不断地吸收营养物质，并按其自身的代谢方式进行新陈代谢。如果同化作用的速度超过了异化作用，则其原生质的总量（质量、体积等）就不断增加，于是出现了个体的生长现象。如果这是一种平衡生长，即各细胞组分是按恰当的比例增长时，则达到一定程度后就会发生繁殖，从而引起个体数目的增加，这时原有的个体已经发展成一个群体。随着群体中各个个体的进一步生长，就引起了这一群体的生长，这可从其质量、体积、密度或浓度作指标来衡量。所以：群体生长＝个体生长＋个体繁殖。

微生物的生长繁殖是其在内外各种环境因素相互作用下的综合反映，因此生长繁殖情况就可作为研究各种生理、生化和遗传等问题的重要指标；同时微生物在生产实践上的各种应用或是对致病、霉腐微生物的防治，也都与它们的生长繁殖和抑制紧密相关。

(2) 生长的规律——生长曲线 微生物生长繁殖的速度非常快，一般细菌在适宜的条件下，20～30min就可以分裂1次，如果不断迅速地分裂，短时间内可达惊人的数目。但实际上在培养条件保持稳定的状况下，定时取样测定培养液中微生物的菌体数目，发现在培养的开始阶段，菌体数目并不增加，一定时间后，菌体数目会增长很快，继而菌体数目增长速率保持稳定，最后增长速率逐渐下降以至等于零。如果以培养时间为横坐标，以活菌数的对数值作纵坐标，就可做出一条生长曲线。这条生长曲线代表单细胞微生物从生长开始到衰老死亡的一般规律。

根据微生物的生长速率常数，即每小时的分裂代数的不同，一般把典型的生长曲线粗分为延滞期、对数期、稳定期和衰亡期4个时期（图3-1）。

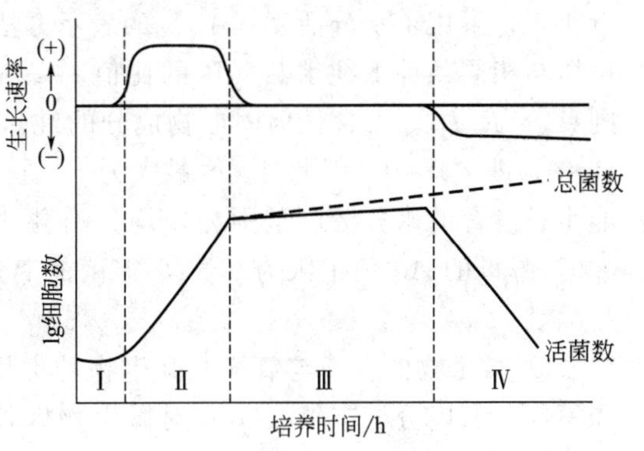

图3-1 典型生长曲线

Ⅰ—延滞期；Ⅱ—对数期；Ⅲ—稳定期；Ⅳ—衰亡期

① 延滞期又叫适应期、缓慢期或调整期　指把少量微生物接种到新培养液刚开始的一段时间，细胞数目不增加的时期，甚至细胞数目还可能减少。延滞期出现的原因，可能是为了重新调整代谢。当细胞接种到新的环境（如从固体培养基接种到液体培养基）后，需要重新合成必需的酶类、辅酶或某些中间代谢产物，以适应新的环境而出现生长的延滞。

② 对数期又叫指数期　指在生长曲线中，紧接着延滞期后的一段时期。此时菌体细胞生长的速率常数 R 最大，分裂快，细胞每分裂繁殖 1 次的世代时间（即代时）短，细胞进行平衡生长，菌体内酶系活跃，代谢旺盛，菌体数目以几何级数增加，群体的形态与生理特征最一致，抗不良环境的能力强。影响微生物对数期世代时间的因素较多，最重要的有菌种、营养成分、培养温度。

③ 稳定期又叫最高生长期或恒定期　处于稳定期的微生物其特点是新繁殖的细胞数与衰亡细胞数几乎相等，即正生长与负生长达到动态平衡，此时生长速率逐渐趋向于零。出现稳定期的原因主要有：a. 营养物质特别是生长限制因子的耗尽，营养物质的比例失调，例如 C/N 的比值不合适等；b. 酸、醇、毒素或过氧化氢等有害代谢产物的累积；c. pH 值、氧化还原势等环境条件越来越不适宜等。

④ 衰亡期　稳定期后，微生物死亡率逐渐增加，以致死亡数大大超过新生数，群体中活菌数目急剧下降，出现了“负生长”（只为负值），此阶段叫衰亡期。产生衰亡期的原因主要是外界环境对继续生长的微生物越来越不利，从而引起微生物细胞内的分解代谢大大超过合成代谢，导致菌体死亡。

(3) 微生物生长的控制　影响微生物生长的外界因素很多，其一是营养物质，其二是物理、化学因素。当环境条件在一定限度内发生改变时。可引起微生物形态、生理、生长、繁殖等特征的改变；当环境条件的变化超过一定极限时，则导致微生物的死亡。研究环境条件与微生物之间的相互关系，有助于了解微生物在自然界的分布与作用，也可指导人们在食品加工中有效地控制微生物的生命活动，保证食品的安全性，延长食品的货架期。

① 温度　温度是影响微生物生长繁殖最重要的因素之一，在一定温度范围内，机体的代谢活动与生长繁殖随着温度的上升而增加，温度上升到一定程度，则开始对机体产生不利的影响，如再继续升高，则细胞功能急剧下降以致死亡。与其他生物一样，任何微生物的生长温度尽管有高有低，但总有最低生长温度、最适生长温度和最高生长温度这 3 个重要指标，这就是生长温度的 3 个基本点。控制微生物的生长，掌握这 3 个基本点很重要。

② 水分是微生物进行生长的必要条件　孢子萌发、芽孢出芽首先要有水分，微生物是不能脱离水而生存的，但是微生物不能在纯水中生活。为了说明水分与微生物生长的关系，近年来，采用了水分活度（A_w）的表示方法。A_w 值是指在密闭容器内含有水溶性物质的蒸汽压与相同条件下纯水蒸气压的比值。以纯水的蒸汽压为 P_0，水溶性物质的蒸汽压为 P，则 $A_w=P/P_0$。不含任何固形物成分的纯水的 $P=P_0$，即 $A_w=1$；绝对不含水分的物品的 $P=0$，即 $A_w=0$。因此 A_w 值最大为 1，最小为 0，A_w 值在 0 与 1 之间。各种微生物，在可能生长发育的水分活度范围内，均具有狭小的水分活度区域。例如细菌的 A_w 值的下限为 0.9，酵母的 A_w 值下限为 0.88，霉菌的 A_w 值下限为 0.88。控制微生物生长，A_w 值控制是关键。

③ 微生物的生长与氧气　微生物种类繁多，不同微生物在细胞内的生物氧化的代谢途径不同，所以分子态氧（O_2）对微生物生长的影响较为复杂。氧气对某些微生物来讲，是其生长、代谢必需的，但对某些微生物可能是有害的。根据不同微生物对氧气的需要情况，可将它们分为五个类型，包括需氧微生物、厌氧微生物、兼性需氧微生物、微量需氧微生

物、耐氧性厌氧微生物。在食品科学中往往根据微生物对氧气的需求类型来控制氧气的供给量，进而达到对微生物生长繁殖的控制。

④ pH 值对微生物生长的影响　pH 对微生物的生长繁殖影响很大，与温度一样，每种微生物只能在一定 pH 范围内生长。从微生物界整体来看，pH 在 5～9 范围内，较易生长。各类微生物之间略有差异。大多数细菌、放线菌喜欢生活在中性偏碱的环境中，细菌的最适 pH 在 7.0～7.6 之间，放线菌的最适 pH 在 7.5～8.5 之间；而酵母菌和霉菌则适合在偏酸的条件下生长，霉菌的最适 pH 在 4.0～5.8 之间，酵母菌在 3.8～6.0 之间。pH 对微生物生长的影响，主要表现在两个方面。a. 影响细胞膜的电荷，从而影响微生物对营养物质的吸收。b. 影响代谢过程中酶的活性，从而影响微生物的生命活动。微生物在生长过程中，由于代谢作用，会产生酸性或碱性的代谢产物，从而改变培养基或周围环境的 pH。例如乳酸细菌分解葡萄糖产生乳酸，使 pH 下降；尿素细菌水解尿素产生氨，使 pH 上升。蛋白质和氨基酸的分解，也能由于产生氨而使 pH 上升。为了避免 pH 大幅度改变而影响微生物生命活动的正常进行，通常采用在培养基中添加缓冲剂或加入在中性条件下不溶解的碳酸钙的方法，在一定程度上对 pH 的改变起到缓解作用。

⑤ 渗透压对微生物生长的影响　微生物对渗透压有一定的适应能力，但突然较大程度地改变渗透压，则对微生物的生长不利，甚至死亡。微生物对渗透压的要求因种类差别很大。有些能够在非常稀的溶液中生长，而有些则可以在饱和的 NaCl 溶液中生长。能够在高渗溶液中生长的微生物称为嗜高渗微生物。绝大多数高渗的天然环境中都含有很高的盐（特别是 NaCl）浓度，因此人们将能在这类环境中生长的微生物称为嗜盐微生物。微生物根据耐盐性可分为四大类：非嗜盐微生物、海洋微生物、中等嗜盐微生物和极端嗜盐微生物。食品生产中根据微生物的耐盐程度来调整环境溶液的盐含量，以控制微生物的生长。

⑥ 氧化还原电位对微生物生长的影响　微生物的生长对氧化还原电位（*Eh*）有一定的要求。一般需氧微生物 *Eh* 值在＋0.1V 以上就可以生长，以＋0.3～＋0.4V 为合适；厌氧性微生物只能在＋0.1V 以下生长；兼性厌氧微生物对 *Eh* 值的要求相对较为广泛。

⑦ 化学药物　影响微生物生长的化学药物种类很多。主要的有重金属盐类，如汞盐、铜盐；氧化剂，如次氯酸钙；有机化合物，如酚、醛等；卤族元素及其他化合物，如碘化物、氯化物；染料，如结晶紫；毒性物质，如 KCN、CO 等。这些化学药物对微生物生长的影响不尽相同，作用方式与杀菌机制也有差别。有的在低浓度下只起抑菌作用，而在高浓度下才有杀菌作用；有的对微生物生长具有选择性的影响，有的只有在某一浓度时具有较强的杀菌作用；有的是和细胞中蛋白质结合，引起蛋白质变性而死亡；有的破坏细胞膜的通透性，使吸收营养和排泄废物功能失调而死亡；有的对某种微生物有毒害作用，而对另一种微生物则是一种营养物；有的改变环境的 pH，使微生物无法生长而达到抑菌或杀菌的目的，例如酸和碱。

3.2.3 食品中有益微生物的利用

（1）食品工业中细菌的利用

① 乳酸菌　乳酸菌是指能够利用发酵性糖类产生大量乳酸的一类细菌，在自然界中广泛分布，在食品工业中具有很高的应用价值。在发酵食品行业中应用最广泛的是乳酸菌。经过乳酸菌发酵作用制成的食品称为乳酸发酵食品。随着科学研究的不断深入，逐步揭示了乳酸菌对人体健康有益作用的机理，因而，乳酸发酵食品更加受到人们的重视，在食品工业中有越来越重要的地位。其产品有发酵乳制品、干酪、乳酸菌发酵饮料、益生菌制剂。

② 醋酸菌　此类微生物在自然界中分布较广，在醋醪、水果、蔬菜表面都可以找到，

是重要的工业用菌之一。发酵调味品食醋的生产就是利用醋酸菌，也采用它来生产制造葡萄糖酸及维生素C。

③ 枯草杆菌　是产生芽孢的需氧杆菌，在食品生产上用途很广，可以制取蛋白酶、5-核苷酸酶、肌苷、鸟苷等。

④ 谷氨酸菌　谷氨酸菌在细菌分类学中属于棒杆菌属、短杆菌属、小杆菌属和节杆菌属中的细菌。目前我国谷氨酸发酵最常见的生产菌种是北京棒杆菌AS 1.299和钝齿棒杆菌AS 1.542。谷氨酸菌在食品工业中用于生产L-谷氨酸单钠，俗称味精，具有肉类鲜味，是人们日常生活中普遍使用的调味料。我国于1963年开始采用谷氨酸菌发酵法生产味精。

(2) 食品工业中有益放线菌的应用　放线菌与食品发酵、食品变质的关系不如其他类群微生物与食品发酵、食品变质的关系密切，与食品有关的菌种如下。

① 生产葡萄糖异构酶　玫瑰红放线菌、玫瑰暗黄放线菌、玫瑰黄放线菌都能产生该酶，该酶制剂用于果糖生产。

② 合成维生素B_{12}　庆大霉素生产菌——棘孢小单孢菌在发酵生产庆大霉素时，菌丝内含有一定量的维生素B_{12}。

③ 利用食品发酵下脚料　由于放线菌具有分解有机物质的能力，所以可利用食品发酵下脚料生产某些具有活性物质的饲料或抗生菌肥料。

(3) 食品工业中有益酵母菌的应用

① 啤酒酵母　啤酒酵母属于典型的上面酵母，又称爱丁堡酵母，广泛应用于啤酒、白酒酿造和面包制作。

② 葡萄酒酵母　葡萄酒酵母属于啤酒酵母的椭圆变种，简称椭圆酵母，常用于葡萄酒和果酒的酿造。

③ 卡尔酵母　卡尔酵母属于典型的下面酵母，又称卡尔斯伯酵母或嘉士伯酵母，常用于啤酒酿造、药物提取以及维生素测定的菌种。

④ 产蛋白假丝酵母　又称产朊假丝酵母或食用圆酵母，富含蛋白质和维生素B，常作为生产食用或饲用单细胞蛋白（SCP）以及维生素B的菌株。

(4) 食品中有益霉菌的应用　霉菌在自然界分布极广，种类繁多，陆生性较强。它们是工农业生产中广泛应用的一类微生物，与人类生活也非常密切，具有很大的经济价值，在食品发酵工业上占有重要位置，参与发酵生产的产品包括酒精、大曲酒、黄酒、柠檬酸、纤维素酶、糖化酶、甾体激素转化、赤霉素、食品着色剂等。例如霉菌中的根霉能够产生糖化酶，使淀粉转化为糖，是酿酒工业上常用的发酵菌，在甜酒曲中主要就是根霉。另外根霉还是甾体激素、延胡索酸和酶制剂等物质生产的菌种。而毛霉具有分解蛋白质能力，常用于制造腐乳，可使腐乳产生芳香物质及蛋白质分解物（鲜味）。某些毛霉的菌株还具有较强的糖化力，可用于酒精、有机酸工业原料的垢化和具有一定酒精发酵能力。

3.2.4 微生物对食品的污染及危害

(1) 污染食品微生物的来源及途径

① 污染食品微生物的来源　食品从原料、生产、加工、贮藏、运输、销售到烹调等各个环节，常常与环境发生各种方式的接触，进而导致微生物的污染。污染食品的微生物来源可分为土壤、空气、水、操作人员、动物、植物、加工设备、包装材料等方面。

a. 来自土壤的微生物　土壤中含有微生物所需的一切营养物质和微生物生命活动及生长繁殖的各种条件，因此土壤是微生物良好的天然培养基。土壤中微生物的主要类群以细菌最多，放线菌和真菌次之，藻类与原生动物较少。土壤中的细菌大部分是腐生性球菌、需氧性芽孢杆菌和厌氧性芽孢杆菌。

b. 来自空气中的微生物 空气本身不是微生物生长繁殖的场所，空气中的微生物主要来源于：土壤尘埃、人和动物的干燥脱落物及排泄物等。空气中微生物的类群主要是真菌和细菌，其种类因地区不同差异较大。空气中有时还会出现一些病原菌，如结核杆菌、金黄色葡萄球菌、肺炎链球菌、溶血性链球菌、流感病毒等。空中的微生物是培养基、生物制药和食品加工业等的主要污染源。

c. 水中微生物的来源 纯水不适宜于微生物的生长繁殖，但天然水体中都含有不同数量的各种微生物，一般来自土壤、空气、动物与植物体及其排泄物、工厂与生活污水等。水是一种很好的溶剂，天然水体中溶解或悬浮着一些无机物质和有机物质基本能供给微生物以营养。如海水中的细菌有的是海产鱼类的病原菌，有的可引起海产动物腐败，一些菌种还会引起人类的食物中毒。

d. 来自人及动物体的微生物 人体及各种动物，如犬、猫、鼠等的皮肤、毛发、口腔、消化道、呼吸道均带有大量的微生物。当人或动物感染了病原微生物后，体内会存在有不同数量的病原微生物，其中有些菌种是人畜共患病原微生物，这些微生物可以通过直接接触或通过呼吸道和消化道向体外排出而污染食品。蚊、蝇及蜘蛛等各种昆虫也都携带有大量的微生物，其中可能有多种病原微生物，它们接触食品同样会造成微生物的污染。

e. 加工机械及设备 在食品加工过程中，由于食品的汁液或颗粒黏附于设备内表面，一旦生产结束时设备没有得到彻底的灭菌，就会使原本少量的微生物大量生长繁殖，成为微生物的污染源。这种机械设备在以后的生产使用中会通过与食品接触而造成食品的微生物污染。

f. 食品包装材料 各种包装材料如果处理不当也会带有微生物。一次性包装材料通常比循环使用的材料所带有的微生物数量要少。塑料包装材料由于带有电荷会吸附灰尘及微生物。

g. 动植物原料 屠宰后的动物即丧失了先天的防御机能，微生物侵入组织后迅速繁殖。屠宰过程卫生管理不当将造成微生物广泛污染的机会。在屠宰、分割、加工、贮存和销售过程中的每一个环节，微生物的污染都可能发生。而植物体上的微生物主要分布于植物体表及与外界环境相通的部位，许多蔬菜表面附生着乳酸菌，水果表面常附生着酵母菌；很多细菌、放线菌、真菌、病毒和支原体都能寄生在植物体内，有的还是植物的病原菌。

② 食品中微生物污染的途径 食品从原料的生产及贮运、加工过程、成品的贮藏与销售的各个环节均有可能遭受微生物的污染。微生物污染食品的途径是多方面的，被污染后的食品及其原料，其微生物数量会因环境条件、食品性状及加工条件的变化而出现消长，甚至导致食品的腐败变质。根据微生物污染情况，可分为内源性污染和外源性污染。由于本身带有的微生物而造成食品的污染称为内源性污染；外源性污染则是因不遵守操作规程、不讲究卫生等人为因素作用而导致微生物对食品的污染。

a. 环境污染 同食品接触的空气中的微生物及黏附有微生物的尘埃均可沉降于食品，从而导致食品的微生物污染；食品加工操作人员身上含有微生物的痰沫、唾液、鼻涕的小液滴通过讲话、咳嗽和打喷嚏，可直接或间接地污染食品。

b. 原料和水污染 食品加工原料上存在的微生物，可以直接污染食品。通过水污染是微生物污染食品的主要途径，食品加工过程中的洗涤、烫漂、煮制和注液等工艺处理，若使用不符合国家标准的水，特别是使用不清洁的水，将会引起食品的微生物污染；食品加工过程中生熟没有严格分开，使原料、生熟品、半成品和成品出现交叉污染。

c. 人和动物污染　生产过程中接触食品的从业人员，是微生物污染食品的媒介，他们的身体、工作衣（帽）若不经常清洗消毒，保持清洁，就会有大量的微生物附着而污染食品。鼠、蝇和蟑螂等动物，因其体表及消化道内带有大量的微生物，它们若直接接触食品或加工器具，就会导致食品的微生物污染。

d. 器皿污染　食品加工设备、包装容器与材料，若未经过消毒就与食品接触，这些器具上的微生物就会污染食品。

e. 保藏与运输污染　食品在保藏过程中，因环境被微生物污染而导致食品的再次污染是经常发生的，如阴冷潮湿仓库，会导致食品的霉菌污染。食品在运输过程中，由于运输工具不卫生，也会导致食品的微生物污染。

（2）食品卫生标准中的微生物评价指标

目前，食品卫生标准中的微生物指标一般有 3 项：细菌总数、大肠菌群、致病菌。

① 细菌总数　食品中细菌总数通常以每克、每毫升或每平方厘米面积上的细菌数目而言，但不考虑其种类，由于所用检测计数方法不同有两种表示方法。一种是在严格规定的条件下（样品处理、培养基及其 pH、培养温度与时间、计数方法等），使适应这些条件的每个活菌细胞必须而且只能生成一个肉眼可见的菌落，经过计数所获得的结果称为该食品的菌落总数。另一种方法是将食品经过适当处理（溶解或稀释），在显微镜下对细菌细胞数进行直接计数。这样的计数的结果，既包括活菌，也包括未分解的死菌体，因此称为细菌总数。目前我国的食品卫生标准中规定的细菌总数实际上是指菌落总数。检测食品中的细菌总数有两方面的食品卫生意义：第一，它可以作为食品被污染程度的标志；第二，它可以用来预测食品存放的期限程度。

② 大肠菌群　大肠菌群是指一群好氧及兼性厌氧、在 37℃、24h 能分解乳糖产酸产气的革兰阴性无芽孢杆菌，以埃希菌属为主，称为典型大肠杆菌。大肠杆菌的一个显著特点是能分解乳糖而产酸产气，利用此特性可与其他细菌区别开来。大肠菌群检验的结果，我国和其他国家均采用每 100ml（g）样品中大肠菌群最近似数来表示，简称为大肠菌群 MPN。它是按一定方案检验结果的统计数值。这种检验方案，在我国统一采用样品两个稀释度各 3 管的乳糖发酵三步法。根据各种可能的检验结果，编制相应的 MPN 检索表供实际检阅用。最终判定乳糖发酵后大肠菌群阳性的管数，查 MPN 检索表，报告每 100ml（g）大肠菌群的最近似数。检测食品中大肠菌群的意义有两个：第一，它可作为粪便污染食品的指标菌；第二，它可以作为肠道致病菌污染食品的指标菌。

③ 致病菌　致病菌是指肠道致病菌、致病性球菌、沙门菌等。从食品卫生的要求来讲，食品不能有致病菌存在，所以在食品卫生标准中规定，所有食品均不得检出致病菌。在实际检测中，一般根据不同食品的特点，选定较有代表性的致病菌作为检测重点，并以此来判定某种食品中有无致病菌存在。如酸牛奶规定肠道致病菌和致病性球菌是检测重点，而蛋粉规定沙门菌作为致病菌的代表。比如含乳 30%以上的乳饮料其卫生标准的微生物指标见表3-6。

表 3-6　含乳饮料卫生标准

项　目	指标
细菌总数/(个/ml)	10000
大肠菌群(近似数)/(个/ml)	40
致病菌	不得检出

（3）微生物对食品的污染危害　食品微生物污染是指食品在加工、运输、贮藏、销售过程中被微生物及其毒素污染。研究并弄清食品的微生物污染源和途径及其在食品中的消长规律，对于切断污染途径、控制其对食品的污染、延长食品保藏期、防止食品腐败变质与食物中毒的发生都有非常重要的意义。食品微生物的污染主要包括细菌和霉菌及霉菌毒素污染。

① 细菌 细菌是污染食品和引起食品腐败变质的主要微生物类群，因此多数食品卫生的微生物学标准都是针对细菌制定的。食品中细菌来自内源和外源的污染，而食品中存活的细菌只是自然界细菌中的一部分。在食品中常见的这部分细菌，在食品卫生学上被称为食品细菌，主要包括致病菌、相对致病菌和非致病菌，其中有些致病菌还是引起食物中毒的原因。

② 霉菌及其毒素 霉菌在自然界分布很广，同时由于其可形成各种微小的孢子，因而很容易污染食品。霉菌污染食品后不仅可造成腐败变质，而且有些霉菌还可产生毒素，造成人、畜误食霉菌毒素中毒。霉菌毒素是霉菌产生的一种有毒的次生代谢产物，其中以强致癌物质黄曲霉毒素引起人们的高度重视。霉菌毒素通常具有耐高温、无抗原性、侵害实质器官的特性，而且霉菌毒素多数具有致癌作用。霉菌毒素的作用包括减少细胞分裂，抑制蛋白质合成和 DNA 的复制，抑制 DNA 和组蛋白形成复合物，影响核酸合成，降低免疫应答等。根据霉菌毒素作用的靶器官，可将其分为肝脏毒、肾脏毒、神经毒、光过敏性皮炎等。人和动物一次性摄入含大量霉菌毒素的食物常会发生急性中毒，而长期摄入含少量霉菌毒素的食物则会导致慢性中毒和癌症。因此，粮食及食品由于霉变不仅会造成经济损失，有些还会造成人、畜误食而急性或慢性中毒，甚至导致癌症。

(4) 微生物污染造成的食品腐败变质 食品的腐败变质有多种原因，而由微生物污染所引起的食品腐败变质最为重要和普遍。微生物污染食品后，能否导致食品的腐败变质，以及变质的程度和性质如何，受多方面因素的影响。一般来说，食品发生腐败变质，与食品本身的性质、污染微生物的种类和数量以及食品所处的环境等因素有着密切的关系。如果某一食品经过彻底灭菌或过滤除菌，则食品长期贮藏也不会发生腐败。反之，如果某一食品污染了微生物，一旦条件适宜，就会引起该食品腐败变质。所以说，微生物的污染是导致食品发生腐败变质的根源。

3.3 食品的物性学基础

食品物性学主要研究食品系统物理结构和物理变化及其机理。它是以食品（包括食品原料）为研究对象，研究其物理学性质的一门科学。这些物理学性质指：食品的力学性质、光学性质、热学性质和电学性质等。由于食品本身的复杂性及物理学性质在人们对食品感官评价中的特殊位置，食品物性学包含了比物理学本身更广泛的学科领域。例如，在研究食品的力学性质时，不仅要对一般的力学测定进行研究，而且往往需要将食品的仪器力学测定同感官测定同时进行分析研究，另外还要研究食品的化学性质、生化变化等对力学性质的影响。因此，食品物性学不仅包括对食品本身理化性质的分析研究，而且还包括食品物性对人的感官产生的所谓感觉性质的研究。这两者构成了食品物性学不同于其他学问的两大组成部分。

食品物性学是食品工程设计和食品开发的基础学科之一。它不仅与食品加工有着密切的关系，而且与食品品质的控制也有着紧密联系。具体来说，它主要可以解决以下几方面的问题：了解食品与加工、烹饪有关的物理特性；建立食品品质客观评价方法；了解食品的组织结构和生化变化；为改善食品风味，发挥食品的嗜好功能和研究食品分子论提供科学依据。

3.3.1 食品的力学性质

食品的力学性质即食品质构分析是食品物性学研究的重要内容之一，与食品感官评价、食品生化变化、食品加工操作十分密切。近 10 多年来，质构分析在面制品、肉制品、水果和蔬菜等食品的研究中得到广泛应用。食品力学性质包括食品在力的作用下产生变形、振动、流动、破断等的规律，以及其与感官评价的关系等。它与食品工程的关系十分密切，主要表现在以下3个方面：①食品的力学性质是食品感官评价的重要内容，对有些食品，它甚至成为决定品质好坏的主要指标；②食品的力学性质与食品的生化变化、变质情况有着密切的联系，通过力学性质的测定可以把握食品的品质变化；③食品的力学性质与食品加工的关系十分密切。在食品加工中有许多操作都直接与力学性质有关，如混合、搅拌、筛分、压榨、过滤、分离、粉碎、整形、搬运、输送、膨化、成形、喷雾等，都是给食品材料施加某种力，使其达到所需的形态。因此，研究和掌握加工对象的力学性质，就成了这方面工程设计和单元操作的基础。食品的力学性质作为食品物性中最主要的性质。除了对食品进行各种机械处理需要了解其力学性质以外，食品的风味因素中，力学性质也占有很重要的位置。由于食品大多容易变形、流动或破碎的混弹性体物质，所以，工业流变学的理论成为研究食品力学性质的重要基础。在研究中人们多以流变学为主来阐述食品的力学性质。

(1) 流变学的定义　流变学（rhrology）是力学的一个分支，是研究物质在力作用下变形或流动的科学。除了力的作用外，力的作用时间对变形的影响也是研究内容之一。因此流变学中，物体的力学参数不仅有力、变形，还有时间。

(2) 食品流变学研究的内容和对象　流变学的基本内容是弹性力学和黏性流体力学。由于这些力学性质与食品的化学成分、分子构造、分子内和分子间结合的状态、分散状态，以及组织构造有极大关系，因此，流变学是食品力学性质方面的物性理论。其研究目的常常是从这些物质的构造组成上解释以上现象，找出其表现规律。食品流变学研究的对象是各种食品和食品材料的力学性质。然而，涉及的领域除力学外，还有胶体化学、高分子学物性论等；甚至也包括研究生物化学反应下变形理论的“化学流变学”，研究血液、细胞液和生物学关系的“生物流变学”，研究人的力学感觉和变形规律即心理学同变形及力学刺激的“心理流变学”等。食品流变学也可以说是涉及很多学科领域的边缘科学。

(3) 食品流变学研究的目的　主要解决实际食品加工中出现的问题。例如，食品流变学研究的题目涉及面粉糊、果冻、面团、黄油、香肠等胶体分散系统的流变性质。以上食品物质的流变性质与加工中遇到的切断、搅拌、混合、成形、冷却等操作有很大关系。另外，食品本身的嗜好性质（比如软、硬、滑、嫩、韧性、弹性等）也与其流变性质关系极大。然而由于食品物质从液体到固体，小到粉末，大到团块，形态组织非常复杂，种类也很多。所以，研究食品流变学时，首先把食品按其流变性质分成几大类，如固体、液体、黏弹性体等，然后再对每种类型的物质建立起表现其流变性质的力学模型，从这些模型的分解、组合和解析中，找出测定食品力学性质的可靠方法，或得出有效控制食品品质（力学性质）的思路。

(4) 牛顿流体　遵守牛顿定律的理想流体称为牛顿流体。对于牛顿流体，食品流变性质符合牛顿黏性定律，即流体在流经管道时，由于黏性作用，流体层间的剪应力等于流体黏度与速度梯度（剪切速率）的乘积。

$$\tau=\eta\frac{\mathrm{d}\mu}{\mathrm{d}y}\quad 或\quad \tau=\eta\gamma$$

式中　τ——单位面积上的摩擦力，即剪切力，N/m^2；

η——流体的动力黏度，$N\cdot s/m^2$ 或 $Pa\cdot s$；

γ 或 $\frac{\mathrm{d}\mu}{\mathrm{d}y}$——流体的速度梯度，即剪切速率、切变速率。

牛顿流体动力黏度的物料意义：流动流体在单位速度梯度时所产生的剪切力。由牛顿黏性定律可知，牛顿流体的剪切力 τ 与剪切速率 γ 成正比。牛顿流体的黏度是温度和压力的函数。对于液体，压力影响很小，忽略不计；而温度对流体黏度的影响较大，黏度越高，温度的影响越大。许多食品如汽水、酒精饮料、淀粉糖浆、蔗糖和食盐溶液、植物油、牛奶等都表现出近似牛顿流体的性质。

（5）非牛顿流体　在食品工业中，许多流动食品及物料流动时不符合牛顿黏性定律，其流动的剪切力与速度梯度（剪切速率）不成简单的线性关系，因此没有一个确定的值，这类流体称为非牛顿流体。对于非牛顿流体的黏度，即剪切力与速度梯度（剪切速率）的比值，称为表观黏度（或称非牛顿黏度、有效黏度、异常黏度）。它与牛顿流体不同，在恒温下不是常数，而是随剪切力或剪切速率的变化而变化。一般来说，分子量极大的高分子物质的溶液或混合物，以及浓度很高的颗粒悬浮液，都具有非牛顿流体性质。不论来源于生物系统的液体，还是天然形成或人工合成的高分子聚合物；不论是液态，还是熔化态，都是非牛顿流体。在食品加工中遇到最多的是非牛顿流体，例如奶油、果酱、巧克力熔浆、面糊等。非牛顿流体还可以进行以下分类。

① 假塑性流体　表观黏度随着剪切力或剪切速率的增大而减小的流体称为假塑性流体。果酱、蛋黄酱、番茄酱及一些蜂蜜等食物属于假塑性流体，其表观黏度随剪切速率的增加而降低，即剪切使流体变稀。产生这个现象的原因与流体分子的物料结构有关，其中包括大分子链的变形、黏度效应，以及分子链断裂引起分子量下降等。大分子流体高度不对称，静止时分子彼此缠绕在一起，受到剪切力后，其缠结点被解开，分子或质点就会沿流动方向排列成线，从而减小了其层间流动的剪切力，使表观黏度下降。一般来说，高分子溶液的浓度愈高或高分子物质的分子量愈大，其假塑性流体的特性也愈明显。

② 胀塑性流体　特点与假塑性流体相反，指表观黏度随剪切力的增加而增加，即剪切使流体变稠。产生这一现象的原因是当悬浮液处于静态时，体系中由固体粒子构成的孔隙最小，而液体成分只能勉强充满这些间隙。当剪切速率较小时，液体可以在移动的固体粒子间充当润滑剂，故表观黏度不高。但当剪切速率逐渐增高时，固体粒子的紧密堆砌将逐渐被摧毁，整个体系开始膨胀，此时液体不再充满所有孔隙，润滑作用受到限制，表观黏度随之增加。在食品工业中，大多数固体含量高的悬浮液属于胀塑性流体，如浓淀粉溶液等。

③ 塑性流体　指流动特性曲线不经过原点的流体。食品液体中，有许多在小的应力作用时并不发生流动，表现出固体那样的弹性性质，当应力超过某一界限值时才开始流动。对于塑性流体，当应力超过这个界限值时，流动特性符合牛顿流体规律的，称为宾汉流体；对于不符合牛顿流体规律的，称为非宾汉流体。食品中浓缩肉汁就是一种宾汉流体，而苹果酱、番茄酱、巧克力等属于非宾汉流体。

④ 触变性流体　所谓触变性是指液体在振动、搅拌、摇动时，其黏度减少，流动性增加，但静置一段时后，流动又变得困难的现象。比如，番茄调味酱、蛋黄酱等，在容器中放置时间一长，倾倒时，就变得很难流动。但只要将容器猛烈摇动，或用力搅拌一会，就会变得很容易流动。再长时间放置，又变得流动困难。

⑤ 胶变性流体　胶变性流体与触变性流体相反，即液体随着流动时间的增加，变得越来越黏稠。有这种现象的食品往往给人以黏稠的感觉。

3.3.2　食品的热学性质

在现代食品工业中，为了提高食品的商品化和保藏流通功能，在食品加工贮运中广泛采用了一些与传热相关的单元操作（如杀菌、干燥、蒸馏、熟化、冷冻、凝固、融化、烘烤、蒸煮等），使食品的热物理性质成为食品生产管理、品质控制、加工和流通等工程的重要基础。同时，食品热物性也与食品的分子结构、化合状态有很密切关系，因此，它也是研究食品微观结构的重要手段。

由于物质分子结构的变化，可以影响其热物性（热吸收性质等）的变化，热分析装置目前被广泛用来测定食品品质及其成分变化。这方面近期发展较快的是差示扫描热量测定（简称 DSC）和定量差示热分析（简称 DTA）。DSC 及 DTA 方法是在加热或冷却过程中，对试样所产生的细微热量变化进行测定。DSC 及 DTA 方法在高分子材料领域进行热韧性的研究较早。最近在食品高分子（蛋白质、油脂、糖脂等）、水及饮料的热分析方面也越来越受到重视。这方面的应用有：淀粉糊化的测定，蛋白质热变性测定，巧克力中可可脂的测定等。

食品的热学性质包括比热容、导热系数、散热系数、表面导热系数及辐射率等，限于篇幅仅简要介绍前三项。

（1）比热容　表示 1g 物质升温 1℃所需要的热量（J）。食品在冷冻时，还涉及融解潜热，即零度时食品冷结所需放出的热量。食品的比热容在冰点以上较高，低于其冰点时较低。食品含水量越高，其比热容与水的比热容越接近。食品的融解潜热与含水量也有类似的关系。

（2）导热性　食品的导热性取决于它的孔隙度、结构及固有的化学成分，对某种特定食品基本上取决于食品中所含空气、脂肪及水的性质。因为脂肪的导热性比水低，空气的导热性更低，而高脂肪或内部包含的空气却会降低食品的导热性。这些会对食品的加热及冷却速度、加工效率及可能的风味改变施以影响。因为冰的导热系数大于水，所以冰冻食品会比未冻食品显示更大的导热性。

（3）热扩散　当热量传递是通过传导而不是通过对流实现时，热扩散就变得很重要了。热扩散取决于食品的导热率、密度、比热容，并决定热量通过食品时的扩散速度。

3.3.3 食品的电学性质

食品的电学性质主要是指：食品及其原料的导电特性、介电特性，以及其他电磁和物理特性。研究和认识食品电物性的意义归纳起来主要有两点：一是通过把握食品电物性更好地对食品的成分、组织、状态等品质因素进行分析和监控；二是在食品加工中最有效地利用其电磁和物理性质进行电物理加工。

（1）电磁波加工　大致分为商用交流电、高频波、微波、红外线辐射、紫外线辐射等几类。食品加工应用较广泛的是微波、红外线辐射和紫外线辐射。微波可用于微波萃取、微波加热干燥和微波杀菌等单元操作，红外线辐射用于食品加热，紫外线辐射用于食品及加工器具的杀菌等。

（2）利用静电场的加工　可分为静电分离、静电熏制、静电干燥、静电保鲜、静电解冻等，它们的原理都是离子化的气体在电场内移动，传递物质的微粒（尘埃、熏烟等）。这样的带电粒子再受电场作用，从一极向另一极进行定向移动，从而达到加工所需目的。静电分离是指在静电场内对粉体粒子的分离；静电熏制是指在静电场内让烟雾粒子向各种食品表面或内部渗透，达到快速均匀熏制的目的。对高压静电场的研究最多的是其在干燥、保鲜和解冻方面的应用。例如，食品自然解冻时间长，易受微生物污染，汁液流失而风味差，而采用高压静电场解冻，时间比同温度下自然解冻缩短一半以上，且解冻后无明显汁液流失。

（3）利用电阻抗加工　利用直流电流加工食品归纳起来主要有电渗透、电渗析、电泳及电浮选等，利用交流电主要有欧姆加热。电渗透用于食品脱水。电渗析、电泳、电浮选都是新兴的食品分离技术。如牛乳中含无机盐 0.6%，对婴儿的肾脏不宜，采用电渗透可除去牛乳中的金属离子及无机盐，使无机盐的含量降低。欧姆加热主要应用于食品解冻。

对于食品的电学性质目前尚缺乏广泛深入的研究，所能查到的数据资料也很有限，食品的电学性质取决于电磁场的强度、食品的组成、包装密度及温度等。目前，研究较多的食品电学性质主要有以下两个。

(1) 电导率 蔗糖、鸡蛋、牛肉、盐、奶粉等属于电导体的食品，其电导率在很大程度上取决于电磁场的强度。然而大部分食品是电的不良导体，它们的导电性基本上与电磁场无关。许多食品的电导率随温度降低而降低，并在冰点处明显下降。可以利用电导率来分析食品的品质。如大蒜之所以有不同电导率与其芽的状态有关。因此，通过电导率的测定，可以简单、准确、迅速地客观评价大蒜的品质。

(2) 介电性 对食品施加高频（1～150MHz）和微波能（915～2450MHz）产生效应的原理是基于它们的非导电性，即介电性。交变电磁场将引起充电的非对称分子（如水）在其轴线周围振动，振动频率等于或接近交电磁场的频率。其结果是产生了分子内部摩擦，并以热的形式消散。介电常数 ε' 和介电损耗系数 ε'' 是很重要的两个参数。介电损耗系数与介电常数之比，称为介电损耗正切（tgδ）。食品原料的介电损耗系数值越高，其微波加热的速度越快，微波穿透深度越小。一般来说，食品的介电损耗正切随电磁频率增加而增加，随温度增加而降低。频率对介电性质的特殊影响取决于频率范围和能量吸收过程。温度对食品介电性质的影响可能为正，也可能为负，取决于温度、频率以及食品物料中介电扩散的状态。介于冷冻和融解的食品其介电常数和介电损耗系数明显增加。食品分析中介电常数与食品中所含自由水的密切关系被用作在一定频率下快速测定水分的基础。

3.3.4 食品的光学性质

食品的光学性质是指食品物质对光的吸收、反射及其对感官反应的性质。食品光学性质研究和应用的领域主要有以下两个方面。

(1) 通过光学性质实现对食品的成分测定 食品的成分虽说可以通过化学分析的方法测定，但因为其成分的变化可以引起对光的吸收、反射、折射、衍射、辐射等性质的变化，而光的测定又具有快速、准确、简单和无破坏等特点，所以无论在仪器分析还是在生产线检测上，光学性质的研究都发挥着重要作用。

(2) 食品色泽的研究 食品的颜色、色泽也是反映食品品质的重要物理性质。尤其是对于生鲜食品，色泽往往成为判断其新鲜程度、成熟与否和品质的最重要指标。然而食品的色泽往往不能由一般的物理量来表达，它是人的视觉反映。所以，在这一研究领域除了一般的光学性质外，还涉及色光理论、色光感觉及色光生理方面的内容。由于一些发达国家已对食品的色泽品质规定了客观测定的标准，以往用语言表达食品色泽的方法，将被食品测定的指标所代替。所以，这方面的知识和研究，成为食品物性学中不可缺少的新内容。

3.4 食品的质量变化

3.4.1 食品水分的变化

水分作为食品最主要的成分具有重要的意义，食品中的水分不仅提供人体生理活动所需要的水，而且与食品质量有密切的关系，是构成食品食用品质的一项重要指标。水分不仅影响食品营养成分、风味物质和外观形态的变化，而且影响微生物的生长活动。首先，食品含水量的高低影响着食品一系列的物理性质，如密度、比热容、热容、传热系数、导温系数、黏度和软硬度等，从而影响食用时的口感、冷热感和咀嚼感等；第二，食品的水分含量还会影响食品的形状、色泽、光泽和香气等，引起食用前的心理作用和条件反射。食品中大量的汁液由于溶解了许多呈味的可溶性物质，使产品的风味品质格外优美。食品的含水量适宜，食用时就令人觉得滋味可口、舒适柔嫩；如果水分含量不足，往往就会令人感到干涩乏味，难以下咽。另外，水分不仅影响食品微生物的活动，还与食品营养成分的变化（如蛋白质变性、脂肪氧化酸败、淀粉老化、维生素损失等）、风味物质的变化（如香气物质的逸散）及外观形态的变化（如色素的分解、褐变反应、黏度改变等）都有着密切的关系。

（1）水分蒸发对食品质量的影响　食品中的水分由液相变为气相而散失的现象称为食品的水分蒸发，它是引起食品水分变化的重要原因。食品进行干燥或浓缩时，必须使大部分水分蒸发，以制得低水分的干燥食品或中湿食品。但对新鲜的水果、蔬菜、肉、禽、鱼、贝及许多食品产品，它们在流通过程中，或在冷却、冻结期间，水分蒸发对食品的品质会产生不良的影响。对于果蔬之类的鲜活食品，由于水分蒸发，会导致外观萎蔫皱缩，细胞膨压下降，原来的新鲜度和嫩度受到很大的影响，严重的甚至会丧失其商品价值；同时，由于水分蒸发，还会促进食品中水解酶的活性增强，高分子物质水解，产品难于贮藏。一些组织结构疏松的食品，如糕点、面包等，由于水分蒸发会产生干缩僵硬等现象，不仅影响食用品质，还会直接影响其销售与商品价值。水分蒸发除了使食品的质量下降之外，还会加大食品的重量损耗，特别是冷藏和冻藏食品，由于贮藏时间长，因水分蒸发引起的干耗所造成的经济损失是相当大的。

（2）水分的吸附与解吸对食品质量的影响　水分的吸附与解吸也是引起食品水分活度和含水量变化的一个重要原因，特别是在干燥食品中更是如此。干燥食品水分的变动与其在贮藏期的稳定性具有密切的关系。如茶叶在相对湿度过大的环境中贮藏，由于吸附水蒸气而使水分含量增加，就会加速变质，色、香、味品质急剧下降，当含水量超过12%时，甚至会出现霉变。食糖在保管中，若温度、湿度不适，在吸附水蒸气后就有可能吸湿溶化，而食糖受潮后，还会引起酵母菌的繁殖而变味。相反，受潮的食糖在相对湿度低的环境下则释放出水分而引起干缩结块，大大地降低其商品价值。因此研究食品对水分的吸附与解吸现象具有十分重要的意义。

（3）水分的转移和凝结对食品质量的影响

① 水分的转移对食品质量的影响　食品的水分转移是指水分在食品之间的传递。水分转移可分为两种情况：一种是在同一食品中发生转移，水分从食品的某一部位转移到另一部位，食品总的含水量不变，但有的部位含水量减少了，有的部位含水量增加了；另一种情况是食品中的水分在不同的食品之间发生转移，导致有的食品含水量下降，而有的食品含水量增加。食品水分转移的速度与水分的扩散作用、吸附作用和空气的对流有着密切的关系。扩散速度越大，吸湿能力越强，对流越强烈时，食品水分转移的速度就较快；反之，水分转移的速度就较慢。水分转移对食用质量的影响很大。原来水分含量和水分活度符合贮藏要求的食品，如果在贮藏过程中，发生了水分转移，有的水分含量下降了，有的水分含量上升了，水分活度也发生了变化。水分转移不仅使食品的口感、滋味、香气、色泽和形态结构发生了变化，而且对于超过安全水分含量的食品，会导致微生物的大量繁殖和其他方面的质量劣变。在粮食仓库里，温度高的粮堆表面生霉、结块、发芽、腐烂，就是由于温度梯度引起的水分转移造成的。由于水分转移会加速食品的变质，缩短食品的贮藏寿命，因此，在贮藏中应采取必要的措施防止食品水分的转移。

② 水汽凝结对食品质量的影响　食品贮藏中所谓的水汽凝结是指空气中的水蒸气在食品或其包装表面凝结成液体水的现象。在一般情况下，若食品为亲水性物质，则水蒸气凝聚

后铺展开来并与之融合；若食品为憎水性物质，则水蒸气凝聚后收缩为小水珠。固体表面的润湿性能与其成分结构有密切的关系。亲水性固体，如粮食及其加工制品糕点、食糖等就容易被水润湿，并可将其吸附；憎水性固体，如塑料包装薄膜、水果和蔬菜的蜡质皮，就不能被水润湿，则水在其表面收缩为小水珠。引起水汽凝结的原因包括：库温波动引起的水汽凝结、库房通风引起水汽凝结、水分转移引起的水汽凝结、冷藏食品出库后引起的水汽凝结、塑料薄膜包装引起的水汽凝结等几种情况。水汽凝结对食品质量的影响很大。水汽在食品上凝结会增加食品自由水的含量，使食品的水分活度增大，加速食品质量劣变而难于贮藏。而且空气中水蒸气在凝聚过程中带有大量的微生物，从而更增大食品腐败变质的可能。

3.4.2 食品营养成分的变化

食品采收、宰杀或加工之后，在贮存、运输和经销过程中，其营养会发生各种各样的变化，其中对食品质量影响最大的是脂肪酸败、淀粉老化、蛋白质变性和维生素的分解。

(1) 脂肪的变化

① 脂肪酸败 脂肪酸败是脂肪水解产生游离脂肪酸以及脂肪酸进一步氧化分解所引起的变质现象。脂肪酸败不仅使食品的味道显著变劣，产生刺鼻的哈喇味，而且脂肪酸败产生的醛类、酮类等还有害人体健康。如果食用酸败的脂肪，轻者会引起腹泻，重者还可能造成肝脏疾病。此外，随着脂肪的酸败，食品中的维生素A、维生素C受到破坏，蛋白质中的有效赖氨酸含量减少。脂肪酸败产生的二羰基化合物会在蛋白质肽链之间发生交联作用并降低消化酶的功能，致使食品的营养价值下降。同时，脂肪酸败生成的羰基化合物与食品中的氨基化合物发生褐变反应，影响食品的外观颜色（如干鱼、冻鱼的“油烧色”），并由于不饱和脂肪酸分子之间以氧桥方式聚合而增加脂肪的黏稠度等。脂肪酸败有3种类型：水解型酸败、酮型酸败和氧化型酸败。其中氧化型酸败是食品在长期贮藏中脂肪酸败的主要类型，多数食品的哈喇味都与这种酸败有关系。氧化型酸败主要是脂肪水解的游离脂肪酸，特别是不饱和游离脂肪酸的双键容易被氧化，生成过氧化物并进一步分解的结果。这些过氧化物大都是氢过氧化物（ROOH），同时也有少量的环状结构的过氧化物，若与臭氧结合则形成臭氧化物。它们的性质很不稳定，容易分解为醛类、酮类以及低分子脂肪酸类等，使食品带有哈喇味。在氧化型酸败变化过程中，氢过氧化物的生成是关键步骤。这不仅是由于它性质不稳定、容易分解和聚合而导致脂肪酸败，而且还由于一旦生成氢过氧化物后，氧化反应便以连锁方式使其他不饱和脂肪酸迅速变为氢过氧化物，因此脂肪氧化型酸败又是一个自动氧化的过程。促进脂肪氧化型酸败的因素主要有温度、光、氧，因而食品在贮藏过程中应采取低温、避光、隔绝氧气、添加抗氧化剂或施用脱氧剂等措施，以防止或减轻脂肪氧化型酸败对食品产生的不良影响。

② 脂肪的聚合 脂肪在食品中除以游离态分布外，还能与淀粉、蛋白质发生聚合而形成复合体。脂肪与淀粉形成的复合体主要包含在淀粉粒内部，是脂肪分子与直链淀粉分子生成的配合物，需要淀粉酶水解才能重新恢复游离状态，这种脂肪称为水解脂肪或淀粉脂肪。水解脂肪的变化会引起食品物理性质的改变，如贮藏中大米及陈挂面的劣变，都与水解脂肪的变化有关。脂肪与淀粉的反应中，脂肪水解生成的游离脂肪酸是阻碍淀粉糊化、膨胀的主要原因；淀粉凝胶硬度和黏度的变化与脂肪氧化型酸败产物也有密切关系。而脂肪与蛋白质反应能使加工食品改善食用性能。如脂肪与谷蛋白形成复合体可以改善面包烘烤工艺性能，使产品形成良好体积、结构和组织纹理等。

(2) 蛋白质的变化

① 蛋白质变性 食品中的蛋白质是以多种氨基酸为基本单位，通过肽键和副键相互连

接所形成的一种螺旋卷曲或折叠的四级立体构型。食品在流通期间，由于蛋白质的变性，会对食品质量产生重要的影响，如溶解度降低、食品变硬、不易消化吸收、易腐败变质等。

② 蛋白质分解　食品中的蛋白质受到微生物分泌的酶作用时会发生分解变质现象，蛋白质分解成许多低分子化合物，产生挥发性胺、硫化物等物质，使食品产生腐臭气体，并产生毒性。食品蛋白质分解可大致分为初步分解和深刻分解两个阶段。在初步分解阶段，蛋白质在酶的催化下发生分解，经过胨类、多缩氨基酸等步骤逐渐水解为氨基酸的过程。在深刻分解过程，蛋白质分解为氨基酸以后，在环境条件适宜时，在微生物的作用下，氨基酸进一步分解为各种低分子化合物的过程。这个过程是个复杂过程，可分为脱氨基、脱羧基、同时脱氨基脱羧基等类型，生成游离氨、组胺、尸胺、腐胺、硫化氢、吲哚、甲基吲哚等有毒并具有恶臭的物质。

(3) 淀粉老化　淀粉老化是指糊化淀粉随着温度的降低，淀粉分子链之间的羟基产生氢键而互相凝结，破坏了原有淀粉糊的均匀结构，呈现不溶状态。淀粉老化以后，其淀粉糊黏性降低，食用感觉发硬、滋味变劣，消化率下降，从而对以淀粉为原料的加工食品，如米饭、馒头、面条、面包、糕点、淀粉软糖等的食用质量有不良影响。同时，由于老化的淀粉对酶的抵抗性增强，不易被淀粉酶水解，所以在酿酒、制淀粉糖浆、生产味精的过程中应防止淀粉糊的老化，否则会降低淀粉原料的利用率。淀粉老化受到多种因素的影响。高温条件下，淀粉糊稳定，不发生老化；温度低于6℃时则开始老化；2～5℃时，老化速度加快；降至0℃以下则老化速度又显著减慢。食品水分低于10%或者过高时，老化速度减慢；水分含量在30%～60%时最易老化。由于面包、蛋糕、米饭、馒头等的含水量多在淀粉容易老化的范围以内，所以当这类食品冷凉以后则因淀粉老化而失去柔软性变得坚硬。pH值在7时最易引起淀粉老化，pH值在10以上或在2以下时，淀粉老化则受到抑制。直链淀粉由于链长，分子之间接触点多，因而比支链淀粉容易老化。同是直链淀粉，小分子比大分子容易老化，但分子过小又不易老化，这可能是由于分子过大的淀粉运动较慢，分子过小的淀粉运动过快而不利于互相凝结的缘故。根据影响淀粉老化的因素，可以在淀粉类食品中加入碱类膨松剂、乳化剂，或将食品保持在室温以上温度，或采取80℃以上高温将食品含水量干燥至10%以下，或采取−45℃的低温冰冻等，均能防止淀粉类食品的老化。

(4) 维生素分解　食品中维生素的种类很多，由于各种维生素的化学结构和理化性质的差异，因而在食品流通中的稳定性也各不相同。

① 脂溶性维生素的分解　脂溶性维生素A在食品中包括有维生素A原（胡萝卜素）和视黄醇。视黄醇容易随着脂肪氧化酸败而自动氧化分解，微量的亚铁血红素、光和高温都能加速其氧化分解过程。胡萝卜素的氧化过程受光的影响较大，特别是在光敏物质存在的条件下，容易氧化分解而使食品缓慢褪色；β-胡萝卜素在叶绿素光敏氧化时，生成5,8-呋喃氧化物，是氢化食用油脂贮藏期间呈现绿色的主要原因；脂溶性维生素K在高温、碱性、还原剂和光的影响下，会被氧化分解而失去生理活性；Fe^{2+}促使维生素E氧化生成α-生育醌和生育红等。生育红的积累会引起大豆油在贮藏期间的回色现象。

② 水溶性维生素的分解　水溶性维生素包括B族维生素和C族维生素。虽然这两类维生素都是水溶性的，但其化学性质和稳定性却相差很大。在食品流通中，水溶性维生素受到温度、水分活度、pH值、氧、酶、光、射线以及贮藏时间等因素的影响而发生分解，使其含量大为降低。在B族维生素中，硫胺素和核黄素稳定性差，容易发生分解。硫胺素在碱性溶液中，同时在有氧的条件下加热，则极易发生分解。硫胺素还能与脂肪酸败的过氧化物反应而被分解。核黄素对光极不稳定。例如，牛乳中的核黄素在室温下光照2h，便可分解

损失约 2/3。维生素 P 属于黄酮类物质，常随着 pH 值的变化而改变其颜色，从而影响食品质量。维生素 C 对人体营养有重要意义的是其中的 L-抗坏血酸。抗坏血酸的还原性很强，在氧和氧化剂的作用下能迅速脱氢氧化为脱氢抗坏血酸。在食品贮藏过程中，L-抗坏血酸的性质不稳定，极容易发生氧化分解，pH 值对其氧化分解反应速度有重要影响，在碱性溶液中反应速度快。

3.4.3 食品风味物质的变化

食品中的风味物质是决定食品感官质量的最重要因素之一，广义的风味物质包括食品的色素和呈香呈味物质。它们的变化会引起食品的色香味品质的变化。

(1) 色素的变化 色素是构成食品颜色的着色物质，按其来源可分为 3 类：一类是天然色素，主要是动物、植物体原有的色素；另一类是食品加工中因酶促作用或热处理使食品形成新的色素，主要是食品发生褐变的产物；还有一类是按照食品卫生标准规定向食品添加的食用色素。这 3 类色素是食品颜色的组成部分。在食品流通期间，这些色素的变化会引起食品变色或褪色，致使食品感官品质下降。

① 动物色素的变化 食品的动物色素，多数属于色蛋白类，一般由简单蛋白与含金属的色素辅基构成。动物体的色蛋白有多种，它们的化学组成和参加色素辅基的金属也不相同，而对食品变色影响较大的是具吡咯环辅基所组成的色蛋白，又称为金属卟啉蛋白质。属于这类色蛋白所形成的动物色素主要有畜肉、禽肉和某些鱼肉中的肌红蛋白（Mb），以及血液中的血红蛋白（Hb）。肌红蛋白与血红蛋白的组成基本相同，都是由亚铁血红素（1 个亚铁与 4 个吡咯环构成的铁卟啉化合物）与蛋白质组成，因而它们的化学性质也很相似。它们使肉类呈鲜红颜色，如果肉类暴露于空气中，则由于氧化而变为褐色。另外，在虾、蟹等节肢动物的甲壳中还存在类胡萝卜素，受热后使虾、蟹由青灰色变为红色。

② 植物色素的变化 食品的植物色素主要是蔬菜、水果以及茶叶中所含的叶绿素、胡萝卜素和花青素等。这些色素在食品贮藏和加工中都会发生变色。

a. 叶绿素 叶绿素与血红素的化学结构相似，都是由 4 个吡咯环组成的金属卟啉，但血红素含有铁离子，而叶绿素含镁离子，叶绿素有 a、b 两种，叶绿素 a 呈蓝绿色，叶绿素 b 呈黄绿色，叶绿素 a 和叶绿素 b 以 3∶1 的比例与蛋白质结合成为叶绿蛋白（色蛋白），分布在植物细胞的叶绿体中。叶绿体成分复杂并具有酶系统，担负着植物光合作用的生理功能。叶绿素常随着叶绿体结构的破坏和酶系统活性的增强而变色。叶绿素的性质不稳定，对酸异常敏感，极容易失镁生成黄褐色的脱镁叶绿素。叶绿素在碱性条件下先水解为绿色的叶绿酸，进而与碱反应生成性质稳定的叶绿酸盐类，使产品保持鲜绿颜色。因此，在蔬菜、水果加工过程中，可以通过添加适量的碳酸氢钠来防止产品丧失鲜绿色。

b. 类胡萝卜素 类胡萝卜素是一类由 1～8 个分子的异戊二烯组成的色素，以许多共轭双键作为发色团，故也称为复烯色素。由于它溶于油，又称为油色素。类胡萝卜素为黄色、橙色和红色结晶，广泛存在于蔬菜、水果，以及动物性食品如蛋黄、黄油、蟹和虾的外壳中。类胡萝卜素对热、酸、碱等都具有稳定性，含这类色素的食品，虽然经过热处理，仍能保持其原有的颜色。但是，光线和氧能引起类胡萝卜素的氧化分解，而使食品褪色。因此，在食品贮藏中应考虑采取避光和隔氧措施，以防止类胡萝卜素的损失。

c. 花青素 花青素种类很多，它与葡萄糖结合成为花青素苷类存在于水果和蔬菜中，使产品呈现红色、蓝色和紫色。花青素苷中的显色配糖体存在于各种花青素中。花青素的性质极不稳定，一般遇酸性变成红色，遇碱性变成蓝紫色，在中性条件下则变成紫色。锡、铁、铜等金属离子可使花青素呈现蓝色、蓝紫色或黑色，并产生花青素沉淀物。加热可使花青素分解、褪色；经日光照射也使花青素沉淀。果蔬罐头和蔬菜腌制品的变色多与花青素的变化有关系。为了保持食品中花青素的鲜艳色泽，应减少食品与铜、铁、锡等金属器皿接触。花青素在低温条件下分解缓慢，在低水分（水的质量分数为2%～3%）状态下比较稳定，所以采取低温贮藏或脱水干燥有利于保存食品的花青素含量。

（2）食品的褐变　褐变是食品中比较普遍的一种变色现象，尤其是以天然食品为原料的加工品或在流通过程中遭受机械损伤的产品，更易发生褐变。褐变对部分食品如酱油、食醋、啤酒、面包等形成其特有颜色是必需的，而对大多数的食品则应加以防止。因为褐变不仅影响食品的外观颜色，而且降低食品的营养和风味，所以在食品贮藏中也需要防止褐变。食品的褐变按其变色的原因不同，可分为酶促褐变和非酶褐变。

① 酶促褐变　酶促褐变是由氧化酶类引起食品中的酚类和单宁等成分氧化而产生的褐色变化。这种褐变经常发生在水果、蔬菜中，如苹果、梨、桃、藕、马铃薯、茄子、芹菜、菜花等，在加工中剖切、破碎或受到摔伤、碰伤后，由于组织细胞破坏，极容易褐变，成为暗褐色或黑色。在酶促褐变过程中，酚类底物变为醌是褐变的重要步骤，而完成这一步骤必须有酚酶和氧。因此，只要控制酶的活性和采取隔氧措施就可以减少或完全避免食品的酶促褐变现象。

② 非酶褐变　食品在流通中发生的非酶褐变主要是美拉德反应。美拉德反应是食品中的蛋白质、氨基酸的氨基与还原糖等的羰基相互作用并进一步发生缩合、聚合反应，最终形成一种暗褐色物质的褐变现象。反应的实质是羰基和氨基相互作用，故又称为“羰氨反应”。羰氨反应与调味品和某些酒类、乳制品色泽的形成有密切关系。防止美拉德反应引起的食品褐变可以采取如下措施：降低贮藏温度，调节食品含水量；降低食品pH值，使食品变为酸性；将惰性气体充入食品包装以驱除氧气，除去反应基质等。

（3）呈香呈味物质的变化　食品的香气和滋味是其感官质量的重要指标，它是由食品中呈香呈味成分形成的。食品的香气成分是指能刺激人体嗅觉器官的低沸点的芳香成分。食品的滋味成分则是指能刺激人体味觉器官的呈味物质。主要有氨基酸、糖、有机酸、核苷酸、生物碱、萜烯、糖苷等。食品在流通期间往往因环境条件的改变和贮藏时间的延长而使其呈香呈味物质发生变化，从而降低食品的感官质量。

① 食品香气成分的变化　食品香气成分的变化与食品的类别和品种有关。植物性原料食品（蔬菜、果品等）的香气变化比较明显，并与它们的生长发育状况特别是成熟度和生长日期有直接关系。一般情况是，在后熟前期产品香气成分含量较低，进入后熟过程因酶活性增强而使香气成分逐渐增多，但过熟时又往往因生理衰老而使香气成分含量逐渐减少。加工食品的香气变化与工艺过程有密切关系。一般来讲，经过加热处理的加工食品，由于成分之间的反应而生成加热时的香气，同时产生一些不稳定的中间产物，而这些中间产物在流通期间会继续发生反应并参与食品香气的形成。食品的香气成分具有挥发性，在流通过程中会由于环境温度过高或包装容器密闭性差而挥发损失，降低食品的原有香气。因此，低温贮藏和加强包装容器的密闭性，有利于保持食品的香气。

② 食品呈味物质变化　食品的滋味是由能刺激人体味觉器官的多种呈味物质引起的。这些呈味物质的增减或变化都会引起食品滋味的变化。因此，食品在流通期间贮藏期的延长和环境条件的变化都会引起各种呈味物质的分解和消耗而丧失其原有的滋味。例如，水果在贮藏初期，由于内部的淀粉分解为可溶性糖而使甜味增大，但随着贮藏期的延长因果实的呼吸作用使其含糖量和有机酸下降，不仅降低了甜味，而且改变了糖酸比值，进而影响水果的滋味；未成熟的柿子由于含有可溶性鞣质呈现强烈的涩味，经过长期的贮藏或经某些特殊处

理后，可溶性鞣质发生缩合变成不溶于水的物质而使柿子失去涩味。

3.4.4 食品质量的变化规律

食品质量变化趋势与变化速度受到很多因素的影响，其中包括：食品种类与品种；食品加工工艺与工艺条件；食品包装材料、容器和包装方法；食品运输与贮藏设施；食品贮藏环境的卫生条件和安全措施；食品水分活度及环境相对湿度；食品渗透压；食品 pH 值；食品添加的其他物质（防腐剂、抗氧化剂等）；食品温度与环境温度；食品贮藏环境的气体成分；食品贮藏的管理技术与管理水平等。虽然影响食品质量变化的趋势和变化速度的因素十分复杂，但它们都遵循一定的变化规律。其中最重要的是生物学规律、热力学规律和动力学规律。

（1）食品质量变化的生物学规律　绝大多数原料食品都来自植物界和动物界。植物性食品在采收之后，依然是活的生物体，其生长、发育、成熟、衰老和死亡的变化规律，仍然对未完成这一规律的植物性食品发挥作用，使之按照这一规律继续进行下去。畜、禽、鱼被宰杀之后，其生命虽然已终止，但体内的酶仍然在起作用，导致畜、禽、鱼体内发生一系列生物化学变化。以果蔬生理活动所引起的变化为例，果蔬采收后其呼吸作用并没有终止，直至被加工处理，体内的各种酶类并没有遭到破坏，仍是一个独立的有生命活动的生物体，其酶促反应及所引起的生理活动会引起果蔬质量的一系列变化。果蔬有机组织中所含的复杂有机成分在呼吸酶系的作用下降解为二氧化碳和水的过程，在这一过程中，同时释放出能量，供给生物体生命活动的需要。果蔬的呼吸对其质量的保持与变化有以下两方面的意义。一是保证了果蔬体内物质代谢的正常进行，防止果蔬发生生理病害，提高果蔬的抗病能力和愈伤能力。另一方面是消耗了果蔬的营养成分和风味物质，积累的呼吸热会加速微生物的生长繁殖，而缺氧呼吸将使果蔬发生病害。除此之外，果实的后熟作用、果蔬收获后的生长、果蔬的休眠与发芽等生理活动对果蔬质量的影响都遵循一定的生物学规律。

（2）食品质量变化的热力学规律　热力学规律的基础是热力学的基本原理和耗散结构基本理论，包括食品体系的状态与结构，从体系的有序化与无序化的角度来研究食品体系的稳定性、食品质量的变化方向和变化趋势的大小。

食品体系的状态分为有序与无序。有序指体系内各种联系的秩序性和规则性；无序是指体系内各种联系的混乱性和无规则性。在一个孤立体系的自发运动中，分子状态的分布是混乱的，其体系中熵的自发增加与该体系混乱度的增加是相应的，熵和混乱度的对数成正比。

$$S=k\ln\omega$$

式中 S——体系的熵；

k——玻耳兹曼常数；

ω——混乱度。

由上式可见，若熵值变大，则体系的混乱度增加，无序度增强；若熵值变小，则体系的混乱度减小，有序度增强。熵增原理称为热力学第二定律，它预言任何自发的物理过程和化学过程总是导致熵的增加，体系向着平衡态的方向发展。该定律是自然界的普遍规律，不仅动物性、植物性的原料食品在流通中的变化遵循熵增原理，加工食品也是如此。在流通过程中，大分子物质不断降解为数量更多的小分子物质，有序结构不断演变为无序结构。随着混乱度的增加，食品的稳定性不断地减弱，在质量方面表现为营养价值及色、香、味、形等品质随着时间的延长而逐渐下降。微生物在食品中的活动也是把大分子物质降解为小分子物质的过程。因此食品中若有大量有害微生物活动，就会加速其向平衡态发展的速度。食品在流通中微生物所造成的破坏作用，往往超过食品本身的自动演变。人们采用的各种贮藏保鲜的方法，均无法抗拒食品在贮藏中熵增的大方向，不能阻挠其往平衡态发展的大趋势，只不过是在动力学上减慢其变化的速度而已。虽然如此，由于它延缓了食品无序化的速度，因此可以延长食品的贮藏寿命。

(3) 食品质量变化的动力学规律　食品质量变化的速度与影响变化速度的各种因素属于动力学问题。

① 食品质量变化速度　食品在加工、贮运和消费过程中所发生的质量变化极其复杂，而化学反应速度的快慢直接影响食品质量的变化速度。其中影响变化速度最重要的因素是温度，它不仅影响食品中发生的化学变化和酶催化的生物化学变化，以及由此引起的鲜活食品的呼吸作用和后熟作用、生鲜食品的僵直过程和软化过程，而且影响微生物的生长繁殖，影响食品中水分的变化及其他物理变化，从而影响食品稳定性及卫生安全性。

② 食品营养素损失的动力学方程　食品在流通中营养素的损失情况，对食品质量具有重大的影响。从营养素损失的角度来判断食品在流通过程中质量的变化是食品科学一项有意义的进展。通过研究发现，食品营养素的损失，大多数属于一级反应，即损失速度与营养素的浓度成正比，其动力学方程为：

$$-\frac{dc_A}{d\tau}=kc_A$$

式中 c_A——营养素 A 的浓度；
τ——贮藏时间；
$-dc_A/d\tau$——营养素在贮藏中的损失速度；
k——反应速度常数。

3.5 食品的分析检测基础

3.5.1 食品营养成分的分析检测

食品的营养成分包含水分、脂肪、碳水化合物、蛋白质、维生素等食品的基本组成成分，是食品中固有的成分。这些物质赋予了食品一定的组织结构、风味、口感以及营养价值，这些成分含量的高低往往是确定食品品质的关键指标。

(1) 水分的分析检测　食物中水分含量的测定是食品分析的重要项目之一，水分测定对于计算生产中的物料平衡，实行工艺控制与监督等方面，都具有很重要的意义。食品中水分测定的方法很多，通常可分为两大类：直接法和间接法。直接法是利用水分本身的物理、化学性质来测定水分的方法，如干燥法、蒸馏法和卡尔·费休法。间接法是利用食品的相对密度、折射率、电导、介电常数等物理性质测定水分的方法。直接法的准确度高于间接法。直接法中，干燥法是通过测定样品在蒸发前后的失重来计算水分含量的方法，又称为重量法，如烘箱干燥、红外线干燥、干燥剂等方法。蒸馏法采用沸腾的有机液体，将样品中水分分离出来，从所得水分的容量，求得样品中水分百分含量。该法采用一种有效的热交换方式，水分可迅速移去，对食品组分的影响较小，准确度能满足常规分析的要求。对于谷类、干果、油类、香料等样品，分析结果准确，特别是香料，它是唯一公认的水分测定法。卡尔·费休法是一种以滴定法测定水分的化学分析法。原理基于碘氧化二氧化硫时，需要有定量的水参与反应。试样中的水与卡尔·费休试剂中的碘、二氧化硫等溶液反应，反应完毕后多余的游离碘呈现红棕色，即可确定到达终点。它是一种迅速而准确的水分测定法。食品工业中，凡是普通烘箱法会得到异常结果的样品，或是以真空烘箱进行测定的样品，均可采用此法。适用范围有脱水蔬菜、糖果、巧克力、油脂、乳粉等。

(2) 脂类的分析检测　食品中脂肪含量是一项重要控制指标。测定食品中的脂肪含量，不仅可以用来评价食品的品质，衡量食品的营养价值，而且对实现生产过程的质量管理、实行工艺监督等方面有重要意义。脂类不溶于水，易溶于有机溶剂，测定脂类大多采用低沸点有机溶剂萃取的方法。常用的溶剂有：无水乙醚、石油醚、氯仿-甲醇的混合溶剂等。其中乙醚沸点低（34.6℃），溶解脂肪的能力比石油醚强。现有的食品脂肪含量的标准分析方法都是采用乙醚作为提取剂。但乙醚易燃，可饱和 2%的水分，含水乙醚会同时抽出糖分等非脂成分，所以实际使用时必须采用无水乙醚作提取剂，被测样品也必须事先烘干。石油醚具有较高的沸点（沸程为 35～45℃），吸收水分比乙醚少，没有乙醚易燃的缺点，用它作提取剂时，允许样品含有微量的水分。这两种溶剂只能直接提取游离的脂肪，对于结合态的脂类，必须预先用酸或碱破坏脂类和非脂的结合后才能提取。因二者各有特点，故常常混合使用。氯仿-甲醇是另一种有效的溶剂，它对脂蛋白、磷脂的提取效率较高，特别适用于水产品、家禽、蛋制品等食品中脂肪的提取。常用的测脂类的方法有：索氏提取法、酸水解法、罗紫-哥特里法、巴布科克法和盖勃法、氯仿-甲醇提取法等。

(3) 碳水化合物的分析检测　食品中的葡萄糖、果糖、麦芽糖、淀粉、纤维素、乳糖和果胶等统称为碳水化合物，具体分为两大类：有效碳水化合物和无效碳水化合物。有效碳水化合物包括葡萄糖、果糖等单糖，蔗糖等低聚糖，糊精、淀粉和糖原等。无效碳水化合物包括果胶、半纤维素、纤维素和木质素等，主要是指膳食纤维这类不能被人体消化系统的细菌消化、分解而却被人体利用的物质。食品中糖分的检验方法有：物理方法，如蔗糖检验的旋光度法，罐头糖分测定的折光法和密度法等；物理化学方法，如蒽酮比色分光光度法、多糖类的纸层色谱法和液相色谱法；化学分析法，如费林法、高锰酸钾法、碘量法、铁氰化钾法等。此外，还有酶化学分析法，如葡萄糖的测定。对于大分子碳水化合物的检验，往往采用使其水解为单糖后检验。

(4) 蛋白质、氨基酸的分析检测　测定蛋白质的方法可分为两大类：一类是利用蛋白质的共性，即含氮量、肽键和折射率等测定蛋白质含量；另一类是利用蛋白质中特定氨基酸残基、酸性和碱性基团以及芳香基团等测定蛋白质含量。蛋白质测定最常用的方法是凯氏定氮法，它是测定总有机氮最准确和操作较简便的方法之一，在国内外应用普遍。此外，双缩脲分光光度比色法、染料结合分光光度比色法、酚试剂法等也常用于蛋白质含量测定，并且方法简便快速，多用于生产单位进行质量控制分析。近年来，国外采用红外检测仪对蛋白质进行快速定量分析。

① 凯氏定氮法　新鲜食品中的含氮化合物大多以蛋白质为主体，所以检验食品中蛋白质时，往往测定总氮量，然后乘以蛋白质换算系数，即可得到蛋白质含量。凯氏定氮法可用于所有动物性、植物性食品的蛋白质含量测定，但因样品中常含有核酸、生物碱、含氮类脂、卟啉以及含氮色素等作蛋白质的含氮化合物，故通常将测定结果称为粗蛋白质含量。具体方法如下：将样品与浓硫酸和催化剂一同加热消化，使蛋白质分解，其中碳和氢被氧化为二氧化碳和水逸出，而样品中的有机氮转化为氨，并与硫酸结合成硫酸铵，此过程称为消化。加碱将消化液碱化，使氨游离出来，再通过水蒸气蒸馏，使氨蒸出，用硼酸吸收形成硼酸铵，再以标准盐酸或硫酸溶液滴定，根据标准酸消耗量可计算出蛋白质的量。凯氏定氮法由 Kieldahl 于 1833 年先提出，经长期改进，迄今已演变成常量法、微量法、改良凯氏定氮法、自动定氮仪法、半微量法等多种方法。

② 蛋白质的快速测定法　为克服凯氏定氮法操作费时，在高脂肪、高蛋白质时样品消

化需要 5h 以上，且操作中会产生大量有害气体而污染工作环境，影响操作人员健康等。又陆续创立了不少快速测定蛋白质的方法，如双缩脲分光光度比色法、染料结合分光光度比色法、水杨酸比色法、折光法、旋光法及近红外光谱法等。

③ 氨基酸的分析检测　食品中氨基酸含量的测定在常规检验中多测定样品中的氨基酸总量，通常采用酸碱滴定法来完成。近年来已出现了多种氨基酸分析仪、近红外反射分析仪等，可快速、准确地测出各种氨基酸含量。

(5) 维生素的分析检测　维生素检验的方法主要有化学法、仪器法。仪器分析法中紫外分光光度法、荧光法是多种维生素的分析检测的标准方法。它们灵敏、快速，有较好的选择性。另外，各种色谱法以其独特的高分离效能，在维生素分析方面占有越来越重要的地位。化学法中的比色法、滴定法，具有简便、快速、不需特殊仪器等优点，正为广大基层实验室所普遍采用。

3.5.2 食品中污染物质的分析检测

(1) 食品中农药残留量的分析检测　食品中农药残留量的分析方法有：比色法、分光光度法、电化学分析法及色谱分析法。气相色谱法对农药具有很高专一性与灵敏度，在食品中农药残留量检测方面应用非常广泛。对于非挥发性或热不稳定性农药，如部分有机磷农药可选用高效液相色谱法分析。

有机氯农药是农药中一类有机含氯化合物，其中以六六六（BHC）与滴滴涕（DDT）使用最广泛。目前广泛采用的检测方法是气相色谱法测定食品中有机氯农药残留量。此法灵敏度高、分离效率高、分析速度快，可同时分离鉴定 BHC 和 DDT 的各种异构体，适用于土壤、粮食、果蔬、肉、蛋、乳等及其制品中的有机氯农药的测定，为国家标准方法。

常见的有机磷农药有：内吸磷、对硫磷、甲拌磷、敌敌畏、敌百畏、敌百虫、乐果等。由于有机磷农药具有用药量小，杀虫效率高，选择作用强，对农作物药害小，且在体内不蓄积等优点，近年来，已得到广泛的应用。但是，某些有机磷农药属高毒农药，对哺乳动物急性毒性较强，常因使用、保管、运输等不慎，污染食品，造成人、畜急性中毒，故食品中特别是果蔬等，有机磷农药残留量的测定，是一重要检测项目。采用气相色谱法测定食品中有机磷农药残留量时，食品中残留的有机磷农药经有机溶剂提取并经净化、浓缩后，注入气相色谱仪，汽化后在载气携带下于色谱柱中分离，并由火焰光度检测器检测。当含有机磷样品于检测器中的富氢火焰上燃烧时，以 HPO 碎片的形式，放射出波长为 526nm 的特征光，这种光通过滤光片选择后，由光电倍增管接收，转换成电信号，经微电流放大器放大后，由记录仪记录下色谱峰，通过比较样品的峰高和标准品的峰高，计算出样品中有机磷农药的残留量。该法采用火焰光度检测器，对含磷化合物具有高选择性和高灵敏度，并且对有机磷检出极限比碳氢化合物高 10000 倍，故排除了大量溶剂和其他碳氢化合物的干扰，有利于痕量有机磷农药的分析。本法适用于粮食、果蔬、食用植物油中常见有机磷农药残留量的测定，为国家标准方法，最低检出量为 0.1～0.25ng。

(2) 食品中黄曲霉毒素的分析检测　黄曲霉毒素（AFT）的测定方法主要有薄层色谱法、微柱色谱法及带荧光检测的反相高效液相色谱（HPLC）法等，其中薄层色谱法为我国 AFT 标准分析方法。在 AFT 中，由于黄曲霉毒素 B_1（$AFTB_1$）毒性大、含量多，故食品中污染的 AFT 含量常以 $AFTB_1$ 为主要指标。例如利用薄层色谱法测定食品中黄曲霉毒素 B_1，首先将样品中 $AFTB_1$ 经有机溶剂提取、净化、浓缩并经薄层色谱分离后，在波长 365nm 紫外光下产生蓝紫色荧光，根据其在薄层板上显示荧光的最低检出量测定 $AFTB_1$ 含量。

（3）食品中苯并[*a*]芘的分析检测 3,4-苯并芘的测定方法有薄层层析法、薄层扫描法、荧光分光光度法、气相色谱法和高压液相色谱法。其中高压液相色谱法适用于各种肉类食品中3,4-苯并芘等多种多环芳烃（PAH）的含量测定。

（4）食品*N*-亚硝胺的分析检测 亚硝胺是一种有强致癌作用的物质，所以常常需要对食品进行亚硝胺类化合物的检验。分光光度法是挥发性*N*-亚硝胺总量的测定方法。食品中挥发性亚硝胺经水蒸气蒸馏纯化，然后经紫外光照射，分解释放为亚硝酸根。通过强碱性离子交换树脂浓缩，在酸性条件下与对位氨基苯磺酸形成重氮盐进而与*N*-萘乙烯二胺二盐酸盐形成红色偶氮染料。颜色深浅与亚硝胺的含量成正比，因而可以比色测定。

3.5.3 食品风味物质的分析检测

对食品风味物质进行分析检测，有助于食品风味研究和生产过程的质量控制。由于食品风味物质成分复杂、含量悬殊，挥发性、极性、溶解性和稳定性差等因素，食品风味成分的分析检测相对于其他成分的分析检测更困难。研究风味成分离不开现代先进的分析仪器和科学的化学分析技术，如质谱、红外光谱、核磁共振和紫外吸收光谱等。从四大谱联合定性信息的综合分析中获得准确的鉴定结果。

（1）质谱(MS) 在定性分析四大谱中，质谱法是最有效的定性手段之一，占有非常重要的位置。质谱法是根据有机化合物的分子离子和碎片离子所提供的信息来推测化合物的分子量和分子结构。目前，已经出现了高分辨的双聚焦质谱仪。这种仪器能够分析复杂的有机化合物，并且分辨率高、重现性好，因而成为食品风味的有机化合物定性分析的重要手段。质谱是最早实现和气相色谱仪联用的定性分析仪器。近几十年来，色谱-质谱联用技术迅速发展。气相色谱法具有灵敏度高、分离效率高、定量分析准确等特点。而质谱法的特点是鉴别能力强、响应速度快、适于对单一组分进行定性分析。因此色谱-质谱联用仪发挥了气相色谱法对复杂混合物的高效分离特长和质谱在鉴定化合物中的高分辨能力，提高了质谱分析的工作效率，扩大了应用领域。目前，质谱法在食品风味物质的鉴定中扮演了十分重要的角色。将两种仪器联用，综合了两种分所技术的优势，弥补了相互间的不足之处，实现了多组分混合物的一次性定性、定量分析。

（2）红外光谱(IR) 质谱作为重要的定性分析手段，其谱图和质谱数据可以提供被测物质的分子量、分子式和分子结构信息。而红外光谱法是利用物质对红外辐射（波长0.75～1000μm）的吸收所给出的特征吸收光谱进行结构分析的一种手段。它的重要作用在于提供分子中可能存在的官能团、环的结构信息和化合物的“指纹”特征。因此，红外光谱是重要的结构分析手段之一。GC-IR（气相色谱-红外光谱）分析也在迅速发展。食品风味研究中，由于风味组成的复杂性，只适于对纯样品进行鉴定的红外光谱在实际应用中受到了一些限制，气相色谱-傅里叶变换红外光谱联用技术实现了对复杂化合物的鉴定。

（3）核磁共振 核磁共振法（NMR）是研究原子核与化学环境关系的，可以测量化合物不同能态间的差别，是有机化学结构分析的有力手段。通过核磁共振法获得的物理参数可以得到有机化合物的结构信息。与大多数有机化合物一样，食品风味物质普遍存在的氮原子、氢原子、碳原子，借助核磁共振，可以确定常见官能团的化学环境，由此跟踪化学反应的进程。

（4）紫外吸收光谱 紫外吸收光谱（UV）也可以提供有机化合物的一些结构信息。紫外吸收光谱对含有生色团、助色团、共轭双键和芳环及其衍生化合物，具有特定的结构鉴别能力。当食品风味研究需要这方面的定性信息时，紫外吸收光谱便成为不可缺少的工具。在有机化合物的鉴定工作中，紫外吸收光谱只提供有机化合物中生色团和助色团的化学特性，而不是整个分子的化学特性。

3.5.4 食品辅助材料及食品添加剂的分析检测

(1) 食品辅助材料——包装材料及容器的分析检测　我国传统使用的食品包装材料，如竹木、金属、玻璃、搪瓷和陶瓷等对人体较为安全。但随着食品工业发展的需要和化学合成工业的进展，出现了许多新型合成材料，例如塑料、涂料及橡胶等，都被制成容具或包装材料并与食品接触，特别是塑料制品，使用最为广泛。但由于这些新型合成材料中包括很多种化学物质，如进入食品中，可能对人具有一定的毒性作用。因此，对这些食品辅助材料进行检测是确保食品安全的一部分。

食品包装材料的测定，一般是模拟不同食品，制备几种浸泡液（水、4%乙酸、20%乙醇或65%乙醇及正己烷)。在一定温度下，对试样浸泡一定时间后，测定其高锰酸钾消耗量、蒸发残渣、重金属及褪色试验等。

以食品的塑料包装材料为例，聚乙烯、聚苯乙烯、聚丙烯成形品这几类不饱和烃的聚合物，是目前应用最多的树脂，广泛应用于食品包装、食品容器、食品餐具等。这几类塑料成形品样品经用模拟不同食品性质的溶液浸泡后，测定其消耗高锰酸钾的量来表示可溶出有机物质的含量；用模拟不同食品性质的溶液浸泡后，包装材料中的某些成分被溶出在不同的浸泡液中，通过蒸发浸泡液使溶出的物质残留在残渣中，从蒸发残渣的量可反映出包装材料对食品的影响程度。质量标准要求检出量在乙酸浸泡液中不大于30mg/L，在乙醇浸泡液中不大于30mg/L，在正己烷中不大于60mg/L。而塑料成形品浸泡液中重金属（以铅计）与硫化钠作用，在酸性溶液中形成黄棕色硫化铅，与标准比较，若比标准颜色浅，即表示重金属含量符合标准。另外塑料成形品的脱色试验是用沾有冷餐油、65%乙醇的棉花，在接触食品部位的塑料用具的小面积内，用力往返擦拭100次，要求棉花上不得染有颜色，要求四种浸泡液也不得染有颜色为符合标准。

(2) 食品添加剂的分析检测

① 甜味剂的测定　食品中糖精钠的测定通常采用高效液相色谱法、紫外分光光度法和薄层色谱法测定，甜菊糖苷的测定有滴定法和比色法。

② 防腐剂的测定　山梨酸、苯甲酸通常采用气相色谱测定。样品酸化后，山梨酸、苯甲酸用乙醚提取、浓缩，用附氢火焰离子化检测器的气相色谱仪进行分离测定，与标准系列比较定量。

③ 护色剂——硝酸盐及亚硝酸盐的测定　亚硝酸盐的测定——格里斯试剂比色法：样品经沉淀蛋白质、除去脂肪后，在弱酸条件下亚硝酸盐与对氨基苯磺酸重氮化，再与盐酸萘乙二胺偶合形成稳定的紫红色染料，在538nm处有最大的吸收，通过测定其吸光度与标准比较定量。此法也称盐酸萘乙二胺法。

硝酸盐的测定——镉柱法：样品经沉淀蛋白质、除去脂肪后，将样品提取液通过镉柱，使其中的硝酸根离子被金属镉还原成亚硝酸根离子，在弱酸性条件下，亚硝酸根与对氨苯基磺酸重氮化后，再与盐酸萘乙二胺偶合，形成红色染料，通过比色测得亚硝酸盐的总量，从还原前后亚硝酸盐量的变化即可得硝酸盐含量。

④ 漂白剂——二氧化硫及亚硫酸盐的测定　食品中亚硫酸盐的定量测定，通常采用盐酸副玫瑰苯胺法。亚硫酸盐（即二氧化硫）被四氯汞钠吸收液吸收后，生成稳定的配合物，再与甲醛和盐酸副玫瑰苯胺作用，分子重排后，生成紫红色配合物，在550nm处有最大的吸收，通过测定吸光度，与标准系列比较定量。

⑤ 抗氧化剂（BHA、BHT）的测定　食品中BHA与BHT的测定是将样品中BHA、BHT用石油醚提取，通过硅胶柱将其分离，BHA与2,6-二氯醌氯亚胺-硼砂溶液生成稳定

的蓝色化合物，BHT 与 α,α-联吡啶-氯化铁溶液生成橘红色化合物，与标准比较定量。

⑥ 食用合成色素的测定　人工合成食用色素一般使用高效液相色谱法测定。本法适用于清凉饮料、配制酒、糖、果汁等食品中酸性人工合成色素的测定。食品中的人工合成色素用聚酰胺吸附法或用液-液分配法提取，制成水溶液，注入高效液相色谱仪，经反相色谱分离，根据保留时间和峰面积进行定性和定量。

参考文献

1　杨昌举编著．食品科学概论．北京：中国人民大学出版社，1999
2　德力格尔桑主编．食品科学与工程概论．北京：中国农业出版社，2002
3　[美] 诺曼．N 波特编著．食品科学．北京：中国轻工业出版社，1990
4　天津轻工业学院，无锡轻工业学院合编．食品工艺学．北京：轻工业出版社，1987
5　张文治编著．新编食品微生物学．北京：中国轻工业出版社，2001
6　黄伟坤等编著．食品检验与分析．北京：中国轻工业出版社，1989
7　杜苏英主编．食品分析与检验．北京：高等教育出版社，2002
8　朱国斌，鲁红军编著．食品风味原理与技术．北京：北京大学出版社，1996
9　张意静主编．食品分析技术．北京：中国轻工业出版社，2001
10　大连轻工业学院等八大院校编著．食品分析．北京：中国轻工业出版社，1994
11　李里特编著．食品物性学．北京：中国农业出版社，2001
12　杜克生编著．食品生物化学．北京：化学工业出版社，2002
13　阚建全主编．食品化学．北京：中国农业大学出版社，2002
14　王璋等编著．食品化学．北京：中国轻工业出版社，1999

4 食品工程技术基础

4.1 食品工业中的单元操作技术

由于食品原材料的性质千差万别，以及不同风俗、文化、地域、气候影响而导致对食品要求的多样性，食品生产的工艺过程和加工方法也是多种多样。随着人民生活水平的不断提高，以现代科技支撑的加工技术手段、加工设备不断涌现，这使生产厂家和工程师们难以选择。如果没有对食品的加工技术从加工原理和性能有一个较系统的了解、分类和研究，很可能在选择时花费大量时间，甚至走许多弯路。于是，人们提出了单元操作的概念。所谓单元操作，就是从各种不同的加工工艺中根据功能而分出的常用操作过程，如物料输送、粉碎、筛分、浓缩、干燥、分离、结晶、混合、乳化、均质、制冷、包装、杀菌等。

食品加工从某种程度上说就是在了解各基本单元操作的基础上，选择适宜的单元操作并将其联合、集成最终成为有机的加工系统，从而生产出理想的产品。下面介绍这些单元操作，其中有关干燥和包装的介绍详见第 5 章和第 7 章。

4.1.1 输送

在食品工厂中，存在大量的物料如食品原料、辅料、半成品和成品的运输问题，为了提高生产率，减轻体力劳动，需要采用各式各样输送机械来完成物料的输送任务。食品工厂输送机械的作用是在一台单机中或一条生产线中，将物料按工艺要求从一个工序传送到另一个工序，有时在传送过程中对物料进行工艺操作，同时也能保证食品的卫生。

在食品工厂中，固体物料可能以个体（如箱、袋、瓶、罐）或群体（如粉、粒）形式进行输送。在输送过程中应能够保持自身稳定的形状，在一定的压力下不致造成破损，但过大的压力可能会对物料造成损害。目前应用较多的固体物料输送设备有带式输送机、螺旋输送机、刮板式输送机、斗式提升机、气力输送设备、振动输送机、螺旋输送机等。液体物料输送通常用泵完成输送任务。常用液体输送泵有离心泵、螺杆泵、齿轮泵、输送肉糜的滑片泵、柱塞泵和计量泵。气体输送设备有离心式风机、往复式压缩机等。为了达到良好的输送效果，应该根据物料性质（如固体物料的组织结构、形状、表面状态、摩擦系数、密度、粒度大小，液体物料的黏度、成分构成）、工艺要求、输送路线及运送位置的不同选择适当形式的输送设备。

苹果或柑橘通常采用厢式拖车从产地运到果汁厂，这时应考虑无温控装置的厢式卡车的大小及水果的运输时间等，并对其加以控制，以保证水果在运输中温度控制在一个合理范围内。若不考虑这一点，在一个封闭的装满水果车厢内，温度很可能由于水果的呼吸作用而上升，从而导致水果的严重腐败。

运送到糕点加工厂或其他食品厂的大量干制糖，一般是通过气力输送系统从卡车上转移到贮藏箱中。在运输和转移过程中，要防止干制糖受潮结块，同时必须避免灰尘污染，并防止产生静电以免发生易燃糖粒的爆炸，这种情况在输送面粉时也常常遇到。香料的输送往往利用封闭的管道系统气流输送。封闭式原料运输的优越性在于防止香料中香辛挥发成分的损失以及对人有刺激气味的逸出或不同香料之间的串味。

4.1.2 粉碎

4.1.2.1 粉碎的概念

粉碎是指利用机械的方法克服固体物料内部的凝聚力而将其破碎的一种单元操作，其实质是通过输入能量使得物料比表面积增大的过程。根据被粉碎物料和成品粒度的大小，粉碎可分为粗粉碎、中粉碎、微粉碎和超微粉碎四种。粗粉碎，原料粒度 40～1500mm，成品颗粒粒度 5～50mm；中粉碎，原料粒度 10～100mm，成品粒度 5～10mm；微粉碎，原料粒度 5～10mm，成品粒度 100μm 以下；超微粉碎，原料粒度 0.5～5mm，成品粒度 10～25μm 以下。

粉碎操作在食品工业中占有非常重要的地位，主要表现在以下几个方面。

① 适应某些食品消费和生产的需要。例如面粉以粉末形式使用的，巧克力等食品的生产需将各种配料粉碎至足够细小的颗粒才能保证物料的均匀分布和终产品的品质。

② 增加固体表面积以利于干燥、溶解、浸出等后续工序的顺利进行。例如玉米湿加工前需将玉米粉碎成小块物料。

③ 工程化食品和功能性食品的生产需要。各种配料粉碎后才能混合均匀，粉碎的好坏对终产品的质量影响很大。

4.1.2.2 粉碎理论

粉碎是一个复杂的过程，Hütting 等人归纳提出了以下三种粉碎模型（图 4-1）。

（1）体积粉碎模型　物料初始粉碎时整个颗粒就受到全面破坏，但粉碎得到的大多数为粒度较大的中间颗粒，随着粉碎的进行，这些中间颗粒逐渐被粉碎成细小颗粒，粉碎所需能耗与体积成正比。该模型反映了大多数粉碎的过渡过程，适用于一般脆性物料的冲击粉碎。

（2）均一粉碎模型　粉碎过程输入至物料颗粒的能量直接传递到颗粒的各个部分，颗粒被直接粉碎成均匀的细小颗粒，粉碎能耗与物料内部产生的裂纹长度成正比。该模型适用于低强度脆性物料的强力冲击粉碎。

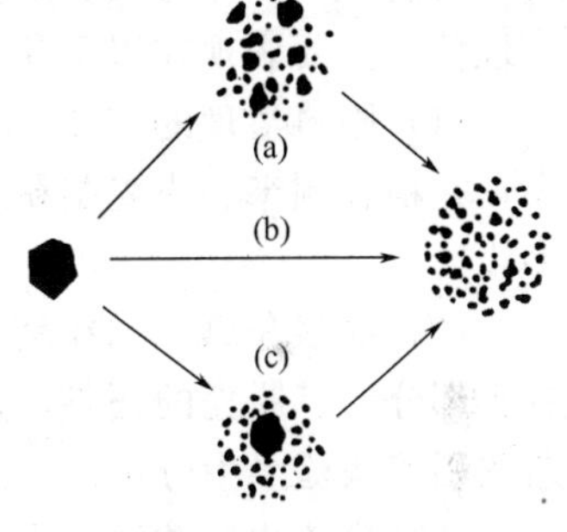

图 4-1　粉碎理论模型

(a) 体积粉碎；(b) 均一粉碎；(c) 表面粉碎

（3）表面粉碎模型　物料的粉碎仅发生在表面，而不发生在内部，即物料的粉碎过程是从外逐渐向内逐层粉碎，粉碎所需的能耗与新生成的表面积成正比。该模型适用于各种物料的微粉碎和超微粉碎，以及韧性和坚硬物料的粉碎。

4.1.2.3 粉碎分类及粉碎机

粉碎操作可分为干法和湿法两大类。干法粉碎对物料的水分含量有一定限制。如果物料水分过高，物料在粉碎前须经干燥处理。

湿法粉碎时，物料悬浮于载体液流中进行研磨。水是常用的载体，可降低物料强度。一般湿法粉碎的能耗比干法粉碎的大，同时设备的磨损也严重。但湿法粉碎易获得更细的制品，所以广泛应用于食品的超微粉碎。

粉碎机械的种类很多，按粉碎作用形式可分为冲击式粉碎机和研磨式粉碎机；按成品粒度可分为普通粉碎机、微粉碎机和超微粉碎机；根据粉碎过程中物料的状态可分为干法粉碎机械和湿法粉碎机械。一定类型的粉碎机，其所产生的粉碎力是确定的，因而对特定的物料才能发挥其粉碎效果。在选用粉碎机时，除了考虑粉碎机的结构和参数外，还需考虑物料的硬度、强度、韧性、脆性、水分含量等因素。表 4-1 列出了常见粉碎机在食品加工中的应用。

表 4-1 粉碎机在食品加工中的应用

粉 碎 机	应用范围	粉碎物料
锤击式粉碎机	硬或纤维物料的中、细粉碎	玉米、大豆、红薯、红薯干、油料榨饼、白砂糖、干蔬菜、香辛料、干酵母、可可
盘击式粉碎机	中硬或软质物料的中、细粉碎	
胶体磨(湿法)	软质物料的超微粉碎	乳制品、奶油、巧克力、油脂制品
辊式磨粉机(光辊或齿辊)	不同齿形适用于不同物料的粉碎	小麦、玉米、大豆、油饼、花生、咖啡豆、水果
碾辊盘磨机	可以在粉碎的同时进行混合,制品粒度分布宽	食盐、调味料、含脂食品
盘磨机	干法粉碎和湿法粉碎均可用	豆类、谷类
滚筒轧碎机	软质物料的中粉碎	马铃薯、葡萄糖、干酪
斩肉机	软质物料的粉碎	肉类
切丁机、打浆机	软质物料的粉碎	蔬菜、水果

4.1.3 筛分

4.1.3.1 筛分的概念

筛分是指将粉粒物料通过一层或数层带孔的筛面，使物料按宽度或厚度分成若干个粒度级别的过程。在筛分过程中，通过筛孔的物料称为筛过物，未能通过的称为筛留物。经筛分后所得的每一部分分级物，其颗粒大小都较原来的均匀。在食品工业中，筛分操作占有重要的地位，主要表现在以下几个方面。

(1) 原料清理的需要　如稻谷、小麦在收获、贮藏和运输过程中会带来各种各样的杂质，在稻谷制米、小麦制粉之前，需经各种清理手段以去除，其中筛分就是一种重要的清理手段。

(2) 物料分离　如在稻谷制米过程中，经砻谷机后大部分稻谷脱壳变成糙米，但仍混杂有小部分没有脱壳的稻谷，进入碾米机之前必须借助选糙溜筛、选糙平转筛等筛分手段将混杂的稻谷从糙米中分离。

(3) 粉碎物按粒度大小分级　固体物料经粉碎处理后粉碎物的粒度不可能均匀，需经筛分处理予以分级。如小麦经皮磨、渣磨研磨后，需配备完善的筛理设备将碾下物按粒度分级，再分别处理。

(4) 工程化食品和功能性食品生产　各种粉状物料在配料之前需经过筛分处理以确保粉料膨松均匀，有利于配料工序的顺利操作。

(5) 粒度分析　可利用标准筛测定粉碎后物料或成品的粒度组成特性，即进行过筛分析(简称筛析)。

4.1.3.2 筛分原理

在筛分过程中，要使一部分物料通过筛孔成为筛下物达到分级或分离的目的，必须具备三个基本条件：①被筛物料与筛面接触；②合适的筛孔形状与大小；③被筛物料与筛面之间有适宜的相对运动。

筛选主要依据物料宽度或厚度的不同进行，圆形筛孔是按物料宽度不同进行筛分，长形筛孔是按物料厚度不同进行筛分。如果物料宽度比筛孔小，而其长宽之半又超过筛孔长度，则只能竖立才会通过筛孔，这样会大大减少物料通过筛孔的机会。所以，筛孔长度对筛分效果有一定影响。

散粒物料在运动过程中，性状相同的颗粒聚集在一起形成分级，这种现象称为自动分级。散粒物料自动分级的一般规律是：大而轻的物料浮于料层上面，小而重的物料沉于料层底部，轻而小和重而大的物料则分别位于料层中间。散粒物料的自动分级现象对筛分过程具有重要作用。

4.1.3.3 食品加工中常用的筛分设备

（1）振动筛 振动筛是食品加工中应用最广的一种筛选与风选相结合的清理设备，多用于清除大、小及轻杂质。振动筛主要由进料装置、筛体、吸风除尘装置、振动装置和机架等部分组成，如图 4-2 所示。

进料装置的作用是保证进入筛面的物料流量稳定并沿筛面均匀分布，以提高清理效率。进料装置由进料斗和流量控制活门构成。按其构造有喂料辊和压力门进料装置两种。喂料辊进料装置需要传动，只有筛面较宽时才采用。压力门进料装置结构简单，操作方便，喂料均匀，特别是重锤压力门进料装置，动作灵敏，能随进料变化自动调节流量，故为筛选设备普遍采用。

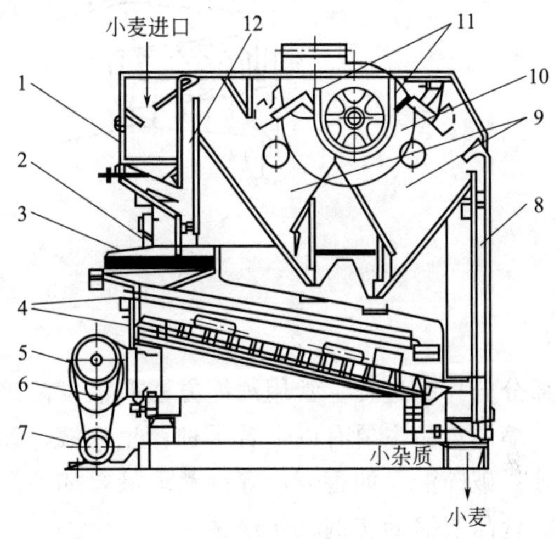

图 4-2 振动筛的结构

1—进料斗；2—吊杆；3—筛体；4—筛格；5—自衡平衡器；6—弹簧限振器；7—电动机；8—后吸风道；9—沉降室；10—风机；11—风门；12—前吸风道

筛体是振动筛的主要工作部件，它由筛框、筛子、筛面清理装置、吊杆、限振机构等组成。筛体内装有 3 层筛面：第一层是接料筛面，筛孔最大，筛上物为大型杂质，筛下物均匀地落到第二层筛面的进料端；第二层是大杂筛面，进一步清理略大于粮粒的大杂；第三层是小杂筛面，小杂穿过筛孔排出，由于筛孔较小易造成堵塞，为了保证筛选效率，设置有筛面清理装置。

振动筛的筛面为往复运动筛面，物料在筛面顺序向前、向后滑动而不跳离筛面，且每次向前滑动的距离大于向后滑动的距离。由于物料只是在筛面上滑动，故适宜于流动性较好的散粒体物料的分选。对于流动性较差的粉体的筛分宜采用频率较高而振幅较小的高速振动筛，筛选时物料存在有垂直于筛面的运动，物料呈蓬松状态，易于到达并穿过筛孔，同时筛孔不易堵塞。

（2）滚筒筛 滚筒筛主要由附有筛孔且可回转的圆柱面筛筒构成，筒壁分别开有各种孔径的筛孔。按照不同孔径筛筒的排列，滚筒筛有并列式、串列式及同轴式三种结构（见图 4-3）。

并列式组合是将筒径与筒长相同而筛孔规格不同的几个筛筒按筛孔大小依次顺序排列。每段筛筒的长度较大，筛理路程较长，物料颗粒有更多的机会被筛孔筛分。为节省占地面积，筛筒间可作垂直方向的空间排列。各段筛理能力均衡，适宜于粒径分布较为均匀的物料筛分。

串列式组合是将筛筒分成多段，筛孔由小而大，各段长度较短，筛理路程短，物料有时不能得到充分筛理，影响作业效率。适宜于小颗粒含量较多的物料的筛分。

同轴式组合是将具有不同筛孔和筒径的筛筒由内而外排列，结构紧凑，但流量最大的内筛筒直径最小，筛理能力低，而且同一粒度的颗粒因穿过上一级筛孔的位置不同而不具有同样的筛理路程，故适宜于大颗粒含量不多的物料的分选。

4.1.4 浓缩

浓缩是食品工业中的重要操作，它是从溶液中除去部分溶剂的单元操作，是溶质和溶剂

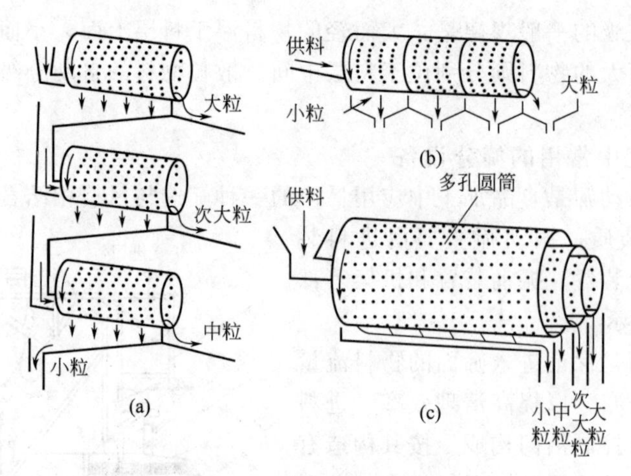

图 4-3 滚筒筛结构示意图
(a) 并列式；(b) 串列式；(c) 同轴式

部分分离的过程。常用浓缩方法有蒸发浓缩、冷冻浓缩和膜浓缩。在食品加工过程中，需要浓缩的食品主要有以下若干种：生物液，如牛乳、血液、蜂蜜等；压榨液，如甘蔗汁、果汁等；破碎液，如番茄汁等；萃取液，如茶汤、肉汁等；熬煮液，如骨头汤等。表 4-2 列出一些食品浓缩的实例。

表 4-2 食品工业中的浓缩实例

行 业	食品浓缩实例
乳品工业	各种乳粉、乳清粉的生产，炼乳的生产
饮料工业	橙汁、苹果汁等果汁制成浓缩汁，番茄汁、胡萝卜汁等蔬菜汁的浓缩或制成饮料，茶粉或茶浓缩液、速溶咖啡的制取
肉类工业	肉汁浓缩、骨头蒸煮液的浓缩
淀粉工业	葡萄糖、果糖、糊精生产中的前蒸发与后蒸发，各种谷物浸提液的浓缩
制糖工业	甜菜萃取液、甘蔗榨汁需浓缩而结晶成糖，精制糖生产也需浓缩
制盐工业	井盐、矿盐需经蒸发浓缩、结晶而得，精制盐也需浓缩
食品添加剂工业	红甜菜萃取液经浓缩、干燥面成甜菜红粉状色素红等色素的生产也有浓缩工序
调味品工业	味精生产中，谷氨酸钠结晶前需浓缩
水产品加工业	水产品与海产品加工液的浓缩

食品的浓缩方法，按浓缩原理可分为平衡浓缩和非平衡浓缩两种方法。平衡浓缩是利用在分配上的某种差异而获得溶质和溶剂分离的方法。蒸发浓缩和冷冻浓缩属于平衡浓缩，而膜浓缩属于非平衡浓缩。按浓缩时加热与否可分为加热浓缩和非加热浓缩。蒸发浓缩属于加热浓缩，膜浓缩和冷冻浓缩属于非加热浓缩。

蒸发浓缩、冷冻浓缩和膜浓缩在食品工业中有着广泛的应用，是食品工程上重要的单元操作。食品浓缩的目的有如下几个方面：①除去食品中的大量水分，提高包装、贮藏和运输性能；②提高制品浓度，增加制品的保藏性；③作为干燥或更完全脱水的预处理过程；④作为结晶操作的预处理过程；⑤改变味感形成新产品。

4.1.4.1 蒸发浓缩

蒸发浓缩是利用溶质和溶剂挥发度的差异，通过加入热能的方法使溶剂汽化，而溶质则不挥发，从而达到分离的目的。

蒸发可在常压、减压或加压下进行。常压蒸发可在敞口设备中进行，现在工业上已很少使用。加压或减压下的蒸发，须在密闭容器中进行。在减压下进行的蒸发称为真空蒸发。蒸发时将其新产生的二次蒸汽不再利用，直接送冷凝器冷凝以除去的操作称为单效蒸发。将新产生的二次蒸汽通到另一压力较低的蒸发器作加热蒸汽，使后一蒸发器也进行蒸发操作，这种多个蒸发器串联，使蒸汽在蒸发过程中得到多次利用的蒸发操作，称为多效蒸发，如图 4-4 所示的三效蒸发浓缩系统。多效蒸发器很容易在 50℃左右实现蒸发，有的蒸发器甚至被设计在 21℃低温下使水沸腾而进行蒸发浓缩。

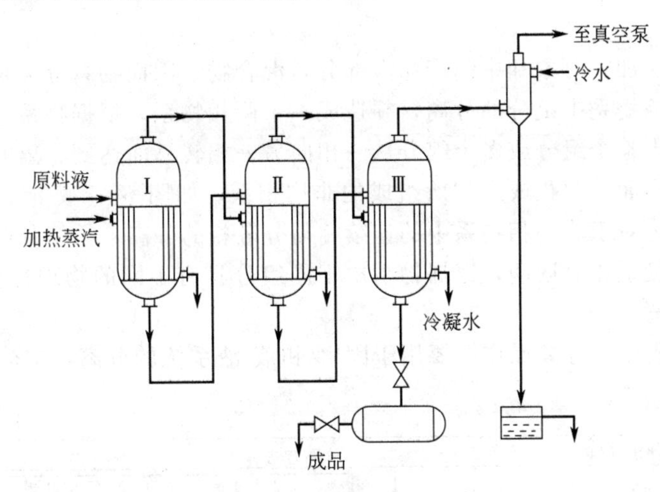

图 4-4　三效蒸发浓缩系统

4.1.4.2　冷冻浓缩

冷冻浓缩是利用稀溶液与溶剂在凝固点下的平衡关系，使溶剂从溶液中结晶析出，从而达到分离的目的。由于浓缩过程不涉及加热，因此适用于热敏性食品物料的浓缩，可防止食品中的芳香物质因加热所造成的损失。

冷冻浓缩由于在应用过程中不使物料受热，热敏性物质不被破坏，制品在色、香、味等方面均得到最大程度的保留。但是由于操作成本高及浓缩的限制，冷冻浓缩现仅用于原果汁、高档饮品、生物制品、药品、调味品等的浓缩。

对于不同的原料，冷冻浓缩系统及操作条件也不相同，一般可分为单级冷冻浓缩和多级冷冻浓缩两类。多级冷冻浓缩在制品品质及回收率方面优于单级冷冻浓缩。图 4-5 为采用洗涤塔分离方式的单级冷冻浓缩装置系统。主要由刮板式结晶器、混合罐、洗涤塔、融冰装置、贮罐、成品罐和泵等组成，可用于果汁、咖啡等的浓缩。

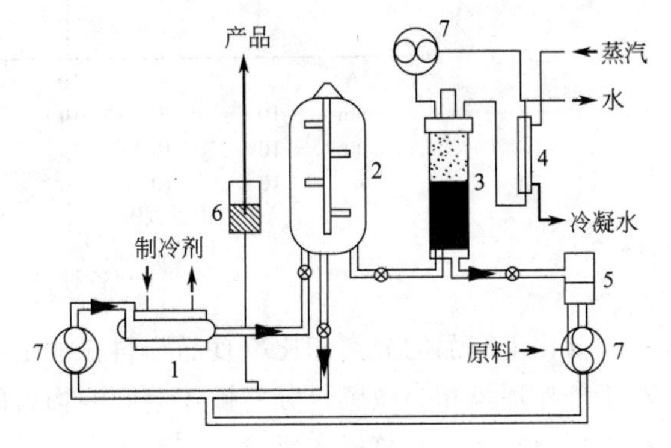

图 4-5　单级冷冻浓缩装置系统

1—刮板式结晶器；2—混合罐；3—洗涤塔；4—融冰装置；5—贮罐；6—成品罐；7—泵

4.1.4.3　膜浓缩

膜浓缩是一种类似于过滤的浓缩方法，只是“过滤介质”为天然或人工合成的高分子半透膜。在操作过程中，如果通过半透膜的只是溶剂，而溶质被截留下来，溶质的浓度提高，此过程称为膜浓缩；如果透过半透膜的不仅是溶剂，而且有选择地透过某些溶质，使溶液中不同溶质达到分离，则称为膜分离。

膜技术常根据过程推动力的不同进行分类，膜浓缩的推动力包括压力差、电位差、浓度差和温度差等。目前，在工业上应用较成功的膜浓缩主要有以压力为推动力的反渗透（RO）和超滤（UF），以及以电力为推动力的电渗析（ED）。膜浓缩过程不涉及加热，因此特别适合于热敏性物料的浓缩。与蒸发浓缩和冷冻浓缩相比，膜浓缩不存在相变，能耗少、费用低、工艺简单、产量高，且易于进行连续化操作。目前膜浓缩已成功地应用于牛乳、咖啡、果汁、明胶、乳清蛋白等的浓缩。

4.1.5 分离

在食品工业中，加工对象和中间产品大部分是混合物，因而物料分离是食品加工过程的重要内容。对于均相物系中组分的分离，须造成一个两相物系，根据物系中不同组分间某种物性的差异，使其中某个组分或多个组分从一相向另一相转移而达到分离的目的。非均相混合物是指由具有分界面的两相或三相所组成的非均相系，如固-液、液-液、固-液-液以及固-气相组成的混合物。对于非均相物系中的连续相与分散相的分离，须使分散的颗粒、液滴或气泡与连续相之间发生相对运动，根据物系中不同组分具有不同的物理性质（如密度），采用机械方法将其分离。

在食品加工过程中，分离操作主要用于固-液和液-液系统的分离，按分离原理大致分类如图 4-6 所示。

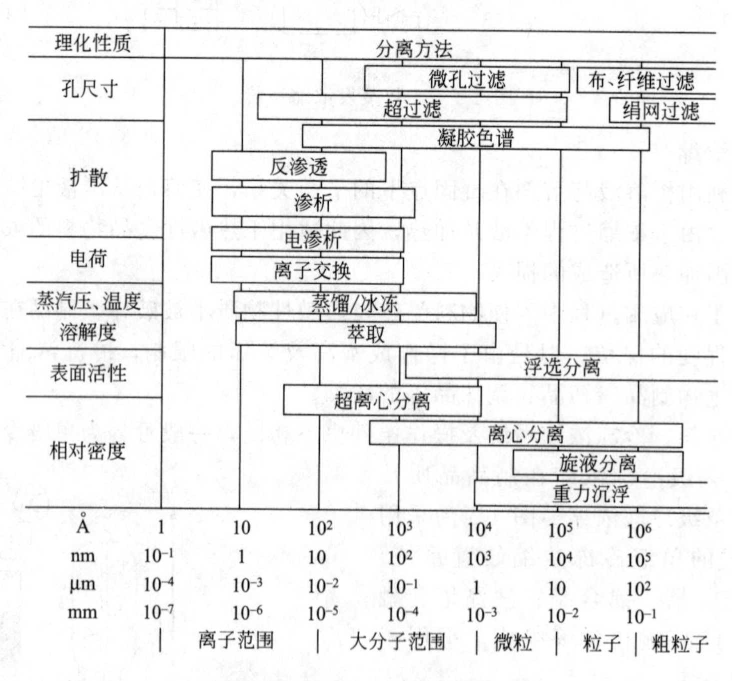

图 4-6 各种分离方法的分离原理

与化工产品的分离相比，食品物料在加工过程中一般仍具有一定的生物活性，它们往往对于外界环境相当敏感，分离操作会影响物料的天然风味和营养成分，因此食品物料的分离技术更为复杂，分离操作要求更高。

4.1.5.1 压榨

压榨是通过压缩力将液相从固液两相混合物中分离出来的一种单元操作。在压榨过程中，将物料置于两个表面（平面、圆柱面或螺旋面）之间，对物料施加压力使液体释出，释出的液体再通过物料内部空隙流向自由表面。其操作过程主要表现为固体颗粒的集聚和半集聚过程，也涉及液体从固体中的分离过程。

在食品工业中，压榨常用于榨油和榨汁。

(1) 榨油　从大豆、可可豆、花生、椰子、棕榈仁、菜籽等种子或果仁中榨取油脂。油分榨出的难易程度取决于细胞结构的强度，细胞结构又与纤维素、蛋白质等成分的含量密切相关。为了保证油质，压榨时要尽量减少固体及其他杂质从粉碎的油料中带出。在榨油前，物料一般都需经过预处理，包括对油料的破碎、轧片及在较高温度下的加热蒸煮，以便于压榨机进料，同时破坏细胞原有的结构使得油分易于释出。

(2) 榨汁　榨取果蔬，如苹果、柑橘、猕猴桃、胡萝卜和番茄等的汁液。果蔬汁含于果实、茎叶或根茎之中，榨汁前须先将其破碎。另外，水果果胶的存在使得果汁不易释出，也需进行预处理，一般在破碎时加入果胶酶。

4.1.5.2　过滤

过滤是以某种多孔性介质，在外力作用下使连续相流体通过介质的孔道时截留分散相颗粒，从而实现分离的操作。在过滤过程中，一般将被过滤处理的悬浮液（含有悬浮固体颗粒的液体）或乳浊液（含有液体微粒的液体）称为滤浆，滤浆中被截留下来的固体微粒称为滤渣，而积聚在过滤介质上的滤渣层则称为滤饼，透过滤饼和过滤介质的液体称为滤液。

过滤是分离悬浮液最普通、最有效的单元操作之一。与沉降相比，过滤分离更迅速；与蒸发干燥等非机械分离相比，则能耗低得多。过滤操作过程一般包括过滤、洗涤、干燥、卸料四个阶段。

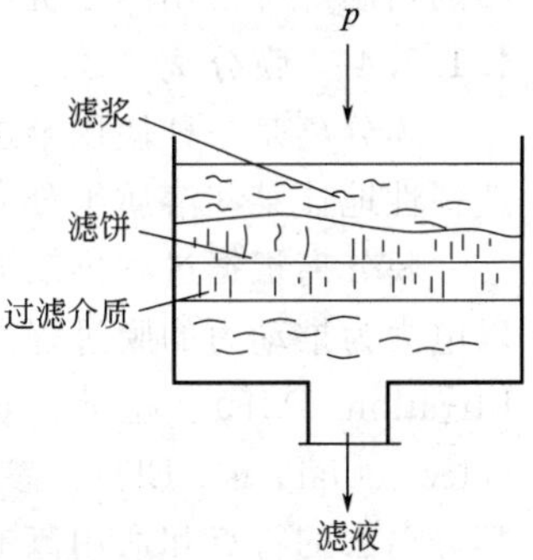

(1) 过滤　如图 4-7 所示，悬浮液在推动力作用下，克服过滤介质的阻力进行固-液分离；固体颗粒被截留，逐渐形成滤饼，且不断增厚，因此过滤阻力也随之不断增加，致使过滤速度逐渐降低。当过滤速度降低到一定程度后，必须转入下道工序。

图 4-7　过滤操作示意图

(2) 洗涤　洗涤的目的在于回收有价值的滤液或纯的滤饼。停止过滤后，滤饼的毛细孔中包含有许多滤液，必须用清水或其他液体洗涤，以得到纯净的固体产品或得到尽量多的滤液。

(3) 干燥　用压缩空气排挤或真空抽吸把滤饼毛细管中存留的洗涤液排走，得到含湿量较低的滤饼。

(4) 卸料　把滤饼从过滤介质上卸下，并将过滤介质洗净，以备重新进行过滤。

实现过滤过程四个阶段的方式可以是间歇的，也可以是连续的。过滤是一种常见的分离手段，其在食品工业上的应用有如下几个方面。

(1) 一般固-液系统的分离　如蔗糖生产中的糖汁和糖渣的分离采用真空转鼓过滤机或板框压滤机。连续卸料的真空转鼓过滤机可用于淀粉脱水和面筋悬浮液的过滤。在食用油的浸取和精炼上，板框压滤机、箱式压滤机和加压叶滤机既可用于过滤除去种子碎片和组织细胞，也可用于油类脱色后滤去漂白土。板框压滤机还可用于啤酒厂过滤麦芽汁和发酵后回收酵母等。

(2) 澄清　陶质管滤机和流线式过滤机已广泛应用于澄清液体食品，如啤酒、葡萄酒、果汁、酵母浸出液及油、醋、盐水、糖浆和果冻，以除去其中极细微粒或者成胶状或泥状的固体。

(3) 除去微生物　管滤机常用于葡萄酒、啤酒、果汁和酵母浸出液的过滤以降低微生物的数目，故可用于代替或补充以降低微生物数目为目的的热处理操作。

4.1.5.3　离心分离

离心分离是利用分离筒的高速旋转，使物料中具有不同密度的分散介质、分散相或其他杂质在离心力场中获得不同的离心力，达到分离的目的。在食品加工过程中，离心分离操作可用来对悬浮液、乳浊液及气溶胶等的两相进行全部或部分分离，其常见的应用如下。

(1) 作为生产的主要阶段　如从淀粉液中制取淀粉，从牛奶中制取奶油或脱脂奶，将晶体从母液中分离制取纯净晶体食品等。

(2) 回收有价值的物质　如从含微粒固体气溶胶中分离出奶粉。

(3) 提高制品的纯度　如牛奶净化除去微粒固体等。

(4) 为了安全生产　如分离生产中发生的烟、雾等有害物质。

离心机是一种在离心力场内进行固-液、液-液或固-液-液相分离的机械。离心机的主要部件为安装在竖直或水平轴上的高速旋转的转鼓，料浆送入转鼓内并随之旋转，在离心惯性力的作用下实现分离。离心机可用于离心过滤、离心沉降和离心分离三种类型的操作。

离心机在食用工业中应用较多，如制糖工业的砂糖、糖蜜分离；制盐工业的晶盐脱卤；淀粉工业的淀粉与蛋白质分离；油脂工业的食油精制；啤酒、果汁、饮料的澄清；味精、橘油、酵母分离；奶油分离；淀粉脱水；回收植物蛋白；脱水蔬菜制造中漂烫菜的预脱水；食品的精制等都使用离心机。高速离心机还可分离奶液中的芽孢。

4.1.5.4　膜分离

膜分离是一种使用半透膜的分离方法，分离过程中，通过半透膜的不仅是溶剂，而且有选择性地让某些溶质组分通过，从而实现溶液中不同溶质的分离。

膜分离根据过程推动力的不同大致分为两类：一类以压力为推动力的膜过程；另一类是以电力为推动力的膜过程。膜分离的方法很多，目前工业生产中常用的有微孔过滤（microfiltration，MF）、超滤（ultrafiltration，UF）、反渗透（reverse osmosis，RO）、电渗析（electrodialysis，ED）、渗透蒸发（pervaporation，PV）、液膜（liquid membrane，LM）等。膜分离法的特点和适用范围如表 4-3 所示。

表 4-3　膜分离法的特点和适用范围

过程	透过物	截留物	推动力	传递机理	膜类型
微孔过滤	水、溶剂溶解物	悬浮物（0.02～10μm）	压差 100kPa	筛分	多孔膜
超滤	水、溶剂（小分子溶液）	胶体大分子（1～20nm）	压差 0.1～1MPa	筛分	非对称膜
反渗透	水、溶剂	溶质，盐（0.1～1nm）	压差 1～10MPa	溶剂扩散传递	非对称膜、复合膜
渗析	低相对分子质量物质、离子	溶剂（相对分子质量＞1000）	浓度差	溶质扩散	非对称膜、离子交换膜
电渗析	电介质离子	非电解质大分子物质	电位差	离子选择性传递	离子交换膜
气体分离	渗透性的气体和蒸气	难渗透性气体或蒸气	压差 1～10MPa、浓度差	气体、蒸气扩散渗透	均匀膜、复合膜、非对称膜
渗透蒸发	溶质或溶剂（易渗透组分蒸气）	溶质或溶剂（难渗透组分蒸气）	分压差、浓度差	溶解扩散	均匀膜、复合膜、非对称膜
液膜	杂质（电解质离子）	溶剂（非电解质）	化学反应和浓度差	反应促进和扩散传递	液膜

常用于食品工业中的膜分离技术主要是微滤、超滤和反渗透 3 种，它们都是以静压差作为推动力进行溶质分离的。膜分离具有常规分离过程所没有的突出优点，主要有以下几个方面。

(1) 有利于食品成分的保存　膜分离过程在常温下进行，特别适合于热敏性物料的处理；分离过程在闭合回路中运转，防止氧化作用。

(2) 能耗小，费用低　在膜分离过程中，只需给泵提供一定的能量，在一定的压力下，被分离的物质只需移动不到 1μm 距离就可完成分离、提纯、浓缩。因此，膜分离操作具有节能的优点。

(3) 工艺简单，产量高　在膜分离过程中，只需将分离物质加压输送和反复循环，过程简单，易于控制；膜分离操作容易，占地面积小，易于维修。在实际生产中，增加膜组件可达到提高产量的目的。

(4) 分离范围广　与抽提法、吸附法等相比，膜分离在不发生相变化和不使用第三种化学成分的情况下，可将相对分子质量不同的物质分开，适用于有机物、无机物，并从病毒、细菌到微粒有着广泛的分离范围，如一些共沸物的分离。在食品加工中，某些发酵液含有许多悬浮物，用预涂层过滤器等离心分离，难以得到澄清液；而采用膜分离可得到高澄清度的分离液。食品加工废液中微量成分的回收和低浓度食品的浓缩等，也需要采用膜分离技术来实现。

近年来膜分离在食品工业中得到愈来愈广泛的应用，包括苦咸水淡化、纯水制造、医疗用水制备、制糖工业废水处理、动物血液处理、蛋清的浓缩、酒和含酒精饮料的精制、乳品工业中乳清蛋白的回收和脱盐、果汁的澄清、酱油脱色及柠檬酸分离精制等。

4.1.6 结晶

结晶是从液相或气相生成形状一定、分子（或原子、离子）有规则排列的晶体的现象。即结晶可以从液相或气相中生成，但工业结晶操作主要以液体原料为对象。结晶是新相生成的过程，是利用溶质之间溶解度的差别进行分离纯化的一种扩散分离操作。结晶的形成需在严密控制的操作条件下进行。与其他分离的单元操作相比，结晶过程具有如下特点：能从杂质含量相当多的溶液或多组分的熔融混合物中产生纯净的晶体；能量消耗少，操作温度低，特别适合热敏性食品的结晶，且对设备材质要求不高；结晶产品包装、运输、贮存或使用都很方便。

4.1.6.1 结晶的基本原理

(1) 晶体的性状　晶体是内部结构中的质点（分子、原子、离子）作三维有序排列的固态物质。如果晶体成长环境良好，则可形成有规则的多面体外形，称为结晶多面体，该多面体的表面称为晶面。晶体具有下列性状：①自发性，是指晶体自发地成长为结晶多面体的可能性，即晶体经常以平面作为与周围介质的分界面；②均匀性，是指晶体中每一宏观质点的物理性质、化学组成及晶格结构都相同的特性，此保证了工业生产中晶体产品的高纯度；③各向异性，是指晶体的几何特性及物理效应随方向的不同而表现出数量上的差异。

(2) 晶体的几何结构　构成晶体的微观质点（分子、原子、离子）在晶体所占有的空间中按三维空间点阵规律排列，各质点间有力的作用，使质点得以维持在固定的平衡位置，彼此之间保持一定距离，晶体的这种空间结构称为晶格。晶体按其晶格结构可分为 7 种晶系，如图 4-8 所示，图中虚线为晶轴。对于一种晶体物质，可以属于某一种晶系，也可能是两种晶系的过渡体。

通常所说的晶系是指晶体的宏观外部形状，它受结晶条件或所处的物理环境（如温度、压强等）的影响比较大。对于同一种物质，即使基本晶系不变，晶形也可能不同。例如六方

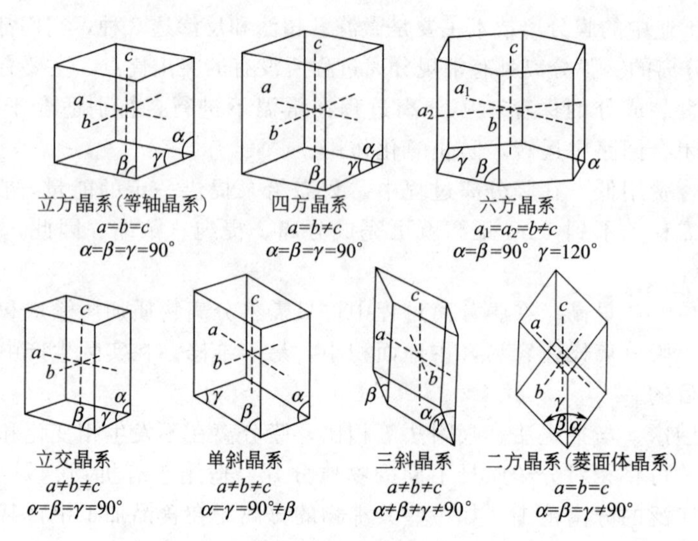

图 4-8　7 种晶系

晶体，它可以是短粗形、细长形，或带有六角的薄片状，甚至呈多棱针状。

（3）溶解度与溶液中的相平衡　当固体物质与其溶液相接触时，若溶液尚未饱和，则固体溶解；如溶液恰好达到饱和，则固体溶解与析出的量相等，此时固体与其溶液已达到相平衡。

溶解度的大小与溶质及溶剂的性质、温度及压力等因素有关。一般情况下，特定溶质在特定溶剂中的溶解度主要随温度的变化而变化。有些物质的溶解度随温度的升高而迅速增大；有些物质的溶解度随温度升高以中等速度增加；还有一类物质，如 NaCl 等，随温度的升高其溶解度只有微小的增加。上述物质在溶解过程中需要吸收热量，即具有正溶解度特性。另外有一些物质，如 Na_2SO_4 等，其溶解度随温度升高反而下降，它们在溶解过程中放出热量，即具有逆溶解度特性。物质的溶解度特征对于结晶方法的选择起决定性的作用。对于溶解度随温度变化敏感的物质，适合用变温结晶方法分离；对于溶解度随温度变化缓慢的物质，适合用蒸发结晶法分离。

当浓度恰好等于溶质的溶解度，即达到固液相平衡时的溶液称为饱和溶液。溶液含有超过饱和量的溶质，则称为过饱和溶液。同一温度下，过饱和溶液与饱和溶液的浓度差称为过饱和度。溶液的过饱和度是结晶过程的推动力。

（4）结晶过程　结晶过程通常包括晶核的形成和晶体的长大两个阶段。在一种普通的溶液中，溶质分子在溶液中呈均匀分散状态，并且存在着不规则的分子运动。溶质分子的运动受温度、浓度等因素影响。如果溶液的温度升高，可以使分子动能增加，溶质分子的运动速度就会加快，因而表现为溶解度增大。当溶液的浓度逐渐升高时，溶质分子密度增加，分子间的距离缩小和分子间的引力都随着增加。当溶液浓度达到一定的过饱和程度时，这些溶质能够互相吸引，自然聚合形成一种细微的颗粒——晶核。此时，溶液分为固液两相，固相晶核周围包有一层液膜，液膜外的溶液可能仍呈现过饱和状态，液膜内的溶液浓度，因溶质的析出而转变为饱和状态。这样在膜内外溶液浓度差的作用下溶质不断被晶核表面吸附，使晶体逐渐长大，直到溶液的浓度降低到饱和浓度时为止。

影响结晶速度的主要因素有过饱和度、温度、杂质、液膜厚度等。

4.1.6.2　结晶的方法及应用

实践中常把溶液中产生过饱和度的方式作为结晶方法分类的依据。按此法分类，结晶方法主要有以下三大类。

(1) 冷却结晶法　冷却结晶法是用冷却降温或控制其他条件，使溶液成为过饱和而析出结晶的方法，其所用的设备为冷却式结晶器。此法主要适用于溶解度随温度降低而显著下降的物质的结晶，如硝酸钠、硫酸镁、硫酸钠 ($Na_2SO_4 \cdot 10H_2O$)、谷氨酸等。

(2) 蒸发结晶法　蒸发结晶法是使溶液在常压或减压下蒸发浓缩，而形成过饱和溶液的方法，其所用的设备为蒸发式结晶器。此法适用于溶解度随温度的降低而变化不大的物质（如氯化钠）或具有逆溶解度特性的物质（如无水硫酸钠和碳酸钠）的结晶。蔗糖和味精也采用蒸发结晶法。

(3) 真空结晶法　真空结晶法也称绝热蒸发法、真空冷却法，是使溶剂在真空下快速蒸发而绝热冷却，其实质是结合蒸发和冷却两种作用来产生过饱和度。此法适用于中等溶解度物质的结晶。由于该方法主体设备较简单、操作稳定、生产效率较高，便于工业化生产而应用较多。许多食品物料结晶均采用该法，如葡萄糖、葡萄糖酸、苹果酸、柠檬酸等。

4.1.7 混合、乳化与均质

在食品工业中，常常需要将两种或两种以上不同物料互相混杂在一起并使混合物成分浓度达到一定程度的均匀性，这样的操作称为混合。混合物的均匀不仅要求分散质分布均匀，而且还要求分散质进一步微粒化、细腻化，使之更具稳定性、均匀性、适口性。在多数情况下是固体与固体、固体与液体、液体与液体之间多成分或多相的混合。狭义的混合指的是固体物料的混合操作，中低黏度液体的混合称为搅拌，高黏性或可塑性物系的混合操作称为捏合，对悬浮液进行边破碎边混合的操作称为均质（要求固体颗粒微粒化），而对乳浊液进行边破碎边混合的操作则称为乳化（要求油滴微粒化）。

混合在食品工业中的应用目的主要有以下几个方面。

(1) 获得化学、物理均匀度达到要求的产品　例如茶-咖啡混合物、糕点混合粉、冰淇淋粉的制作，属固-固混合；将某些成分如维生素、矿物质、甜味剂、抗氧化剂等添加到液体食品中的操作则为固-液混合；而蛋黄酱、黄油和人造奶油的制作则属液-液混合。

(2) 作为溶解、结晶、吸附、浸出、离子交换等操作的辅助操作　在这类操作中，混合的目的在于使物料之间有良好的接触，以促进一定的物理过程或化学过程的进行。

(3) 强化热交换过程　使受加热或冷却处理的液体内形成对流和涡流，避免局部过冷或过热。

4.1.7.1 混合

在食品工业上，固体混合操作多数是指散粒体或粉粒体（简称粉体）的混合。所谓混合，就是把两种以上不同成分组成的粉粒体，依靠外加的适当操作，尽量使各成分的浓度分布达到均匀化的一种操作。影响粉体混合质量的因素包括粉体的物理性质、混合设备的机型和混合时间。

(1) 粉体的物理性质　粉体组分颗粒的大小、形状、密度、附着力、表面粗糙程度、含水量等均对混合质量产生影响。由自动分层现象可知，密度大、表面光滑、粒径小的球形粒子趋向器底，越容易结块越不易均匀分散。通过粉碎、承载、稀释、加湿等预处理可改变物料在混合方面表现出的性质，因而可提高产品的混合均匀度。

(2) 机型　因结构和运动参数不同，混合机型的主导混合作用也不同。在粉体混合中，以剪切、扩散为主导作用的混合机可以达到很高的混合均匀度。以对流为主导作用的混合机则可以达到很快的混合速度，但很难达到很高的混合均匀度。

(3) 混合时间　混合是逐渐完成的，因而完成混合均匀需要足够的时间。同时，在任何混合操作中，混合与离析同时发生，混合均匀程度表现为动态平衡状况，即达到某一平衡状况后，继续操作，混合均匀度将在该值附近波动。

(4) 加料操作　在加料时，若由于加料顺序或加料位置将微量成分添加至混合作用薄弱的滞留区域，则微量成分达到与其他成分充分混合需要更长的时间，甚至无法充分混合。

在食品工业中，固体混合操作主要用于原料的配制和制品的均匀化上，包括谷物的混合、面粉的混合、面粉中添加辅料和添加剂，以及汤粉、固体饮料粉（包括速溶饮品）和香料粉的制造等。主要混合设备有卧式螺带式混合机、双螺旋锥形混合机、圆筒形混合机、双锥形混合机和 V 形混合机等。

4.1.7.2　乳化

乳化是使得两种通常不互溶的液体成为乳化液的一种单元操作。乳化操作包含了粉碎和混合两重意义，即使得一种称为分散相的液体粉碎成为极细微的液滴，并分散在另一种称为连续相的液体之中。

乳化的基本方法可以分为凝聚法和分散法两种。

(1) 凝聚法　凝聚法是将成分子状态分散的液体凝聚成适当大小的液滴的方法。例如，把油酸在酒精中溶解成分子状态，然后加到大量的水中并不断搅拌，则油酸分子将凝聚析出而成乳化分散物。此外，将液体 A 先在另一液体 B 中溶解成过饱和溶液，然后此过饱和溶液在一定条件下被破坏，就可获得乳化分散物。

(2) 分散法　分散法是将一种液体加到另一种液体中，同时进行强烈搅拌而生成乳化分散物的方法。这是以机械力强制作用使之分散的方法，食品工业上主要应用此法。由于食品要求的乳化液，其乳化微粒有一定的细度，且分散相浓度很高，所以微粒化时不仅要使用强烈的机械力，一般还要用乳化剂和稳定剂。

乳化技术在现代食品工业中的地位非常重要。应用乳化技术，可使天然存在的食品乳化液更加稳定，也为食品新产品的开发提供了新途径，如牛奶经均质乳化处理后，不仅可以避免奶油与脱脂奶分层的现象，而且可提高感官质量。又如，人造奶油是由脂肪、油及其他添加物与牛乳或水在添加剂的辅助下经乳化制成的油包水型制品。常用乳化设备有高剪切混合乳化机、管线式乳化机和超声波乳化器等。

4.1.7.3　均质

均质也称匀浆，是使悬浮液体系中的分散物微粒化、均匀化的处理过程，这种处理同时起降低分散物尺寸和提高分散物分布均匀性的作用。均质是通过均质设备对物料的作用实现的，如高压均质机、胶体磨等都有均质功能。均质的原理有剪切、冲击、空穴等学说，如图 4-9所示。

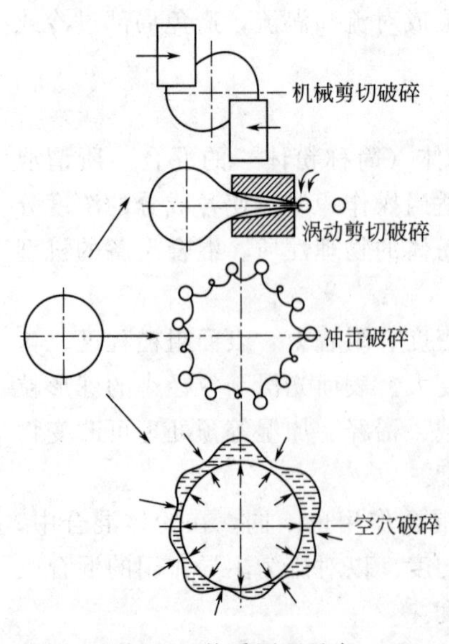

图 4-9　均质原理示意

(1) 剪切　因机械剪切或液流涡动作用使得液体和微粒内部形成巨大的速度梯度，沿剪切面滑移产生破坏，继而在液流涡动的作用下完成分散。

(2) 冲击　微粒随液流高速撞向固定构件表面时，因拉应力发生碎裂，并向外围连续相中分散。

(3) 空穴　液滴因内部的汽化膨胀使得液膜产生拉应力而破碎并分散。

均质在现代食品加工业中的作用越来越重要。非均相液态食品的分散相物质在连续相中的悬浮稳定性与分散相的粒度大小及其分布均匀性密切相关，粒度越小，分布越均匀，其稳定性越大。具体应用如液体乳制品加工中通过均质防止产品脂肪分离与有利于消化和吸收，奶粉加工中通过均质利于后期雾化，冰淇淋加工中通过均质获得组织均匀、质地细腻的产品；通过均质可提高带肉混浊果蔬汁稳定性、改善麦乳精的感官品质，以及提高婴儿食品的营养吸收率等。

均质过程的本质是一种破碎过程，因此，均质也被用于破碎生物细胞，以提高从细胞中提取有用成分的得率。这种破碎作用，一定程度上也有降低液体食品原始含菌量的功能，因为被均质处理破碎了的活菌体失去了繁殖能力。

4.1.8 制冷

制冷是以消耗机械功或其他能量为代价，利用制冷剂物理状态改变时产生的冷效应而获得低温的操作过程。制冷是建立在热力学的基础之上的，是现代食品工程的重要辅助操作，其主要的应用涉及以下几个方面：速冻食品和冷冻食品的加工；食品的冻藏；食品的特殊加工，如冷冻干燥、冷冻浓缩；食品生产车间或食品贮藏室的空气调节等。

制冷的任务是将被冷却物体中的热量移向周围介质（水或空气），使物体温度降低，且低于周围介质的温度，并使之保持恒定。通常热量是从高温物体传向低温物体，但制冷过程可使热量从低温物体移向高温物体。制冷过程中，制冷剂在制冷机中循环，周期性地从被冷却物体中取得热量，并传递给周围介质，同时制冷剂也完成了状态的循环，实现这个循环必须消耗能量。

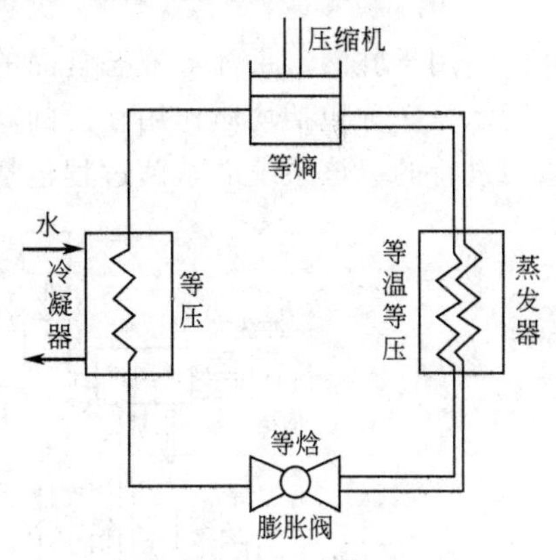

图 4-10 制冷过程示意

压缩式制冷机是食品工业中常用的制冷设备，主要由蒸发器、压缩机、冷凝器和膨胀阀等构成。其制冷过程分为压缩、冷凝、膨胀和蒸发四个阶段（如图 4-10 所示）。系统中的制冷剂在低温低压液体状态时吸热（吸收被冷却物体的热量）达到沸点后蒸发成为低温低压蒸汽，被压缩机吸入压缩成为高温高压气体，此高温高压气体在冷凝器内冷凝后成为高压液体，高压液体经过膨胀阀后变成低温低压液体，再度吸热蒸发构成了制冷机的制冷循环，从而使被冷却物体的温度降低，这就是制冷过程。

4.1.9 杀菌

杀菌是指利用理化因素杀灭食品中所污染的致病菌、腐败菌及其他病原性微生物，破坏食品中的酶而使食品在特定的环境中有一定的保存期，同时要求杀菌过程中尽可能地保留食品的营养成分和风味的操作单元。

食品杀菌方法包括物理杀菌（如加热杀菌、辐射杀菌、欧姆杀菌、超高压杀菌等）和化学杀菌（如药物杀菌）两大类。加热杀菌在食品工业中占有极为重要的地位，广泛用于果汁、啤酒、葡萄酒、饮料、乳制品、肉制品、调料、果蔬罐头等食品的生产中。药物杀菌、辐射杀菌，因其本身的局限性、法律的限制和观念上不易被接受，到目前为止，应用范围和程度都极其有限。超高压杀菌仍处于研究开发阶段，尚未投入实质性商业应用。

加热杀菌是采用加热使得食品中的有害微生物数量减少到某种程度或完全致死，以及使某些酶失去活性。根据杀菌温度/压力不同，可分为常压杀菌（巴氏杀菌）和加压杀菌。常压杀菌的杀菌温度为 100℃以下，适用于 pH 低于 4.5 的酸性食品的杀菌。加压杀菌的操作压力高于 0.1MPa，温度为 121℃，用于中酸或低酸食品的杀菌，如肉类罐头制品的杀菌温度在 120℃左右，主要是在立式杀菌锅或卧式杀菌锅（见图 4-11）中进行。

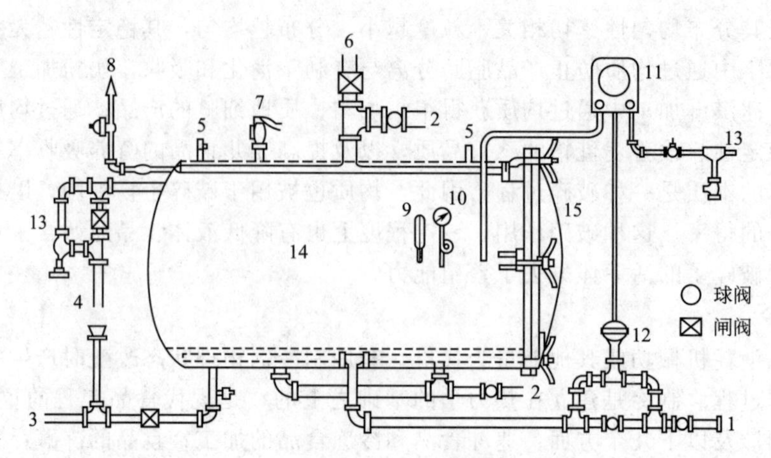

图 4-11 卧式杀菌锅

1—进汽管；2—进水管；3—排水管；4—溢水管；5—泄气管；6—排气管；7—安全阀；8—压缩空气进管；9—温度计；10—压力计；11—温度记录仪；12—蒸汽自动控制仪；13—支管；14—筒体；15—门

用于乳液、果汁等液态食品的超高温瞬时杀菌，其杀菌温度可达 135～150℃。图 4-12 所示是一种包括均质作用在内的间接式超高温处理系统，其加热和冷却是在一台板式换热器中进行的。该系统的杀菌过程包括 4 个主要阶段。

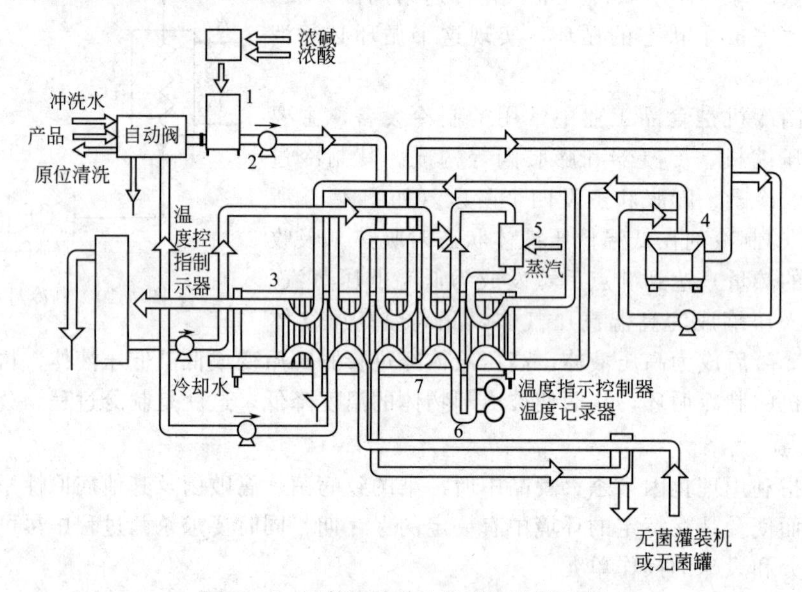

图 4-12 超高温瞬时杀菌系统流程示意

(1) 预灭菌阶段 在生产开始之前，该装置必须进行预灭菌。当水被加热到至少 135℃后，使其连续地在设备的无菌部分循环 30min。

(2) 生产阶段 达到操作所需的加工温度以后，产品进到平衡罐 1，转入到生产状态。产品被料泵 2 泵入到板式换热器 3 中，在第Ⅲ段中通过吸收换热器另一侧产品的热量从而将该产品预热到 70℃。在均质 4 以后，产品返回到板式换热器，在第Ⅰ段中由循环的加压热水加热到 137℃。加压热水本身是通过蒸汽喷射 5 来加热的。接下来，该产品在一个被安装在换热器之外的持热管 6 中，在灭菌温度下按规定的时间持热。最后，冷却过程 7 是以交流换热的方式分两步完成：在板式换热器的第Ⅱ段，产品被热水循环的冷端冷却；而在第Ⅲ段，产品被刚进入换热器的更凉的产品冷却。

(3) 原位清洗阶段　按下一个按钮即可启动原位清洗程序，该程序已编入到控制盘中。一个正常的清洗循环过程约需要 90min，其中包括预冲洗、碱清洗、热水冲洗和最终冲洗。酸和碱是自动计量的。循环时间长短、浓度和温度都已预先设计好。但能很容易地改变以上各个条件来适应特殊的操作需要。

(4) 无菌中途清洗阶段　无菌中途清洗（AIC）阶段既可用于非常长时间的生产运转，也可用于更换产品时的清洗。无菌中途清洗持续 30min。预设的程序可以容易地满足个别的情况，使设备始终保持无菌状态。

4.1.10　几种现代食品工程新技术

随着科技水平和人们对食品质量要求的提高，食品加工技术在不断发展，食品加工新技术不断涌现。这些新技术的出现，不仅大大改进了产品的质量，提高了生产效益，也拓宽了加工技术的选择性。这些新科技包括超临界流体萃取（SCFE）、分子蒸馏、微波技术、高压技术、脉冲技术和挤压技术等。

4.1.10.1　超临界流体萃取

超临界流体萃取（supercritical fluid extraction，SCFE）是近 30 多年来出现的一种新型萃取分离技术，是利用流体（溶剂）在临界点附近某一区域（超临界区）内，与待分离混合物中的溶质具有异常相平衡行为和传递性能，且对溶质溶解能力随压力和温度改变而在相当宽的范围内变动这一特性而达到溶质分离。

由于 CO_2 无毒、无色、无味，不污染制品，不存在排放问题，且 CO_2 的超临界萃取条件易于达到，所以在食品工业中常采用 CO_2 作为超临界流体萃取溶剂。在高压状态下，CO_2 具有液体的性质，且黏度很小，能选择性地溶解食品原料中的某一组分。在分离器，萃取物与 CO_2 分离彻底，无残留，产品纯度高。

迄今为止，超临界流体萃取最成功的工业化应用之一是脱咖啡因。咖啡因是一种较强的中枢神经兴奋剂，常含于咖啡豆和茶叶中，通常咖啡豆中含 0.6%～3.0%、茶叶中含 1%～5%。许多人饮用咖啡或茶时，不喜欢咖啡因含量过高，而且从植物脱除下的咖啡因可作药用，常作为药物中的掺和剂。因此，从咖啡豆和茶叶中脱除咖啡因的研究应运而生。传统方法用来萃取咖啡因的溶剂有液体二氯甲烷、一氧化二氮、乙酸乙酯等，其工艺和方法很多，但分别存在不同的缺点，如产品纯度低、工艺复杂、提取率低、残留溶剂等。而超临界 CO_2 流体萃取对咖啡因的选择性高，同时具有溶解性大、无毒、不燃、廉价易得等优点，因而格外受人们的青睐。

超临界 CO_2 流体萃取法从咖啡豆脱除咖啡因的生产工艺（如图 4-13）：先用机械法清洗新鲜咖啡豆，去除灰尘和杂质；接着加蒸汽和水预泡，提高其水分含量达 30%～50%，然后将预泡过的咖啡豆装入萃取器，不断往萃取器中送入 CO_2，直至操作压力达到 16～20MPa，操作温度 70～90℃，咖啡因逐渐萃取出来；带有咖啡因的 CO_2 被送往洗涤塔，使咖啡因转入水相，含咖啡因的水相经脱气后在蒸馏塔内分离，在塔底得到咖啡因产品。

超临界流体萃取是一种具有潜力的新兴分离技术，能满足许多特殊食品的加工要求，如用于提取珍稀植物油、处理动物原料（如从蛋黄中提取胆固醇）、提取调味料、提取香料和天然色素等，其在食品工业中的应用前景十分乐观。

4.1.10.2　分子蒸馏

分子蒸馏（molecule distillation，MD）是特殊的液-液分离，是指在远低于沸点的情况下，在 0.133～1.33Pa 高真空条件下利用液体分子受热会从液面逸出，且不同种类分子由于具有不同有效直径，逸出后的平均自由程的差别，轻分子落在冷凝面而重分子返回的性质

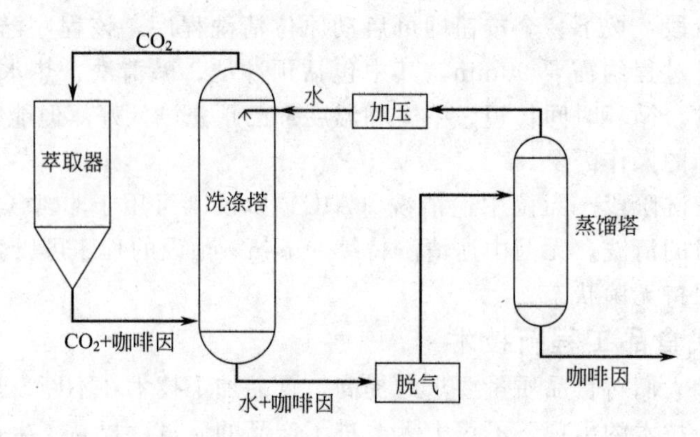

图 4-13 咖啡因萃取工艺流程

将物质分离的非平衡蒸馏。

分子蒸馏具有蒸馏温度低、蒸馏压力低、分离程度高、受热时间短等特点，因而能大大降低高沸点物料的分离成本，保证热敏性物料的品质，保持物料的纯天然特性，适合于把粗产品中高附加值的成分进行分离和提纯。如采用分子蒸馏法，以冷榨甜橙油为原料，提取其中的类胡萝卜素，不含有机溶剂，纯度高，色价高；采用二级分子蒸馏对辣椒红色素进行处理后，产品中溶剂残留的体积分数仅为 0.002%，产品指标达到联合国粮农组织（FAO）和世界卫生组织（WHO）标准。

分子蒸馏技术在制备天然色素方面具有独特优势，制得的色素产品质量、外观、得率都高于真空蒸馏的产品，克服了传统分离提取法的种种缺陷。目前，该技术已广泛应用于精细化工、食品工业、医药工业等领域（详见表 4-4），特别适用于天然物质的分离与提纯。

表 4-4 分子蒸馏技术的应用

行 业	应 用	
食品工业	油脂	大豆油、棉籽油、橄榄油、菜籽油、甘油、椰子油、棕榈油等的浓缩或分离
	脂肪酸	油酸、亚油酸硬脂酸、EPA、DHA 等的纯化
精细化工	芳香油	玫瑰油、桂皮油、香根油等的精制
	碳氢化合物	石油馏分、石蜡、沥青、色素精制、羊毛衍生物的脱色、脱臭等
	有机合成品	乙烯聚合物、聚乙二醇、环氧树脂、聚酰胺、酚醛、聚氨酯等精制
医药工业	维生素 A、维生素 D、维生素 E、激素、胡萝卜素、谷维素等的提取纯化	
分子生物学领域	制备生物制剂或生物样品，以保持原有的生物活性	

4.1.10.3 微波技术

微波一般是指波长在 1mm～1m 范围（其相应的频率为 30GHz～300MHz）的电磁波。国际上对加热用的微波频率范围有统一的规定，称为工业、科学、医疗用电波频带，常用的频率有 433MHz、915MHz、2375MHz 和 2450MHz。其中食品加工多用 915MHz，家用微波炉多选用 2450MHz，前者的微波穿透深度比后者大。

微波能作为一种新型能源技术已广泛应用于物体的加热和干燥。微波加热是靠电磁波把能量传播到被加热的物体内部，这种加热方法有以下特点。

(1) 加热速度快　微波加热利用被加热物体本身作为发热体而进行内部加热，不靠热传导作用，因此物体内部温度升温很快，加热时间短。一般只需常规方法的 1/10～1/100 的加热时间就可完成整个加热过程。

（2）加热均匀性好　微波加热是内部加热，且具有自动平衡的性能，与外部加热相比，容易达到均匀加热的目的，避免表面硬化及不均匀等现象发生。当然其加热均匀性有一定限度，取决于微波对物体的透入深度。对于915MHz和2450MHz微波而言，透入深度为几十厘米到几厘米的范围，只有当加热物体的几何尺寸比透入深度小得多时，才可达到均匀加热。

（3）加热易于瞬间控制　微波加热的热惯性小，可立即升温，易于控制，有利于配置自动流水线。

（4）选择性吸收　某些成分非常容易吸收微波，另一些成分则不易吸收微波，这种微波加热的选择性有利于产品质量的提高。如食品中水分吸收微波能比干物质多得多，温度也高得多，有利于水分的蒸发。干物质吸收的微波能少，温度低，不过热，而且加热时间又短，因此能够保持食品的色、香、味。

（5）加热效率高　微波加热设备除电源部分及电子管本身要消耗一部分能量外，加热作用始自物料本身，基本不辐射散热，所以热效率可高达80％。

微波用于食品加工始于1946年，但1960年以前，微波加热只限于在食品烹调和解冻上的应用。20世纪60年代以来，人们开始将微波加热应用于食品加工业。20世纪60年代中期欧美许多生产厂家用微波加热干燥土豆片，并获得了色泽有很大改善的产品，这是食品工业中早期应用微波加热的成功例子。以后，微波加热逐步应用到食品加工业的其他领域，目前微波在食品工业中的应用见表4-5。

表4-5　微波在食品工业中的应用

用　途	频率/MHz	功率/kW	产　品
解冻	915	30～70	鱼、畜禽肉类
干燥	915～2450	30～50	面条、洋葱、休闲食品、果汁
预煮	915	50～240	咸肉、禽肉、香肠
杀菌	2450	10～30	新鲜面条、软罐头、牛乳、果汁
烘烤	—	—	面包及油炸圈饼

4.1.10.4　高压技术

高压技术也称为超高压技术，是指将食物置入高于100MPa以上的容器中进行加压处理，以达到杀菌、灭酶、肉的嫩化、再组织化、淀粉及蛋白质变性处理等目的。传统的食品加工方法主要采用诸如煎、煮、炒、炸等热处理，食品中热敏性营养成分常被破坏，而且加热使褐变反应加重，自然风味丢失。而采用高压技术处理食品，不仅同样实现杀菌消毒，同时能很好地保持食品原有色、香、味和营养成分。

由于液状、糊状或酱状食物可以直接作为传压介质，所以高压处理最适合于处理此类食品。但经适当处理，也可处理固体含水食品并基本保持原来形状。例如水产品加工要保持原有的风味、色泽、口感和质地，常规的加热处理均不能满足要求，而高压处理可保持原有新鲜风味，并达到杀菌及变性目的。高压还可用于低盐、无化学防腐剂腌制品的处理保藏，既能延长保藏期又能保持原有腌制品的生鲜特色。高压处理还可用于改变或改善食品的某些特性，有选择地去除或改良食品中的某些组分，如高压处理，可以使酶解的β-乳球蛋白与α-乳白蛋白分裂，或用于蛋白质的脱色、除臭等。

高压加工处理装置主要由容器、加压机构及辅助装置组成。目前，虽然适用于工业生产的成套设备已经问世，高压食品也在不少发达国家逐步商品化、产业化。但我国还处于试验研究阶段。影响高压技术产业化的主要因素是投资费用高，以及密封件的可靠性和寿命。

4.1.10.5 脉冲技术

电脉冲原本用于细胞生物学和生物技术领域的电穿刺和电融合。电穿刺是在电场的作用下改变细胞膜的通透性，以进行基因操作或引入外界的分子；而电融合是在电场下融合细胞。目前，脉冲技术（pulsed electric field，PEF）已经从细胞生物学扩展到杀灭微生物，进行食品保藏。Sale 和 Hamilton 首先对电场对于微生物的非热效应进行了系统的研究。近几年，美国的科学家对果汁、牛乳等开展了食品脉冲技术的应用研究，为这项非热杀菌技术的商业应用奠定了基础。

脉冲杀菌是指将食品物料置于脉冲电场中加以处理，以达到杀菌目的。电场对微生物产生致死作用是脉冲杀菌的基本原理，脉冲导致微生物的形态结构、生物化学反应以及细胞壁膜发生多方面的变化，从而影响微生物原有的生理活动机能，使其破坏或发生不可逆变化。

关于脉冲杀菌在食品模型体系中的研究已经展现了它的应用前景，而在实际的食品加工中运用这一技术是食品科学家面临的挑战。而且只有脉冲技术加工产品的质量好于热加工产品，脉冲技术才能继续发展。美国食品科学家就苹果汁、鸡蛋、牛乳、豌豆汤等进行了试验，结果证明了这一技术可以在灭菌的同时，较好地保持食品原有的色、香、味及营养成分。

4.1.10.6 挤压技术

目前工业发达国家在食品加工研究上有两大趋势：一是开发食品新资源，充分利用食品加工原料，通过一定的加工方法制成营养全面的工程食品；二是增加食品加工温度，缩短食品加工时间，即高温瞬时，以提高食品质量和营养价值。挤压技术恰好能满足这两个要求，是很有前途的食品加工新技术。

挤压技术是一种古老而新兴的加工技术，自从 1956 年美国人沃德申请了有关膨化技术的第一份专利，许多国家研究了挤压机理，在国内也引起了有关科研单位及生产厂家的重视，现已将该技术广泛应用于方便食品、油脂加工、发酵等方面。

（1）在方便食品中的应用　膨化食品是将挤压技术用于食品加工中最先获得成功的产品。以大米、玉米等谷物类及薯类为主要原料，经挤压蒸煮后膨化成形为疏松多孔状产品，再经焙烤脱水或油炸后，在表面喷涂一层美味可口的调味料，制成酥脆化渣、老中青幼皆宜的休闲小食品，玉米果、膨化虾片等都属于这一类产品。另一类为膨化夹心小吃食品，是通过共挤压膨化制成，即谷物类物料在挤压后形成中空的管状物，管中可充填馅料。通常以酥油及棕榈油为介质，将蛋黄粉、糖粉、调味料、香料等各种配料按一定比例加入后，经充分搅拌混匀成为具有较好流动性的夹心料，通过夹心泵及共挤出模具，在膨化物挤出的同时将馅料注入管状物中间，经此道工序加工的膨化夹心小吃食品，口感酥脆，风味随夹心馅的改变而具多样性，可通过改变其中的夹心料的配料，加工出各种营养强化食品和功能食品。此外，挤压技术也广泛应用于制作婴儿食品、谷物早餐、汤料、面包干等。

（2）在油脂加工中的应用　利用挤压技术对浸出前的油料进行膨化预处理，是溶剂浸出提油的一种新技术。这种工艺已在美国、巴西、韩国等国家的油脂生产中运用，并已见成效。早在 1961 年，美国安德森公司（Anderson International Corporation，Cleveland，Ohio，USA）就开始了油料挤压膨化的早期试验；20 世纪 70 年代初，巴西利用挤压膨化机进行棉籽油的膨化浸出；70 年代中后期，美国从巴西进口膨化机，应用于棉籽及其他油籽的预处理加工。应用挤压膨化浸出法与传统的轧胚浸出法相比，其在浸出设备的生产能力、油脂浸出速度、能耗、溶剂料胚比以及油脂质量等方面都有许多优越性。在美国，1988年约有60%的大豆油厂和50%的棉籽油厂采用膨化预处理技术，到1998年已有90%的棉籽和80%的大豆都经过挤压膨化预处理。另外，国外已把挤压膨化机作为油脂浸出厂的标准设备。

(3) 在发酵工业中的应用　挤压技术在酿造工业中的应用领域主要有啤酒、清酒和黄酒、白酒、醋以及酱油等方面。经挤压膨化后，物料中的淀粉、蛋白质及脂肪等大分子物质发生降解、转化，糊精、还原糖和氨基酸等小分子物质含量增加；物料中的细菌孢子数目降低，这些变化都有利于发酵。同时，可溶性的小分子物质在发酵初期可供给微生物足够的营养成分，加快了发酵进程。据有关资料，作为发酵工业的原料，挤压膨化后的谷物原料均优于蒸煮糊化原料，因为物料经挤压后呈片状或蜂窝状结构，体积膨胀，增大了与酶的接触面积，从而加快了酶的作用进程，减少酶与酵母或曲的用量，缩短发酵周期，提高原料的利用率。

4.2 食品工厂设计基础

食品工厂设计是一门专业性较强的综合性学科，它融合食品加工的工艺、设备选型和国内、国际相关标准以及先进的工厂管理理念等多个领域专业知识，涉及国家政治、经济、工程等诸多学科的发展，是食品企业进行基本建设的第一步。食品工厂设计的发展对于促进整个食品工业的进步有着十分重要的作用，且科学与否是衡量食品工业发展水平的一个重要标志。

一个成功的食品工厂设计应该做到工艺合理、技术先进、环境友好、节约能耗。从食品工业发展的角度出发，食品工厂设计必须符合食品科学技术发展的新方向，各项生产经济指标应达到或超过国内同类工厂的先进水平或国际水平；从环境角度出发，食品工厂设计必须严格遵守国家环境保护的相关法规，并遵循建设节约型社会的基本准则；从食品安全角度出发，食品工厂设计必须确保按既定产量规模生产出安全卫生、营养丰富的合格产品；从食品企业角度出发，食品工厂设计必须优化整合企业的各种资源，以企业获得效益最大化为目标，使企业投资得到预计的效益回报。

食品工业突飞猛进的发展为食品工厂设计进一步科学化、规范化提供了崭新的历史平台。随着科学、先进的生产操作方式和操作规范，如GAP（good agricultural practice，良好农业规范）、GMP（good manufacturing practice，良好操作规范）、HACCP（hazard analysis and critical control point，危害分析与关键控制点）等不断被引入到国内的食品、药品生产行业，并在实际生产中发挥着积极、重要的作用，特别是GMP已经成为现代食品生产者自觉执行的规范，这就把食品工厂的厂区环境建设、厂房建筑及结构设计、各种设施的卫生控制、加工过程与原辅料的贮藏管理、进出生产车间的人员和物料的流动等环节纳入了现代化的规范管理轨道。

本节结合食品GMP的具体要求，围绕食品工厂的基本建设程序、厂址选择、总平面设计原则、工艺设计内容和卫生要求的诸多方面，对现代食品工厂设计的基础知识进行简要介绍。

4.2.1 食品工厂的基本建设程序

食品工厂的设计和建设工作是一项系统工程，受到国家政策、地域经济、工程技术水平等多方面因素的制约，是一项技术性强、涉及面广的综合性工作。食品工厂设计需要遵循相应的基本程序，通过有计划、分步骤、按程序协调好各环节的工作，有条不紊地组织和实施项目建设，从而达到预期的设计目标。

食品工厂基本建设按进程一般要经历如下阶段：前期阶段、工程施工阶段和验收试产阶段。前期阶段主要完成工厂设计工作，从而为随后的施工设计、工程施工和设备安装提供指导性依据，保障顺利验收和成功试产。前期阶段的工作主要包括：项目建议书、可行性研究、设计计划任务书和设计工作等。

4.2.1.1 项目建议书

项目建议书（又称立项申请）是对拟建项目提出的总体性设想，是项目筹建单位或项目法人根据市场调查的信息反馈，依据国家、各省市、地区或相关行业的发展规划和布局，结合地方资源、能源、交通运输、地域经济技术和环境等客观条件，通过收集相关资料，进行初步的技术经济论证，并综合平衡各方面因素后组织编写的建议性框架文件，简要阐明项目建设的必要性和初期的可行性。

项目建议书主要内容有：产品方案、拟建规模、投资大小、产供销的可能性、经济效果和发展方向等。项目建议书是开展各项准备工作的依据，完成后提交相关部门审核、批准和备案。

4.2.1.2 可行性研究

项目建议书经决策部门审批备案后，接下来需对拟建项目的各种技术方案、建设方案和生产经营方案的经济效果进行认真地分析、计算和评价，即进行可行性研究。可行性研究是依据国民经济建设和社会发展的整体策略和部署，根据市场的供求状况和发展态势，依据自然、地理、地方经济、社会效益等基础资料，参照工程技术标准、设计指标、操作规范和国家公布的项目评价参数，在项目建议书中提出的若干不同项目分析、比较和选择的初步可行性分析基础上，对投资方案中所选择的优化项目的若干种可能方案进一步具体论证和分析。

可行性研究是保证建设项目以最小的投资换取最佳经济效果的科学方法，是决定一个项目投资与否最重要的环节。可行性研究可以作为项目投资决策、设计计划任务书编写、设计工作开展、环保审查、条件保障部门协议商谈和申请银行贷款的依据。

（1）可行性研究的步骤　可行性研究一般按六个步骤进行。①签订委托协议。项目投资方与可行性研究和编写单位签订工作合同，在完成质量、时间和经费上进行协议约定。②组建工作小组和制定研究计划。可行性研究单位将可行性研究项目进行专业分组，对人员进行合理配制，编制可行性研究大纲，提出整体进度表和各组定期汇总时间表。③调查研究。分组开展资料收集、实地考察、市场调研和技术经济研究与评价。④方案设计与优化。在调查研究的基础上，提出项目方案并进行方案的比较、优化和论证，拟定推荐方案。⑤项目评价。对推荐方案进行经济、环境、投资风险和社会效益等全方位评价，进一步调整、优化原方案。⑥编写可行性研究报告。通过总结前阶段工作，对建设项目在技术上、工艺上和经济上进行综合汇总，提出可行性研究报告初稿，并与委托单位交换意见后修订完善，形成正式可行性研究报告。

（2）可行性研究报告的内容　①总论。包括项目提出的背景、必要性和意义，研究工作的目的和范围，研究工作的概况和结论。②需求预测和拟建规模。包括需求情况的预测，同类工厂生产能力的估计，销售预测、价格分析、产品竞争力、市场前景，产品方案、拟建规模和发展方向等技术经济对比和分析。③资源、原材料、燃料及公用设施情况。包括原辅材料、燃料的种类、用量、供应，公用设施数量、供应方式和条件。④建厂条件和厂址方案。包括建厂的地理位置、气象、水文、地质地貌条件和社会经济现状，交通运输和条件保障，厂址的比较和选择意见。⑤设计方案。包括工艺流程的比较和论证、设备选型、总平面设计、运输、土建工程、公用工程和辅助设施等。⑥环境保护、劳动保护和安全保护。包括项目对环境的影响，提出工艺过程中环境、人员和安全方面的保护措施和“三废”治理的初步方案。⑦生产组织与定员。包括企业组织、劳动定员和人员培训。⑧工程建设的实施规划。包括工程实施进度的建议。⑨投资及成本估算。包括主体和配套工程投资、流动资金估算及资金来源、筹措方式和贷款偿还方式。⑩经济效益评价。包括财务评价、经济效益和社会效益评价等，存在的问题、改进建议和评价结果。⑪附件。包括相关文件、图表和主要设备选型清单等。

4.2.1.3　设计计划任务书

设计计划任务书又称设计任务书。项目经研究论证确定可行后，应对项目进行规划和布置，客观反映投资人的投资意向，由相关部门组织专业人员编订设计计划任务书，拟定项目的投资建设计划和具体方案。设计计划任务书主要包含以下内容。

(1) 建厂理由　从原料供应、产品生产、市场营销等方面阐述建厂对国民经济的作用。

(2) 建厂规模　包括产品的种类、规格标准和各种产品的年产量、生产范围及发展远景(若分期建设应说明每期投产能力及最终能力)。

(3) 生产工艺　提出主要产品的生产工艺，说明该种工艺在技术上的先进性和可靠性，并提出主要设备的订购计划。

(4) 工厂组成　主要包括工厂中的管理部门、生产车间及辅助车间、仓库的数量，交通运输工具的种类和数量，与其他单位协同解决的半成品、辅助材料、包装材料，人员的配备和来源情况等。

(5) 工厂概貌　包括地形图、总占地面积、工厂总建筑面积和要求。

(6) 公用设施　包括给水排水、水、电、汽、通风和采暖等工程及“三废”治理等要求。

(7) 交通运输　包括交通运输条件、运输能力和运输设备的数量及原辅料、产品周转方式。

(8) 投资估算　对各方面的投资进行总体估算。

(9) 建厂进度　明确设计、施工单位和详细的项目建设施工、投产进度表。

(10) 经济效果估算　着重说明工厂建成后应达到的各项经济指标和投资效果系数，如产量，原材料消耗，产品质量标准，生产每吨产品的水、电、汽消耗量，生产成本，利润和投资回报率等。

(11) 附件　项目任务书应附上如相关主管部门对资源、地质和水文等的勘察报告、配套设施协作单位草签的意见书、建设资金的金融管理机构签署的意见等资料，以便相关单位审批，更好地指导设计。

4.2.1.4　设计工作

根据相关部门审批的可行性研究报告和设计计划任务书，在市场、规模和厂址等前提条件到位后，按照基本建设的程序，可以进行工厂设计。一般情况下，新建、扩建的大中型基本建设项目的设计分为两个阶段，即初步设计和施工设计。对于特殊的重大建设项目，需按三阶段进行设计，即初步设计、技术设计和施工设计。食品工厂一般只做二阶段设计。

(1) 初步设计　为保证项目投产后收到预期的经济效益，需依据批准后的设计计划任务书、可行性研究报告及相关的设计基础资料，对项目进行初步设计。初步设计一般包括总论、技术经济分析及指标、总平面布置及运输、生产工艺、自控及仪表、厂房建筑结构、给水排水、供电及电信、供热采暖及通风、动力供应、仓库与堆场、化验室、环保和节能、计量、消防、职业安全卫生、生活设施、总概算书等方面的内容。

在初步设计过程中应尽可能采用先进合理的技术经济指标、成熟的新工艺、新技术、新设备和新材料，并比较多种方案、多种方法，使技术方案和工艺流程达到最优。

(2) 施工图设计　施工图设计是设计阶段的最后一项工作，是对已批准的初步设计进一步深化，使设计更具体、更详细地达到指导施工的要求，便于施工者了解设计意图、选用合适材料和采取正确的施工方法。施工图设计一般包括施工说明书、绘制施工阶段的图样等内容。

在依次完成项目建议书、可行性研究、设计计划任务书和设计工作后，就可以开展随后的工程施工、设备安装调试、试生产等中期、后期阶段的建设工作。

4.2.2 食品工厂的厂址选择

食品工厂的厂址选择是基本建设中至关重要的环节，关系到建厂后经济效益、社会效益和环境效益的发挥及企业的可持续发展，对行业合理布局和地区经济文化发展具有较为深远的意义。合理的厂址选择有利于降低建厂成本、提高产品品质、改善生产条件，所以在进行厂址选择时，应当会同有关部门和相关单位，通过充分酝酿、论证和比较，择优选择建厂地址。

4.2.2.1 厂址选择的原则

食品工厂的厂址选择应严格遵守国家法律、法规和行业规范。从全局出发，正确处理好工业与农业、城市与乡村等方面关系，侧重于资源的综合开发和能源的合理利用，兼顾环境保护和生态平衡，本着“有利生产、便于施工、节约成本、保护环境”的原则合理选择厂址。按照GMP规范建设的食品工厂，从生产条件和经济效益角度出发，通常遵循如下选址原则。

(1) 生产条件要求　①原材料供应充足，便于辅助材料和包装材料组织，交通运输条件便利，一般较为倾向于在原料产地附近的大中城市郊区或规划的食品工业生产基地建厂。②厂址应具备可靠的地质条件，避免将工厂建于流沙、淤泥、土崩断裂层上，一般要求不低于$2\times10^5 N/m^2$的地耐力。③厂区的标高应高于当地历史最高洪水位0.5m以上，特别是主厂房及仓库的标高应达到此要求。厂区自然排水坡度最好在0.004～0.008之间。④厂址附近卫生环境良好，无粉尘、烟雾、灰沙、有害气体、放射性源和其他扩散性的污染源，不得有垃圾场、废渣场、粪渣场以及其他昆虫大量滋生的潜在场所。⑤生产区建筑物与外缘公路或道路应有防护地带，一般距离在20～50m；特别是上风口的工矿企业对拟建工厂应无危害，不能处于受污染河流的下游，必须避开高压线走廊。⑥生产废水和加工废弃物处理方便。⑦选址面积应在满足生产要求前提下，尽量留有适当的发展余地，便于企业扩大生产。

(2) 投资和经济效果要求　运输条件便利、运输距离较短、运输成本较低；生产配套设施保障完备；供电距离短且电力负荷和容量有保证；水源充足、水质符合国家生活饮用水水质标准；燃料供应渠道畅通；附近有较为完善的生活福利设施，如医院、商店等。

4.2.2.2 绿色食品工厂的选址

绿色食品的加工对周围环境的要求更为严格，场地周围不得有废气、污水等污染源，厂址与公路、铁路有300m以上的直线距离，并要远离重工业区，否则需设500～1000m的防护林带。如在居民区选址，25m内不得有排放烟（灰）尘和有害气体的企业，50m内不得有垃圾堆或露天厕所，500m内不得有传染病院。厂址还应根据常年主导风向，选在有污染源的上风向，或选在居民区、饮用水水源的下风口。

4.2.2.3 厂址选择报告

通过对选址进行实地考察、充分论证分析后，按以下内容形成厂址选择报告并呈报主管部门。

① 选址依据及简况，包括选址依据、选址范围、选址过程。

② 选址的基本情况，包括厂址的坐落地点，四周环境情况，地质及有关自然条件资料，厂区范围、征地面积、发展计划、施工时有关的土方工程及拆迁民房情况，并绘制1/1000的地形图。

③ 原料供应情况，水、电、汽或燃料的供应，交通运输方式及职工福利设施的配套情况，废水排放情况。

④ 对厂区一次性投资的估算及生产中经济成本等综合分析，通过选择比较、经济分析，推荐最佳厂址方案。

4.2.3 食品工厂总平面设计原则

总平面设计就是在选定厂址的基础上，结合厂址的地形地貌特点和客观条件，将全厂不同使用功能的建（构）筑物、堆场、运输路线、工业管线和绿化进行科学、系统、合理的布置，从而保证各组成单元功能完善、相互和谐和互不干扰，使之成为一个统一的整体，并与周围的环境相适应。总平面设计是食品工厂设计的重要组成部分。

4.2.3.1 总平面设计的内容

食品工厂总平面设计的内容包括平面布置和竖向布置两大类。平面布置一般包括建（构）筑物的位置设计、运输设计、管线综合设计、绿化和环保设计等方面的内容。

（1）建（构）筑物的位置设计　平面布置就是对用地的建（构）筑物及其他工程设施在水平方向相互间的位置关系进行合理的分布，其核心就是建（构）筑物的位置设计。建（构）筑物的位置设计通常包括生产车间、辅助车间、动力车间、库房、给水排水设施和全厂性设施的布置工作。①生产车间。生产车间是生产成品或半成品的车间，是全厂的主体。②辅助车间。辅助车间是对生产车间开展正常生产提供支持和维护的部门，如机修车间、化验室和仓库等。③动力车间。动力车间是保证生产车间顺利生产及全厂各部门正常工作的部门，如发电间、变电所、锅炉房、制冷机站等。④给水排水设施。包括水泵房、水处理池、水塔和废水处理设施等。⑤全厂性设施。为生产提供管理、后勤服务的设施，如办公大楼、开发中心、食堂、职工宿舍等建筑物。

对于建（构）筑物的位置设计和排布应根据各设施的使用功能进行生产区和生活区的划分，生产区应在生活区的下风向。生产区中的建（构）筑物应紧紧围绕生产过程，按照生产工艺流程进行合理布置。通常应将生产车间布置在工厂的中央，其他车间和公共设施围绕生产车间进行排布。在实际操作中，也可根据地形地貌、周围环境和车间组成及数量等条件进行相应的调整。

（2）运输设计　运输设计就是对全厂范围内的交通运输线路进行合理的布置，实现人流和物流分开，避免往返交叉。厂区道路应通畅，便于机动车通行，有条件的应修环行路且便于消防车辆到达各车间。

（3）管线综合设计　综合考虑标高、间距等因素，按照工艺要求，对各类管道、电线进行整齐、合理的布置。

（4）绿化和环保设计　绿化可以美化厂区、净化空气、调节气温、阻挡风沙、降低噪声和保护环境，大大改善工人的劳动卫生条件。应依据投资额度、厂房面积、产品种类等因素综合考虑，确定适当的绿化面积，并且在布局上还应考虑生产过程中“三废”和噪声污染的处理。

竖向布置是根据厂区内有不同地形标高的情况下在平面设计的垂直方向上进行设计。通过竖向设计，在不影响各部门之间联系的前提下，可以合理利用自然地形的高度差进行物料的运输，这样即可减少土方工程量，节约平整土地投资，又可降低运输成本。

4.2.3.2 总平面设计的具体原则和要求

在总平面设计中，需要结合厂址的自然条件，综合研究、分析建（构）筑物、道路、场地、绿化和管线的相互关系后进行合理布置，一般有如下具体要求。

（1）厂区建（构）筑群的布置原则　建（构）筑物的排布应按照工艺流程的要求，利于生产过程的连续性，尽量缩短生产作业行程。

生产区、生活区和服务设施应按照风向合理分区布置，生活区应位于生产区的上风向。原辅料、成品仓库应邻近生产车间，以缩短运输距离，并方便与厂外运输主干线连通。

生产车间应按照工艺流程和食品卫生的要求进行合理布局，主车间应布置在厂区中央，便于接受其他配套设施服务。动力车间应靠近负荷中心，以减少动力损耗。车间内人流、物流分开，原辅料与半成品、成品分开，尽量在一条生产线上完成生产，避免交叉感染，还应考虑生产工艺对温度、湿度和其他工艺条件的要求，防止毗邻车间相互干扰。

粉尘量大的建筑，如锅炉房、厂内运输主干道应建在厂区常年主导风向的下风口，避免粉尘和气体污染。

在符合国家相关规范和规定的前提下，应合理利用地质、地形和水文等自然条件，尽量缩短厂区建筑物的间距。生产车间与垃圾箱、牲畜圈、厕所、工厂外公路必须相距 25m 以上。合理确定建筑物、道路的标高，即保证不受洪水的影响，又使排水通畅，并节约土方工程。在坡地、山地建厂，应采用不同标高安排道路及建筑物，进行合理的竖向布置，为防止山洪的影响，还应设置护坡和防洪渠。

（2）运输布置　需根据人、货流量的大小分设厂区主、次干道和人行通道，并有明显的安全标志和流向标示，建议修环形道路以保持交通畅通。厂区道路应采用水泥、沥青路面及其他硬质材料铺设，防止尘土飞扬。路面应有一定坡度，两边设有排水沟防止路面积水，并利于道路清洗消毒。

（3）管线布置　应该根据管线功能、特点和要求，选择合理排布和敷设方式。在节约用地和费用的前提下，便于管线的施工、维护及安全。尽量缩短管线行程，避免管线交叉。管径较大并承载压力的管道应尽量避免靠近和横穿道路和建筑物，否则应进行承压加固。

（4）绿化和环保布置　绿化应因地制宜，力求做到美观、经济，不能影响生产正常采光。生产区、生活区和厂外应有绿化隔离带，厂区内除道路外应无泥土裸露，以确保洁净的生产环境。

4.2.3.3 总平面设计的评价指标

总平面设计所涉及的主要技术经济指标包括：厂区总占地面积、生产区占地面积、建（构）筑物面积、生产区建（构）筑物面积、露天堆场面积、道路长度、道路面积、广场面积、绿化面积、围墙长度、建筑系数和土地利用系数等。

土地利用系数能全面反映厂区的场地利用是否经济合理。表 4-6 是部分食品工厂的建筑

表 4-6　部分食品工厂的建筑系数和土地利用系数

工厂类型	建筑系数/%	土地利用系数/%	工厂类型	建筑系数/%	土地利用系数/%
罐头食品厂	25～35	45～65	糖果食品厂	22～27	65～80
乳品厂	25～40	40～65	啤酒厂	34～37	—
面包厂	25～50	50～75	植物油厂	24～33	60

系数和土地利用系数。

4.2.4 食品工厂工艺设计内容

食品生产的工艺设计是以生产产品的车间为核心，依据设计计划任务书规定的生产规模、产品要求和原辅料供给等客观要求，结合建厂条件和配套保障，采用现代高新技术和经济合理的生产方法，选择先进的生产工艺流程，完成生产装备和生产车间的布置。工艺设计的好坏直接影响到全厂的生产与技术合理性，与建厂的费用和投产后的产品质量、产品成本、工人劳动强度等有着密切的关系，并为非工艺设计提供所需的基础资料依据。

工艺设计的基本内容包括：产品方案、产品规模及班产量的确定，主要产品生产工艺流程的确定及其操作说明，物料计算、生产装备的生产能力计算、选型及配套，生产车间平面、立体布置，劳动力平衡及劳动组织，生产车间水、电、汽、冷耗用量的估算，生产车间管路计算与设计等。

工艺设计同时必须向非工艺设计和有关方面提出下列要求：工艺流程和车间布置对总平面布置相对位置的要求，工艺对土建、采光、通风、采暖和卫生设施等方面的要求，生产车间水、电、汽、冷耗用量的计算及负荷要求，给水水质的要求，排水水质、流量及废水处理的要求，各类仓库面积计算及其温度、湿度等特殊要求。

4.2.4.1 产品方案及班产量的确定

（1）产品方案的制定　产品方案就是按照建设规模和设计计划任务书对全年生产的产品品种的数量、产期和生产班次进行计划安排。在制定产品方案时应做到“四个满足”，即满足主要产品产量的要求，满足原料综合利用的要求，满足淡旺季平衡生产的要求，满足经济效益的要求；同时需解决好“五个平衡”，即产品产量与原料供应量应平衡，生产季节性与劳动力的平衡，生产班次的平衡，设备生产能力的平衡，水、电、汽、冷负荷的平衡。表4-7为食品工厂产品方案表的一般格式。

表4-7 食品工厂产品方案表

产品名称	年产量	班产量	生产月份												备注
			1	2	3	4	5	6	7	8	9	10	11	12	

（2）班产量的确定　班产量是工艺设计中最主要的计算基准。班产量受原材料的供给量、生产季节的长短、设备的生产能力、市场销售能力等因素制约。班产量的大小直接影响到设备的配套、车间的布置和面积、公用设施和辅助设施的大小，以及劳动力的定员。

生产日/生产班次的确定：食品厂的年设计生产日一般按300d计，每月按25d计。每天的生产班次按1～2班计，生产高峰期可按3班计。对于生产季节性较强的工厂，其生产日应该是各季生产天数之和。

4.2.4.2 生产工艺流程的确定

生产工艺流程表示生产车间自原料或半成品开始，经过不同加工处理方法，直至加工成为合格半成品或终端产品的工艺要求和生产过程。当生产方案和生产规模确定以后，可根据实际情况确定生产操作方法和生产线的数量，尽量考虑采用先进、经济、合理的连续式生产方式。

（1）生产工艺流程的选择原则　生产工艺流程的选择一般应遵循如下原则：保证产品符合国家食品安全标准和食品GMP卫生要求，尽量选择与时代同步的机械化自动化程度高、生产周期短、可连续化生产的新技术和新工艺，以实现高效率、低能耗、低成本和保证产品品质的稳定，并达到环境友好和清洁化生产的标准。

（2）生产工艺流程的表达　在完成生产工艺流程的选择后，采用生产工艺流程示意图和工艺流程草图等方式对工艺流程进行直观的表述，便于工艺流程的选择和进一步审批。

① 生产工艺流程示意图　生产工艺流程示意图（也称方框图）在可行性研究阶段就已经完成。该图可定性表明原料变成半成品或成品的单元操作、工序和过程。

② 工艺流程草图　在生产工业流程示意图的基础上，通过原料、半成品、成品的物料计算，得出相应的参数，并根据这些参数进行设备选型或设计，然后绘制工艺流程草图，以设备图形和表格的形式反映设计结果，作为进一步设计的依据。工艺流程草图一般包括：图形，设备示意图和流程图，设备的编号、名称及特性数据，标题栏，图名、图号、设计阶段等。

③ 工艺流程图　对工艺流程草图进行多次修订、完善和审核后绘制正式的工艺流程图。

4.2.4.3　物料衡算

通过物料衡算可以确定原辅料采购和仓库贮存量，并对生产过程中所需的设备和劳动力定员及包装材料的需求量提供计算的依据。物料衡算包括主要产品的原辅料、中间产品、副产品、产品和包装材料的用量计算。通常情况下是以班产量为计算基准，对以单位产品的原辅料、包装材料耗用量进行计算。

每班原料耗用量（kg/班）=单位产品耗用原料量（kg/t）×班产量（t/班）

每班辅料耗用量（kg/班）=单位产品耗用辅料量（kg/t）×班产量（t/班）

每班包装材料耗用量（张或瓶/班）=单位产品耗用包装材料量（张或瓶/t）×班产量（t/班）。

4.2.4.4　生产设备的选型与计算

食品工厂的生产设备大致分为专业设备、通用设备和非标准设备三种。专业设备是指专门为食品生产而配置的专业性较强的设备，通用设备是指加热、冷却、输送、发酵、分离、杀菌、干燥等通用单元操作设备，非标准设备是指既不属于专业设备也不属于通用机电产品的某些特殊设施。

生产设备的选型既要符合工艺的要求，又要在食品卫生、安全等方面保证产品质量。较多的国家均在其食品 GMP 规范中提出了对食品生产设备的明确要求，如加工食品的机械和设备与食品接触部件应易于清洗和消毒，设备部件应摆放在易于检查、清洗和消毒的位置，部件结构和安装引起的污染应减少到最低程度等。

（1）设备选型原则　必须满足工艺要求，保证产品的质量和产量。尽量选用生产效率高、生产能力稳定、节能、占地面积小、便于维修、劳动强度低的设备。满足食品卫生的要求，易于清洗装拆，与食品直接接触不会对食品造成污染。生产中的关键设备，应考虑备用设备。除必不可少的专用设备外，尽量选用通用设备。后段工序设备的生产能力应略大于前道工序，以防止生产过程中物料积压。尽量选用自动控制方式的设备，并在温度、压力、真空、浓度、时间、速度、流量、液位、计数和程序等方面有先进合理的控制系统。

（2）设备选型计算　由于食品设备类型较多，因此可参考专门的设计手册对设备选型进行具体计算，受篇幅所限本书只简要介绍设备选型计算的一般步骤。首先进行设备选型的依据计算，获得班产量规模、各工段的物流量、贮存容量、传热量、蒸发量等数据。按照计算结果，根据所选用的设备的生产能力、生产富裕量等计算出设备台数、容量、传热面积，确定设备的型号、规格、生产能力、台数、功率。最后列出选用设备清单或设备表。表 4-8 为车间设备清单通用格式。

表 4-8 车间设备清单

设备名称	规格型号	生产能力	设备功率/kW	设备净重/t	安装尺寸(长×宽×高)/mm	数量/台	参考价格	总金额	总功率/kW	备注

4.2.4.5 劳动定员

“劳动生产率”是食品工厂设计的技术经济分析指标之一，也是生产成本计算中的一个组成部分，是正常生产后衡量工厂操作管理水平的重要标志。当前食品工厂正在按照GMP、HACCP、QS的要求规范组织生产，因此对劳动力提出更加严格的要求，需要在工厂设计时合理配备人员，实现保证顺利生产的同时降低运行成本。通过劳动力计算可以为工厂的定编定员、生活设施面积、生活用水、用汽量的计算提供依据。

4.2.4.6 生产车间平面布置

生产车间的平面布置是工艺设计中的重要环节，是在生产工艺流程、设备选型基础上确定每个车间、工段的每台设备与建（构）筑物的具体位置，确定车间、工段的长度、宽度、高度和建筑结构的形式，以及各车间、各工段之间的相互联系。

（1）车间布置的资料准备　包括生产工艺流程图、工艺指标；物料衡算资料；设备详细资料，包括外形、尺寸、重量、安装方式和操作条件等；公用系统耗用量，给水排水、供电、供热等资料；土建及其他专业资料；劳动安全及防火、防爆资料；车间组织及定员资料；厂区总平面布置情况。

（2）生产车间工艺布置的步骤　食品工厂生产车间平面设计一般有两种情况，一种是新建车间平面布置，另一种是对已有车间进行平面布置。后者因客观条件制约设计难度加大，但设计方法同新建车间。

① 生产车间平面布置一般遵循如下设计步骤：a. 按生产工艺要求汇总生产设施和生产保障设施的占地面积，合理分配车间面积；b. 根据设备的自重或生产的专属性确定设备的安装位置及分布；c. 根据全厂总平面图中的车间位置，确定车间建筑物的结构类型、朝向和跨度；d. 按厂房建筑设计的要求，绘制厂房建筑平面轮廓图；e. 按总平面设计的构思，确定生产流水线方向。

② 在设计之后利用绘图软件，在草图上进行设备和生产辅助设施的排布，并作如下方面的综合比较：a. 工艺流程是否合理，人流、物流是否通畅；b. 设备与设备、设备与建（构）筑物间的距离是否符合相关规定；c. 建筑结构的造价、建筑形式是否实用和具有美感；d. 管道安装是否方便，与公用设施的距离是否符合要求；e. 车间内外运输是否便利，是否符合生产卫生的要求和规范；f. 操作环境是否合理，是否符合消防安全的要求，通风和采光情况是否良好等。然后经多方面征求意见并做必要的修改、调整后确定合理的方案，绘出正式图纸。

（3）车间平面设计的具体要求　必须从工艺、操作、安全、维修、施工、经济、美观及以后扩建上对车间平面设计提出如下要求。①车间布置应符合生产工艺的要求，按照生产工艺流程的流向排列设备，保持物料输送顺畅。②车间布置应符合生产操作的要求，能为实际生产操作和设备检修提供空间。③车间布置应符合厂房建筑的要求，在满足生产工艺需要的同时，车间在跨度、长度和高度等方面要尽量符合建筑结构标准化的要求。④食品车间布置应符合节约建设投资的要求，可露天或半露天的设备尽量采用露天布置。⑤车间布置要考虑到辅助设施的设计需要，如车间更衣室、化验室、车间配电房的要求等，并应符合安全卫生和防腐蚀的要求。

（4）车间平面布置的内容　车间平面布置主要内容有：车间的整体布置和轮廓设计，设备的排列和布置，车间的附属工程设计，车间布置设计说明，绘制车间布置设计图样等。

（5）车间平面布置的方法　车间布置一般先从平面布置入手，先进行布置草图设计，然后再细致到布置图设计。①布置草图设计。根据生产流程、生产性质，初步划分出生产、辅助生产和生活设施的分割位置。初步选定厂房柱距、跨度及车间面积。绘制厂房建筑平面轮廓草图，同比例绘出所有设备的俯视外型轮廓。按照工艺流程顺序和布置原则，先主体设备，后附属设备的顺序对设备进行合理布置。最后提交建筑设计人员绘制建筑图。②车间布置图布置设计。在建筑图的基础上，绘制正式的车间平面、立体布置图和设备布置图。

4.2.4.7　水、汽用量估算

食品加工工业是一个用水、用汽量比较大的产业。在提倡建设节约型社会的今天，应对工艺流程进行合理设计，尽量减少对水、汽的浪费和损耗，以此降低生产成本，同时也有效保护生态资源。

食品生产车间的用水、用汽量的多少随产品的种类而不同。通过对生产车间的用水、汽量的估算，可以为供水、供汽、管道工程提供设计依据，同时也是核定生产成本的重要数据来源。食品生产过程中的用水、汽量的计算方法一般有两种：估算法和计算法。

（1）估算法　一般有如下三种估算法。

① 按单位产品的耗水、耗汽量进行估算。根据生产同类型产品的食品工厂的单位产品的耗水、耗汽量进行大致估算。表 4-9 为部分食品工厂单位成品耗水、耗汽量。

表 4-9　部分食品工厂单位成品耗水、耗汽量

产品名称	耗汽量/(t/t 成品)	耗水量/(t/t 成品)	产品名称	耗汽量/(t/t 成品)	耗水量/(t/t 成品)
消毒奶	0.28～0.4	8～10	奶油	1.0～2.0	28～40
全脂奶粉	1.0～1.5	130～150	干酪素	40～55	380～400
全脂甜奶粉	9～12	100～120	乳粉	40～45	40～50
甜炼乳	3.5～4.6	45～60			

注：1. 以上指生产用汽，不包括生活用汽。
2. 北方气候寒冷，应取最大值。

② 按单位时间设备的用水、用汽量估算。查阅设备单位时间的用水、用汽量定额，通过对同一条生产线上的各设备单位时间用水、用汽量的定额加和进行估算。

③ 按生产规模进行估算。依据生产相同类型产品、生产规模相当的食品厂的用水、用汽量来估算。

（2）计算法　为合理利用资源，减少不必要的浪费，可按照生产工艺流程和工艺条件对各工序的用水、用汽量进行逐一计算，汇总后作为确定生产车间用水、用汽量的依据。

① 用水量的计算。食品工厂生产车间的用水量可以按照工艺流程中的工艺参数，对产品工艺用水、清洗物料或包装容器用水、冷却用水、清洁用水、车间生活用水和车间消防用水逐一进行计算，然后将以上用水量汇总即可计算出车间的总用水量。

② 用汽量计算。食品工厂生产车间用汽量可以通过确定加热面积、加热过程的时间和加热设备的生产能力进行能量衡算计算出耗热量，然后通过加热载体的相位变化和比热容等数据计算出加热载体的耗用量。

4.2.4.8 生产车间管路设计与布置

管路系统在食品生产过程中起到重要的作用，它承担了设备连接，水、汽和流体物料的运输功能，是组成生产线的血脉。管道布置是否合理，不仅关系到建设指标是否先进，同时也直接影响到生产操作能否正常进行以及车间的整体效果。

生产车间的管道设计与布置的内容主要包括管道的设计计算和管道的布置。管道设计计算可根据国家制订出的一系列有关管道设计的标准，利用化工单元操作工程原理的基本知识进行计算。

(1) 管道设计与布置的内容 ①选择管道材料。根据输送介质的性质、流动状态、温度、压力等因素，经济合理地选择管道的材料。②选择介质流速、管径和管壁厚度。根据介质的性质、输送状态、黏度、成分、公称压力以及与之相连接的设备、流量等，参照有关数据资料，选择合理经济的介质流速，并通过计算、查图或查表，确定合适的管径和管壁的厚度。③选择管道连接方式、阀门和管件。根据生产工艺实际情况操作方便与否，选择适宜的管道连接方式、阀门和管件，如等径连接、不等径连接、弯头、三通、法兰及各种不同类型的阀门等。④管道的热补偿。管道在安装和使用过程中往往存在温差，冬季和夏季也有较大温差存在，为消除热应力，应通过管道本身的转弯、支管、固定和安装膨胀节等方式对管道进行热补偿，以防管道损坏。⑤管道防腐蚀和保温。通常应对管道表面进行涂料或涂层处理以防腐蚀，同时对管道进行保温以保证输送介质在输送过程中不受外界温度而改变介质的状态。⑥管道布置。首先根据生产流程、介质的性质和流向、相关设备的位置、操作环境、安装检修等情况，确定管道的敷设方式——明装或暗装；其次在垂直和水平面的管道排布中，应保证管间距离、管与墙面的距离、管道坡度、管道穿墙穿楼板、管道与设备相接等各种情况，都要符合有关规定。⑦计算管道阻力损失。根据管道的实际长度，管道连接设备的相对标高，管内介质的实际流速，以及介质所流经的管件、阀门等来计算管道的阻力损失，以便检查校核泵、风机、设备、管道等各项选择设计是否正确合理。⑧选择管道的跨度、管架及固定方式。根据管道本身的强度、刚度、介质温度、工作压力、线膨胀系数，以及管道的根数，车间的梁柱、墙壁、楼板等土木建筑结构，选择合适的管道跨度、管架类型及固定方式。⑨绘制管道图。管道图包括平面和剖面配管图、透视图、管架图和工艺管道支吊点预埋件布置图等。同时编制管材、管件、阀门、管架及绝热材料总和汇总表。

(2) 管道设计与布置原则 管道布置要满足生产工艺的需要和设备的要求，便于安装、检修和操作管理。避免管线迂折，布置中应尽可能使管线最短、阀件最少。一般采用明线敷设。适当照顾美观，尽量采用沿墙、楼板或柱子成排安装。管架标高应不影响正常的车辆和人员通行并符合相关规定。需分层布置时，大管径管道、热介质管道、气体管道、保温管道和无腐蚀性介质的管道布置在上层；小管径、液体、不保温、冷介质和有腐蚀性介质的管道布置在下层；气体支气管由上方引出，液体支气管由下方引出。管道穿过楼板、墙壁时，应预先留孔。穿过楼板或墙壁的管道，其法兰或焊口均不得位于楼板或墙壁中。管道应避免经过或邻近电动机或配电板。输送腐蚀性介质的管道的法兰不得位于通道上空，应与其他管道保持一定的距离。阀门和就地仪表的安装高度应满足操作和检查的方便。上、下水管及废水管最好埋地敷设。

4.2.5 食品工厂卫生要求

食品卫生安全是食品生产行业的生命线。由于食品从原料到成品的生产环节多，受污染的途径广，所以在进行工厂设计时要按照食品 GMP 的要求，对选址、工厂建筑、厂房与地面等硬件设施、卫生设施及设备维护等方面进行周密考虑，以保证食品的卫生安全和品质稳定，防止食品在加工过程中受到污染，预防因产品质量不合格导致对消费者的危害。

4.2.5.1 选址基本要求

食品厂址应选择在地势干燥、交通方便、有充足水源的地区。处于上风向地区的工矿企业，不应对食品生产现场产生危害。厂区不应设于受污染河流的下游，厂区周围不得有粉尘、有害气体、放射性物质和其他扩散性污染源，不得有昆虫大量滋生的潜在场所。厂区要远离有害场所，如大型化工厂、火力发电厂等；生产区建筑物与外缘公路或道路应有防护地带。

4.2.5.2 建筑卫生要求

(1) 按卫生等级合理划分车间 为了便于卫生管理，依据国外食品工厂的 GMP 管理标准与通行做法，按照空气洁净程度的不同对生产车间进行划分，并分区制订相应的卫生等级要求。通常划分为：非食品处理区、一般生产区、准洁净生产区和洁净生产区。各区对洁净度的要求依次严格。表 4-10 为食品生产厂房的洁净度划分，表 4-11 为空气的洁净等级。

表 4-10 食品生产厂房的洁净度划分

<table>
<tr><th>厂房设施</th><th colspan="2">洁净度划分</th></tr>
<tr><td>原料辅料、材料仓库
原料处理场所
内包装容器洗涤场所①
空瓶(罐)整理场所
杀菌处理场所(采用密闭设备及管路输送)</td><td colspan="2">一般生产区</td></tr>
<tr><td>加工调理场所
杀菌处理场所(采用开放式设备)
内包装材料的准备室
缓冲室
非易腐败即食性成品的内包装室</td><td>准清洁生产区</td><td rowspan="2">管制生产区</td></tr>
<tr><td>易腐败、即食半成品(成品)的最后冷却或内包装前的存放场所
即食产品的内包装和无菌包装区</td><td>清洁生产区</td></tr>
<tr><td>外包装室
成品仓库</td><td colspan="2">一般生产区</td></tr>
<tr><td>品管(检验)室
办公室②
更衣及洗手消毒室
厕所及其他</td><td colspan="2">非食品生产区</td></tr>
</table>

① 内包装容器洗涤场所的出口处应设置于管制生产区内。
② 办公室不得设置于管制生产区内（但生产管理与品管场所不在此限，只需有适当的管制措施）。

表 4-11 空气的洁净等级

洁净等级/级	≥0.5μm 尘粒数/(粒/m^3)	≥5μm 尘粒数/(粒/m^3)
100	≤3500	0
1000	≤35000	≤250
10000	≤350000	≤2500
100000	≤3500000	≤25000

(2) 清洁生产区的卫生要求 清洁生产区是食品在加工过程中最易受到污染的区域，同时也是食品卫生严格控制的区域。清洁生产区对生产环境中的温度、湿度和空气洁净度，操作人员和原辅材料的进出等均有严格的卫生要求，以确保产品的品质安全。特别是空气洁净

度等级要符合《洁净厂房设计规范》(GB 50073—2001)中的相关规定。表4-12为洁净厂房空气的洁净等级。表4-13为食品生产现场有关车间的温度和湿度要求。

表 4-12 洁净厂房空气的洁净等级

洁净等级/级	尘粒数		活微生物数/(个/m^3)
	≥0.5μm尘粒数/(粒/m^3)	≥5μm尘粒数/(粒/m^3)	
100	≤3500	0	≤5
10000	≤350000	≤2000	≤100
100000	≤3500000	≤20000	≤500
300000	≤10500000	≤60000	

表 4-13 食品生产现场有关车间的温度和湿度要求

工厂类型	车间或部门名称	温度/℃	相对湿度/%
罐头厂	冻肉解冻间	冬天 12～15	>95
		夏天 15～18	>95
	分割肉间	<20	60～70
	午餐肉车间	18～20	50～70
	一般肉禽、水产车间	22～25	50～70
	果蔬类罐头及饮料车间	18～28	50～70
乳与乳制品厂	消毒奶灌装间	22～25	70～80
	炼乳灌装间	<20	>70
	奶粉包装间	22～25	<65
	麦乳精粉碎及包装间	22～25	40～50
	冷饮包装间	22～25	>70
糖果厂	软糖成形间	25～28	<75
	软糖包装间	22～25	<65
	硬糖成形间	25～28	<65

(3)生产车间建筑结构的要求 主要内容包括以下几个方面。①面积要求。面积应与生产能力相适应,便于设备的安装与维修;一般要求生产车间的人均占地面积不少于1.5m^2,高度不低于3m,以防止工人的衣物与墙面、设备、工作台接触造成食品污染。②地面要求。采用标号较高的水泥或防腐蚀材料铺设,要求不透水、便于清洗。③排水设施要求。车间应有适当的排水坡度,便于清洗消毒和排水通畅。在地面最低点设置地漏,洁净生产区尽量选用带盖的不锈钢洁净地漏或无菌、防臭地漏。④屋顶及天花板要求。应选用不吸水、表面光洁、耐腐蚀、耐高温、浅色材料涂覆的天花板,要求不渗水、易于清扫消毒,不易蓄积灰尘,有防止凝结水掉落措施。⑤墙面要求。墙面采用浅色、不吸水、不渗水、无毒、光滑材料覆盖;下部有1.5～2m瓷砖或高标号水泥墙裙;墙面之间、墙体与天花板之间、墙面与地面之间、墙角采用弧面结构连接,消除卫生死角。⑥门窗要求。门、窗、天窗要严密不变形,防护门要能两面开,设置位置适当,并便于卫生防护设施的设置;窗台要设于地面1m以上,内侧要下斜45°;非全年使用空调的车间、门、窗应有防蚊蝇、防尘设施。⑦通道要求。食品GMP要求人流和物流使用不同的通道,不得有交错,避免交叉感染。⑧通风要求。生产车间、仓库应有良好通风,以防止温度升高、蒸汽凝结和细菌滋生;通风口应远离污染源和排风口,开口处应设空气过滤装置和防护罩。⑨照明要求。位于工作台、食品和原料上方的照明设备应加防护罩,防止蚊蝇等昆虫掉入食品中。

(4) 设备、工具和管道的卫生要求　凡与食品物料直接接触的设备、工具和管道必须采用无毒、无味、抗腐蚀、不吸水、不变形的材料制作。设备、工具和管道表面要求清洁，边角圆滑，无死角和漏隙，不易积垢，便于拆卸、清洗和消毒。各种管道、管线尽可能集中走向。冷水管不宜在生产线和设备包装台上方通过，防止冷凝水滴入食品。其他管线和阀门也不应设置在暴露原料和成品的上方。

(5) 生产车间必要的卫生设施　在车间进口处应分别设置洗手设施、干手设备；生产车间进口应设有消毒池，其规格尺寸应根据情况使工作人员必须通过消毒池方能进入生产车间为目的；更衣室等设储衣柜或衣架、鞋箱（架）；生产车间必须有防止有害动物侵入的装置。

(6) 厂区公共卫生要求　生产区和生活区不能互相穿插，应有围墙和绿化间隔。锅炉房、污水处理站应在生产区和生活区下风向并保持一段距离，锅炉房应有消烟除尘装置。全厂一律采用水冲式厕所，备有洗手设施和排臭装置，其出入口避开通道并不得正对车间门；其排污管道应与车间排水管道分设。垃圾和加工下脚料不得与成品同门进出厂区。

4.2.6 食品工厂公用工程设计

食品工厂的公用系统是指与全厂各部门、车间、工段有密切关系并为这些部门所共有的动力辅助设备的总称。公用系统一般包括给水排水、供电、供汽、制冷、暖风等5项工程。

4.2.6.1 给水排水工程设计

给水排水工程设计内容大致包括取水及水处理工程、厂区及生活区的给水排水管网、车间内外的给水排水管网、消防系统、室内卫生工程、冷却循环水系统。

(1) 取水工程　具备自来水条件的优先选用自来水，其次考虑选用地下水或地表水，后者需对用水进行预处理（净化处理）以满足食品生产的要求。常用的水处理方法有沉降法、离子交换树脂法、过滤法等。

(2) 全厂用水量计算　全厂用水一般包括生产用水、生活用水和消防用水。

生产用水包括工艺用水、锅炉用水和制冷机房冷却用水。工艺用水量在工艺设计中可以估算；锅炉用水可按锅炉蒸发量的1.2倍计算，小时变化系数取1.5；冷却机的冷却水循环量取决于热负荷和进出水温差，其补充水量可按循环水量的5%计算。

消防用水量一般按室外10～75L/s，室内22.5L/s计算，如若发生消防事故可调节生产和生活用水进行补充。

(3) 排水系统　食品工厂的生产废水、生活污水和雨水需经排水系统进行排放。生产废水和生活污水排放量可按生产和生活最大给水量的85%～90%计算。

可以根据计算出的排水量，结合工程排水的设计原则，对排水系统进行合理的规划和设计。

4.2.6.2 供电工程设计

(1) 设计内容　包括厂区变配电工程、厂区供电外线、车间内设备供电、厂区室内照明、生产线工段旺季或淡季的自动控制、电器及仪表的修理等。

(2) 供电要求　某些食品厂如罐头厂、饮料厂、乳品厂等生产季节性强，用电负荷变化大，此类大中型厂宜设2台变压器供电，以适应负荷的剧烈变化。食品工厂的机械化程度越来越高，用电设备也逐年增加，因此要求变配电设施的容量或面积为进一步发展留有一定的余量。食品厂的用电性质属于三类负荷，一般采取单电源供电，但由于停电将有可能导致大量食品的变质和报废，故供电不稳定的地区而又具备条件时，可以采用双电源供电。为减少电能损耗并改善供电质量，厂内变电所应接近或毗邻负荷高度集中的部门，当厂区范围较大时可设置主变电所及分变电所。食品生产车间水多、汽多，环境的湿度高，供电管线及电气应考虑防潮。

(3) 用电负荷计算 食品工厂用电负荷计算一般采用需要系数法，通过计算出的用电负荷，按照1.2倍总计算负荷作为变压器容量选择标准。

4.2.6.3 供汽工程设计

(1) 锅炉容量的确定

$$Q=1.15(0.8Q_c+Q_s+Q_z+Q_g)$$

式中 Q——锅炉额定容量，t/h；

Q_c——全厂生产用的最大蒸汽消耗量，t/h；

Q_s——全厂生活用的最大蒸汽消耗量，t/h；

Q_z——锅炉房自用蒸汽量，一般取5%～8%，t/h；

Q_g——管网热损失，一般取5%～10%，t/h。

(2) 锅炉的选择 根据全厂用汽负荷大小、工艺要求的蒸汽压力大小和燃料的种类，按照高效、节能、操作和维修方便等原则进行合理选择。

(3) 锅炉位置的确定 应设在生产车间污染系数最小方向上侧或全年主导风向的下风向，尽可能靠近用汽负荷中心并有足够的煤和灰渣堆场，与相邻建筑物的间距应符合防火规程和卫生标准。锅炉房的朝向有通风、采光、防晒等方面的要求。

4.2.6.4 通风工程

自然通风：该通风方式的优点是造价低、投资小，缺点是外界气体和灰尘容易进入生产车间造成产品污染。

机械排风：在自然通风达不到要求时，应考虑机械通风。

4.2.6.5 制冷工程设计

食品原辅材料、半成品和成品需要贮藏保鲜，或在某些产品冷却工段及车间的空调运转等，均要求进行制冷工程设计。生产车间采用中央空调，贮藏保鲜采用冷库。冷库的容量可按年生产规模的15%～20%考虑，亦可通过同类生产工厂的设计经验确定。冷库耗冷量可根据制冷工程相关原理进行计算确定，并选用合理的制冷系统。

4.2.6.6 采暖工程设计

按照国家规定，凡日平均温度≤5℃的天数历年平均为90d的地区应该集中采暖。食品工厂的采暖方式有热风采暖和散热器采暖等几种，通常按车间单元体积大小来确定。当单元体积大于3000m^3，以热风采暖为好；在单元体积较小的场合，多数采用散热器采暖。

受篇幅所限，本章节仅对食品工厂设计的相关知识进行了一般性介绍。在实际设计过程中，应对相应的客观条件进行认真的分析和研究，通过详细调研，认真查阅相关资料、设计手册和标准规范，运用相应的设计软件和绘图工具，按照食品工厂设计程序，依靠各专业的密切合作、相互配合，共同完成食品工厂的工艺设计任务。

参考文献

1 中国食品发酵工业研究院，中国海诚工程科技股份有限公司，江南大学主编．食品工程全书（第一卷），食品工程．北京：中国轻工业出版社，2004

2 黄亚东主编．食品工程原理．北京：高等教育出版社，2003

3 李云飞，葛克山主编．食品工程原理．北京：中国农业大学出版社，2002

4 冯骉主编．食品工程原理．北京：中国轻工业出版社，2005

5 曾庆孝主编．食品加工与保藏原理．北京：化学工业出版社，2002
6 德力格尔桑主编．食品科学与工程概论．北京：中国农业出版社，2002
7 宋纪蓉主编．食品工程技术原理．北京：化学工业出版社，2005
8 陈斌主编．食品加工机械与设备．北京：机械工业出版社，2003
9 崔建云主编．食品加工机械与设备．北京：中国轻工业出版社，2004
10 李凤林，张丽丽．超临界流体萃取技术的发展及应用．发酵科技通讯，2006，35（3）：46～48
11 李晓银，岳红，朱峰．天然色素提取和分析技术研究进展．林产化学与工业，2006，26（3）：118～122
12 张新位，胡德荣．分子蒸馏技术浅释．首都师范大学学报（自然科学版），2006，27（3）：40，45～47
13 高福成主编．现代食品工程高新技术．北京：中国轻工业出版社，2000
14 徐怀德，王云阳主编．食品杀菌新技术．北京：科学技术文献出版社，2004
15 高孔荣，黄惠华等编．食品分离技术．广州：华南理工大学出版社，1998
16 张喜海．脉冲电场杀菌机理及试验装置研究．哈尔滨：东北农业大学，2005
17 无锡轻工业学院，轻工业部上海轻工业设计院编．食品工厂设计基础．北京：中国轻工业出版社，1990
18 曾庆孝等．GMP与现代食品工厂设计．北京：化学工业出版社，2006
19 黄达明等．食品工厂设计基础．北京：机械工业出版社，2005
20 张国农．食品工厂设计与环境保护．北京：中国轻工业出版社，2005

5 食品加工与保藏原理

5.1 食品热处理与杀菌

食品的保藏方法有很多，其中热处理是目前应用最为广泛的保藏方法之一。它是利用热能来提高产品温度和延长货架期。在大多数情况下，热加工是在一定时间内应用高温来破坏食品中大部分的微生物和天然酶类。另外，热加工可减少食品中的抗营养成分，提高一些营养素的代谢利用率，改善食品的物理和感官特性等。但是，热加工最主要的目的依然是利用高温杀死食品中的病原体和腐败菌，以确保食品安全和提高产品的贮存稳定性。通常将以杀灭食品中病原体和腐败菌为目的的热加工过程称为热杀菌。必须注意，热杀菌对食品质量将会产生不利影响，比如对一些热敏感的食品营养成分，热处理将导致营养成分含量降低，从而影响食品的营养价值。因此，在确保食品安全性和理想的货架期的前提条件下，建立一个最小限度影响食品品质的热加工工艺条件至关重要。

5.1.1 食品加工与保藏中的热处理

由于热处理程度不同，因而食品贮藏期也不同。经过热加工处理的食品实际上并未达到真正意义上的无菌。根据不同热处理的作用和目的，首先介绍一下食品加工与保藏中的几个重要加热处理过程。

（1）灭菌　它是指杀灭所有的包括芽孢在内的微生物。因为某些细菌芽孢具有耐热性，灭菌通常要求在121℃的湿热条件下处理15min，或在与之相当的条件下进行热处理，食品每一个部分都要接受这样的热处理。如果一种罐头食品要达到完全无菌，在121℃高压釜中仅仅蒸或煮15min远远不够，因为热量在罐头食品中的传递速度相当慢。如果罐头尺寸较大，那么要达到真正灭菌的有效时间可能需要几十分钟至几个小时。如此长时间的热处理，会导致食品质量的大大降低，而实际上很多食品无需彻底灭菌，就可以保证其质量安全。

（2）商业无菌　在一些文献中可常见到商业灭菌一词，或者将“灭菌”一词加引号。它通常指食品经过一定程度的热杀菌后，所有的病原性、产毒素的微生物和其他一些能在食品中存在和生长且在一般处理和贮藏条件下可引起食品腐败变质的腐败性微生物都会被杀死的一种加热处理。经商业灭菌后仍可能会有极少量的耐热性细菌芽孢残存，但在食品贮存过程中它们不会正常生长繁殖，不会导致食品发生腐败现象。但是一旦它们从食品中分离出来，给予适宜的环境条件，它们可能会生长繁殖。大多数金属罐装食品和瓶装食品属于商业无菌食品，其货架寿命可达一年甚至更长。如发生放置时间过长而出现食品品质恶化，往往是由质地和风味变化引起的，而不是由微生物生长繁殖引起的腐败性变质。

（3）巴氏杀菌　巴氏杀菌是针对某些食品的一种较温和的热处理，通常其热处理的温度低于水的沸点。根据食品的种类不同，巴氏杀菌一般有两个不同的目的，对于某些产品，比如牛奶和鸡蛋，巴氏杀菌用于杀死来源于产品本身的病原菌，这种处理对维护消费者健康十分重要。从微生物和酶的角度，巴氏杀菌另一目的是延长产品货架寿命，如啤酒、葡萄酒、果汁和其他一些食品的巴氏杀菌。在后一种情况下产品经巴氏杀菌处理后，仍然有许多微生物营养体残存下来，一般每毫升或每克产品含有数千个。与商业灭菌相比，由于杀菌强度较低而限制了巴氏杀菌产品的保存期。为了提高产品的贮存期，巴氏杀菌通常可与其他控制微生物生长繁殖方法联合使用。如巴氏杀菌牛奶被贮存在家用冰箱中（冷藏方法）1 周或更长时间不会发生明显变味，但若贮存在室温条件下，1d 或 2d 内就会腐败。巴氏杀菌并不仅限于液体食品，对某些固态食品同样适用，如可用热蒸汽蒸带壳的牡蛎来减少其微生物含量等。

（4）热烫　热烫通常是一种应用于水果和蔬菜的热加工过程，其主要目的是钝化食品中特定的酶，以免它们在冷藏、冻藏或脱水食品中保持其活性，影响产品贮存的稳定性。它已成为果蔬冷冻和脱水加工前常用的预处理过程。对于冷藏、冻藏食品，使酶失活十分重要，因为水果和蔬菜中的许多酶在冷冻低温条件下仍然保持其活性并造成产品质量的败坏。许多食品在脱水以前也需进行热烫处理，因为脱水加工温度还不足以使食品内部的酶失去活性，且水分的减少也不能完全抑制酶的活性。此外，热烫处理可杀死污染食品的部分微生物，尤其是食品表面的微生物。

5.1.2　食品热处理工艺条件的选择与确定

如前所述，加热处理在满足了杀死食品中微生物和抑制酶活性的同时，也影响到食品的其他性质。如何用最低的温度，最短的加热处理时间，消除食品病原菌及其产生的毒素，达到所要求的贮存寿命，同时又尽量减少热处理对食品品质造成不利影响的操作，称为加热处理工艺条件的选择。针对某一个产品进行最佳加热处理工艺条件选择时，必须明确以下两点。

第一，致死某食品中耐热性最强的病原菌和腐败菌（杀菌对象菌）应该采用的时间-温度组合。

第二，食品及其包装容器的传热性能。

加工过程中，食品加热处理必须充分，以保证一批食品中或一个容器内食品的每一部分都达到要求温度并维持足够时间。如果要达到灭菌或商业灭菌效果，则要求热处理后耐热性最强的病原菌和腐败菌失去活性；如果是以维护消费者健康为目的的巴氏杀菌，则要求耐热性最强的病原菌失去活性。不同的食品适合不同的病原菌和腐败菌生长，因此，应根据加热食品种类不同，选择不同杀菌对象菌。

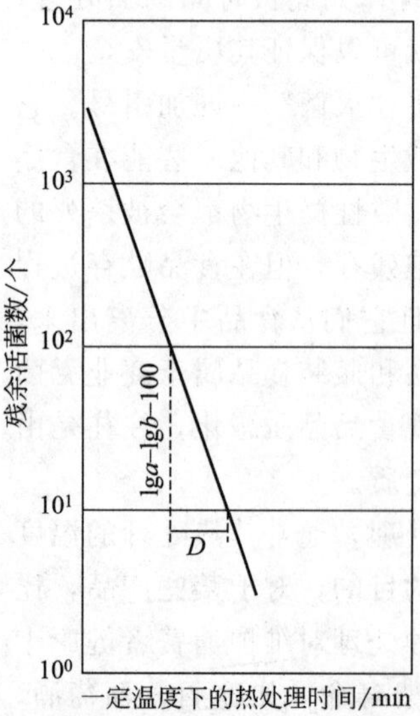

（1）微生物耐热性　为了建立确保食品理想货架期或食品安全所需的温度-时间组合，必须对影响微生物耐热性的因素进行评估。首要因素是微生物种类，一般来说，不同微生物，其耐热性各不相同。食品中，尤其是处于厌氧条件下的罐头食品，耐热性最强的病原菌是肉毒梭状芽孢杆菌。但是还有一些产芽孢腐败微生物，如腐败厌氧 3679 菌（*Putrefactive anaerobe* 3679，PA3679）和嗜热脂肪杆菌（*Bacillus stearotherphilus*，BS1518），其耐热性比肉毒梭状芽孢杆菌更强。如果热处理能使肉毒梭状芽孢杆菌和这些耐热性腐败菌失活，食品中其他病原菌也会被杀死。

图 5-1　遵循对数死亡法则的细菌热致死速率曲线

（2）微生物热致死作用　图 5-1 显示了细菌加热致死的速率与加热体系中原始细菌数成正比关系。微生物热致死符合对数递减规律，它意味着在恒定热处理温度条件下，在相等时间间隔内，杀死细菌的百分比相同。即在一定致死温度下，若第一分钟杀死 90% 的原始菌数，第二分钟则杀死 90% 的余下细菌，第三分钟也杀死 90%余下的细菌，以此类推。对数递减规律也适用于细菌芽孢，只是其致死曲线的斜率与细菌营养体的致死曲线斜率不同，因为细菌芽孢的耐热性更强。

为了定量表示微生物的耐热性，引入了“D 值”概念。D 值指在一定环境和一定热致死温度条件下，杀死原始活菌数 90%所需的加热时间，也称对数递减时间。在数值上等于一定温度条件下残存细菌数减少一个对数循环所需要的时间。例如，在 115℃下处理某细菌，如果杀死原始活菌数 90%所需的加热时间为 5min，则可表示为 $D_{110℃}=5\text{min}$。D 值与原始细菌数无关，但随热处理温度、菌种、细菌或芽孢所处环境的因素而变化。D 值定量反映了某种微生物在特定温度下的耐热性，D 值越大，微生物耐热性越强。

如果利用不同温度下的热致死速度曲线可以建立热致死时间曲线，如图 5-2 所示。利用热致死时间曲线，可以确定另一个表示微生物耐热性的参数 Z 值。它是指加热致死作用时间降低一个对数周期所需升高的温度。Z 值表示了微生物在不同温度下的相对耐热性。即不同微生物具有不同 Z 值。某微生物所处食品环境不同，其 Z 值也不相同。Z 值越大，微生物耐热性越强。

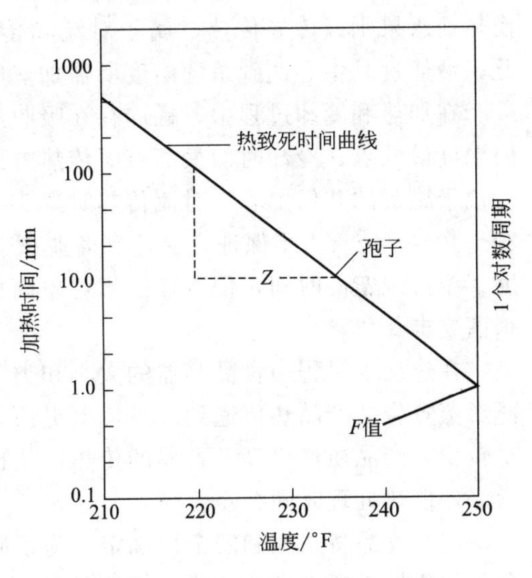

图 5-2 细菌孢子的典型热致死时间曲线

F 值是热加工中常用的第三个定量参数，它是指在一定温度下具有特定 Z 值微生物获得指定减少（微生物数量）所需时间。F 值定义的关键是指定减少，它可以是建立食品安全所要求的致病微生物数量减少，如巴氏杀菌产品中病原菌的减少；也可以是达到食品理想货架期所要求的食品腐败菌数量的减少，如商业无菌产品中腐败菌减少。由于杀菌温度和 Z 值可变，因此往往需要设定一个参照 F 值，一般采用 F_0 表示。它是当致死温度为 121℃时，杀死 Z 值为 10℃的一定数目的细菌所需要时间。如果杀死指定数量微生物的时间为 6min，则 F_0 值为 6。即使在其他温度下达到相同指定减少所需时间可能不同，但热处理的 F_0 值仍可表示为 6。或者说具有同等杀菌效果的热处理 F 值均可用相应 F_0 值来表示。如果致死量小于指定减少，则 F_0 低于 6，反之亦然。F_0 值大小主要取决于热处理强度、食品种类。F_0 通常也用于定量表示食品的热杀菌难易程度。F_0 值大杀菌难，F_0 值小杀菌强度可减小。

影响微生物耐热性的第二个因素为食品的酸度或 pH 值。根据食品的 pH 不同。可将食品分为低酸性（pH＞4.5）食品、酸性（pH4.0～4.5）食品和高酸性（pH＜4.0）食品。一般来说，随着食品的酸度增加（pH 值降低），微生物的耐热性大大降低，因此采用热加工来保藏食品时，可根据食品的 pH 差异，确定不同的热处理强度。

第三个因素是水分活度。水分活度或加热环境相对湿度对微生物的耐热性影响显著。一般情况下，水分活度越低，微生物细胞或芽孢的耐热性越强。可能是由于蛋白质在湿状态下加热变性速度更快，从而加速微生物死亡。因此，在相同温度下湿热杀菌效果优于干热杀菌。

影响耐热性的第四个因素是食品组成。很多食品组分都不同程度地具有保护微生物不受热破坏的作用。比如，高温度的糖溶液可以保护细菌芽孢，因此对加糖食品的加热灭菌强度要求更高。食品中的淀粉、蛋白质及糖具有相同的保护作用。另外，食品中的脂肪和油脂会阻碍湿热穿透。因而影响了湿热的致死作用。

在上述影响微生物的耐热性因素中。酸度（pH）是影响微生物耐热性参数 D 值最重要的因素。因此食品商业无菌处理的强度确定通常以此为依据。

（3）热传递　在实际热处理操作中，为保证食品的各部分均充分受热，希望热量能够在食品之间或罐内快速传递。但是热量传递速度受到食品的物理性质及热性质、包装容器种类及大小、杀菌形式等诸多因素的影响。

热量的传递方式有传导、对流和辐射三种。罐头食品加热时的传热方式主要是传导、对流两种形式。液体食品如番茄汁罐头属于对流换热。固体食品，如午餐牛肉罐头，黏度高不易流动，热传递以热传导方式进行。含有液体和固体的食品，例如糖水梨罐头，糖液以对流换热而水果则以传导传热，属于对流和传导结合型传热。对流传热速度比传导传热快。因此，液体食品中心达到杀菌温度所需加热时间最短。

在加热和冷却过程中，罐内存在吸收和释放热量最缓慢点，称为冷点。此点为加热时罐内温度最低点，冷却时的最高点。传热方式不同，罐内冷点位置不同。传导传热时，冷点通常位于罐头的几何中心。对流传热时罐头冷点一般低于罐头几何中心，位于中心轴上离罐底20～40mm 处。为了保证食品达到商业灭菌要求，必须使罐头冷点达到灭菌温度，并在此温度下维持规定的时间，使冷点处的对象菌加热致死，这样才可以保证罐内其他部分也能达到杀菌要求。

在热加工过程中食品容器的大小和类型也会影响到灭菌工艺。例如与圆柱形罐头相比，薄形蒸煮袋装产品热传递到冷点速度更快，这意味着相同致死效果下，蒸煮袋装产品所需热量较少，产品质量更高。容器的传热性能也会影响到热处理时间，如金属罐的传热性比塑料罐好，使热处理时间缩短。

（4）食品货架期和安全性确定　为了确保食品安全性和产品货架期，制定针对不同类型食品的热加工要求十分重要，如美国 FDA 就专门制定了低酸罐头食品和最低巴氏杀菌加工法。制定这些加工法的最低热加工要求，即确定安全 F 值（$F=12D$），是为了确保食品中致病菌或腐败菌在经过热处理后的存活概率可以达到忽略不计的程度。比如低酸性罐头食品 $12D$ 热处理。它要求以最耐热致病芽孢菌为杀菌对象菌，通过热加工处理将对象菌的初始数量减少 12 个对数周期，即使食品初始含有芽孢菌数量高达 1000 个/g，经 $12D$ 热处理后也仅有 10^{-9}个/g 的芽孢菌残存。从统计概率角度，可以理解为 10 亿个加热处理过的罐头中仅有一罐有一个芽孢存活。

$12D$ 热处理主要是针对耐热性强，且对人体危害最大的肉毒梭状芽孢杆菌为目标菌（对象菌）而设计，若采用比肉毒杆菌更耐热的其他微生物作为目标菌，其 D 值更大，则热处理时间或杀菌强度低于 $12D$ 就可达到杀菌目的，比如，当杀菌对象菌为嗜热脂肪芽孢杆菌时，采用 $6D$ 热杀菌强度，同样足以满足杀死肉毒杆菌 $12D$ 值的要求。

安全杀菌 F 值：它指在某一恒定温度（121℃）下杀灭一定数量的微生物或者芽孢所需的加热时间。它是用于判别某一杀菌条件是否合理的标准值，也称标准 F 值或对象菌标准 F 值，用 $F_{安}$ 表示。

实际杀菌 F 值：指某一实际热处理条件下总杀菌效果。通常将不同温度下的杀菌时间转换成标准温度 121℃的杀菌时间，即 121℃下的等效杀菌时间，$F_{实}$ 表示。

① 确定杀菌温度　对于罐头食品，若其 pH 值大于 4.5，一般采用 115～121℃的高温杀菌；罐头食品 pH 值小于 4.5，一般采用 100℃或更低的温度杀菌。

在杀菌温度选择时，除考虑杀菌效果以外，还应注意不同杀菌温度和时间组合对产品质量的影响。不同温度-时间组合的热处理，虽然会有相同的杀菌效果，但对食品质量的影响差异很大，这在食品热处理技术中实际意义重大，也是先进热保藏技术的理论基础。由于食品组分比微生物对高温更敏感，因此高温短时处理有利于食品感官和营养价值的保持。目前在加工热敏性食品时，大都采用高温短时或超高温瞬时的热处理方式，这样既可以保证杀菌效果，又可以减少对食品品质的破坏。

② 杀菌对象菌选择　耐热强的致病菌、中毒菌和腐败菌是杀菌的对象菌，如肉毒梭状芽孢杆菌、嗜热脂肪芽孢杆菌等，这些菌在食品中经常出现，危害最大，只要杀灭它们，其他腐败菌、致病菌、酶也会被杀灭或失活。通过杀菌前食品微生物学检测，确定食品中杀菌对象菌及其数量，然后按下面两种方法确定安全杀菌 F 值。

③ 安全杀菌 $F_{安}$ 值的计算　根据设定的允许腐败率和对象菌耐热参数 D 值，按式(5-1)计算安全杀菌 F 值。

$$F_{安}=D(\lg a-\lg b) \tag{5-1}$$

式中　$F_{安}$——通常指 t 温度（121℃）下标准杀菌时间，min；

a——为罐头对象菌数，个/罐；

b——残存活菌数，个/罐；

D——指 t 温度（121℃）下杀灭 90%的微生物所需杀菌时间，min。

注意：残存活菌与罐头的允许腐败率在数值上是相等的。若残存活菌数为 1%，表示为罐中有 1%个活菌存在，这不符合实际。但从概率的角度理解，100 个经加热过的罐中仅有 1 个罐头存在一个活菌，可能会引起腐败，即食品发生腐败的概率为 1%或对象菌的存活概率为 1%。

根据不同类型产品最低热加工要求或对象菌指定数量减少为依据，则安全杀菌 F 值可用式(5-2) 计算：

$$F_{安}=nD \tag{5-2}$$

式中　n——递减指数；

D——指 t 温度（121℃）下杀死 90%微生物所需杀菌时间，min。

对象菌不同，n 的取值不同。对低酸性食品，当对象菌为 PA3679 时，$n=5$；对象菌为嗜热脂肪芽孢杆菌时，$n=6$；对象菌为肉毒梭状芽孢杆菌时，$n=12$。

④ 实际杀菌 $F_{实}$ 值的计算　在实际杀菌过程中，冷点经历升温、保温和降温三个阶段，升温和降温阶段也存在对微生物的热致死作用，因此，杀菌过程的总致死量应为不同温度时间致死量之和。为了计算 $F_{实}$ 值必须先测出杀菌过程中食品冷点温度的变化数据，把不同温度下的杀菌时间转换成标准温度（121.1℃）下的杀菌时间，然后累计（积分）求出整个杀菌过程的杀菌 $F_{实}$ 值。

$$F_{实}=\int_0^t L\mathrm{d}t \tag{5-3}$$

式中　L——致死率，表示在任何温度下处理 1min 所取得的杀菌效果相当于在标准杀菌温度（121℃）下处理 1min 的杀菌效果的比值。

$$L=10^{(t-121)/Z} \tag{5-4}$$

式中　t——杀菌过程中某时刻的冷点温度，℃；

Z——对象菌的耐热性参数（同前述），℃。

通过比较 $F_{实}$ 与 $F_{安}$，可以判断实际杀菌工艺是否合理，若 $F_{实}$ 等于或略大于 $F_{安}$，杀菌合理。$F_{实}$ 小于 $F_{安}$，则杀菌不足，须延长杀菌时间。$F_{实}$ 远大于 $F_{安}$，杀菌过度，影响食品感官和营养价值，应缩短杀菌时间。通过反复调整杀菌工艺参数，确定最佳的杀菌工艺条件。

5.2 食品冷加工与保藏

5.2.1 食品加工与保藏的低温处理

食品的低温处理是通过降低食品温度，使食品冷却或冻结以改变食品的特性，进而达到加工或贮藏目的的过程。

低温处理的主要作用是为了延长食品的保存期，除此之外，低温处理也是改善食品加工和品质特性以及开发新产品的重要手段，比如乳酪的成熟、牛肉的冷却成熟和果蔬的冷冻去皮、冰淇淋的生产。

食品的低温保藏是利用低温技术将食品的温度降低并维持食品低温状态来阻止食品腐败变质，延长食品保藏期。

食品低温保藏的种类和工艺如下。

根据低温保藏中食品是否冻结，可以将其划分为冷藏和冻藏。冷藏是指保藏温度高于物料冻结点温度下的保藏，其温度范围一般为－2～16℃，常用冷藏温度为4～8℃。对大多数食品而言，冷藏只能起到延缓食品腐败变质的速度的作用，因此，适合于短期贮藏，其保藏期约为几天到几个星期。

冻藏是指食品处于冻结状态下进行的贮藏。一般冻藏范围为－12～－30℃，常用的冻藏温度为－18℃，冻藏可以阻止食品腐败变质，因而冻藏适合于食品的长期贮藏，其贮藏期可达几个月甚至几年。

食品低温保藏的一般工艺过程为：食品物料→前处理→冷却或冻结→冷藏或冻藏→回热或解冻。根据处理食品物料种类不同，具体工艺条件不尽相同。

5.2.2 低温保藏的基本原理

(1) 低温对微生物的影响　不同的微生物有其适宜的生长温度范围。一般而言，温度降低时，微生物的生长和繁殖速率降低，当温度降低到－10℃时，大多数微生物会停止生长和繁殖，部分出现死亡，只有少数微生物可缓慢生长。低温抑制微生物生长繁殖的主要原因是低温导致微生物体内代谢酶活性降低，各种生化反应速率下降，低温还导致微生物细胞原生质浓度增加，造成部分蛋白质变性，引起细胞失活；低温导致微生物细胞内外的水分冻结形成冻晶体，它会对微生物细胞产生机械损伤。

(2) 低温对酶的影响　酶的活性与温度有着密切的关系，温度升高或降低，酶的活性均下降。食品中酶的活性与温度关系常用温度系数 Q_{10} 来表示，一般酶促反应的 Q_{10} 大约为2～3，也就是说温度每降低10℃，酶的活性将降低1/3～1/2。大多数酶的作用温度为30～40℃，动物体内的酶最适温度稍高，温度降低对酶活性影响较大，而植物体内酶的最适温度稍低，低温对酶的影响较小，低温虽然能显著降低酶的活性，但不能完全使酶失活，一般来说，即使在－19℃以下冻藏，食品中仍然存在酶促反应，因此为了防止酶促反应对食品品质影响，某些食品在冷藏和冻藏前往往进行热处理以钝化食品中的酶。

5.2.3 食品的冷藏和冻藏

5.2.3.1 食品冷却与冷藏

(1) 食品冷却或预冷　食品冷却或预冷是使食品温度降低到冷藏温度的过程。冷却或预冷能够及时地抑制食品内的生物化学变化和微生物的生长繁殖，以便较好保持食品品质，延长食品保存期。许多食品，尤其是具有高代谢活性的果蔬，在收获或宰杀到冷藏之间仅停留几小时也足以造成其品质变化。因此，为了防止冷藏前食品物料的品质变化，影响其冷藏效果，应在植物性食品采收后、动物性食品捕获或宰杀后尽快冷却。

(2) 冷藏工艺控制　食品冷藏效果主要取决于冷藏工艺条件，它们包括：冷藏温度、空气温度和空气流速等。

冷藏温度是冷藏工艺中最重要的因素。冷藏温度不单是指冷藏库内空气的温度，更为重要的是指食品温度。一般而言，食品的冷藏温度越接近冻结温度则贮藏期越长。因此，选择各种食品的冷藏温度时，了解食品的冻结温度十分重要。

在冷藏过程中，冷藏室内的温度应维持在选定温度±1℃的范围内，尽量减少温度的波动幅度和次数。任何温度变化都可能对食品产生不良影响，因此要求冷藏库应具有良好的绝热性能和足够的制冷能力。

冷藏室内的空气相对湿度对食品的贮藏稳定性有直接影响，空气湿度过高或过低均不利于冷藏食品的质量保持。高湿度空气会在食品表面形成水分凝结，导致食品发霉、腐烂。湿度过低会使食品脱水干缩，影响食品感官品质。食品种类不同，其适宜的相对湿度亦不同，大多数食品冷藏时保持相对湿度在85%～95%之间为宜。

空气流速的适当选择对保持室内温度的均匀性和防止脱水干耗的发生也十分重要。空气流速的确定原则是能及时将食品所产生的热量（加呼吸热）带走，保持室内温度的均匀分布，同时将冷藏食品上的脱水干耗降至最低。

(3) 食品在冷却冷藏过程中的变化　食品在冷藏过程中会发生一系列变化，研究和掌握这些变化及其规律将有助于冷藏工艺的改变，避免和减少冷藏过程中食品品质下降。

① 水分蒸发　水分蒸发也称干耗，在冷却和冷藏中均会发生。水分蒸发会导致食品品质的降低。如对果蔬而言，水分蒸发会造成果蔬的凋萎，新鲜度下降，重量损失等。

② 冷害和寒冷收缩　有时当冷藏温度低于某一极限温度时，果蔬代谢活动受破坏，出现一系列生理病变现象，这种由低温造成的生理病变称为冷害。主要表现为果蔬表面出现水渍斑，内部变色等。寒冷收缩是畜禽屠宰后在未出现僵直前快速冷却造成的。其中牛肉和羊肉较严重，而禽肉较轻；肉表面较内部易于出现寒冷收缩，寒冷收缩后的肉类即使经过成熟阶段也不能充分软化，肉质变硬，嫩度变差。

③ 成分发生变化　果蔬可通过呼吸作用逐渐转向成熟，其组成成分和组织形态也将发生一系列变化。主要表现为可溶性糖升高，糖酸比趋于协调，果胶增加，硬度下降，色、香、味更接近于成熟果蔬的感官特征。此外，一些营养成分如维生素C也会有一定损失。肉类和鱼类在酶作用下发生蛋白质、ATP等降解，其氨基酸等含量增加，肉质软化，持水力增加，风味改善。

④ 其他变化　在冷却冷藏过程中，还可能发生其他一些变化，如淀粉老化、脂肪氧化、红肉色泽的变化、鱼肉组织软化、风味丧失、质构变化等。

5.2.3.2 食品冻结和冻藏

冻结是冻藏前的必须经过的阶段，也是生产冷冻制品的重要阶段，冻结技术对冻制品质量和冻藏稳定性至关重要。

食品的冻结是运用现代冷冻技术，在尽可能短的时间内将食品温度降低至其冷结点以下的冻藏温度，使食品中所含的全部或大部分水分形成冰晶，以减少生命活动和生化变化所必需的液态水分，抑制微生物活动和减缓食品的生化变化，保证食品在冻藏过程中的稳定性。此外，冻结技术也用于一些特殊食品的制造，如冰淇淋、冷冻脱水食品以及冷冻浓缩果蔬汁等。

(1) 食品冻结 当食品的温度降至水的冰点0℃冻结点以下时，食品中液体的水逐渐转变成固体的冰，食品开始变硬。食品的冰点或冻结点是指食品中开始出现冰晶时的温度。食品中的水大都是含有盐、糖、矿物质和蛋白质等的溶液，其冻结点较纯水低，因此食品的冻结点也较纯水低。食品冻结点的高低，不仅受水分含量的影响，而且与溶质的种类和数量有关。一般食品水分含量越低，无机盐、糖和其他溶质浓度越高，起始冻结点越低。各种食品的成分存在差异，故其冻结点也不相同。大多数天然食品的冻结点在－2.6～－1℃左右。

食品冻结过程中，食品中的水不会立即从液态转变成固体，一般是表面的水首先结冰，然后冰层逐渐向内延伸。同时，随着冰晶体的不断形成，未冻结食品成分在水中的含量相应增加，冻结温度不断下降，食品中部逐渐形成少量未冻结高浓度液体，当温度降至低共熔点时，全部凝结成固体。通常食品的低共熔点在－75～－55℃范围内，而冻结食品的温度在－18℃左右，所以冻结食品中仍含有未冻结水。无论固体还是液体食品均遵循此规律。

冷冻过程是不断排除食品中水变成冰所释放的潜热，使食品降温的过程。食品温度和冻结时间的关系曲线称为冻结曲线，见图5-3。由图5-3可见，冻结过程可划分为三个阶段。

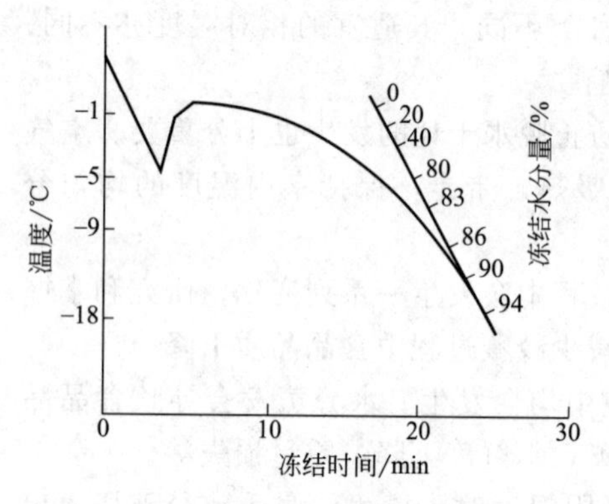

图5-3 冻结温度曲线和冻结水分量

第一阶段：从初温降至冻结点。该阶段冷却食品，食品放出的热量为显热，显热与冻结过程排出的总热量相比，其量较少，故降温快，曲线较陡。其中还会出现过冷点（温度稍低于冻结点）。但食品大多有一定厚度，冻结时其表面层降温速度特别快，故一般食品冻结不会出现稳定的过冷现象。

第二阶段：此阶段食品温度从食品的冻结点降低至－5℃左右，食品中水分大部分冻结成冰（一般食品中心温度从冻结点降至－5℃时，食品中80％以上水分已冻结），释放出大量潜热。整个冻结过程中大部分的热量在此阶段排除，若冷却介质传热慢，则降温慢，冻结曲线较平坦。

第三阶段：食品温度－5℃左右下降至终温，此时放出的热量，一部分来自冰的降温，另一部分来自内部残余水继续结冰，冰的比热容比水小，其曲线理应更陡，但因还有残余水结冰所放出的潜热，所以曲线有时却没有第一阶段曲线陡峭。

大部分食品中心温度从－1℃降至－5℃时（第二阶段），近80％的水分可冻结成冰，此温度范围称为“最大冰晶生成区”，此温度区域对冻品质量影响很大，快速通过此区域将有利于保证冷冻食品质量。

食品冻结速度可以用食品中心温度从－1℃降至－5℃所需时间（即通过冰晶最大生成区的时间）表示，若在30min以内，属于快速冻结，超过30min则属于缓慢冻结。一般认为，在30min内通过－1℃降至－5℃的温度区域所冻结形成的冰晶，对食品组织结构影响最小，尤其对质地比较脆嫩的果蔬，冻结速度要求更快。

冻结速度直接影响冰晶大小与分布，一般冻结速度越快，通过－5～－1℃温度区的时间越短，冰层向内伸展的速度比水分移动速度更快时，细胞内的水来不及渗透就被冻结，细胞内外形成多而细的冰晶体，冰晶分布接近新鲜物料中原来水分的分布状态。冻结速度慢时，由于细胞外的溶液浓度较低，首先在此产生冰晶，水分在开始时即多向这些冰晶移动，形成了较大的冰体，就造成冰晶体分布不均匀。

在食品冻结过程中，若不控制冻结过程往往会造成食品质构的破坏、破乳、蛋白质变性以及其他一些物理化学变化。因此，了解冻结对食品品质的影响对合理控制食品冻结过程具有重要作用。

大多数冻结食品只有在全部或几乎全部冻结的情况下，才能保证良好品质。食品内若还有未冻结的核心或部分未冻结区存在，就极易出现色泽、质地和其他方面的变质现象。残留的高浓度的溶液是造成部分冻结食品变质的主要原因。浓缩导致的主要危害大致如下。

① 溶液中产生溶质结晶，其质地会出现沙粒感。例如冰淇淋冻结时就会因为乳糖的浓度太高而产生乳糖结晶。

② 在高浓度的溶液中若仍有大量的溶质未沉淀出来，蛋白质就会因盐析而变性。

③ 有些溶液呈酸性，浓缩后会使 pH 下降到蛋白质的等电点，导致蛋白质凝固。

④ 胶态悬浮体与体系中阴离子和阳离子浓度处在微妙的平衡状态中，其中一些离子的浓度对保持胶体稳定十分重要，而这些离子的浓度增加或沉淀析出会破坏平衡状态。

⑤ 食品内部的气体成分，当水分形成冰晶后，溶液中气体的浓度增大并达到过饱和状态，从而最终导致气体从溶液中逸出。

⑥ 在食品组织内，由于浓缩效应会导致邻近的组织脱水。解冻后水分难以完全复原，导致食品组织丧失丰满感。

动植物组织构成的食品，如肉、鱼、水果和蔬菜等都是由具有娇嫩的细胞膜或细胞壁的细胞构成，组织中细胞内和细胞间均含有水分。若快速冻结，形成冰晶多而小，且分布较均匀，而缓慢冻结时，则形成大的冰晶和冰晶簇。与小冰晶体相比，细胞内或细胞间的大冰晶会造成细胞的物理损伤，导致食品组织的破坏。有些食品虽然没有细胞结构，但冰晶的形成同样会对其品质（泡沫结构、凝胶结构等）产生影响。如在冰淇淋中，大的冰晶会刺穿体系中的泡沫，从而在贮存或部分解冻时出现冰淇淋体积缩小现象。凝胶食品如布丁冻结时大冰晶的形成会导致解冻后脱水。

(2) 食品冻藏　根据食品种类、贮藏期长短等选择合适的冻藏温度，在通常情况下，要求冻藏室温度应保持在－18℃以下，温度波动不超过 1℃。

食品短期冻藏的适宜温度一般为－18～－12℃。含脂肪高的食品冻藏时，温度一般选择在－23℃以下。

冻藏是为了尽可能阻止食品中的各种变化，以达到长期贮藏的目的。虽然在－12℃可抑制微生物的活动，但生物化学变化没有停止，甚至在－18℃下仍进行缓慢的生化反应。因此，在冻藏过程中，仍可能发生色泽、风味等化学或生化变化，进而影响冻藏食品的质量。

① 冻藏食品的物理变化

a. 冰晶的生长和重结晶。在冻藏过程中，未冻结的水分及微小冰晶会移动而使冰晶结合或相互聚合成大冰晶。若冻藏期间，温度波动造成反复解冻和再冻结出现冰结晶长大的现象称重结晶。冰晶的生长和重结晶将会造成大冰晶体对食品组织的机械伤，出现产品流失现象。因此，不同低温速冻使食品水分移动受限；保持冻藏库温度恒定，减少温度波动是减少冰晶的成长和重结晶对食品质量带来不利影响的有效措施。

b. 干耗和冻结烧。与冷藏食品一样，冻藏食品在冻藏过程中也会产生干耗。冻结食品冻藏中，因温度的变化造成食品表面水蒸气压高于环境空气的水蒸气压，出现冰晶的升华作用而引起食品脱水，重量减少，称为“干耗”。影响干耗的主要因素有外界传给冻藏室的热量、空气对流速率、室内空气温度与冷却排管温度的温度差等。

在食品发生干耗的同时，往往伴随冻结烧的发生。这是由于冰晶升华使食品表面水分下降，出现脱水多孔层，随着冻藏时间延长，脱水多孔层不断加厚。大量形成的多孔，增加了食品与氧的接触面积而使食品受到强烈氧化。在氧的作用下，脂肪氧化酸败，表面发生黄褐变，食品色、香、味和营养价值变差，这种现象称为冻结烧。减少干耗的措施包括减少外来热源及温度波动，降低空气流速，采用适当的包装等。

② 冻藏食品的化学变化　凡是在常温下能够发生的食品化学变化，在长期的冻藏过程中都会发生，只是进行的速度十分缓慢，如蛋白质变性、食品变色、变味等。这些化学变化许多与氧存在和酶活性有关。

冻藏过程中，多脂肪鱼类易发生黄褐变。这主要是由于鱼体中高度不饱和脂肪酸易被氧化。

有些没有经过漂烫处理的果蔬在冻藏时，会累积羰基化合物和乙醇等物质，产生挥发性异味。此外，会由于未被钝化的多酚氧化酶、叶绿素酶或过氧化物酶作用而引起黄褐变。

③ 冻藏食品的贮存期　总的来说，冻结食品的冻藏温度越低，食品品质保持越好。为了评价食品在冻藏中品质保持时间，引入了高品质寿命和实用贮存期两个概念。高品质寿命是指在所使用冻藏温度下的冻结食品与在－40℃温度下的冻藏食品相比较，当采用科学的感官鉴定方法刚刚能够判定出二者的差别时，此时所经历的冻藏时间；实用贮存期是指经过冻藏的食品，仍保持着满足一般消费者或作为加工原料使用所要求的感官品质指标时所经过的冻藏时间。冻藏温度越低，食品高品质寿命和实用贮存期越长。因此，近年来国际上对冻结食品的冻藏温度选择趋向低温化，一般为－30～－25℃。

冻结食品在流通过程中的品质主要取决于原料固有的品质、冻结前后的处理和包装、冻结方式和冻结产品在流通过程中所经历的温度和时间。冻结食品使用之前，要经历生产、运输、贮藏、销售等多个冷链环节。不同环节的冻藏条件会影响食品最终品质。为此，采用T. T. T（time-temperature-tolerance)，即冻结食品的可接受性与冻藏温度、冻藏时间的关系来评价冷链过程中食品的品质变化，确定食品在冷链过程中的贮藏期。

假定某冻结食品在某一冻藏温度下的实用贮藏期为 A d，那么在此温度下，该冻结食品每天的品质下降量为 $1/A$。当冻品在该温度下实际贮藏了 B d，则该冻结食品的品质下降量为 B/A。再假定该冻结食品在不同的冻藏温度下贮藏了若干不同的时间，则该冻结食品的累计品质下降量 $\sum_{i=1}^{n}\frac{B_i}{A_i}$。如有一个冻结食品从生产到消费，其累计品种下降量超过 1，说明冻结食品已失去食品价值不能再食用。

5.3　食品干藏

5.3.1　食品干制的目的

干燥是指在自然条件或人工控制条件下促使食品和水分蒸发或升华的工艺过程。干燥包括自然干燥（如晒干、风干等）和人工干燥（如热空气干燥、真空干燥、冷冻干燥等）。

食品干燥是一种最古老的食品保藏方法，人类很早就利用自然条件来干燥谷类、果蔬、肉制品，达到延长贮藏期的目的。时至今日，自然干燥仍是一种既经济又实用的干燥方法。

食品干藏是将食品中的水分降低至足以防止腐败变质的水平，并保持低水分进行长期贮藏的过程。

食品干燥涉及复杂的物理化学变化过程。干燥的目的不仅要将食品中的水分降低到一定水平，达到干藏的水分要求，而且要求干制食品的品质变化最小，有时还要改善食品品质。

经干燥的食品，其水分活度降低，有利于室温下长期保藏；干制食品重量减轻，容积缩小，便于贮藏、运输和使用；此外，干制是许多粉（颗粒）状食品生产如糖、咖啡、速溶茶、奶粉等方便食品加工的重要方法；产品干制后，其口感、风味发生变化，还可产生新型食品产品，如葡萄干、薯干等。

5.3.2　食品干藏原理

（1）水分活度与微生物的关系　微生物的生命活动离不开水，微生物细胞通过细胞壁和细胞膜从外界摄取营养物质和向外排泄代谢产物都需要水作为溶剂或介质。微生物只有在水溶液存在的液态或固态介质中才能生长。若介质为纯水或完全干燥的物质中，微生物都难以生长。介质中溶液浓度介于0～100%之间就会有微生物生长，但浓度不同，生长的微生物类型不同。

各种微生物生长繁殖所需的最低水分各不相同，细菌和酵母在水分含量较高（30%以上）的食品中生长，而霉菌在水分降至12%以下，甚至5%时仍能生长，有时水分低至2%，若环境条件适宜，它也可能生长。所以通常引起干制品腐败变质的微生物是霉菌。

在食品加工与保藏过程中，决定食品品质和保藏期的并不是水分含量，而是水的性质、状态和可利用程度。也就是水分中的有效水分，它是指能被微生物、生化反应和化学反应所利用的那部分水分，通常以用水分活度来表示。

各种微生物生长所需的最低 A_w 值各不相同。大多数细菌在 A_w 降至0.90以下时停止生长，多数酵母菌最低水分活度为0.88，大多数霉菌在 A_w 降至0.80以下停止生长，与细菌和酵母相比，霉菌能够忍受更低的水分活度，为了抑制微生物生长，延长干制品的贮藏期，必须将食品水分活度降至0.70以下。

干制是对食品进行热处理以脱除水分的过程。但是它不能代替杀菌，或者说脱水食品并非无菌。干制过程中，食品与微生物相同时脱水，干制后，微生物长期处于休眠状态，环境一旦适宜，微生物又会重新吸湿恢复活性。尤其是低温干制法如冷冻干燥难以杀死微生物，因此常用此类干燥方法生产微生物干制品，如活性干酵母、活性乳酸菌粉等。为了减少干制品污染的有害微生物，可在干制前进行灭菌处理以防止可能带来的危害。

（2）水分活度和酶的关系　酶活性大小同样与水分活度有关，只有当食品水分活度较高时，酶才能起催化作用并表现出较高的活性。随着食品中水分含量的降低，酶的活性亦随之下降；然而随着水分的减少，酶与底物浓度会增加，酶促反应相应加快，所以低水分干制品中，酶仍会缓慢活动，造成品质恶化或变质。只有当干制品的水分含量降至1%以下时，才能抑制酶的活性。但多数干制品最终水分难以达到1%以下。因此，减少水分活度来抑制酶对干制品质的影响并不十分有效。或者说与干燥对微生物的作用一样，干燥过程不能代替酶钝化或灭活处理，为了控制干制品中酶的活动，在干燥前应采用湿热或化学钝化处理，使酶失去活性。

5.3.3　干燥过程中食品物料的主要变化

食品在干燥过程中发生的变化包括物理变化和化学变化。

（1）干燥时的物理变化　干缩是物料失去弹性时出现的一种变化，也是无论有无细胞结构的食品干制时最常见、最显著的变化之一。均匀干缩是物料大小尺寸随水分蒸发均衡地进行线性收缩。但实际上由于物料内部水分分布不均匀性以及物料受热不均匀性等原因，物料均匀干缩很难达到。物料不同，干制过程中它们的干缩程度和干缩后的形状也各不相同。

缓慢干燥的食品，有深度内凹的表面层和较高的密度，缺少内部孔洞，使其不易氧化，贮存期长，包装材料和贮运费用较为节省，但产品复水性差。

快速干燥的食品往往具有轻度内凹的干硬表面，为数较多的内裂纹和气孔，密度小，复水性好，但包装和贮运费用较大，易氧化，贮存期短。

① 表面硬化　表面硬化是指干制品外表干燥而内部仍然较湿的现象。导致表面硬化的原因主要有两个方面：一是食品干燥过程中，其内部溶质随水分不断向表面迁移和扩散，而在表面浓缩和结晶，将干制时正在收缩的微孔和裂缝加以封闭，进而导致表面硬化层的形成；二是由于食品表面干燥水分蒸发过于强烈，而内部水分向表面迁移的速度小于表面水分汽化速度，从而使表面迅速干燥，形成一层干硬膜。表面硬化层是热的不良导体，而且透气性差，阻碍了物料内部水分的蒸发，以致大部分水分不能排出，出现内部软湿。同时，造成干燥速率下降，进一步干燥变得十分困难。为了减少干硬现象出现，一般可以通过控制干燥条件来防止内部和表面产生过高的湿度梯度。如降低干燥温度和提高相对湿度或减少风速。

② 物料内多孔性的形成　干燥过程中，尤其在快速干燥时，物料表面硬化及内部蒸汽压的形成会促使物料形成多孔结构，即外逸的蒸汽具有膨化作用。此外，如果干燥前对液态或浆状食品搅打或采用其他发泡方式形成稳定的泡沫，干燥后的食品也会呈现多孔状态。真空干燥时高真空度也会促使水分迅速蒸发，从而获得多孔性干制品。

干燥前预处理有时会促使物料形成多孔性结构，有利于物质传递，加速物料的干燥速率，但实际上多孔性结构属于良好的绝热体，又会降低热传递。因此，最终的干燥速度取决多孔性结构对传热和传质两者的影响何者为大。

③ 热塑性的出现　许多食品具有热塑性，即加速时会变软。此类食品往往含有高浓度糖分及其他在高温下会软化或熔化的物质，且缺乏结构。因此，干燥这类食品，如橙汁时，水分虽已全部蒸发，残留固体仍呈热塑性黏质状态，黏结在干燥输送带或平板上难于取下，而冷却时，它会硬化成为晶体或无定形玻璃态而脆化，此时就便于取下，为了便于从干燥设备中取下热塑性干燥食品，大多数输送带式干燥设备内设冷却区。

(2) 干燥过程中食品的化学变化

食品脱水干燥过程，除物理变化外，同时还会发生一系列化学变化，这些变化对干制产品及其复水性后的品质，如色泽风味、质地、黏度、复水性、营养价值和贮藏性产生影响。

① 脱水干燥对食品营养成分的影响

a. 碳水化合物　果糖和葡萄糖不稳定，易于分解，高温长时间的脱水干制会导致糖分损耗；高温加热导致焦糖化，或其他成分的焦化；缓慢晒干过程中初期的呼吸作用也会导致糖分分解。还原糖还会和氨基酸反应而产生褐变。

b. 脂肪　食品脱水干燥过程中，食品中的油脂极易发生氧化，干燥温度越高，干燥时间越长，氧化程度越高。添加抗氧化剂及真空干燥能有效控制脂肪氧化。

c. 蛋白质　蛋白质在干燥过程中会发生脱水变性，变性蛋白不再能够吸收和结合水分子，影响干制品的复水性。

d. 维生素　脱水过程中，各种维生素的损失直接关系到脱水食品的营养价值。总的来说，高温对食品物料的维生素均有不同程度的破坏。抗坏血酸和胡萝卜素易氧化损失，核黄素对光十分敏感，硫胺素对热不敏感；未经酶强化处理的食品在干制过程中维生素损失大于经过酶钝化处理的食品。

② 色泽　食品干制后会引起含色素物质如类胡萝卜素、花青素和叶绿素等的变化而出现各种颜色的变化，如变黄、变褐和变黑等。此外碳水化合物参与的酶促褐变为非酶促褐变是干制食品变成褐色的主要原因。而酶促褐变可通过钝化酶活性和减少氧作用来防止。非酶引起的褐变包括美拉德反应、焦糖化反应以及单宁类物质与铁作用生成黑变化合物等。

③ 风味　食品干制时会失去部分挥发性风味成分。完全阻止风味物质的损失是不可能的。一般可以将干制过程中挥发性风味物质冷凝回收，并回添于干制品中去，或对干制品进行香精或风味剂的添加以补充和增强风味。另外，也可在干制前加入能固定风味的物质，以阻止干燥时风味物质外逸。

5.3.4　食品干制工艺

(1) 干制工艺条件的选择　食品的干燥过程涉及复杂的物理、化学和生物学变化，干制品的品质和卫生状况在很大程度上取决于干制方法和干制工艺条件。因此，应根据物料性质和产品要求，并结合投资费用、操作费用等经济因素，正确合理选择干燥方法和干燥工艺条件。

食品干制工艺因干制方法而不同，用空气干燥时主要考虑空气温度、相对湿度、流速和食品温度等。而真空干燥时主要包括干燥温度、真空度等。不论采用哪种干燥方法，其工艺条件应尽可能满足下面的要求，即干制时间最短，能量消耗最少，干制品品质最好。满足此要求的工艺条件为最佳干制工艺条件。在食品干燥中，获得最大干燥速度（时间最短）尤为重要，因此应尽量提高传热和传质速率。为此在工艺条件选用时应考虑以下几个方面。

① 提高物料干燥表面积　通常食品干燥前需切成小块或薄片以提高干燥速度。首先，增加食品表面积，可以增大加热介质与食品的接触面，提高传热面积，同时，水分逸出的传质面积也增加。其次，食品颗粒越小或厚度越薄，热量从食品表面传递到中心的距离越短，水分从食品内部扩散到表面的距离也越短。因此，尽可能提高干燥物料表面积是缩短干燥时间的有效方法。

② 提高空气流速和降低空气相对湿度　加热介质与食品之间的温差越大，热量向食品传递的速率也就越快，水分蒸发速度也随之加快。当以空气作为加热介质时，水蒸气从食品中逸出后，必须及时移走，否则不断逸出的水蒸气会在食品表面达到饱和，从而使水分排除速度减慢。因此，增加干燥空气流速能提高食品表面的水蒸气，防止水蒸气在食品表面形成饱和，影响干燥速度。

以空气作为干燥介质时，空气越干燥，相对湿度越低，食品干燥的速度也越快。因为潮湿的空气吸收和容纳多余水分的能力比干燥空气差。此外，空气相对湿度决定了食品的干燥程度（水分含量下限）。干燥食品具有吸湿性，每一种食品都有其特定的平衡相对湿度。平衡相对湿度是指在一定环境温度和湿度下，食品既不会向周围环境释放水分，也不会从周围环境中吸收水分，该湿度即为平衡相对湿度。环境湿度低于平衡相对湿度时，食品被干燥；反之，食品吸湿。不同温度下的平衡相对湿度可以通过下面方法测定：把干燥产品放在钟罩下，在每一个指定温度下改变其环境湿度，每一个湿度下保持数小时后称产品的质量，产品恒重对应的环境湿度即为指定温度下的平衡相对湿度。将上述测量数据作图可得水吸附等温线。图 5-4 中可以看出，在100℃和40%相对湿度（RH）的条件下，土豆的平衡含水量为4%；在100℃干燥时要将马铃薯水分含量降至2%，则空气的相对湿度应在15%左右。许多文献中提供了不同食品体系的水分吸附等温线。但是对一种新的产

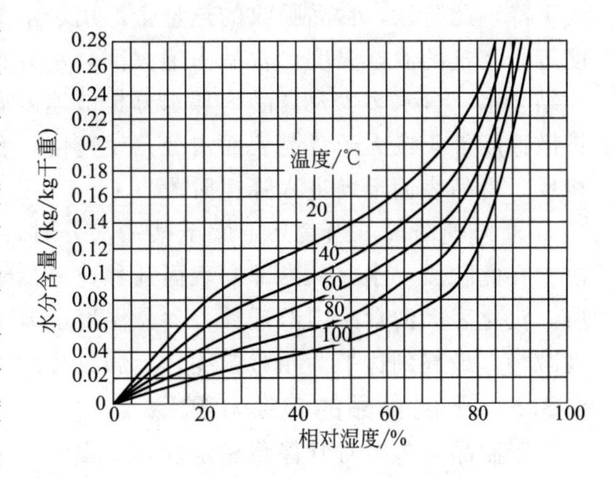

图 5-4　干燥马铃薯的水分吸附等温线

品，比如一种新的水果或蔬菜来说，则必须通过试验来确定它的水分吸着等温线。依据水分吸附等温线上的数据，可以确定该食品干燥时所需空气的最佳温度和相对湿度。平衡相对湿度的数据对选择干燥产品的保藏条件也是十分重要的。如果不采用防水包装，干燥食品贮存在高于其平衡相对湿度的环境下，食品会吸收空气中水分导致结块或发生变质。

③ 大气压力　大气压力越低，水的沸点也越低。在一定温度下，气压降低，水沸腾和汽化速度加快。因此，与常压干燥相比，在真空条件下采用同样的干燥温度干燥食品，可以加快干燥速度，且干燥温度要求更低，这对热敏性食品脱水干制十分重要。

④ 其他条件　除考虑以上影响干燥速度的因素外，还应根据不同食品物料的干燥特征选用合理的工艺条件。如应使食品表面水分蒸发速率尽可能等于食品内部水分扩散率，同时避免在食品内部建立起和温度梯度方面相反的温度梯度，以免降低食品内部水分扩散；在恒速干燥阶段，食品所吸收的热量全部用于水分蒸发，表面水分蒸发速度与内部水分迁移速度相当。因此，可适当提高空气温度且加速干燥；在干燥后期，干燥介质的相对湿度应根据干制品水分的要求加以控制。此外，由于后期食品表面水分蒸发速度大，表面温度接近空气温度。为避免表面过热应降低空气温度和流速。

（2）食品物料的干燥特性　食品物料干燥特征与干燥工艺条件有着密切关系，食品物料在稳定干燥空气流中的过程特征时用干燥曲线、干燥速率曲线及干燥温度曲线来描述（见图 5-5）。

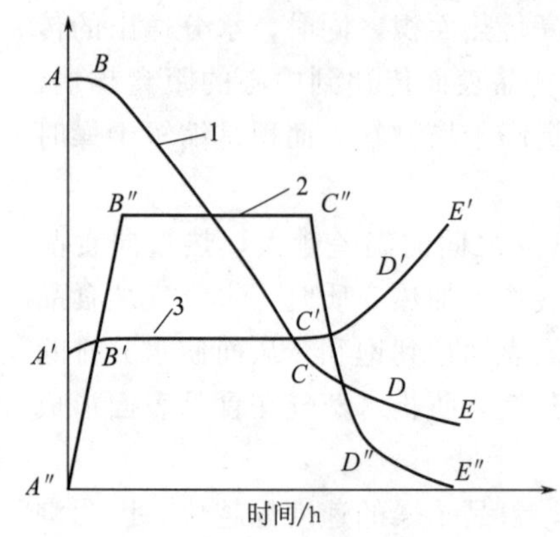

图 5-5　食品干制过程曲线示意图
1—干燥曲线；2—干燥速率曲线；
3—食品温度曲线

干燥曲线是食品含水量与干燥时间之间的关系曲线；干燥速率曲线是干燥过程中干燥速率与干燥时间之间的关系曲线；干燥温度曲线是干燥食品温度与干燥时间之间的关系曲线。这些曲线因水分与物料结合形式、物料结构及形状大小不同而异，也受干燥条件的影响，但其主要特征基本一致。通常食品的干燥过程可分为干燥初期、恒速干燥和降速干燥三个阶段。

① 干燥初期　干燥初期是食品的预热阶段。该阶段，食品温度迅速上升，食品含水量略有下降，干燥速率从零上升至最高。该阶段持续时间长短主要取决于物料的厚度，一般情况下，持续时间极短。

② 恒速阶段　在恒速阶段，干燥速率保持恒定，食品含水量随干燥时间的延长而呈直线下降，此阶段，食品吸收的热量全部用于水分蒸发，食品温度保持恒定，食品物料表面温度等于空气的湿球温度，食品中绝大部分水分在该阶段脱出。恒速阶段持续的长短与食品含非结合水、含水多少及食品内部水分扩散速度有关。食品内部游离水较多时，食品内部水分扩散速度等于或大于食品表面水分蒸发速度，食品表面始终保持湿润状态，维持恒速干燥，相反，食品表面干燥进入降速阶段。

③ 降速阶段　当食品干燥至某一水分时，即临界水分时，干燥速率减慢，进入降速阶段。在此阶段，水分从内部向表面迁移速率低于表面水分汽化速率，物料表面逐渐形成干燥层，汽化表面向食品内部迁移，食品温度上升至加热空气的干球温度。食品含水量的下降速度减慢，最终到达平衡相对湿度，干燥过程结束。

5.3.5　干制食品的包装和贮藏

干制品的包装对其保藏稳定性影响很大，干制品的包装应满足以下 7 个方面。①能防止干制品吸湿回潮以及结块和长霉。②能防止外界空气、灰尘、虫、鼠和微生物等入侵。③能防止外界光线透入。④贮藏、搬运和销售过程中具有牢固的特点，能维持容器原有特性。⑤包装的大小、形状和外观应有利于商品的推销。⑥与食品接触的包装材料应符合食品卫生要求，且不会影响食品品质。⑦包装费用应低廉合理。常用的包装材料和容器有：金属罐、木箱、纸箱、聚乙烯袋等。一般内包装多用有防潮作用的材料：聚乙烯、复合薄膜等。外包装多用具有支撑和遮光作用的金属罐、木箱、纸箱等，不同干制食品可选用不同的罐。如蛋粉、奶粉、肉干常用金属罐包装，果蔬干制品多用塑料袋包装。

干制品的贮藏环境条件是影响干制品耐藏性的重要因素。未经包装或密封包装的干制品在不良环境因素的影响下容易发生变质。

干制品中水分对制品的保藏性影响很大，若干制品在贮藏过程中的吸潮，干制品就容易出现腐败变质。干制品水分超过10%时就会促使昆虫卵发育成长，侵害干制品。此外干制品在贮存过程中还会发生系列化学反应，致使产品的颜色、香味等发生不良变化。高温和光线能加速这些变化。因此，干制品应贮藏在光线较暗、干燥和低温的地方。

5.4 食品的辐照、微波和欧姆热处理

5.4.1 食品的辐照处理

(1) 电离辐射和辐射源　原子是元素的基本单位。它是由位于外侧的带电的电子和内侧带正电的原子构成。而带正电的质子和电中性的中子构成原子核。一种元素的原子其中子数并不完全相同，当原子有同一质子数而中子数不同时就称该原子为同一元素的同位素。除天然存在的不稳定同位素外，有些同位素可以采用原子反应堆及粒子加速器进行人工制造。不稳定同位素易于衰变，在其衰变过程中会放射出各种辐射线和能量粒子。因此，这些不稳定同位素也称为放射性同位素。

放射性同位素能发射α粒子、β粒子、γ射线或光子和中子。其中，α粒子为去掉两个外层电子的氦原子；β粒子为高能电子；γ射线是一种波长非常短的电磁波束（波长0.001～1nm），具有较高的能量。这些辐射线具有不同的穿透能力：α粒子穿透物质的能量小，甚至不能穿透一张纸，但电离能力很强；β射线穿透物质的能力比α射线强；可以穿透几毫米铝箔，但电离能力不如α射线；γ射线有高度穿透力，能穿过一块不太厚的铝板，但电离能力较α射线、β射线小。α射线、β射线、γ射线辐射可使被辐射物体产生电离作用，故它们又称电离辐射。

应用于食品的辐射线应该具良好的穿透食品的能力，这样使它们不仅能造成食品表面的微生物和酶失活，而且可以深入到食品的内部。因此γ射线和β粒子是最常用的辐射线。

用于食品辐射的γ射线和β射线的辐射来源有以下两种：①放射性同位素，可以采用经过核反应堆使用后的废燃料，这些废料仍具有放射γ射线能力，可经适当屏蔽和封闭使用，主要采用的放射性同位素包括^{60}Co和^{137}Cs；②电子加速器，它让电子在高电场作用下，沿真空加速器加速，以得到高能电子束，一般采用不超过10MeV的加速电子束。

(2) 辐照剂量及其单位　放射性强度表示放射性的强弱程度，常用单位有居里（Ci）、贝可（Bq）。1Ci表示每秒有3.7×10^{10}个原子衰变，1Bq表示每秒有一次衰变。

电子能量常用电子伏特（eV）表示，相当于一电子在真空中通过电位差为1V的电场被加速所获得的动能。$1eV=1.6\times10^{-19}J$。

在辐射场中单位质量被辐照物质吸收的辐射能量称为辐照吸收剂量。辐射剂量的SI单位为J/kg，专用单位为戈（Gy）和拉德（rad），1Gy=1J/kg，1rad=0.01Gy。

在辐照过程中，物质接受的辐射能量非常重要。不同物料吸收辐射能量的程度不同，因而引起的辐射效应也可能不同。此外，辐照时间长短也影响物质吸收辐射能量的程度。

（3）食品辐射的化学效应　辐射作用的效应取决于射线的穿透力以及它们改变分子的能力及其电离电位。能量较高的电子束具有较高的穿透深度，并沿其轨迹产生更多发生改变的分子和电离作用。

当一定能量级的电离辐射处理食品时，它将对食品物质分子和原子产生直接与间接的作用。直接作用是电离辐射直接与物质之间产生分子或原子之间的碰撞的结果。它使物质吸收部分能量而电离或激发，电离或激发可形成不稳定的离子和自由基等，容易恢复或产生结构变化。间接作用主要是通过食品中水分的电离或激发产生自由基等活性物质，进而引起各种反应导致物质分子的改变。

微生物和酶可以通过辐射的直接和间接作用而失活，同时食品成分也能通过这两种作用发生变化。

① 对蛋白质的影响　蛋白质随着辐射剂量的不同，会引起巯基氧化、脱氨基、脱羧、芳香族和杂环氨基酸氧化等变化进而导致蛋白质分子变性，产生凝聚、黏度下降和溶解度降低等变化。

② 对脂肪的影响　辐射处理会使脂类发生氧化、脱羧、氢化、脱氢等反应，产生一些氧化、过氧化和还原化合物。在有氧存在时，反应形成的过氧化物及氢过氧化物，它与常规脂类的自动氧化过程相似，最终生成醛、酮等。

③ 对碳水化合物的影响　碳水化合物对辐射相对较稳定，但大剂量辐射处理仍可使其发生一系列变化。低分子糖类经辐射会出现旋光度降低、褐变、还原性和吸收光谱变化等，而且产生 H_2、CO_2、CO、CH_4 等气体。多糖类如淀粉辐射可被降解成葡萄糖、麦芽糖、糊精等。

④ 对酶的影响　酶的主要成分是蛋白质，因此辐射直接和间接作用可引起酶变性失活。但在复杂的食品体系中的酶失活所需辐射剂量远大于破坏微生物所需辐射剂量。这是由于体系中其他物质对其具有保护作用。

⑤ 对维生素的影响　维生素是食品中重要的微量营养物质，各种维生素对辐射的敏感程度不同。水溶性维生素中以维生素 C 的辐射敏感性最强，其他水溶性维生素，如维生素 B_1、维生素 B_2、维生素 B_3 对辐射也较敏感，而维生素 B_6 对辐射不敏感。脂溶性维生素对辐射均很敏感，尤其是维生素 E 和维生素 K。在食品中若与其他物质复合存在，维生素敏感性降低。

（4）食品的辐射生物学效应　辐射的生物学效应是食品辐射保藏的理论基础。食品的辐射保藏就是利用电离辐射的直接作用和间接作用，杀虫、杀菌、防霉、调节生理生化反应等生物学效应来保藏食品。

① 微生物　辐射对微生物的作用主要是由于 DNA 分子本身受到损伤而致使细胞死亡，这种作用属辐射的直接作用。此外通过细胞内外水和其他物质电离、生成游离基和离子，影响机体的新陈代谢过程，导致微生物机能受破坏甚至引起其死亡。

② 昆虫　昆虫的细胞对辐射相当敏感，特别是幼虫的细胞；成虫的细胞敏感性差，但性腺细胞对辐射很敏感，因此，采用低剂量辐射可引起害虫生理变化，产生不育。较高剂量对各种虫害及其各个虫期的虫均有致死效果。

③ 植物　植物性食品主要指水果和蔬菜。辐射对果蔬的影响主要是抑制发芽。电离辐射能破坏植物分子组织，干扰核酸和植物激素代谢，诱导核蛋白变性，从而抑制植物发芽。

④ 调节呼吸和后熟　辐射对不同类型果实的呼吸和后熟调节作用不同。一般跃变型果实如番茄、青椒、黄瓜等经辐射后，表现为后熟被抑制、呼吸跃变后延、叶绿素分解减慢等；而非跃变型果实如柑橘类和涩柿等的辐射反应不同，辐射促进果实成熟、黄化和软化等。

(5) 辐射在食品保藏中的应用　在食品辐射保藏中，常按所采用的剂量范围把应用于食品上的辐射分为三大类，即低剂量辐射、中剂量辐射和高剂量辐射。

① 低剂量辐射　剂量在 1kGy 以下。能降低腐败菌数量，并延长新鲜食品的后熟期及保藏期。主要用于抑制根菜类收获后贮藏期间的发芽、各种食品的杀虫、延缓新鲜果蔬的成熟老化。

② 中等剂量辐射　剂量范围在 1～10kGy。能减少微生物数量、杀灭食品中的无芽孢致病菌。

③ 高剂量辐射　剂量在 10～50kGy 范围内。所使用的辐射剂量可以使食品中的微生物数量减少到零或有限个数。在这种辐射处理以后，只要避免微生物的二次污染，食品可在任何条件下贮藏。

总之，食品辐射处理将引起食品成分的变化，这些变化远不如加热处理对食品的影响大；通过调整和优化辐照处理工艺条件以及选择适当的处理对象，能够大大减少对食品成分的破坏，同时达到理想的杀虫、杀菌、防霉、调节生理生化反应等作用。可以说，食品辐射处理是一种有效的“冷”杀菌保藏方法。

(6) 影响辐射剂量的因素　辐射食品时，剂量的选择必须综合考虑辐射食品的安全性和卫生性、食品感官质量、微生物和酶对辐射的耐受性以及辐射费用等因素。

① 食品感官质量的辐射耐受性　食品的化学成分、物理结构对辐射的耐受性有较大差异，即使是同一种类型，甚至是同一品种，也有不同。可以根据食品质量的可接受性来确定辐射剂量的上限，而辐射剂量的上限都是通过反复研究获得的。

② 微生物的辐射耐受性　微生物数量减少 10 倍所需的辐射剂量常用 D_M 来表示，D_M 的大小与菌种及菌株、培养基的化学成分、培养基的物理状态有关，与原始菌数无关。最能耐受辐射处理的微生物是肉毒梭状芽孢杆菌。

如果已知特定环境中某微生物的 D_M 值、原始菌数 N_0，要将其菌数降低至 N，采用式(5-5)可求出所需辐射剂量 D。

$$D=D_M(\lg N_0-\lg N) \tag{5-5}$$

③ 酶的辐射耐受性　食品中发现的酶，一般比微生物更能耐受电离辐射。使酶活性降低 10 倍所需的辐射剂量值称为酶分解单位，用 D_E 表示。一般来说，$4D_E$ 的辐射剂量几乎可使所有的酶失活，但是，如此高的剂量（约 200kGy）会导致食品成分高度破坏，也会损坏食品的安全性。因此，为了提高贮藏稳定性而需破坏酶的食品，单靠辐射处理是不适宜的。这个问题可以通过在辐射前进行加热灭酶的方法来解决。

④ 辐射费用　辐射保藏能耗低，在保证大批量不间断地连续处理的前提下，与加热杀菌、低温保藏等方法相比，费用低是辐射处理的优点。但是就辐射本身而言，用较强的辐射源或使食品较长时间露置于较弱的辐射下（以获得较高的辐射剂量）会使加工费用增高。高剂量辐射处理，其辐射费用也较高，有待通过加工工艺的改进降低其费用。

5.4.2　食品的微波处理

微波加热具有自己独特的优点。传统所用的加热方式都是先表面加热，然后热量由表面传递到内部，而微波加热则可直接加热整个物体。对微波来说，介质对其具有吸收、穿透和反射介质的能力。介质吸收微波，将微波能转变为热能，这类介质称为有耗介质，如水和脂肪。不同介质吸收微波的能力不同，取决于介质的介电特性。通常用介电损耗因子和损耗角正切来表示各种介质对微波的吸收能力或“损耗”情况。损耗性越大，介质吸收微波能越多，介质加热越快。

（1）微波加热原理　许多物质是由大量一端带正电，另一端带负电的分子（或偶极子）组成，称为极性分子。在自然状态下，介质内的偶极子做杂乱无章的运动和排列。当介质处于直流电场下，其内部的偶极子就重新进行排列，即带正电的一端朝向负极，带负电的一端朝向正极，这样一来，就使杂乱运动着的和无规则排列的偶极子变成了有一定取向的、有规则排列的极化分子，同时，外加电场给予偶极子“位能”。介质的极化现象越明显，介质贮存的能量也就越多，当电场方向发生改变时，介质中偶极子的极化取向也随之发生变化。在微波频率为 915MHz 和 2450MHz 的微波场中，每秒发生 9.15×10^{8} 和 2.45×10^{9} 的电场变化，在转变过程中，由于分子的热运动和相邻分子间的相互作用，产生了类似摩擦的作用，使极性分子获得能量，并以热量形式表现出来，介质随之升温。

（2）微波在食品中的应用　在食品工业中，微波热处理食品的应用愈来愈多。其主要应用包括下面诸多方面。

① 焙烤　微波快速均匀加热作用可使产品内部达到要求温度。微波与热空气或红外等加热方法联合使用可形成焙烤产品独特外观和质构。

② 浓缩　在较短的时间内，低温微波处理可以浓缩热敏感性溶液和浆状原料。

③ 熟制　微波能够熟制大块食品物料，且食品表面和内部温差小，适合连续地大量熟制食品。

④ 固化　可有效固化复合材料中的黏胶层，而对复合材料本身不产生热作用。

⑤ 干燥　微波能够选择性地加热水分，而不直接加热多数固体，所以可使产品获得均匀的干燥效果。干燥可在较低的温度下进行干燥，产品任何部位的温度都不会超过水的汽化温度。

⑥ 钝化酶（烫漂）　快速均匀地升至酶钝化的温度，可以抑制和终止酶促反应。与热水和蒸气的烫漂作用相比，微波特别适于水果和蔬菜的烫漂，不会产生汁液流失，并且在水果和蔬菜的中心部位达到酶钝化温度之前，外周部位不会过度受热。

⑦ 最终干燥　当大多数水分通过传统干燥方法去除后，产品内部的少量残余水可用微波快速干燥去除，避免产品的过度加热。

⑧ 冷冻干燥　微波具有选择性加热冷冻食品冰晶的特性。因此有望用于食品的冷冻干燥。

⑨ 加热　由于微波具有对物料进行整体均匀加热的能力，所以可应用于几乎所有热加工过程。

⑩ 巴氏消毒　微波可以快速均匀地加热食品，却不会使食品外层出现过热，无需高温加热，就可达到对食品的巴氏消毒。

⑪ 预制品加热　微波尤其适于加热预制食品。因为微波不存在对食品的过度加热，并且蒸煮损失小。当消费者用对流传热方式加热预制食品时，产品的质地和外观基本不受到影响。

⑫ 膨化　由于微波的热传递速度大于食品内部蒸汽的逸出速度，所以可达到膨化食品的目的。

⑬ 脱除溶剂　在较低的温度下，用微波可以有效地蒸发非水性溶剂。

⑭ 灭菌　微波能快速均匀地将食品加热到杀菌温度，可以实现高温短时灭菌。在微波

灭菌处理时，含水分微生物受热死亡，而玻璃和塑料膜等包装材料不吸收微波能。

⑮ 调湿 微波可以平衡食物内水分分布。

⑯ 解冻 微波在冷冻物料中具有很强的穿透能力。故可以用微波加热对冷冻食品进行批量快速解冻。

5.4.3 食品的欧姆热处理

电阻加热也称欧姆加热、焦耳加热、电力加热，是一种新型食品加热方法。它是借助通入食品中的电流使食品产生热量达到加热目的。在食品工业中主要应用于食品的杀菌、热烫、解冻等方面。电阻加热技术出现于19世纪后期，当时主要用于牛奶的巴氏杀菌处理。但由于没有合适的惰性电极材料和有效的控制方法而失败。20世纪80年代，英国电气研究发展中心开发出连续式欧姆加热器并获得专利。随后，英国的APVBaker公司成功开发商业化欧姆加热系统，大大促进该技术的商业化进程。目前，电阻加热技术在美国、日本、英国等国家得到推广应用，取得了良好的效果。

(1) 电阻加热原理 电阻加热是利用低额（50～60Hz）交流电电流通过食品内部产生的热能来加热食品。食品中含有大量盐分或有机酸均为电解质，所以无论流体还是固体电流均能通过。当电流通过食品时，因食品自身的导电性及不良导体产生的电阻抗特性，可在食品内部将电能转化为热能，引起食品升温，从而达到直接均匀加热。这种加热方法从本质上来看，实际上是利用了食品物料成分的电物理特性，即导电性和电阻抗。电能转化为热能的速率与食品物料的电导率有关。电阻加热主要用于含颗粒流体食品的杀菌，减少液体和固体颗粒之间加热杀菌程度不均匀问题。对于含有颗粒的流体食品若使用传导加热方法，要使固体颗粒内部达到杀菌温度，其周围液体必然过热，从而影响产品品质。而采用欧姆杀菌，由于颗粒加热速率与液体的加热速率几乎接近，因此不会造成过度加热对产品品质的破坏。

(2) 电阻加热特点

① 加热速度快，加热速率可达2℃/s。

② 加热均匀，被加热食品内部温度梯度小，产品质量高。

③ 没有传热面，不会产生传统换热器在高温下易产生的结垢、结焦现象。

④ 能量转换率高，达到90%以上。

⑤ 适合于食品连续热处理，可满足超高温瞬时灭菌工艺温度要求。

⑥ 加工范围广，可以加工含颗粒的液体食品，颗粒大小25mm以下，固形物含量可达80%；也适合于高黏度流体食品的加工。

⑦ 成本低，成本投资回收快，无污染。

5.5 食品腌渍、发酵和烟熏保藏

5.5.1 食品的腌渍保藏

腌渍食品是一种传统的食品保藏技术，利用食盐、糖等腌渍材料处理食品原料，使其渗入食品组织内部，提高其渗透压，降低水分活度，抑制微生物生长，改善食品食用品质。腌渍所使用的材料通称为腌渍剂。常用的腌渍剂有食盐、食糖、醇、酸、碱等。经过腌渍加工的食品称为腌渍品，如腊肉、火腿、酱腌菜、果酱、果脯、蜜饯等。

腌渍可提高食品中的渗透压，减少水分活度，抑制微生物的繁殖，延长食品的保存期；稳定颜色，增加风味，改善结构。

(1) 食品腌渍的基本原理 不同的食品类型，采用的腌渍剂和腌渍方法不同。用盐作为腌制剂进行腌渍的过程称为腌制（或盐渍）。用糖作为腌制剂称为糖渍。肉类的腌渍主要是用食盐，并添加硝酸钠（钾）和/或亚硝酸钠（钾）及糖类等腌渍材料来共同处理。经过盐渍加工出的产品有腊肉、发酵火腿等。果蔬酱腌制品有用糖腌渍的果蔬糖制品和用盐腌渍的泡菜类、腌菜类和酱菜类。

腌渍剂在腌渍过程中首先要形成溶液，才能通过扩散和渗透作用进入食品组织内，降低食品内的水分活度，提高其渗透压，借以抑制微生物和酶的活动，达到防止食品腐败的目的。

（2）溶液的扩散　食品的腌渍过程，实际上是腌渍液向食品组织内扩散的过程。扩散是在有浓度差存在的条件下，由于分子无规则热运动而造成的物质传递现象，是一个浓度均匀化的过程。扩散的推动力是浓度差，物质分子总是从高浓度处向低浓度处转移，并持续到各处浓度平衡时才停止。

扩散过程进行的快慢可用扩散通量来量度。扩散通量即单位面积单位时间内扩散传递的物质的量，其单位为 $kmol/(m^2 \cdot s)$。扩散通量与浓度梯度成正比，即：

$$J=-D\frac{dc}{dx} \tag{5-6}$$

式中　J——物质扩散通量，$kmol/(m^2 \cdot s)$；

D——扩散系数，m^2/s；

$\frac{dc}{dx}$——物质的浓度梯度，$kmol/m^4$。

扩散系数的大小与温度、介质性质等有关。扩散系数随温度的升高而增加，温度每增加1℃，各种物质在水溶液中的扩散系数平均增加 2.6%（2%～3.5%）。浓度差越大，扩散速率亦随之增加，但溶液浓度增加时，其黏度亦会增加，扩散系数随黏度的增加会降低。因此，浓度对扩散速率的影响还与溶液的黏度有关。在缺少实验数据的情况下，扩散系数可按式(5-7) 计算。

$$D=\frac{RT}{6N_A\pi d\mu} \tag{5-7}$$

式中　R——气体常数，8.314J/(K·mol)；

N_A——阿伏加德罗常数，$6.023\times10^{23}/mol$；

T——温度，K；

d——扩散物质微粒直径，m；

μ——介质黏度，Pa·s。

由此可见，不同种类的腌渍剂，在腌渍过程中的扩散速率是各不相同的，如不同糖类在糖液中的扩散速率由大到小的顺序是：葡萄糖＞蔗糖＞饴糖中的糊精。

（3）渗透　渗透是指溶剂从低浓度处经过半透膜向高浓度溶液扩散的过程。半透膜是只允许溶剂通过而不允许溶质或一些物质通过的膜。羊皮膜、细胞膜等均是半渗透膜。溶剂的渗透作用是在渗透压差的作用下进行的。

食品腌渍时，腌渍的速率取决于渗透压。渗透压是引起溶液发生渗透的压强，与温度及浓度成正比。为了提高腌渍速率，应尽可能提高腌渍温度和腌渍剂的浓度。但在实际生产中，很多食品原料如在高温下腌渍，会在腌渍完成之前出现腐败变质。因此应根据食品种类的不同，采用不同的温度，肉类食品需在 10℃以下（大多数情况下要求在 2～4℃）进行腌渍。

食品的腌渍速率受腌渍剂的分子大小和浓度的影响。如用食盐和糖腌渍食品时，为了达到同样的渗透压，糖的浓度比食盐的浓度要大，不同的糖类，其渗透压也不相同。

在食品的腌渍过程中，食品组织外的腌渍液和组织内的溶液浓度会借溶剂渗透和溶质的扩散而达到平衡。所以说，腌渍过程其实是扩散与渗透相结合的过程。

(4) 腌渍剂在食品保藏中的作用　腌渍剂除食盐、糖类外，在肉类制品中还常用硝酸盐(或亚硝酸盐)、抗坏血酸盐、异抗坏血酸盐和磷酸盐等。在腌制蛋品加工中，还利用碱和醇进行腌渍。

① 食盐　食盐是盐渍最基本的成分，在盐渍中具有增强鲜味和防腐的作用。

食盐的防腐作用主要是通过抑制微生物的生长繁殖来实现的。5%的NaCl溶液能完全抑制厌氧菌的生长，10%的NaCl溶液对大部分细菌有抑制作用，但一些嗜盐菌在15%的盐溶液中仍能生长。

食盐溶液对微生物细胞具有脱水作用。微生物在等渗的环境中才能正常生长繁殖。如果微生物处在低渗的环境中则环境中的水分会穿过微生物的细胞壁并通过细胞膜向细胞内渗透，使微生物细胞呈膨胀状态，如果内压过大，就会使原生质胀裂，导致微生物无法生长繁殖。如果微生物处于高渗的溶液中，细胞内的水分就会透过原生质膜向外渗透，结果是细胞的原生质因脱水而与细胞壁发生质壁分离，并最终使细胞变形，抑制微生物的生长活动，脱水严重时还会造成微生物的死亡。

食盐溶液具有很高的渗透压，其主要成分是氯化钠，在水溶液中离解为Na^+和Cl^-。1%食盐溶液可以产生61.7kPa的渗透压，而大多数微生物细胞内的渗透压为30.7～61.5kPa。食品腌渍时，腌渍液中食盐的浓度大于1%，因此腌渍液的高渗透压，对微生物细胞产生强烈的脱水作用，导致质壁分离，抑制微生物的生理代谢活动，造成微生物停止生长或者死亡，从而达到防腐的目的。

食盐能降低食品的水分活度。水分子聚集在Na^+和Cl^-周围，形成水合离子。食盐浓度越高，形成的水合离子也越多，这些水合离子呈结合水状态，导致微生物能利用的水分减少，生长受到抑制。饱和食盐溶液(26.5%)，由于所有的水分被离子吸附形成水合离子，导致微生物不能在其中生长。

食盐溶液对微生物产生一定的生理毒害作用。溶液中的Na^+、Mg^{2+}、K^+和Cl^-，在高浓度时能和原生质中的阴离子结合产生毒害作用。酸能加强钠离子对微生物的毒害作用。一般情况下，酵母菌在20%的食盐溶液中才会被抑制，但在酸性条件下，14%的食盐溶液就能抑制其生长。

食盐溶液中氧含量降低。食品腌渍时使用的盐水或渗入食品组织内形成的盐溶液浓度大，氧在盐溶液中的溶解度比水中低，盐溶液中氧含量减少，造成缺氧环境，一些好气性微生物的生长受到抑制。

在肉类腌渍时，食盐能促使硝酸盐、亚硝酸盐、糖向肌肉深层渗透。肉品中含有大量的蛋白质、氨基酸等具有鲜味的成分，常常要在一定浓度的咸味下才能更突出表现出来。

② 糖　食品中的糖同样可以降低水分活度，减少微生物生长、繁殖所能利用的水分，并借渗透压导致细胞质壁分离，抑制微生物的生长活动。腌渍常用糖类有：葡萄糖、蔗糖和乳糖。蔗糖是糖渍食品的主要辅料，也是蔬菜和肉类腌渍时经常使用的调味品。蔗糖在水中的溶解度高，25℃时饱和溶液的浓度可达67.5%，产生高渗透压。蔗糖作为砂糖中主要成分(含量在99%以上)，是一种亲水性化合物，蔗糖分子中含有许多羟基，可以与水分子形成氢键，从而降低了溶液中自由水的量，水分活度也因此而降低。浓度为67.5%的饱和蔗糖溶液，水分活度可降到0.85以下。

糖渍时，由于高渗透压下的质壁分离作用，微生物生长受到抑制甚至死亡。糖的种类和浓度决定了其所抑制的微生物的种类和数量。1%～10%糖溶液一般不会对微生物起抑制作用。50%糖液浓度会阻止大多数酵母的生长，65%的糖液可抑制细菌，而80%的糖液才可抑制霉菌。虽然蔗糖液为60%时可抑制许多腐败微生物的生长，然而，自然界却存在许多耐糖的微生物，如耐糖酵母菌可导致蜂蜜腐败。

相同浓度的糖溶液和盐溶液，由于所产生的渗透压不同，因此对微生物的抑制作用也不同。例如，蔗糖浓度大约需比食盐浓度高6倍，才能达到与食盐相同的抑制微生物的效果。

在高浓度的糖液中，霉菌和酵母的生存能力较细菌强。因此用糖渍方法保藏加工的食品，主要应防止霉菌和酵母的影响。

不同种类的糖，抑菌效果不同。一般糖的抑菌能力随相对分子质量增加而降低。如抑制食品中葡萄球菌所需要的葡萄糖浓度为40%～50%，而蔗糖为60%～70%。相同浓度下的葡萄糖溶液比蔗糖溶液对啤酒酵母和黑曲霉的抑制作用强。葡萄糖和果糖对微生物的抑制作用比蔗糖和乳糖强。因为葡萄糖和果糖的相对分子质量为180，而蔗糖和乳糖为342。相同浓度下，相对分子质量愈小，含有分子数目愈多，渗透压愈大，对微生物的抑制作用也愈大。

糖类在肉制品加工中还具有调味作用，糖和盐有相反的滋味，在一定程度上可缓和食品的咸味。还原糖（葡萄糖等）能吸收氧而防止肉制品变色，具有助色作用；糖能为硝酸盐还原菌提供能源，使硝酸盐转变为亚硝酸盐，加速NO的形成，使发色效果更佳。糖可提高肉制品的保水性，增加出品率；利于胶原膨润和松软，增加肉的嫩度。糖和含硫氨基酸之间发生美拉德反应，产生醛类等羰基化合物及含硫化合物，增加肉的风味。在需发酵成熟的肉制品中添加糖，有助于发酵的进行。

(5) 肉品腌制用辅助腌制剂

使用的辅助腌制剂主要是硝酸盐和亚硝酸盐，在腌肉中少量使用硝酸盐已有几千年的历史。在腌制过程中，硝酸盐可被还原成亚硝酸盐，因此，实际起作用的是亚硝酸盐。其作用主要表现为如下几点。

① 具有良好的呈色和发色作用　原料肉的红色，是由肌红蛋白所呈现的一种感官性状。肉的部位不同以及家畜品种的差异，肌红蛋白含量也不一样。一般来说，肌红蛋白约占70%～90%，血红蛋白占10%～30%。肌红蛋白是表现肉颜色的主要成分。

新鲜肉中还原型的肌红蛋白稍呈现暗的紫红色，还原型的肌红蛋白很不稳定，易被氧化。开始，还原型肌红蛋白分子中二价铁离子上的结合水，被分子状态的氧置换形成氧合肌红蛋白，此时配位铁未被氧化，仍为二价，呈鲜红色。若继续氧化，肌红蛋白中的铁离子由二价被氧化为三价，变成高铁肌红蛋白，色泽变褐。若仍继续氧化，则变成氧化卟啉，呈绿色或黄色。高铁肌红蛋白，在还原剂的作用下，也可被还原为还原型肌红蛋白。

为了使肉制品呈鲜艳的红色，在加工过程中多添加硝酸盐与亚硝酸盐。硝酸盐在细菌的作用下还原成亚硝酸盐，亚硝酸盐在一定的酸性条件下会生成亚硝酸。亚硝酸很不稳定，即使在常温下也可分解产生亚硝基，亚硝基会很快地与肌红蛋白反应生成鲜艳的、亮红色的亚硝基肌红蛋白，亚硝基肌红蛋白遇热后，放出巯基（—SH），而呈原有的鲜红色。

② 抑制腐败菌的生长　亚硝酸盐在肉制品中，对抑制微生物的繁殖有一定的作用，其效果受pH所影响。当pH值为6时，对细菌有一定的作用；当pH值为6.5时，作用降低；当pH值为7时，则完全不起作用。亚硝酸盐与食盐并用可使抑菌作用增强。另外一个非常

重要的作用是亚硝酸盐可以防止肉毒杆菌的生长。肉毒杆菌只有在无氧的环境下才能生长，而一般肉制品都是真空包装的，正好是它们生长的温床，微量的亚硝酸盐就可以有效地抑制它们的繁殖。减少亚硝酸盐的含量可能导致肉毒杆菌中毒，其毒素是神经毒素，易导致人死亡。

③ 具有增强肉制品风味作用　亚硝酸盐对于肉制品的风味有两个方面的影响：产生特殊腌制风味，这是其他辅料所无法取代的；防止脂肪氧化酸败，以保持腌制肉制品独有的风味。

④ 亚硝酸盐用量　亚硝酸盐很容易与肉中蛋白质分解产物二甲胺作用，生成二甲基亚硝胺。亚硝胺具有致癌性，因此在腌肉制品中，亚硝酸盐的添加量要严格控制。美国农业部食品安全检查署（FSIS）仅允许在干腌肉制品（如干腌火腿）或干香肠中使用亚硝酸盐，干腌肉最大使用量为 2.2g/kg、干香肠 1.7g/kg，培根中使用亚硝酸盐不得超过 0.12g/kg（与此同时须有 0.55g/kg 的抗坏血酸钠作助发色剂），成品中亚硝酸盐残留量不得超过 40mg/kg。按我国规定，灌肠制品中亚硝酸盐的残留不超过 30mg/kg，西式蒸煮、烟熏火腿及罐头、西式火腿罐头不超过 70mg/kg。

5.5.2 食品的发酵保藏

（1）发酵的概念　发酵（fermentation）最初来自拉丁语“发泡”（fervere），是指酵母作用于果汁或发芽谷物产生 CO_2 的现象。法国人巴斯德（Pasteur）在研究了酒精发酵后认为，发酵是酵母在无氧状态下的呼吸过程。即发酵在生物化学上定义为“微生物在无氧时的代谢过程”。后来随着对微生物代谢途径及代谢规律的认识，发现利用微生物（细菌、酵母、霉菌）在有氧状态下的代谢活动，能够获得更多类别的有益代谢产物。因而，人们把发酵的定义进行了扩大，把利用微生物在有氧或无氧条件下的生命活动来制备微生物菌体或其代谢产物的过程统称为发酵。发酵食品（fermented foods）是指经过了微生物发酵的食品，即在食品形成过程中，由于微生物代谢活动的参与，食物原料原有的营养成分、色泽、形态等基本的化学和物理特性发生了一定程度的变化，形成了营养性和功能性均高于原有食物原料的具有食用安全性的食品类型。

许多传统的发酵食品，如酒、豆豉、甜酱、豆瓣酱、酸乳、面包、火腿、腌菜、腐乳以及干酪等已有几百年甚至上千年的历史。

几乎所有的原始发酵食品的产生，都是在食品有了一定的剩余或在贮存食物的过程中，由偶发事件而引起。传统的发酵食品是空气或环境中的微生物自然混入食品中，通过对食品成分的利用和改造而产生的。由于微生物与其存在的自然环境有着一定的相关性，因而在世界不同的地域、在不同的民族，在长期的历史进程中，受其地域的自然资源、气候、土壤、民族饮食习惯的影响，形成了不同风格的各种各样的发酵食品。随着生物技术的发展和人们对传统发酵食品的认识的提高，其生产方式，也从原始的依赖自然发酵的手工作坊，发展到近代的纯种发酵、机械化批次生产，再逐渐发展为现代的大规模自动化控制的连续发酵生产方式。

由于食品发酵后，改变了食品的渗透压、酸度、水分活度等，从而抑制了腐败微生物的生长，较一般食品而言，在保存时间、温度、除菌要求等方面的选择余地更大（泡菜、酸乳等），更有利于食品保藏。

随着科学技术不断的发展，已出现了不少比发酵更为优越的食品保藏方法。为此，发酵食品已作为增添食品花色品种而供应于市场，但在有些发展中的国家中，发酵仍然是保藏食品的重要手段之一。

(2) 发酵对食品品质的影响　发酵不仅为人类提供花色品种繁多的食品以及改善人类的食欲，主要还提高了它的耐藏性。不少食品的最终发酵产物，特别是酸和醇，能抑制腐败变质菌的生长，日常生活中有许多通过发酵作用增加酸度的发酵食品，如酸奶、发酵香肠和泡菜等都含有因发酵作用而产生的酸；亦有许多含醇食品，如果酒、马奶酒等。这些发酵食品与制造它们的新鲜原料相比，具有更好的品质稳定性。

发酵除了能提高食品的耐藏性外，对食品品质还有如下重要影响。

① 提高营养价值　食品发酵时，微生物会从它所发酵的成分从中取得能源，为此，食品的成分就要受到一定的氧化，以致食品中能供人体消化时适用的能量有所减少。发酵时还会产生发酵热，使介质温度略有升高，从而相应地也消耗掉一些能量，此能量原为食品能量中的一部分，不再可能成为人体有用的能源。因而，从这个角度上讲，发酵似乎使食品的营养价值降低了，但实际上，发酵不仅没有降低原有未发酵食品的营养价值，其营养价值反而有所提高，原因如下。

a. 食品的原辅材料经微生物作用后，会在最终产品中形成多种对人体生长、发育、健康起作用的营养物质，而其中有些营养成分是一般食物中没有或缺乏的。例如，可食用微生物菌体、维生素、氨基酸等。通过发酵，有些人体不易消化吸收的大分子物质发生降解，提高了消化吸收率，如蛋白酶对蛋白质的分解、淀粉酶对淀粉的分解、脂肪酶对脂肪的分解、纤维素酶对半纤维素和类似物质的分解等，而且可以消除一些食品中的抗营养因子。

b. 发酵能将封闭在植物结构和细胞中不能消化物质的营养组分释放出来，这种情况尤其出现在谷类和种子类食品物质中。研磨过程能将许多营养组分从被纤维和半纤维结构环绕的内胚乳中释放出来，后者富集着可消化的碳水化合物和蛋白质。然而，在许多欠发达国家中，粗磨往往不足以释放此类植物产品中所有营养组分，甚至在煮制后，一些被截留的营养组分仍然不能被人体有效地消化。发酵作用，尤其是由某些霉菌产生的发酵作用能分裂在物理和化学意义上不可消化的外壳和细胞壁。霉菌富含纤维素裂解酶，此外，霉菌生长时它的菌丝能穿透食品结构，于是改变了食品的结构，使煮制水和人体消化液更易透过此结构。酵母和细菌的酶作用也能产生类似的现象。

c. 发酵过程中一些益生菌由于生长条件适应而大量生长繁殖，如乳酸菌、双歧杆菌等。乳酸菌在肠道中的繁殖可抑制病原菌及内生病原菌的生长和繁殖，促进人体消化酶的分泌和肠道的蠕动，降低血清胆固醇的含量，活化 NK 细胞增强人体免疫力；双歧杆菌在肠道中的代谢产生醋酸和 L-乳酸，易消化吸收和促进胃肠道蠕动，防止便秘和消化不良，有机酸降低肠道 pH 值，抑制腐败菌的生长，减少致癌物的产生和肝脏对吲哚、甲酚、胺等的解毒压力，促进人体正常的代谢。

② 改善食品的风味和香气　在发酵食品生产过程中，适当的微生物发酵会产生许多给产品带来良好风味的呈味成分和香气成分，如泡菜生产中产生的乳酸，蛋白质水解产生多肽和氨基酸，酒类生产中产生的醇、醛、酯类物质等。这些呈味成分和香气成分使发酵食品比其所用的原料更富有吸引力。

③ 改变食品的组织质构　在某些发酵食品中，微生物的活动也能改变食品的组织质构。面包和干酪便是这方面的两个主要实例。酵母发酵所产生的 CO_2 可使焙烤的面包形成蜂窝状结构。在制造某些干酪时，由于乳酸菌产生的 CO_2 不断地滞留在凝乳中，便使干酪出现了许多小孔。当然，上述这些伴随着原始食品材料的结构和外形的重大变化，正如所有发酵食品与它们未发酵的母体相比发生了显著的改变一样，这样的变化不能被认为是质量上的缺陷，恰恰相反，由于这些变化使得发酵食品更受消费者的欢迎。

(3) 食品发酵的类型 食品中微生物种类繁多，但根据微生物作用对象的不同，大致上可以分为朊解、脂解和发酵三种类型，只有少数微生物在其各种酶的相互协作下能同时进行脂解、朊解或发酵活动。这里所说的发酵是一个狭义的概念，是指有氧或缺氧的条件下糖类或近似糖类物质的分解。一般来说，朊解菌主要是通过分泌蛋白酶来分解蛋白质及其他含氮物质，并产生腐臭味，除非其含量极低，否则不宜食用。同样脂解菌主要是通过分泌脂肪酶来分解脂肪、磷脂和类脂物质，除非其含量极低，否则会产生"哈喇"味和鱼腥味等异味。发酵菌作用对象大部分为糖类及其衍生物，并将它转化为乙醇、酸和 CO_2。很多时候发酵菌作用于食品的结果并不是造成食品变质，而是反而增加人们对该食品的兴趣。

从食品保藏角度来看，最重要的是发酵菌是否能产生足够浓度的酒精和酸来抑制许多脂解菌和朊解菌的生长活动，否则在后两者的活动下食品就会腐败变质。因而，发酵保藏的原理就是创造有利于能生成酒精和酸的微生物生长的条件，使其大量生长繁殖，并进行新陈代谢活动，产生足够的酒精和酸，以抑制脂解菌和朊解菌的活动。

发酵菌种类很多。根据代谢产物的不同，在食品贮藏中常见的发酵类型有乙醇发酵、醋酸发酵、乳酸发酵和丁酸发酵等。

乙醇发酵主要应用于酒精工业和酿酒，在蔬菜腌制过程中也有乙醇产生。在糖渍品或含糖食品的贮藏过程中乙醇发酵是一个不利因素。

醋酸发酵分为两步，首先酵母发酵糖生成乙醇，然后乙醇在醋酸杆菌的作用下进一步氧化成醋酸。

乳酸发酵是食品中的乳糖在乳酸菌的作用下产生乳酸的过程。乳酸发酵分为同型发酵和异型发酵两种类型。同型发酵乳酸菌主要生成乳酸；异型发酵乳酸菌除乳酸外，还产生大量的乙酸、乙醇、CO_2、甘露醇、葡聚糖和痕量的其他化合物。乳酸发酵在食品生产中占有十分重要的地位，所生成的乳酸不仅能降低产品的 pH 值，有利于食品的贮藏，而且对酱油、酸乳、酸菜和泡菜等风味的形成也起到一定的作用。值得注意的是如果控制不当，乳酸发酵也是造成食品腐败变质的原因之一。

丁酸发酵是食品保藏中最不受欢迎的。乳酸和糖分在酪酸梭状芽孢杆菌的作用下被转化为丁酸，同时还有 CO_2 和 H_2 产生。醋酸、乳酸、丙酸、乙醇也是丁酸发酵常见的副产物。丁酸菌只有在低酸度和缺氧条件下才能旺盛生长，35℃是其适宜的生长温度。丁酸并无防腐作用，还会给腌制食品带来不良风味。一般在发酵初期或贮藏末期以及高温条件下很容易发生丁酸发酵，采用温度控制可以抑制丁酸发酵。

5.5.3 食品的烟熏保藏

(1) 食品的烟熏 烟熏肉制品在国内外均有悠久的历史。人们已经发现烟熏（smoking）可使肉制品脱水，并产生怡人的香味，且可以改善肉的颜色，减少肉的腐烂和酸败等。影响肉制品烟熏效果的因素很多，主要有产品的表面湿度、烟熏炉的温度、炉内空气的相对湿度、炉内空气的气流速率、发烟器的生烟温度。早期的烟熏主要用于保藏肉制品，而发色和呈味是次要的。随着灌装、冷冻、冷藏技术的发展，烟熏作为贮藏手段已不重要，更重要的作用是改善肉的颜色和提高肉的风味。

(2) 食品烟熏的目的 烟熏的目的概括有以下五个方面。

① 使制品产生特有的烟熏风味 烟熏的最初目的仅仅是为了提高食品的保藏性。后来肉制品的安全性以及消费者对其嗜好性成为烟熏的重要因素。所以现在烟熏的目的已经发生了很大变化，随着科技的高速发展，具有保存性能的冷冻设施进入一般家庭。人们无需花太多的精力考虑食品贮藏问题，而更多的是注重食品的色、香、味，烟熏的目的也逐渐从延长

保藏期向增加制品的风味和美观转变。

② 抑制微生物的生长　在烟熏的过程中，苯酚和羰基化合物等会渗透、蓄积在食品中，其中有些物质具有杀菌作用。

熏烟成分中究竟哪种成分有杀菌作用，这个问题有不同的解释。有人认为烟熏的杀菌作用是脂肪族类的醛起作用。在醛中，尤其是甲醛具有很强的杀菌作用。也有人认为，由于制品中甲醛的含量过少，杀菌成分主要是其他物质。还有人做了有关木材烟及木醋液的研究，认为杀菌作用来源于苯酚类。总而言之，虽然烟成分的杀菌原因尚无定论，但其具有杀菌作用是无可非议的。

但是，由于不同的微生物具有不同的生长条件和致死条件，所以相同的烟熏方法，对其的杀菌效果存在差异。例如，无芽孢细菌经过几小时的烟熏几乎都会被杀死，但芽孢细菌具有很强的抵抗力，就不易杀死。

食品中蛋白质和盐的存在影响熏烟的杀菌能力。蛋白质的存在会减弱烟熏的杀菌能力；食盐对烟熏杀菌作用的影响依据盐含量的不同产生差异，但在5%的含量范围内，会加强细菌的抵抗力，降低杀菌力。烟熏的温度对熏烟的杀菌能力也有一定的影响，如温度为30℃时较淡的熏烟就对细菌有很大影响，温度13℃时而浓度较高的熏烟能显著地降低微生物数量；温度为60℃时不论淡的还是浓的熏烟都能将微生物数量下降到原来的0.01%。因此，烟熏方法不同，杀菌效果也不一样，伴有加热作用的烟熏，杀菌效果更为明显。

烟熏时制品还会失去部分水分能延缓细菌生长、降低细菌数。但是，烟熏却难以防止霉菌生长。故烟熏制品仍存在长霉的问题。

③ 形成熏制品特有色泽　烟熏制品表面上形成的特有的红褐色主要是由于褐变或美拉德反应。虽然对美拉德反应确切的机理还不是很清楚，但起反应的基本条件是必须存在蛋白质或其他含氮化合物中的游离氨基与糖类及其他碳水化合物中的羰基。羰基是木材发生熏烟中的主要成分，因此，褐变或美拉德反应是肉制品烟熏时产生红褐色的主要原因。

烟熏产品呈现红褐色的另一个原因是熏烟本身具有颜色。不同的材料和燃烧状态会产生不同的颜色。

对于经过腌制的烟熏制品，烟熏还有助于发色，这是由于一氧化氮肌红蛋白在盐和烟熏（加热）的影响下会使珠蛋白变性而转变成一氧化氮亚铁血色原，成为比较稳定的粉红色色素。

随着烟熏时间的延长，烟熏制品颜色会越来越重，而且烟熏温度越高，呈色也越快。火腿和烟熏香肠的色调通过烟熏不断发生变化。

④ 抗氧化作用　烟熏对延缓肉中脂肪的氧化也有作用。这是由于烟熏中所带的抗氧化性成分渗透于肉中，产生了抗氧化性。一般认为烟中苯酚类和水溶性物质丙二醇等具有很强的抗氧化性。脂肪氧化主要是由于高度不饱和脂肪酸受到湿气、光、空气等因素影响引起分解产生的。肉制品中的脂肪以饱和脂肪酸为主，但其中所含的少量的不饱和脂肪酸也易导致脂肪氧化。因此，烟熏可以增加肉制品的抗氧化性。

⑤ 改善质地　烟熏一般是在高温下进行的，具有脱水干燥的作用。有效地利用干燥可以使制品的结构良好，但如果干燥过于急剧，肉制品表面就会形成蛋白质的皮膜，使内部水分不易蒸发，达不到充分干燥的效果。不同的制品需要有不同的烟熏温度和时间，此外，制品在烟熏的同时，保持一定的空气湿度对肉制品干燥极为重要。

(3) 熏烟的主要成分及其作用　熏烟是由水蒸气、气体、液体和微粒固体共同组成的混合物，其成分常因燃烧温度、燃烧条件、形成化合物及其他因素的变化而异。至今已从木材烟雾中已经分离出了300多种化合物，但这并不意味着这些成分都能在某一种烟熏食品中检测出来，而且烟雾中的许多成分对食品风味和保藏的作用甚微。

在木材熏烟中发现重要化学成分包括酚、有机酸、醇、羰基化合物、烃和一些气体，如CO_2、CO、O_2、N_2、N_2O。这些化合物与食品的风味、货架期、营养价值和有效成分有直接关系。

① 酚类物质 从木材熏烟中分离出来并经鉴定的酚类达20种之多，其中有邻甲氧基苯酚、4-甲基愈创木酚、4-乙基愈创木酚、丁香酚等。

在肉制品烟熏中，酚类有三种作用：抗氧化剂作用；对产品的呈色和呈味作用；抑菌防腐作用。其中酚类的抗氧化作用对熏烟肉制品最为重要。

熏烟中单一酚类物质对食品的重要性还没有确定，但有许多研究认为多种酚的作用要比单一种酚大。

酚对于肉制品的抗氧化作用最为明显，高沸点酚的抗氧化性要强于低沸点酚的。在肉类烟熏时，通常是熏烧（即发闷烟），恰是这种闷烟所产生的抗氧化效果好。木材烟雾中的微粒相比气相的抗氧化作用强。

酚对熏制肉品特有的风味和颜色有影响，如甲基愈创木酚、愈创木酚、2,5-二甲氧基酚等。熏烟风味与酚有关，还受其他物质的影响，它是许多化合物综合作用的效果。熏烟色是烟雾气相中的羰基与肉的表面氨基反应的产物。酚对熏烟色的形成也有影响。美拉德反应和类似的化学反应是形成熏烟色的原因。熏烟色的深浅与烟雾浓度、温度和制品表面的水分含量等有关，因此，在肉制品烟熏时，适当的干燥有利于形成良好的熏烟色。

气味则主要是来自于丁香酚。香草酸的令人愉快的气味也与甜味有关。应该说，烟熏风味是各种物质的混合味，而非单一成分能够产生。

酚类具有较强的抑菌能力。正由于此，酚系数常被用作为衡量和酚相比时各种杀菌剂相对有效值的标准方法。高沸点酚类杀菌效果较强。但由于熏烟成分渗入制品的深度有限，因而主要对制品表面的细菌有抑制作用。烟熏对细菌的抑制作用，实际上是加热、干燥和烟雾中的化学物质共同作用的结果，当熏烟中的一些成分如乙酸、甲醛、杂酚油附着在肉的表面时，就能防止微生物生长。酚向制品内扩散的深度和浓度有时被用来表示熏烟渗透的程度。此外由于各种酚对肉制品的颜色和风味所起的作用不一样，因此，总酚量不能完全代表各种酚所起作用的总和，这样，用测定烟熏肉制品的总酚量来评价熏肉制品风味的办法也就不能与感官评价结果相吻合。

② 醇类物质 木材熏烟中醇的种类繁多，其中最常见和最简单的醇是甲醇或木醇，称其为木醇是由于它为木材分解蒸馏中主要产物之一。熏烟中还含有伯醇、仲醇和叔醇等，但是它们常被氧化成相应的酸类。

木材熏烟中，醇类对色、香、味不起作用，仅成为挥发性物质的载体。醇类的含量低，所以它的杀菌性也较弱。

③ 有机酸 熏烟组分中存在有含1～10个碳原子的简单有机酸，通常1～4个碳原子的酸存在于熏烟的蒸气相中，而5～10个碳原子的酸存在于熏烟的微粒相中。因此，在蒸气相中的酸为甲酸、乙酸、丙酸、丁酸和异丁酸，而戊酸、异戊酸、乙酸、庚酸、辛酸、壬酸存在于微粒相中。

有机酸对熏烟制品的风味影响很小，但可聚集在制品的表面，呈现一定的防腐作用。此外，酸可促进肉制品表面蛋白质的凝结，这种作用有利于无皮西式香肠生产中肠衣剥除。此外，肉制品蒸煮时，酸和热的共同作用下肉外表形成的较致密、结实、有弹性的凝结蛋白质层还可有效地防止制品开裂，保证产品质量。当然，将肉制品浸没在酸溶液中或将酸液喷在制品表面也能起到类似的效果。

④ 羰基化合物　熏烟中存在有大量的羰基化合物。现已确定的有 20 种以上的化合物：2-戊酮、戊醛、2-丁酮、丁醛、丙酮、丙醛、巴豆醛（丁烯醛）、乙醛、异戊醛、丙烯醛、异丁醛、联乙酰、3-甲基-2-丁酮、α-甲基-戊醛、顺式-2-甲基-2-丁烯-1-醛、3-己酮、2-己酮、5-甲基-糠醛、糠醛、甲基乙二醛等。

同有机酸一样，它们存在于蒸气蒸馏组分内，也存在于熏烟内的颗粒上；虽然绝大部分羰基化合物为非蒸气蒸馏性的，但是蒸气蒸馏组分内的羰基化合物在烟熏制品的气味和由羰基化合物形成的色泽方面起重要作用。短链简单的化合物对制品的色泽、滋味和气味的影响最重要。

烟熏食品中已分离出的许多羰基化合物。某些羰基化合物与烟熏制品的滋味和气味有关。一般认为若熏烟中羰基化合物浓度越高，则熏制食品烟熏味越强。

⑤ 烃类化合物　从熏烟食品中能分离出许多多环烃类化合物，包括：苯并［*a*］蒽、二苯并［*a*,*h*］蒽、苯并［*a*］芘以及 4-甲基芘等。动物试验证明，这当中至少有两种化合物——苯并［*a*］芘和二苯并［*a*,*h*］蒽是致癌物质。

在烟熏食品中，其他多环烃类，尚未发现它们有致癌性。多环烃对烟熏制品来说无重要的防腐作用，也不能产生特有的风味，它们附在熏烟内的颗粒上，可以过滤除去。

虽然，苯并［*a*］芘和二苯并［*a*,*h*］蒽在大多数食品中的含量相当低，但在烟熏鲢鱼中的含量较高（2.1mg/1000g 湿重），在烟熏羊肉中含量也较高（1.3mg/1000g 湿重）。在其他熏鱼中，苯并［*a*］芘的含量较低，如在鳕鱼和红鱼中各为 0.5mg/1000g 和 0.3mg/1000g。

目前开发的几种液体熏剂，它不含有害烃类物质，已被广泛应用于肉制品的生产。

⑥ 气体物质　熏烟中产生的气体物质如 CO_2、CO、O_2、N_2、N_2O 等，其作用还不甚明了，大多数对熏制无关紧要。CO_2 和 CO 可被吸收到鲜肉的表面，产生一氧化碳肌红蛋白，而使产品呈亮红色。

气相中的 N_2O，它与烟熏食品中亚硝胺（一种致癌物）和亚硝酸盐的形成有关。N_2O 直接与食品中的二级胺反应可以生成亚硝胺，也可以通过先形成亚硝酸盐进而再与二级胺反应间接地生成亚硝胺。如果肉的 pH 值处于酸性范围，则有碍 N_2O 与二级胺反应形成 *N*-亚硝胺。

5.6 食品的化学保藏

食品化学保藏是食品保藏的一个重要分支，是食品科学研究的一个重要领域。它有着悠久的历史，盐渍和烟熏保藏食品在我国就属于古老的食品化学保藏方法。但是，化学制品应用于食品保藏在 90 年前才发展起来，随着化学工业和食品科学的发展，食品化学保藏也获得新的进展。

5.6.1 食品化学保藏及特点

食品化学保藏是在食品生产、贮存和运输过程中使用化学制品（食品添加剂）来提高食品的耐藏性和尽可能保持食品原有品质的措施。因此，它的主要任务就是保持食品品质和延长食品保藏时间。与其他食品保藏方法如干藏、低温保藏和罐藏等相比，食品化学保藏的优点在于，往食品中添加少量防腐剂、抗氧（化）剂或保鲜剂等，就能在室温条件下延缓食品的腐败变质，此法既简便又经济。不过它只是在有限时间内才能保持食品原来的品质状态，属于一种暂时性或辅助性的保藏方法。

食品化学保藏使用的化学制品用量虽少，但其应用受到限制。首先，使用化学制品时应充分考虑其安全性，这主要是由于合成的化学制品或多或少对人体存在一定的副作用，而且它们大多对食品品质本身也有影响，过多添加时可能会引起食品风味的改变，所以，其使用必须符合食品添加剂法则和相关的食品卫生标准。其次，化学保藏只能在一定时期内防止食品变质，因为添加到食品中的化学制品通常只能控制和延缓微生物的生长，或只能短时间内延缓食品的化学变化。此外，化学制品的使用并不能改善低质量食品的品质，而且食品腐败变质一旦开始以后，决不能利用化学制品将已经腐败变质的食品改变成优质的食品，因为腐败变质的产物已留在食品中。这就要求化学制品的添加需要掌握时机，以起到良好的保藏效果。

5.6.2 食品化学保藏的应用

过去，食品化学保藏仅局限于防止或延缓由于微生物引起的食品腐败变质。随着食品科学技术的发展，食品化学保藏已不满足于单纯抑制微生物的活动，还包括了防止或延缓因氧化作用、酶作用引起的食品变质。目前食品化学保藏已应用于食品生产、运输、贮藏等方面，例如在罐头、果蔬制品、肉制品、糕点、饮料等的加工生产中都用到了化学保藏剂。食品化学保藏使用的化学保藏剂包括防腐剂、抗氧化剂、脱氧剂、酶抑制剂、保鲜剂和干燥剂等。化学保藏剂种类繁多，它们的理化性质和保藏机理也各不相同。有的化学保藏剂作为食品添加剂直接参与食品的组成，有的则是以改变或控制食品外界环境因素对食品起保藏作用。化学保藏剂有人工化学合成的，也有从天然物提取的。经过许多科学家多年的精心研究，现已开发了许多种天然防腐剂，并且发现天然防腐剂对人体健康无害或危害很小，而且有些还具有一定的营养价值和保健作用，是今后保藏剂研究的方向。

化学保藏剂按照保藏机理的不同，大致可以分为3类，即防腐剂、抗氧（化）剂和保鲜剂。其中抗氧（化）剂又分为抗氧化剂和脱氧剂。

5.6.3 食品防腐剂

食品防腐剂是指防止食品在加工、贮存、流通过程中由微生物繁殖引起的腐败、变质，保持食品原有性质和营养价值的一类物质。食品被污染后会引起腐败、霉变等现象，使食品的色泽改变、营养破坏、质地变劣，产生异味；微生物分泌出大量物质，产生有损健康的毒素。微生物在食品体系中仅仅出现在水相中，一切与生命活动相关的酶促反应也均在水相中进行，进入脂相的防腐剂被认为是无效的，因此防腐剂分子必须具备亲水基团才能进入水相中的菌体内，与合成代谢酶系起作用。食品防腐剂的防腐原理大致有如下3种：①干扰微生物的酶系，破坏其正常的新陈代谢，抑制酶的活性；②使微生物的蛋白质凝固和变性，干扰其生存和繁殖；③改变细胞浆膜的通透性，使其体内的酶类和代谢产物逸出导致其失活。

食品防腐剂是一类以保持食品原有性质和营养价值为目的的食品添加剂，其必须具备的条件是：①经过毒理学鉴定程序，证明在适用范围内对人体无害；②防腐效果好，在低浓度下仍有抑菌作用；③性质稳定，对食品的营养成分不应有破坏作用，也不会影响食品的质量及风味；④使用方便，经济实惠；⑤本身无刺激异味。

目前食品防腐剂的种类很多，主要分为化学合成防腐剂和生物（天然）防腐剂两大类，其中化学合成防腐剂包括酸型防腐剂、酯型防腐剂和无机型防腐剂等三类。

5.6.3.1 化学合成防腐剂

（1）酸型防腐剂　酸型防腐剂是目前用量最多、使用范围最广的一类防腐剂，常用的有山梨酸类、苯甲酸类和丙酸类，其抑菌效果主要取决于它们未解离的酸分子，pH值对其效果影响较大。一般酸性越大，效果越好，而在碱性环境下几乎无效。表5-1列出了不同介质pH值下未解离酸的百分比。

表5-1 不同介质pH值下未解离酸的百分比

pH值	山梨酸/%	苯甲酸/%	丙酸/%	pH值	山梨酸/%	苯甲酸/%	丙酸/%
3	98	94	99	6	6	1.5	6.7
4	86	60	88	7	0.6	0.15	0.7
5	37	1.3	42				

（2）酯型防腐剂　酯型防腐剂是指对羟基苯甲酸酯类，又称尼泊金酯类，包括甲、乙、丙、异丙、丁、异丁等酯，它们的结构式如下。

HO—⟨苯环⟩—COOR

乙酯：　$—CH_2CH_3$　（乙基）

丙酯：　$—CH_2CH_2CH_3$　（丙基）

异丙酯：　$—CH(CH_3)CH_3$　（异丙基）

丁酯：　$—CH_2CH_2CH_2CH_3$　（丁基）

异丁酯：　$—CH_2CH(CH_3)CH_3$　（异丁基）

对羟基苯甲酸酯类多呈白色晶体，稍有涩味，几乎无臭，无吸湿性，对光和热稳定，微溶于水，而易溶于乙醇和丙二醇。其在pH值4～8范围内均有较好防腐效果，不像酸型防腐剂，其效果随pH值变化而变化，故可用来替代酸型防腐剂。其抑菌机理是抑制微生物细胞的呼吸酶系与电子传递酶系的活性，破坏微生物的细胞膜结构，对霉菌、酵母有较强的抑制作用，对细菌尤其是革兰阴性杆菌和乳酸菌作用较弱。

酯型防腐剂最大的缺点是有特殊味道，水溶性差，酯基碳链长度与水溶性成反相关。在使用时，通常是将它们先溶于氢氧化钠、乙醇或乙酸中，再分散到食品中。

（3）无机型防腐剂　无机型防腐剂包括二氧化硫、亚硫酸及其盐类、亚硝酸盐类和二氧化碳等。亚硫酸盐类具有酸型防腐剂特性，但主要作为漂白剂使用。一般亚硫酸盐残余的二氧化硫可能会引起严重的过敏反应，尤其对哮喘者，FDA于1986年禁止其在新鲜果蔬中作为防腐剂。

5.6.3.2 生物（天然）防腐剂

生物防腐剂是指从植物、动物和微生物代谢产物中提取出来的一类物质，也称为天然防腐剂。天然防腐剂具有抗菌性强、安全无毒、水溶性好、热稳定性好、作用范围广等合成防腐剂无法比拟的优点。因此，近年来天然防腐剂的研究和开发利用成了食品工业的一个热点。经过许多科学家多年的精心研究，现已开发了许多种天然防腐剂，如溶菌酶、鱼精蛋白、乳酸链球菌素、那他霉素等。

5.6.4 抗氧（化）剂

食品内部及其周围经常有氧存在，即使采用充氮包装或真空包装措施也难免仍有微量的氧存在，食品在氧的氧化作用下就会发生变质。例如油脂的酸败、切开的苹果表面产生褐变等。因此，在食品保藏中常常添加了一些化学物质，以延缓或阻止氧气导致的氧化作用。这类化学物质包括有抗氧化剂和脱氧剂。

5.6.4.1 抗氧化剂

能够阻止或延缓食品氧化，以提高食品的稳定性和延长贮存期的食品添加剂称为抗氧化剂。食品的变质除了由微生物所引起之外，还有一个重要原因就是氧化。氧化可以导致食品中的油脂酸败，还会导致食品褪色、褐变、维生素受破坏等，从而降低食品质量和营养价值，误食这类食品有时甚至产生食品中毒现象。为防止这种食品变质的产生，可在食品中使用抗氧化剂。

抗氧化剂的作用机理比较复杂，主要有以下几种：①抗氧化剂借助还原反应，降低食品体系及周围的氧含量，即抗氧化剂本身极易氧化，因此有食品氧化的因素存在时（如光照、氧气、加热等），抗氧化剂就先与空气中的氧反应，避免了食品氧化（维生素E、抗坏血酸以及β-胡萝卜素等即是这样完成抗氧化的）；②抗氧化剂可以放出氢离子将氧化过程中产生的过氧化物破坏分解，在油脂中具体表现为使油脂不能产生醛或酮酸等产物；③有些抗氧化剂是自由基吸收剂（自由基清除剂），可与氧化过程中的氧化中间产物结合，从而阻止氧化反应的进行（如BHA、PG等的抗氧化）；④有些抗氧化剂可以阻止或减弱氧化酶类的活动，如超氧化物歧化酶对超氧化物自由基的清除；⑤金属离子螯合剂，可通过对金属离子的螯合作用，减少金属离子的促进氧化作用，如EDTA、柠檬酸和磷酸衍生物的抗氧化作用；⑥多功能抗氧化剂，如磷脂和美拉德反应产物等的抗氧化机理。

5.6.4.2 脱氧剂

脱氧剂又叫吸氧剂、除氧剂、去氧剂，能在常温下与包装容器内的游离氧和溶解氧发生氧化反应形成氧化物，将密封容器内的氧气吸收掉，使食品处在无氧状态下贮藏而久不变质。英国最早开始对脱氧剂进行探索性研究。1925年，英德（Maude）等人为防止变压器着火爆炸，制备了一种由铁粉、硫酸亚铁和吸湿物质组成的脱氧剂。随后德国、美国、日本等也相继展开研究。20世纪60年代初，美国研制了用钯作催化剂的冲气置换法，利用H_2和O_2反应生成水催化脱氧。利用吸氧剂贮存食品，使用方便、价格低廉、保藏可靠，解决了许多食品长期保藏的问题，使各种食品几乎不受季节性的限制，从而使食品工业发生了根本性变化。

脱氧剂能使食品持续无氧状态，除氧效率高，食品保藏效果好，使用简便而广泛应用于食品保藏中的防霉、防脂质氧化、防色素变色和褪色、防止虫害等。现在脱氧剂在加工食品中的使用比例：糕点甜食为45%；畜产、水产品和农产品加工食品30%；茶叶、咖啡等15%；健康食品、家常菜肴等其他食品为10%。现已扩大利用到以前很难使用脱氧剂的含水分高的食品和保质期短的配送食品以及保质期长的医药品和健康食品等产品中。

5.6.5 保鲜剂

为了防止生鲜食品脱水、氧化、变色、腐败、变质等而在其表面进行涂膜的物质可称为保鲜剂，亦称为涂膜剂。保鲜剂的作用机理和防腐剂有所不同，其除了对微生物起抑制作用外，还针对食品本身的变化，如抑制食品的呼吸作用、酶促反应等。

保鲜剂的应用历史悠久，在我国12世纪就有用蜂蜡涂在柑橘表面以防止水分损失。16世纪英国就出现了通过涂脂来防止食品干燥的方法。20世纪30年代，美国、英国、澳大利亚就开始利用天然或合成的蜡或树脂来处理新鲜水果和蔬菜。20世纪50年代后期出现了可食性保鲜剂用来处理肉制品和糖果。近年来，由于人们生活节奏加快及环保意识加强，对可食性保鲜剂的研究十分活跃。目前保鲜剂主要有类脂、蛋白质、树脂和碳水化合物四大类。

一般来讲，在食品上使用的保鲜剂有如下用途：①减少食品的水分散失；②防止食品氧化；③防止食品变色；④抑制生鲜食品表面微生物的生长；⑤保持食品的风味不散失；⑥增加食品特别是水果的硬度和脆度；⑦提高食品的外观可接受性；⑧减少食品在贮运过程中的机械损伤等。表面涂层的果蔬，不但可以形成保护膜，起到阻隔的作用还可以减少擦伤，并且可以减少有害病菌的入侵。涂蜡柑橘要比没有涂蜡的保藏期长。用蜡包裹奶酪可防止其在成熟过程中长霉。另外，涂膜材料如树脂、蜡等可以使产品带有光泽，提高产品的商品价值。

参考文献

1 ［美］Potter N N，Hotchkiss J H. 食品科学．王璋等译．北京：中国轻工业出版社，2001
2 ［美］Heldman D R，Hartel R W. 食品加工原理．夏文水等译．北京：中国轻工业出版社，1995
3 杨瑞．食品保藏原理．北京：化学工业出版社，2006
4 马长伟，曾名勇．食品工艺学导论．北京：中国农业大学出版社，2002
5 德力格尔桑．食品科学与工程概论．北京：中国农业出版社，2002
6 杨昌举．食品科学概论．北京：中国人民大学出版社，1999
7 曾庆孝．食品加工与保藏原理．北京：化学工业出版社，2002
8 无锡轻工业学院，天津轻工业学院．食品工艺学（上册）．北京：轻工业出版社，1985
9 赵晋府．食品技术原理．北京：中国轻工业出版社，2002
10 高福成．现代食品工程高新技术．北京：中国轻工业出版社，1997
11 温辉梁，黄绍华，刘崇波．食品添加剂生产技术与应用配方．南昌：江西科学技术出版社，2002
12 刘树兴．食品添加剂．北京：中国石化出版社，2001
13 彭珊珊，钟瑞敏，李琳．食品添加剂．北京：中国轻工业出版社，2001
14 郝利平，夏延斌，陈永泉等．食品添加剂．北京：中国农业大学出版社，2001
15 赵晋府．食品技术原理．北京：中国轻工业出版社，2005
16 侯振建．食品添加剂及其应用技术．北京：化学工业出版社，2004
17 何唯平，刘梅森．食品防腐剂概念．中国食品添加剂，2004，(5)：37～40
18 郭新竹，宁正祥，胡新宇等．食品防腐剂作用机理研究进展．粮食储藏，2002，(4)：36～39
19 Steele R 编著．Understanding and Measuring the Shelf Life of Food. USA：CRC Press，2004

6 典型食品加工工艺简介

6.1 谷物类及其制品

谷物属禾谷类植物，其谷粒富含碳水化合物和蛋白质，是人类赖以生存的基本食物，能够提供人体所需要80%的热量和50%的蛋白质，在人类食物结构中占有重要地位。禾谷类包括小麦、稻谷、玉米、大麦、黑麦、燕麦、高粱、黍、粟、荞麦等。谷物除作为人类主要食物来源外，也是食品工业的基础原料，可加工成面粉、淀粉、糖浆以及各种各样的食用配料。

6.1.1 谷物基本组成和结构

主要谷物基本组成和含量见表6-1。它们含水分10%～14%、碳水化合物58%～72%、蛋白质8%～13%、脂肪2%～5%、不易消化的纤维素2%～11%。此外，每100g谷物可提供1327～1473kJ的热量。碳水化合物和蛋白质是谷物主要成分，其中碳水化合物约占谷物总量的2/3，主要成分是淀粉和糖类。其次是蛋白质，约占总量的10%，但与动物蛋白相比，由于氨基酸组成不同，必需氨基酸含量低，其中赖氨酸是主要限制性氨基酸，因而谷物蛋白质营养价值较低。其他成分如纤维素和脂肪一般通过碾磨加工处理加以去除。

表6-1 谷物的典型组成

谷 物	水分/%	碳水化合物/%	蛋白质/%	脂肪/%	不易消化的纤维/%	热量/(kJ/100g)
玉米	11	72	10	4	2	1473
小麦	11	69	13	2	3	1423
燕麦	13	58	10	5	10	1327
高粱	11	70	12	4	2	1457
大麦	14	60	12	2	6	1340
黑麦	11	71	12	2	2	1344
大米	11	65	8	2	9	1298
荞麦	10	64	11	2	11	1331

谷物种类很多，各种谷物籽粒形状各不相同，但大多数谷物的基本结构相同，一般都由皮层（果皮和麸皮）、胚（胚芽）、胚乳3个主要部分所组成。富含淀粉和蛋白质的胚乳位于谷物籽粒的中心，其外面是果皮（外壳）和麸皮，另外底部附近有一个胚芽。对于大多数谷物，加工过程中一般应除去不易消化的外壳、深色的麸皮和含油量较高的胚芽以获得富含淀粉和蛋白质的产品，同时提高其在食品加工中的功能性。

6.1.2 小麦及其制品

小麦可以分为硬质小麦和软质小麦。硬质小麦的蛋白质含量比软质小麦的高。硬质小麦可以生产高面筋含量的强力面粉，而软质小麦用于生产高面筋含量的弱力面粉。此外，可以通过配粉调整蛋白质和淀粉比例生产满足不同食品加工和功能要求的专用面粉和特种面粉。

小麦经过碾磨筛理，可制取面粉、麸皮、小麦胚芽等。其中面粉是小麦重要加工制成品，也是许多食品的基本原料，如馒头、面条、面包、点心、面筋、淀粉等。小麦面粉加工包括以下几个基本加工过程：首先对小麦清理除杂，然后进行润麦处理，调节水分含量到17%左右，以便使小麦达到最佳碾磨性能，最后经过碾磨筛理制成小麦面粉。碾磨筛理是制粉工艺中的重要工序，它包括一系列的连续粉碎和筛分处理。其工艺流程如图6-1。

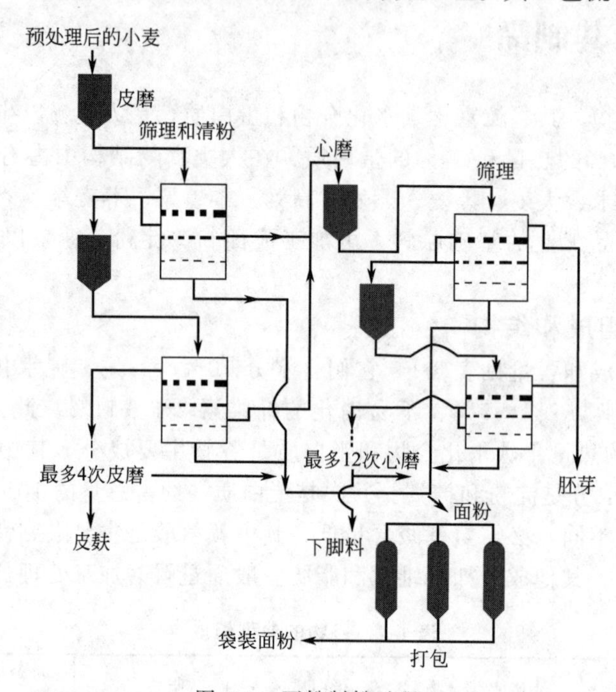

图 6-1　面粉制粉过程

6.1.3　大米及其制品

稻谷是极其重要的粮食作物。以稻谷为原料加工制成的大米是全球数十亿人的主食，尤其在亚洲地区，其消费量极大。稻谷制米是指根据原料特点，将其外壳、种皮、果皮、糊粉层和胚芽等不同程度地去除得到整粒糙米或精米的加工过程，也包括根据食用和营养等需要，将稻谷（大米）制作各种特种米的加工技术。

（1）稻谷制米　稻谷制米的整个加工工艺过程包括清理、砻谷及砻下物分离（谷糙分离）、碾米（碾白）及成品整理、擦米及色选等几个主要步骤，如图6-2所示。首先将完整稻谷送入脱粒机或脱壳机（砻谷机）进行脱稻壳处理，脱壳谷粒称为糙米；然后通过气流分选使稻壳与糙米分开，未脱壳稻谷返回脱壳机；分离得到的糙米进入碾米机进行碾白处理以去除糙米粒的皮层与胚芽，碾白大米经进一步擦米（抛光）和色选分级得到大小均匀且洁白而有光泽的成品大米。

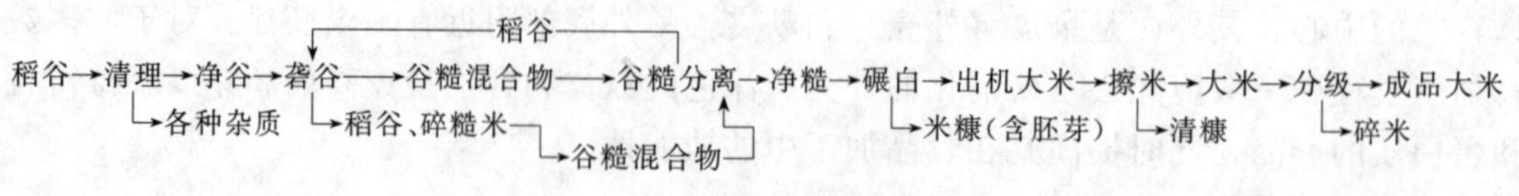

图 6-2　稻谷加工工艺流程

（2）特种米加工工艺　在稻谷初加工基础上，采用一定的方法可将稻谷（或普通大米）制成各种精细适口、营养丰富的特种米，如免淘洗米、蒸谷米、强化米、胚芽米等。

① 免淘洗米加工工艺流程

滴加上光剂↓

标一米→精选机→精碾机→上光机→保险筛→成品米

精选机↓杂质、碎米　精碾机↓残余糠粉　保险筛↓残留碎米或杂质

② 蒸谷米加工工艺

稻谷→清理→浸泡→汽蒸→干燥与冷却→砻谷→碾米→色选→蒸谷米

③ 浸吸法强化米加工工艺

维生素 B_1、维生素 B_6、维生素 B_{12} → 溶解 → 浸吸、喷涂

大米→浸吸→初步干燥→喷涂→干燥→二次浸吸→汽蒸糊化→喷涂酸液→干燥→强化米

维生素 B_2、各种氨基酸 → 溶解 → 二次浸吸

④ 涂膜法强化米加工工艺

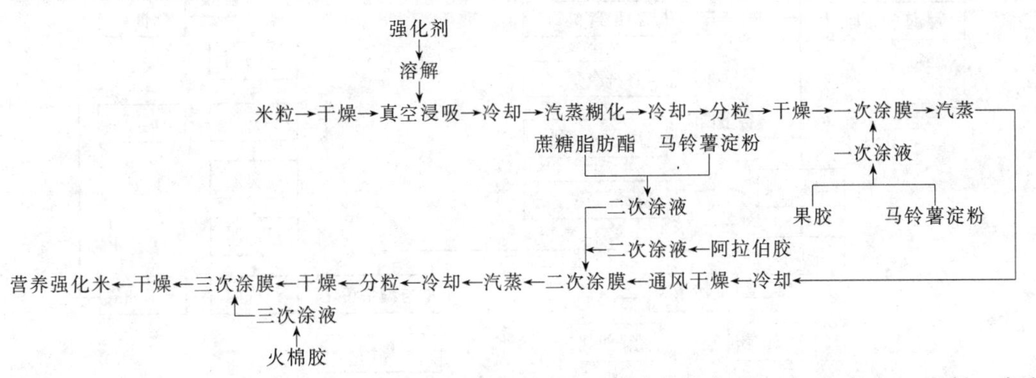

(3) 大米制品　大米制品是以大米为主要原料加工制成的产品，如速煮米、米粉、年糕等。此外大米还可用于生产糕点、点心、烙烤制品、膨化食品、婴儿食品、饮料、发酵制品等。不同的产品加工工艺各异。

① 速煮米的加工工艺

精白米→室温浸泡→煮制糊化→沥水→冷却→冷水洗涤→点脑→成形

② 米粉加工工艺

原料米→洗米→浸泡→磨浆→滤布脱水(俗称上浆)→落浆蒸煮→冷却→湿米切粉→切条(连续生产)→割断→叠粉→折片切条

割断→卷粉(肠粉)

③ 年糕加工工艺

原料(糙糯米)→精白→水洗，水浸渍→沥干水分→蒸熟→捣制年糕

捣制年糕→装袋→整形→加热处理→水冷→袋装年糕

捣制年糕→压延整形→冷却硬化→切块→充氮包装→真空包装→杀菌→年糕块

(4) 玉米及其制品　新鲜玉米可以作为蔬菜食用。但一般先经碾磨，脱除外壳和胚芽加工成玉米粉，然后用于消费或进一步加工制成各种产品。玉米制粉方法有干磨和湿磨两种，其加工工艺如下。

① 干磨　首先将玉米粒的含水量调节到21%，然后通过特殊旋转圆锥体将胚芽与胚乳分开。接着将整个混合物干燥，使其水分含量达到15%。干燥物经气流去除皮层。此后，

基本按小麦的磨粉工艺进行磨粉操作得到玉米粗粉或细粉。

② 湿磨　湿磨除可得到玉米粉以外，还可以获得许多深加工制品。湿磨玉米加工工艺及相关深加工产品见图 6-3。

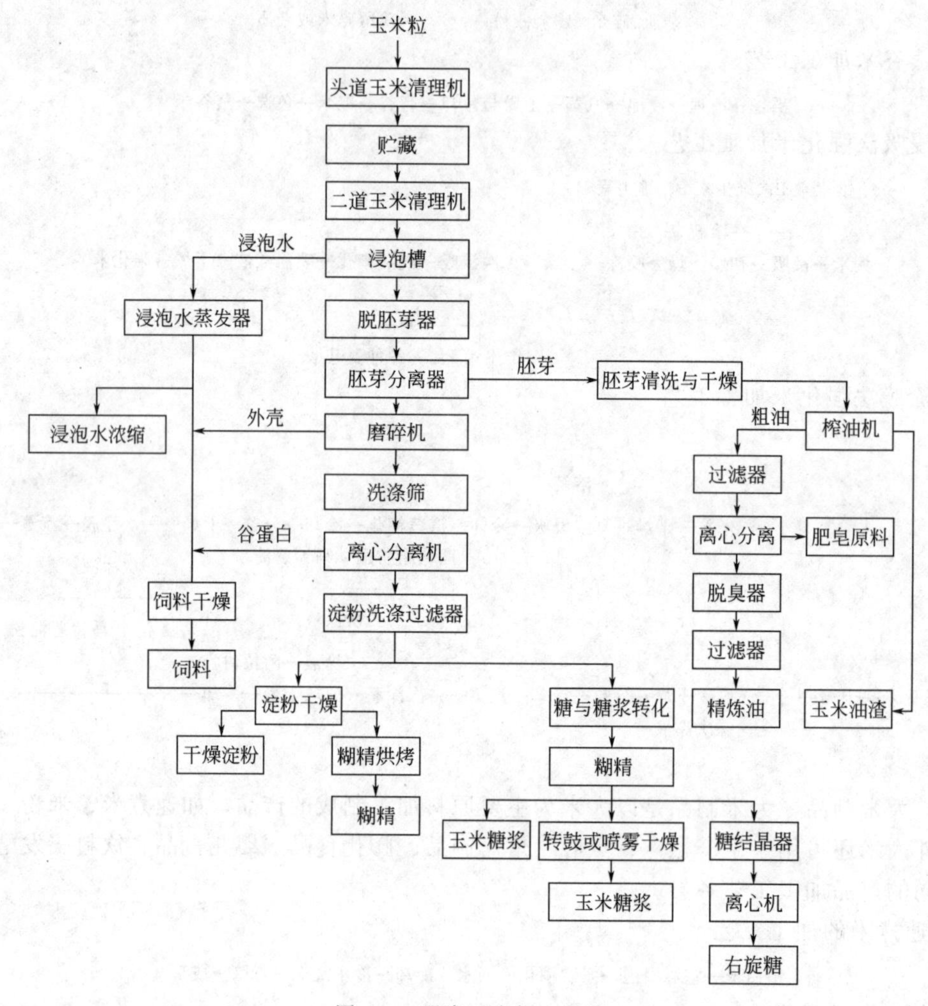

图 6-3　湿磨玉米加工工艺

6.2　豆类及油料

豆类作物包括大豆、花生、蚕豆、绿豆、豇豆、扁豆、菜豆和鹰嘴豆等许多品种。种类不同，其化学组成差异较大。多数豆类富含淀粉，并含有 20%左右的蛋白质，脂肪含量较少，低于 20%。但大豆、花生例外，大豆和花生分别含 20%和 50%左右的脂肪，一般含油率高于 10%的植物性原料称为油料。油料除了豆类和花生以外，还包括葵花籽、油菜籽、亚麻籽、芝麻等。与谷物相比，成熟干燥的豆类和油料种子含有约 20%～40%的蛋白质，尤其是大豆，蛋白质含量高达 40%左右，是重要的蛋白质资源，提取油脂以后，可加工成各种植物蛋白产品，如大豆浓缩蛋白、大豆分离蛋白、组织化大豆蛋白等。植物蛋白产品可用于生产仿生肉制品（工程肉），也可加入冰淇淋、面包等产品中替代部分动物蛋白。

以豆类为原料加工成各种各样的豆类制品，其中许多产品是我国传统特色食品，深受消费者喜爱。豆类制品按原料分为大豆制品和绿豆及杂豆制品。其中大豆制品按生产工艺又可分为非发酵大豆制品和发酵大豆制品。非发酵大豆制品包括豆腐（如水豆腐）、半脱水豆制品（如百叶）、卤制品（如五香豆干）、炸卤制品（如素鸡）、熏制品（如熏豆腐）和干燥制品（如豆腐皮）；发酵大豆制品包括腐乳、豆豉和霉豆腐。而绿豆及杂豆制品分为蒸煮制品（如凉粉）和干燥制品（如淀粉和粉丝）。限于篇幅，本书仅列举大豆蛋白产品、豆腐和腐竹的加工工艺，有兴趣的读者可参阅相关专著。

（1）大豆蛋白产品加工工艺

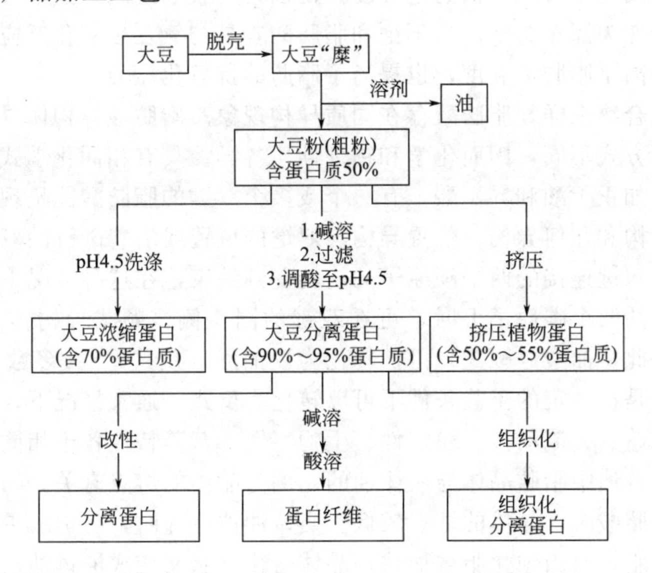

（2）豆腐加工的基本工艺

选豆→浸泡→磨制→滤浆→煮浆→点脑→成形

（3）腐竹加工工艺流程

选豆→脱皮→浸泡→磨制→滤浆→调浆→煮浆→扯腐竹→干燥→成品

6.3　油脂及其制品

6.3.1　油脂的来源

油脂来源于植物、陆地动物和海生动物。植物油脂中，固体脂肪有可可脂等，液态油有玉米油、葵花籽油、大豆油、棉籽油、花生油、橄榄油等。动物油脂包括猪油、牛油和乳脂。海生动物油包括鳕鱼肝油、鲱油和鲸油。

来源于植物和动物的可食油脂在食品中发挥着重要的功能作用和营养作用。除此之外，油脂具有特殊的风味和物理性质而赋予食品优良的感官特性和功能性质。例如，猪油具有肉香风味，赋予饼干酥碎性；橄榄油可赋予色拉一种独特的风味；乳脂具有奶油的香气和风味。

6.3.2　油脂的性质

油脂的基本结构为甘油三酯。自然界存在着许多种类的脂肪酸，与甘油进行酯化的脂肪酸的结构很大程度上决定着所形成的油脂的物理和化学性质。短链脂肪酸脂较长链脂肪酸脂柔软、熔点更低；脂肪中脂肪酸不饱和程度越高，熔点越低；当脂肪酸达到相当的不饱和度时，脂肪在室温下变成液态，液态脂肪称为油，固体脂肪称为脂。

天然脂肪通常包含一种以上的甘油三酯分子，即由多种不同链长和饱和度的脂肪酸生成的甘油三酯混合组成。因此，脂肪中某些脂肪分子较软而另一些分子较硬。一些油脂在室温下呈液态，但实际上液态油中存在固态脂肪分子，若冷却液态油，脂肪分子将固化形成脂肪晶体并与液态油分离。利用该性质可分离制得低熔点的油和高熔点的脂。它们适合于不同的食品。

通过加氢化学反应，可增大油的饱和度，使油转变成固态脂。这个过程被称为“氢化”。氢化能将植物油转变为固态起酥油。不饱和脂肪酸容易与氧发生氧化反应，造成脂肪氧化变质。氢化作用既提高了脂肪饱和度，也提高了脂肪的抗氧化能力。

同许多有机化合物一样，脂肪酸存在同质异构现象。脂肪酸异构体具有相同的碳、氢和氧原子数，但排列方式不同，因而化学和物理性质各异。具有相同化学式的脂肪酸，可能有直链和支链之分，如正丁酸和异丁酸。有一个或多个双键的脂肪酸能呈现两种不同类型的异构现象，即位置异构和几何异构。位置异构与双键的位置或沿着碳链的双键的数量有关。几何异构是由于一个双键连接的两个碳原子的旋转受到约束，在这种情况下，氢原子（或其他基因）连接到双键的两个碳原子上时，可在双键的同一侧（顺式异构体）或在双键的两侧（反式异构体），因此，油酸（顺式）可被转化为反油酸（反式）。大多数天然存在的不饱和脂肪酸是顺式，但是在一定的工艺条件下可以转化为反式。通常情况下，由脂肪酸同质异构体组成的脂肪，其熔点、流动性、稳定性、生物特性、营养特性各不相同。

固体和液体混合油中脂肪晶体与液体油的比例与晶体的熔点有关。当脂肪晶体含较多短链或高度不饱和脂肪酸时，晶体的熔点较低。当该油被冷却时，将形成更多的晶体，使油变成具有一定硬度的脂，而当硬化脂被加热，晶体熔化，脂又变成液体油。

油脂在食品和食品加工中发挥着许多重要作用。它在食品中的基本功能特性主要有润滑性、结构性、持气性、水分的隔绝性、热传导性、营养性。油脂还可作维生素、风味、色泽的载体。

天然油脂往往不完全具备以上功能特性。因此，满足特殊功能特性要求的油脂（专用油脂）大都是以各种油脂原料，经不同改性处理的油和脂按一定比例配制而成。油脂用于食品生产的各种功能特性及适用于何种食品，大致情况如下。

（1）润滑性　油炸食品和点心、调味沙拉与蛋黄酱、凉拌和烹饪油、添加配料的食品等。在油炸食品加工中同时具有热传导的功能。

（2）润滑性/结构性　人造奶油和混合氢化油、面包用起酥油等。

（3）润滑性/持气性　蛋糕、小甜饼、饼干等。

（4）润滑性/结构性/水分隔绝　油酥饼和点心、糖果、涂层等。

（5）润滑性/结构性/持气性　冰淇淋、焙烤配料、蛋糕裱花等。

以上最基本的功能是润滑和改善食品的结构，并对风味的稳定也具有不同的影响。

6.3.3 油脂的生产工艺

油脂的生产是从植物、陆生动物和海生动物中提出油脂制成食用油的过程，它包括提炼、压榨和溶剂萃取等取油过程以及精炼和改性过程。

（1）提炼　在提炼过程中，采用蒸汽或热水加热使脂肪熔化，熔化的脂肪会上浮而水和其他残存组织位于下层，然后以撇取或离心的方式分离出熔化的脂肪。干热提炼法是在真空条件下加热肉组织，除去水分；湿法提炼使用水和蒸汽；低温提炼生产的脂肪颜色较浅。

（2）压榨　可以使用多种机械方法把油从种子中压榨出来。通常首先把种子轻微焙炒，这样可以熔化脂肪和部分破坏细胞结构使之容易释放出油。同样，也可以采用碾磨或破碎种子的方法。但焙炒或碾磨温度都不宜过高，否则会使油颜色变黑。压榨出的油通过离心或经多层过滤布除去种子中的残余物，最终得到澄清的油。

(3) 溶剂萃取　在大规模生产中，可以使用无毒有机溶剂如已烷，在低温条件下把油类从破裂的种子中提取出来。该法利用溶剂渗透入种子将油萃取后，通过蒸馏将溶剂从油中除去并加以收集利用。与压榨法相比，溶剂萃取法的提取率更高。也可以采用二者结合的加工工艺，即先用压榨法获取种子中的大部分油脂，再用溶剂萃取法提取其残余的微量油脂。

(4) 脱胶　通过压榨或萃取或提炼获得的未经过精炼的动植物油脂，称为粗脂肪，俗称毛油。其中含有磷脂或脂蛋白复合物等胶状类脂物。它们不仅影响油脂的稳定性，而且影响精炼和油脂深加工的工艺效果，所以需要去除。通常的脱胶方法是向油中加入水，这些类脂吸水后变成不溶于油的沉淀物与油分离。

(5) 脱酸　脱胶后的油中，还存在游离脂肪酸，它会导致油脂的物理化学稳定性变差。用碱溶液可以去除油中游离脂肪酸，它们与碱反应生成皂类，这些皂类可以通过过滤或离心分离除去。所以用碱处理油的过程称为脱酸。

(6) 脱色　经过脱胶和脱酸处理后，植物油中仍包含多种植物色素，比如叶绿素和胡萝卜素，影响油脂的外观。采用热油并使用活性炭或白土吸附剂处理可去除这些色素。而动物油脂通常采用加热法脱色。

(7) 脱臭　来自种子、肉类和鱼类的天然油脂含有相对分子质量较小的风味物质。对某些油脂产品，如橄榄油、可可脂、猪油、鲜奶油来说，这些物质赋予油脂独特的令人愉快的风味，一般不需脱臭处理。而其他油脂，如鱼油，具有令人不愉快的气味，在油脂加工中应进行脱臭处理，通常采用加热和抽真空或者活性炭吸附等脱臭方法去除。

(8) 氢化　氢化可使脂肪酸中的双键饱和，改变脂肪的黏度和硬度。实际上属油脂改性加工。在一个密闭的反应器内以镍为催化剂通入氢气搅拌脱气的热油来完成氢化反应。当脂肪达到所需要的硬化程度时，用抽真空法从反应器中除去未起反应的氢气，并过滤除去镍催化剂。氢化作用不仅可使许多双键达到饱和，还能产生多种不饱和脂肪酸的反式异构体，如反式脂肪酸等。这些变化虽然可能改善油脂的功能性质，但也将改变某些脂肪的营养特性，不仅使不饱和脂肪酸丧失活性，而且对人体健康有一定影响，会增加人体低密度脂类蛋白，造成动脉粥样硬化、心血管疾病，因此在日常膳食中应注意摄入部分未经氢化处理的脂肪。

(9) 冬化和分级　油脂是由许多甘油三酯组成的混合物。当油脂冷却时，含有高度饱和或长碳链脂肪酸的甘油三酯容易结晶析出。通过冷却油脂去除析出的晶体可避免冷藏油脂产品（如色拉油）结晶或分层。冷却油脂去除析出晶体的过程称为冬化。该过程可以通过将桶装油脂放在低于冷藏温度的冷却室中完成，也可以通过热交换器进行连续冬化处理。

(10) 塑化和调温　固体脂肪的稠度和功能性主要受结晶状态的影响。搅动和冷却不但影响结晶速率还能影响结晶形式，因此可采用搅动和冷却方法对油脂进行改性处理。缓慢冷却制得的固体脂肪中脂肪晶体结构与快速冷却所得脂肪晶体结构不同；同样，搅拌条件下与不搅拌条件下形成的脂肪晶体也不相同。带搅拌和不带搅拌的控制冷却影响脂肪的稠度和功能性，这种控制冷却的过程称为塑化。塑化过程通常是将熔化的脂肪或油通过泵送，经过一个管状刮板式热交换器进行急冷，然后通过装有高速轴的第二只冷却圆筒，轴上安装有多排针状物，轴上和滚筒上的针将对脂肪产生剧烈的搅拌作用。为了某种用途，结晶的脂肪可在冷却前通入定量的空气或氮气以调整塑化程度。塑化后的脂肪在存放过程中，其稠度和功能性还会发生进一步的变化，在约27℃的温度下，经过2～4d以后，这些变化才基本停止。

把刚进行塑化的脂肪在受控的温度下进行保温，直到其性质稳定的过程称为调温（成熟）。调温可改善起酥油性能，提高其乳化水或空气的能力。

6.3.4 油脂产品与替代物

食用油脂产品分为普通食用油、高级食用油及食用油脂制品。普通食用油为二级油和一级油；高级食用油主要是高级烹调油、色拉油和调和油（调和油是将两种或两种以上的高级食用油按一定的比例调配成的高级食用油）；食用油脂制品是指以全精炼食用油为主要原料经进一步的深加工或改性后所得的具有特殊用途的油脂产品，例如起酥油、人造奶油、代可可脂等。

（1）人造奶油　人造奶油是指精制食用油脂加水和乳化剂乳化后，经速冷捏合（或不经速冷捏合）加工成的具有可塑性或流动性的油脂制品。常见的多为油包水乳化型，也有用于糕点加工的水包油乳化型。加工工艺如下。

水溶成分混合┐
　　　　　　　├→乳化→速冷捏合→包装→熟化→成品
油溶成分混合┘

（2）起酥油　一般来说，起酥油是指精炼的动物油脂、植物油脂、氢化油或上述油脂的混合物，经急冷捏合或不经急冷捏合加工而成的具有可塑性、起酥性、乳化性等功能特性的固体状或流动状油脂制品。起酥油一般不宜直接食用，而是用来加工糕点、面包或煎炸食品，使制品酥脆、分层、蓬松、润滑和有光泽等，因此必须具有良好的加工性能以满足不同用途的需要。其加工工艺流程如下。

原料调制配合→速冷捏合→包装→熟化→成品

（3）油脂替代品　为了减少食物中的热值和脂肪含量以及改变食物中脂肪种类，已开发了许多新的脂肪替代品。脂肪替代品能够模拟脂肪在食品中的功能，同时降低食品的热值。它们一般分为两种类型：一种是以低热值的物质替代脂肪，如超微蛋白质颗粒，它不仅热值低，仅为脂肪的40%，而且能模拟脂肪食品如冰淇淋顺滑的口感；另一种是模拟脂肪在食品中的功能性质，但不能被机体所吸收，如糖脂，与脂肪分子结构类似，但在体内不被吸收，不参与新陈代谢，这种替代品具有良好的煎炸性，能经受住油炸高温，但不给油炸食品提供热值。

6.3.5 油脂检验

油脂检验的主要目的有：掌握油脂在食品中应用性质；检测油脂变质程度（如氧化或酸败）以及油脂的稳定性；按质量要求检查油脂性质；鉴定油脂，防止假货和掺假。油脂的各种重要的理化性质可采用各种相应方法进行检测。油脂的检测有化学检测、物理检测和其他检测。

（1）化学检测　化学检测的主要指标有：①脂肪的碘值，碘值是指100g脂肪吸收的碘的质量（g），油脂中脂肪酸的不饱和度可用脂肪的碘值来表示；②酸值，它是脂肪中游离脂肪酸存在的量度，是中和1g油脂所需的氢氧化钾的质量（mg）；③皂化值，皂化值是皂化（转化成肥皂）1g脂肪所需的氢氧化钾的质量（mg），脂肪内脂肪酸的平均分子量以皂化值表示，它能反映脂肪的坚实度、香味和异味（相对分子质量低的脂肪酸异味重）。

（2）物理检测　脂肪许多物理性质如熔点和凝固点都与其在不同温度条件下的稠度有关。大多数油脂并非在某个特定的温度下迅速凝固或熔化。因为多数油脂是甘油三酯的混合物，各种甘油三酯都有其相应的熔点，所以此类脂肪的熔化或凝固点应用一定的温度范围来表示。固体脂肪指数是脂肪的固态化的量度，它与特定温度下结晶脂肪的含量有关。结晶度可通过脂肪结晶体熔化时所发生的容积变化加以测定。

（3）其他检测　主要包括透明度、色泽、气味、滋味鉴定。如植物油脂透明度是指油样在一定温度下，静置一定时间后，目测观察油样的透明程度。我国植物油国家标准规定：各种色拉油、高级烹调油均应澄清、透明。气味、滋味鉴定一般取少量试样注入烧杯中，加温至50℃，用玻璃棒边搅拌边嗅气味，同时尝辨滋味，凡具有该油固有的气味和滋味，无异味的为合格。此外，半固体脂肪的稠度可根据其对于针、环或圆锥形穿刺物的阻力大小来测定。烟点、闪点和着火点的检测是用于判断脂肪中挥发性易燃有机物含量指标。

6.4　乳与乳制品

乳是哺乳动物乳腺的分泌物。它是营养丰富、易于消化吸收的完全食物。乳制品加工用的乳主要是牛乳，其次还有山羊乳、绵羊乳、马乳等。本节主要介绍牛乳。

6.4.1　乳的成分

乳是由多种物质组成的混合物，基本组成有水、脂肪、蛋白质、乳固体、乳糖、灰分等。正常乳中各种成分组成大体上是稳定的，但是因动物的品种、个体、泌乳期、畜龄、饲料、季节、气温等的不同也有差异。其中变化最大的是脂肪，其次是蛋白质，乳糖和灰分含量相对比较稳定。牛乳主要成分及其含量见表6-2。

表6-2　牛乳的主要成分及其含量

主要成分	范围/%	平均/%	主要成分	范围/%	平均/%
水分	85.5～89.5	87.5	乳糖	3.6～5.5	4.6
总乳固体	10.5～14.5	12.5	矿物质	0.6～0.9	0.8
脂肪	2.5～5.5	3.8	非脂乳固体		8.7
蛋白质	2.9～4.5	3.7			

6.4.2　牛乳的采集及预处理

（1）乳的采集　生鲜牛乳是指正常饲养的健康奶牛分泌的正常乳。产犊后7d内分泌的乳称为初乳，初乳的热稳定性差，一般不作为乳制品原料加以采集。但是初乳中含有许多免疫因子，能提高人体免疫能力，因此现在也有采集初乳加工制成的功能型初乳制品。奶牛的泌乳周期一般为300d左右，然后进入约60d的干乳期。干乳期所产的乳被称为末乳。它与正常乳成分不同，也不能作为原料乳。此外，病理异常乳如乳房炎乳以及人为异常乳也不能作为原料乳。鲜牛乳采集的方法有手工采集和机械采集。目前大规模的养牛场多采用机械采集方法，而我国广大农村和牧场仍沿用手工挤奶方式。乳是乳牛乳房的分泌物，来自牛的血液成分，营养十分丰富，极易被微生物污染而腐败变质。为了控制微生物污染，应采取严格的卫生措施，如搞好挤奶器、挤奶人员消毒以及环境卫生等工作。此外，新采集的牛乳应快速冷却至4.4℃或更低。未经冷藏的原料乳收购后必须在生产基地立即加工（当牧场的大的制冷系统出故障时会出现这种情况）；如果收购的原料乳的温度在6℃以下必须在36h内加工；如果收购的原料乳的温度在4℃或更低一些也必须在48h内加工。

（2）乳的预处理　鲜牛乳（又称原料乳或生乳）在加工之前需要经过一系列处理，包括验收、过滤净化、冷却、贮存和标准化等过程，这是保证原料乳和乳制品质量的重要措施。

① 验收　原料乳送到加工厂后，立即进行检验。检验项目包括色泽观察、臭味检验、酒精实验、亚甲基蓝实验或刃天青实验；测定相对密度、温度、酸度、脂肪、细菌及杂质

等。验收标准：色泽应为白色或稍带乳黄色；酸度不超过 20°T；脂肪含量≥3.2%，非脂肪干物质≥8.5%；不得使用防腐剂；在 15℃时，相对密度为 1.028～1.034；不得检出抗生素；特级牛乳的细菌数≤4×10^6 个/ml 等。

② 净化　为了除去乳中的机械杂质，减少微生物的数量，验收后的原料乳必须立即进行净化处理。净化的方法分为过滤净化和离心净化。

③ 冷却　净化后的原料乳应当立即冷却到 5～10℃，温度越低越好，但为了节约能源，牛乳如果当天使用时，冷却温度不宜超过 10℃，否则牛乳中的微生物生长繁殖速度加快，酸度增加并产生异味。有自然冷却和人工冷却两种方法。自然冷却无需热交换设备，利用自然条件如低温河水作为冷介质进行冷却。人工冷却是利用热交换设备及冷介质（氯化钠、氯化钙等）进行冷却。

④ 贮存　冷却后的原料乳宜贮存在具有良好绝热性能的贮乳罐中，使牛乳在贮存期间保持一定的低温。一般具有良好绝热性能的贮乳罐，24h 内乳温升高仅为 1～2℃。为了保证工厂连续生产，原料乳贮存量至少应与工厂 1d 的处理量相平衡。

⑤ 标准化　乳中的成分，尤其脂肪和非脂乳固体的含量，随乳牛的品种、地区、季节、饲养和管理等因素的不同，变化较大，因此在生产乳制品时，为了获得与标准规定一致的产品，必须进行标准化处理，即调整脂肪和非脂乳固体之间的比例使之符合标准要求。

6.4.3 乳制品

乳是一种营养丰富的食物，不仅有丰富的蛋白质，而且含人体所需要脂肪、维生素和矿物质。为了能更好地利用这一美食，以乳为原料，经过适当加工处理制造出各种各样的乳制品以满足人们的需要。目前常见的牛乳加工制品有：市乳（灭菌乳）、酸牛乳、炼乳、乳粉、冰淇淋、奶油、干酪、干酪素和乳糖等。下面介绍一些常见的乳制品及其加工工艺。

（1）市乳　它是以新鲜牛乳为原料，经过离心净化、标准化、均质、杀菌和冷却，以液体状态灌装，直接供给消费者饮用的商品乳。普通市乳采用巴氏杀菌，故又称为巴氏杀菌乳或消毒奶。牛乳巴氏杀菌方法通常有两种：批式（保温）杀菌法，将牛乳的每个粒子加热到不低于 63℃，并在此温度下保温不少于 30min；高温短时杀菌法（HTST），将牛乳的每个粒子加热到不低于 72℃，并在此温度下保温不少于 15s。市乳种类很多，根据脂肪含量、营养成分、风味和功能性可将市乳大致分为下面几种类型。

① 按脂肪分为全脂乳、高脂乳、低脂乳和脱脂乳。

② 按营养分为普通市乳、强化乳、调制乳。

③ 按风味分为可可奶、巧克力奶、咖啡奶、果汁奶等。

④ 按功能性分为仿制乳、高蛋白乳、低乳糖乳、低盐乳、免疫乳等。

巴氏杀菌乳的加工工艺流程如下。

原料收集→验收→预处理→标准化→均质→巴氏杀菌→冷却→灌装→贮存→分销

实际上按杀菌方法不同，市乳又可分为传统巴氏杀菌乳和灭菌乳。灭菌乳风味与巴氏杀菌相近，但保藏期大大延长，可在室温下保存几个月，因而逐渐被消费者所接受，其消费量逐渐扩大。灭菌乳又可分为保持灭菌乳（瓶装灭菌乳）和超高温（UHT）灭菌乳。保持灭菌乳一般采用两段式连续灭菌法生产，牛乳经超高温灭菌机在 135℃，16s 加热灭菌后，装瓶、封盖后进入连续灭菌机进行二次加热灭菌（110～116℃，15～20min）。超高温灭菌乳生产工艺与巴氏杀菌乳类似，经前处理的牛乳进入超高温瞬时灭菌机加热灭菌（130～150℃，0.5～15s），冷却后无菌灌装入金属罐或复合包装容器内。

（2）酸乳的加工　酸乳是指以牛乳为原料，添加适量的砂糖，经巴氏杀菌后冷却，再加入纯乳酸菌发酵剂经保温发酵而制得的产品。从形态上看，酸乳有凝固型酸乳和搅拌型酸乳，每一类又可添加水果、香料、色素等做成各种风味的酸乳。搅拌型酸乳可进一步加工制成冷冻酸乳、浓缩或干燥酸乳等。凝固型酸乳加工工艺流程见图 6-4。主要工序包括：配料、均质、杀菌、冷却、接种、灌装发酵、后熟。搅拌型酸乳在生产工艺上与凝固型酸乳不同，其加工工艺特点为：经处理的混料先经发酵罐发酵成凝乳，再降温搅拌破乳、冷却，分装到包装容器中，而不像凝固型酸乳是在包装容器内发酵形成凝乳，属前发酵型。此类产品状态也有别于凝固型酸乳，因搅拌而呈半流动状态，故称为液体酸乳。

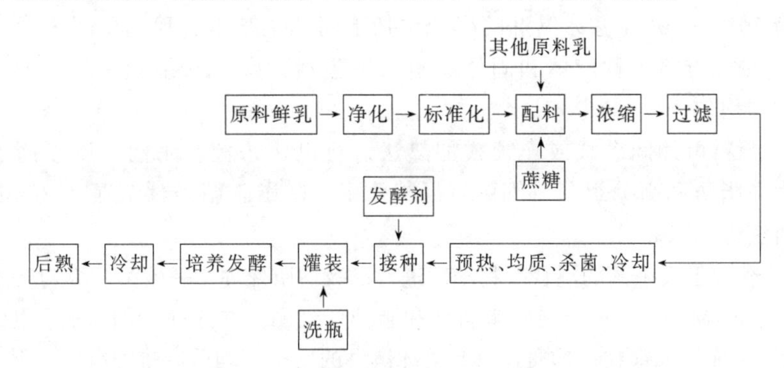

图 6-4　凝固型酸乳加工工艺流程

（3）炼乳　炼乳是原料乳经过减压浓缩除去大部分水分后制成的产品。炼乳的种类很多，按生产中是否加糖可以分为加糖炼乳（甜炼乳）和无糖炼乳（淡炼乳）；按原料乳是否脱脂可分为全脂炼乳、半脱脂炼乳和脱脂炼乳；按添加物的种类分可可炼乳、咖啡炼乳、维生素等强化炼乳以及仿人乳组成的婴儿配方炼乳等。另外还有用途、组成及加工方法不同的各种浓缩乳制品以及类似产品，如灭菌浓缩乳、冻结浓缩乳、浓缩酪乳、发酵脱脂浓缩乳等。这些产品的生产均有相关专著。下面仅介绍加糖炼乳的工艺流程（见图 6-5）。

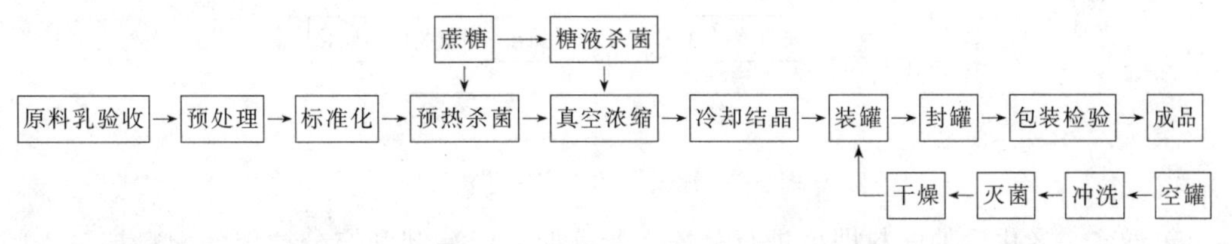

图 6-5　加糖炼乳的工艺流程

（4）乳粉　乳粉是用加热或冷冻的方法，除去乳中几乎全部水分而制成的粉状产品。主要有全脂乳粉、脱脂乳粉、调制乳粉、酸性酪乳粉等，限于篇幅仅简要介绍全脂乳粉的加工工艺流程（见图 6-6）。

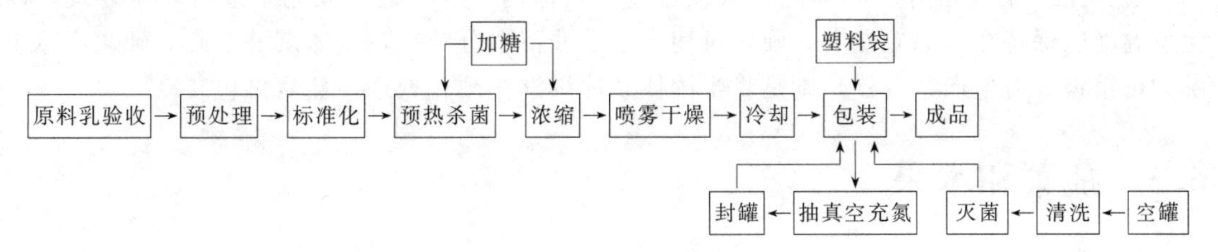

图 6-6　全脂乳粉的加工工艺流程

（5）冰淇淋　冰淇淋是以奶油为主体，添加乳与乳制品、水、砂糖、香料及稳定剂等经冻结而成的冰冻制品。冰淇淋种类很多，加之制造技术的进步，目前已能制出花样繁多、风味各异的冰淇淋。冰淇淋是深受消费者喜爱的消暑降温产品，营养丰富，口感细腻滑爽。此外，可通过添加水果、果仁、巧克力等制成各种风味的冰淇淋。冰淇淋的质量指标主要包括总固形物、脂肪含量、蛋白质含量和膨胀率。各国制定的冰淇淋产品标准各不相同，如美国标准要求，普通冰淇淋脂肪含量和总固形物含量分别不低于10%和20%。而我国规定清型全乳脂冰淇淋的脂肪含量和总固形物含量分别不低于8%和30%。膨胀率也是一个重要指标，它是混合料的体积增加百分率，这种体积膨胀是由搅打空气进入配料所引起的，一般冰淇淋膨胀率为70%～100%。冰淇淋的生产包括下面几个基本过程（见图6-7）。

① 配料　按配方将各种液体和固体原料（不包括大颗粒水果和果仁）加入搅拌缸内加热（43℃）搅拌均匀。

② 杀菌　配料可用间歇式或连续式加热法进行巴氏杀菌。杀菌温度须高于纯鲜乳的杀菌温度，因为高脂肪和高糖组分对细菌有保护作用。间歇杀菌条件71℃、30min，而连续式高温短时杀菌法为82℃、25s。

③ 均质　经过巴氏杀菌的混合配料随即进行二级均质处理。一般第一级均质压力为17MPa，第二均质压力为4.1MPa。均质可粉碎脂肪球和脂肪球凝团，并连同所加入的乳化剂一起在凝冻操作中防止脂肪结成奶油颗粒；均质还可改善冰淇淋的质构。均质后将配料冷却至4.4℃。

④ 配料老化（成熟）　将配料在4.4℃或更低温度下保温3～24h。老化过程中，熔化的脂肪固化，明胶或其他稳定剂与水结合膨胀，乳蛋白也吸水膨胀使配料的黏度提高。这些变化有利于配料在凝冻机内快速膨胀，使冰淇淋的质构更加均匀细腻，且不易熔化。配料经过老化成熟后，可直接放料成为软质冰淇淋产品。

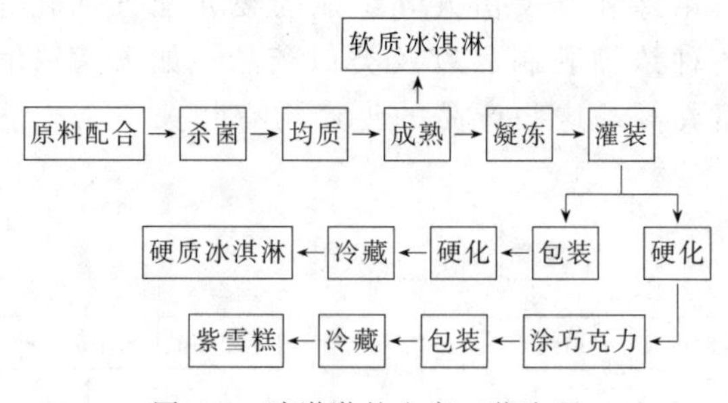

图6-7　冰淇淋的生产工艺流程

⑤ 凝冻　老化后的配料即可进行凝冻。凝冻时，经冷却和充分搅匀的配料被泵入间歇式或连续式凝冻机内。配料和空气进入凝冻缸内，使配料在约30s内冷冻至－5.5℃，并将空气搅打入配料中形成微小的气泡。凝冻速度要快，以防止产生大冰晶使质地粗糙，同时使空气泡微小且分布均匀，以产生稳定的凝胶泡沫。此时，冰淇淋为半固体状态。

⑥ 硬化　将半固体状冰淇淋装入纸盒或塑料盒内，即可进入硬化室进行硬化处理，硬化室温度应保持在－34℃左右。硬化可使大多数残留水分结冰，使冰淇淋变硬。硬化后冰淇淋即可销售。若生产紫雪糕，则是将半固体状冰淇淋先硬化处理，然后再包装冷藏。

6.5 蔬菜和水果

6.5.1 蔬菜和水果的分类和组织结构

（1）蔬菜和水果的分类　蔬菜按照食用部位分类，主要有根菜类（胡萝卜、根用芥菜、甜菜等)、茎菜类(芦笋、莴笋、洋葱等)、叶菜类(大白菜、菠菜等)、花菜类(花椰菜、朝鲜蓟等)、果菜类(各种瓜类、菜豆类、茄科类等)、食用菌类。水果按其植物学结构、化学组成和对气候的要求,可分为几大类,主要有浆果类水果(如葡萄、猕猴桃、草莓等);核果类(杏、樱桃、桃和李子等含有单个果核,都被认为是核果);仁果,包含多个果核,以苹果、梨、山楂为代表;柑橘类水果,以柠檬酸含量高为特征,包括橘子和柠檬;坚果类(胡桃、栗子、榛子等);热带和亚热带水果,包括香蕉、枣、无花果、菠萝、番木瓜、芒果等。

(2) 蔬菜和水果原料的组织结构　大多数水果和蔬菜可食部分的结构是薄壁组织细胞。植物组织细胞由有生命部分(原生质体)和无生命部分组成。原生质体含有细胞质、线粒体、质体(白色体、有色体、叶绿体等)和细胞核,无生命部分指的是细胞壁(中胶层、初生壁和次生壁)和内容物(液泡、淀粉、蛋白质、脂肪等)。细胞和细胞之间主要通过中胶层(由果胶和多糖物质组成)粘连在一起。除了组织细胞外,还有分生组织、保护组织、薄壁组织、机械组织和输导组织等,限于篇幅,不在此一一介绍。

6.5.2 蔬菜和水果的有效成分

果蔬是人们日常生活中的主要食品,它具有人体所需要的多种多样的营养成分,其中有些成分是一般食品中所缺少的,但为人体正常代谢所必需。如维生素、矿物质多由果蔬中获得,而有机酸、芳香物质、单宁物质以及辛辣物质等都是构成果蔬风味的主要成分,它们促进食欲,帮助消化。此外果蔬所含有的碳水化合物、蛋白质和脂肪是人体营养的主要成分。通常大多数新鲜水果和蔬菜(除坚果类外)水分含量很高,蛋白质、脂肪含量低,一般水分含量大于70%,并常常超过85%,蛋白质含量通常低于3.5%,脂肪含量不超过0.5%,矿物质和维生素含量丰富。蔬菜和水果的成分不仅依赖于种类、栽培方式和气候,而且还依赖于采收前的成熟度、后熟条件以及贮藏加工等。

果蔬中所含的化学物质,按其能否溶解于水,分为以下两类。

① 水溶性物质　水溶性物质包括糖类、果胶、有机酸、单宁物质、矿物质及部分色素、维生素、酶、含氮物质等。

② 非水溶性物质　非水溶性物质包括纤维素、半纤维素、原果胶、淀粉、脂肪及部分维生素、色素、含氮物质、矿物质和有机酸盐等。

6.5.3 蔬菜和水果采收后的呼吸活动

大多数果蔬采收后,直至被加工处理,体内的各种酶类并没有遭受破坏,仍是一个独立的有生命活动的生物体,为维持其生命就必须进行呼吸活动。果蔬的呼吸对其质量的保持与变化影响很大。

果蔬的呼吸分为有氧呼吸和无氧呼吸两种类型。有氧呼吸是指生物体的活细胞在氧气的参与下,把某些有机物质彻底氧化分解,放出CO_2、水和能量的过程。无氧呼吸指在无氧条件下,高等植物体细胞把某些有机物质分解成为不彻底的氧化产物,如乙醇和乳酸等。如果果蔬周围环境的氧气不足,其浓度低于该品种的临界浓度,也会发生无氧呼吸。

果蔬呼吸的积极作用有三个方面:保证果蔬体内物质代谢的正常进行,防止果蔬发生生理病害,提高果蔬的抗病能力和愈伤能力。但果蔬呼吸作用的消极影响是巨大的。第一,消耗果蔬的营养成分和风味物质,使果蔬营养价值降低,风味变淡薄;第二,由于放出能量将积累呼吸热,使环境温度升高,为微生物生长繁殖创造适宜的条件,造成果蔬腐烂变质;第三,缺氧呼吸产生的乙醇、乙醛等有害物质会导致果蔬发生生理病害。

许多果实采收后仍继续进行成熟过程,其色泽、芳香、滋味、品质等性质将发生一系列变化,这种果实采收后发生的成熟现象称为后熟。通常人们根据果实的种类,当它发育到一定阶段，不用等到果实完全成熟时提前采收，以利于运输和贮存，并使其在采收后继续成熟，在成为可食状态时加以利用。人们也可以根据需要，采取适当方法抑制或促进后熟，来达到预期的目的。

6.5.4 蔬菜的深加工

(1) 采收和加工预处理　蔬菜在田间逐渐成熟时，每天都在发生最佳变化。从颜色、质地、风味这三项指标看，有一段时间是蔬菜的最佳品质高峰期。这一最佳高峰期持续时间很短，因此人们制定严格的计划以便在最佳时期收获和加工蔬菜。

蔬菜采收后，很快会面临品质高峰期。如甜玉米室温下 24h 内总糖将下降 26%，相应地甜味降低，即使在 0℃贮存，24h 内总糖也降低 8%。这些糖一部分转变成淀粉，有些被呼吸作用消耗掉。又比如芦笋中有些糖分在收获后能转化成纤维组织，这使得质地更加木质化，变老了。另外，呼吸作用放出的热量也会损害蔬菜和加速微生物的生长。所以蔬菜采收后的加工预处理包括冷却降温、在最适合冷藏温度下贮存、用塑料袋封装时应在袋上扎些小孔通气等，但更多的是许多蔬菜从田间采收后为减少损失应立即加工。

(2) 蔬菜的深加工　新鲜蔬菜一般用装备液氮冷却装置的运输工具运送到加工厂进行深加工处理，比较普遍的深加工产品有：净菜、蔬菜罐头、酱腌菜、蔬菜汁、干制蔬菜等。

① 采后通用处理技术　蔬菜的采后处理技术包括清洗、分选分级、去皮、切分修整、热烫、漂洗等。

分选分级：剔除不合格的和腐烂霉变的原料，并按原料的大小和质量（色泽、成熟度）进行分级。

清洗：除去蔬菜表面附着的尘土、泥沙、部分微生物以及可能残留的化学药品等。洗涤方法有漂洗法、喷洗法及转筒滚洗法等。

去皮：凡蔬菜表皮粗厚、坚硬、具有不良风味或在加工中容易引起不良后果的表皮，都需要去皮，有机械去皮、热力去皮和化学去皮等方法。

切分和修整：按产品形状和大小需要，对原料切分和修整。

热烫（杀青）：是将蔬菜放入蒸汽或沸水中进行短时间的加热处理，目的是破坏酶的活性，使蔬菜停止呼吸，从而稳定色泽、改善风味、杀灭部分附着在原料上的微生物，排除原料组织中的空气，并再次对原料洗涤（洗去农药）等。

漂洗：有的原料热烫后还应漂洗，以脱除一些不良风味和化学处理剂等。

② 净菜生产工艺流程　净菜的生产工艺流程如下。

蔬菜原料→分选分级→清洗→去皮→整理→切分→保鲜→脱水→灭菌→包装→冷藏→成品

③ 蔬菜罐头生产工艺流程　蔬菜罐头按包装材料不同分为硬罐头和软罐头，用食品级无毒塑料袋包装的称为软罐头，而用铁听、玻璃瓶包装的称为硬罐头。按加工方法及要求不同分为清渍类、醋渍类、调味类、盐渍类等。常用工艺流程如下。

蔬菜原料→分选分级→清洗→去皮→切分→热烫→漂洗→装罐(或装袋)→加汁→排气→封口→杀菌→冷却→检验→贴标→成品

④ 四川泡菜生产工艺流程

蔬菜原料→分选→清洗→下池盐腌贮藏→脱盐→入坛发酵→检验→包装→产品

⑤ 蔬菜的干制

原料→分选→清洗→除杂→去皮→修整→切分→护色→烫漂(视品种而定)→热风干燥/冷冻干燥→匀湿、分拣→包装→成品

⑥ 蔬菜汁生产工艺

原料→分选→清洗→榨汁→粗滤→细滤→调配→脱气→杀菌→灌装→密封→冷却→罐(瓶)表面干燥→检验→贴标→装箱→进仓

6.5.5 水果的收获和加工

水果的种类很多，即使同一种类水果也有许多品种，例如苹果约有1000个品种，梨有3000余个品种，但其中只有少数几种是主要的商品化产品。虽然有些水果以鲜果上市，但更多情况下是被加工成各种产品。特别是近年来，随着食品科学技术的高速发展，以水果为原料开发的食品产品数不胜数，琳琅满目。有按等级包装精美的鲜果，有果酱、果汁、果冻、果醋、果酒、果片、果干、果脯蜜饯、水果罐头等，还有果胶、香精油、果酸、橘皮苷等高附加值的提取物。限于篇幅，本书不可能一一作详尽介绍，只对水果的收获和通用加工技术作一简要介绍，有兴趣的读者可查阅水果深加工技术专著。

(1) 果实质量　影响果实质量的因素很多，其中最重要的是确定合适的果实成熟度和采摘时间。

① 采摘时间　水果适宜的采摘时间主要取决于以下几个因素：品种、产地、气候、水果成熟后采摘的难易程度（有的水果熟透后很软，不易采摘）以及采摘以后的用途。例如橘子，随着果实在树上不断成熟，糖和酸水平也不断变化（糖分升高，酸度下降）。糖酸比决定了水果味道和水果及果汁的可接受性。由于柑橘类水果采摘后即停止成熟，其品质主要取决于合适的采摘时间。用于鲜食的柑橘类水果，其糖酸比达到较好品质的水平时才能采摘。用于罐装的水果应在熟透之前采摘，因为罐装会使水果进一步软化。对于以种子供食用的坚果类，如核桃、栗子等需要过熟后采收，留种果实也应过熟老化后采收。

② 果实质量检测　评价果实质量的指标有很多项，比如颜色、形状、大小、质地、果汁中固形物浓度（主要是糖类）、酸含量、糖酸比、波美度等。检测方法除感官分析外，主要采用分析仪器进行检测，比如色泽可通过色度计和分光光度计测量，固形物浓度可用折光仪（糖度计）和稠度计估测，酸浓度可采用化学滴定法测定，波美度可采用波美计测定等。

(2) 采收后技术处理　水果采收后，仍然是有生命的活体，仍在进行呼吸作用，使营养价值、风味和质地发生变化。另外，长期或短期贮藏中的水果，还随时会遭到微生物的侵害，引起腐烂变质，也会失去水分发生萎缩，不利于进一步加工。因此，水果采收后将进行如下技术处理。

清洗：除去表面泥沙、微生物和残留农药。

分选分级：按大小、成熟度、质量等分选分级，目前已基本实现机械化和自动化。

低温和冷藏：低温可以抑制呼吸作用，减少养分的消耗和微生物的侵害，从而延长果蔬的贮藏期。但应特别注意，水果对低温的适应程度，因种类、品种不同而异。例如，苹果可以在－7℃左右贮藏，而绿色的香蕉贮藏温度必须控制在12℃以上，否则就易产生果肉变硬或不能完成后熟作用。柑橘在0℃左右的低温下容易产生生理病害，适宜温度为2～7℃。对于可以在0℃附近贮藏的果蔬，还必须防止因结冰而引起的不良影响。

防褐变：对于切分后的水果，为防止酶促褐变（酚类氧化酶和多酚氧化酶），通常采用抗坏血酸（维生素C）溶液浸泡。据实验，在冻结前用0.05%～0.2%的维生素C溶液浸泡，在糖水苹果罐头和糖水梨罐头的生产中防褐变很有效。这样处理的桃，在－18℃冻藏2年也不变色。另外，用SO_2溶液浸泡果蔬，可减少非酶促美拉德褐变，还可防止微生物生长等，

但有些人对 SO_2 严重过敏，因此美国 FDA（食品药品管理局）禁止在鲜食食品中添加 SO_2，并要求在加工食品中残留量不超过 1/10000。

糖渍：糖渍与盐腌制相似，是一种古老的贮藏果蔬的方法。糖液能在水果表面挂一层膜，阻止水果与 O_2 接触，减少氧化。高浓度的糖液可提高渗透压，降低水分活度，阻碍微生物生长。在糖液中常添加柠檬酸和维生素 C 以增加效果。

6.6 典型饮料加工工艺介绍

6.6.1 饮料概述

（1）饮料的概念及其分类　饮料是以补充水分为主要目的的流质食品，又称饮品。世界各国对饮料的概念各不相同，一般分为含酒精饮料和非酒精饮料，通常又将非酒精饮料称为软饮料。

① 含酒精饮料　是经过一定程度发酵或人工配制，使其中含有一定量的糖分及少量酒精的饮料，比如啤酒、香槟酒、果酒（葡萄酒）等。

② 无酒精饮料　该饮料的种类很广，有碳酸饮料，充有 CO_2，如各种汽水及可乐型饮料；果汁及蔬菜汁饮料；保健饮料；植物蛋白饮料；茶饮料；矿泉水和纯净水等。

③ 固体饮料　通常不直接食用，而必须以水溶解成溶液再饮用的饮料。

（2）原辅料及包装材料简述

① 水　水是饮料生产中重要的原料之一，水质的好坏，直接影响成品的质量，因此，必须对饮料用水进行严格的处理，以达到饮料用水标准。饮料用水除符合我国生活饮用水卫生标准外，还应达到饮料用水的一些特殊要求，比如浊度、色度、硬度、铁锰含量等要求都比生活饮用水高。

② 甜味料　甜味料是软饮料中的基本原料，一般以白砂糖为主，此外有葡萄糖、果葡糖浆、人工甜味剂等。甜味料首先是赋予饮料甜味，其次是赋予饮料一定的触感，另外还有一定的营养功能。

③ 酸味剂　饮料中常用的酸味剂有柠檬酸、苹果酸、酒石酸、乳酸、磷酸等。使用酸味剂的主要目的是使饮料具备一定的水果风味，通过调节酸味以获得甜酸适宜的饮品。

④ 香料和香精　食品中使用的香料有来自于动物、植物的天然香料，有经化学合成的人造香料，以及通过物理化学方法从天然香料中分离而得的单一组分的单离香料。香精是以人造香料、天然香料和单离香料为原料，加入适当的稀释剂配制而成的多组分的混合体，有油溶性香精、水溶性香精、乳化香精和粉末香精等。随着现代科学技术的发展，已可调配出果香型、花香型、乳品型、坚果型、肉果型等香精。饮料中使用香精的目的有补香、矫味、替代、辅助等作用。

⑤ 色素　饮料中使用的色素种类较多，按来源不同可分为天然色素和人工色素两个大类，每个大类有若干品种，如我国饮料目前准许使用的人工合成色素有胭脂红、苋素红、柠檬黄、日落黄、靛蓝、亮蓝、果绿、β-胡萝卜素等，天然色素有甜菜红、红曲红色素、红花黄、叶绿素、焦糖、姜黄素、辣椒红等。

⑥ 包装容器和材料　目前饮料工业上广泛采用的包装材料有玻璃瓶、金属罐、聚酯瓶、纸盒包装等，各有优缺点，可根据饮料品种和生产工艺选用。

除以上主要原辅包装材料外，还有防腐剂、CO_2、强化剂等，有兴趣的读者，可参考有关饮料的专著。

6.6.2　碳酸饮料

碳酸饮料是在水中加入果汁、甜味料、酸味料、香料和香精，并充入二氧化碳调和后制成的饮料。碳酸饮料有果味型、果汁型和可乐型。

碳酸饮料中因含有 CO_2 能将人体内的热量带走，产生清凉爽快的感觉，并有助于消除疲劳、开胃、助消化，因此是一种很好的清热解渴的健身饮料，长期以来，一直深受广大消费者喜爱。

（1）工艺流程　制造碳酸饮料的方法有一次灌装法和二次灌装法。一次灌装法是将水、甜味料、果汁混合后制成糖液，于其中加入酸味料和香料，制成糖浆，然后将糖浆和水用定量混合机按一定比例进行连续混合，再压入 CO_2，制成碳酸饮料，然后一次性灌入瓶中（见图 6-8）。二次灌装法是先将配好的糖浆液灌入瓶中后，再用注水机将装有糖浆的汽水瓶用碳酸水充满（见图 6-9）。

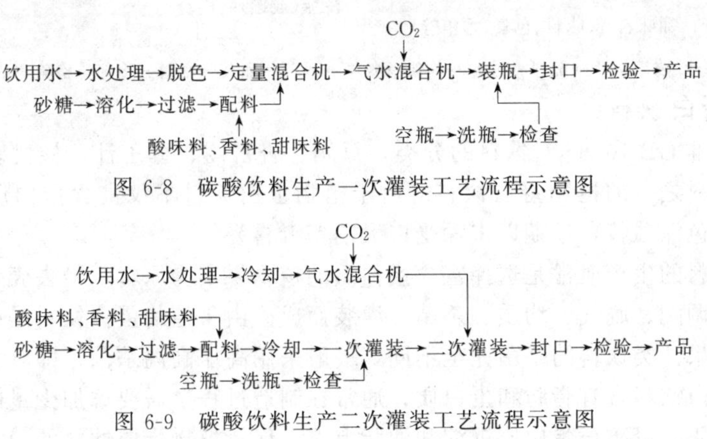

图 6-8　碳酸饮料生产一次灌装工艺流程示意图

图 6-9　碳酸饮料生产二次灌装工艺流程示意图

（2）生产过程简介

① 水处理　采用电渗析器或离子交换器去除水中的盐类，软化水，处理后水质达到含盐量 50mg/L 水左右，然后通过砂棒过滤和活性炭吸附去除水中杂质和异味。

② 调和糖浆制备　是将砂糖溶化后，按配方比例加入甜味料、酸味料、色素、香精香料、防腐剂等在调和罐中混合均匀，制备成黏稠性的调和糖浆。

③ 碳酸化工序　碳酸化程度直接影响产品的质量和口味，是碳酸饮料生产的重要环节之一。其方法是用饮料水或调和后的糖液在一定温度和压力下吸收 CO_2，通常水和糖液的温度愈低，吸收时碳酸化罐内压力愈高，则溶解于液体中的 CO_2 愈多，一般饮料碳酸化温度在 3～5℃，压力在 0.3～0.4MPa。

6.6.3　果汁饮料

（1）生产果汁的水果原料　国内外作为果汁原料的水果约有 20 余种，有柑橘类（甜橙、柠檬、柚子等）、苹果、葡萄、杏、梅、菠萝、桃、李子、梨、樱桃、草莓、猕猴桃、山楂等。

（2）果汁的种类　水果类饮料是以天然果汁为基料，经过不同的制造方法和不同的配比加工而成，按果汁状态一般可分为以下 4 种。

① 原果汁　是由鲜果肉直接榨出的原汁，经调整糖酸比、装罐（或瓶）、杀菌冷却而成的 100％的纯果汁。有时也补充点色素、香精和防腐剂等。原果汁又分为澄清果汁及混浊果汁。混浊果汁保留有悬浮的果肉微粒；澄清果汁去除掉了果肉微粒、蛋白质及果胶等，呈透明清晰状态。

② 浓缩果汁　将新鲜果汁真空浓缩、装罐杀菌而成。饮用前需加水 5～6 倍稀释。

③ 加糖果汁　采用原果汁或部分浓缩果汁加入水、糖、酸味剂、香精、色素、维生素、混浊汁等调配而成，其中含原果汁量一般在30%～60%。目前市场上销售的果汁饮料原果汁含量仅大于10%。

④ 果浆　又称果肉饮料。是将果肉经过打浆和磨细后加入适量水、柠檬酸等配料调整，并经脱气、装罐和杀菌而成。

（3）果汁饮料加工工艺

① 浓缩果汁加工工艺

榨汁→榨汁粕→制造饲料等
原料选择→洗涤→破碎→榨汁→澄清和过滤→加糖、加酸→杀菌→浓缩→装填→贮藏→成品
浓缩→芳香物质回收
澄清和过滤→果肉浆→果肉饮料

② 果汁饮料加工工艺流程

甜味料、酸味料、色素、香精等→配料
洗瓶（或罐）→检验→灌装
原果汁、浓缩果汁→配料→过滤→均质→脱气→灭菌→灌装→密封→冷却→检验→成品

6.6.4 植物蛋白饮料

根据国家标准GB 10789对饮料的分类，豆奶、杏仁露、椰子汁、核桃乳、花生奶等饮品属于十大类饮料之一的植物蛋白饮料。由于植物蛋白饮料不仅富含蛋白质及其他营养成分，而且风味和色泽独特，长期以来深受广大消费者喜爱。

植物蛋白饮料的生产通常是选择富含蛋白质的植物果实为原料，经去壳、去皮、浸泡磨浆、浆渣分离、调配、脱气、均质、杀菌、灌装而成。由于植物蛋白饮料是中性或低酸性饮料，杀菌操作与果汁类饮料的杀菌完全不同，一般采用高压高温杀菌，即（121±3）℃杀菌。另外，因植物蛋白饮料含有脂肪和蛋白质，通常在制造过程中需要添加少量的乳化剂和稳定剂并进行高压均质，以防止蛋白质沉淀和油脂上浮，保持植物蛋白饮料的稳定性。目前，在我国已发展了若干植物蛋白饮料品种，常见的有豆奶、杏仁露、椰子汁、核桃奶和花生奶等，其生产工艺大同小异，仅举三例。

（1）α-Laval豆奶生产工艺　瑞典利乐公司的α-Laval豆奶生产线生产工艺流程如下。

原料大豆→浸泡→磨浆→浆渣分离→灭酶→脱腥→调配→离心分离→均质→灌装→杀菌→冷却→入库

（2）椰子汁生产工艺流程　椰子汁由椰子的果肉经过浸泡后磨浆，也可以经压榨，部分脱油后粉碎取浆。浸泡磨浆工艺流程如下。

椰子原料→剥椰衣→去壳→去黑皮→漂洗→浸泡→破碎→磨浆→过滤→调配→预热→脱气→均质→杀菌→灌装→密封→二次杀菌→冷却→检验→椰子汁产品

（3）杏仁露生产工艺　生产工艺流程如下。

脱苦杏仁→消毒清洗→烘干→粉碎→榨油→研磨→杏仁糊→过滤→调配→脱气→均质→杀菌→灌装→密封→杀菌→冷却→保温→打检→杏仁露产品

6.6.5 啤酒

啤酒历史悠久，据考证大约起源于9000年前的亚述，即今地中海南岸地区。啤酒是世界上产量最大的酒种。它是以麦芽为主要原料的酿造酒，营养丰富，含酒精低（目前已有无醇啤酒出现），易被人体吸收。1972年第九次世界营养食品会议曾推荐啤酒为营养食品之一，因此是饮料酒的发展方向。

（1）主要原料　制作啤酒的主要原料有水、啤酒花、麦芽，有时也额外添加一些大米粉和玉米粉，以补充糖源供酵母发酵生成乙醇和CO_2。

① 麦芽 麦芽是大麦颗粒经过发芽而制得，发芽的程度控制在根和茎刚好露出为止。绿麦芽经温和地干燥，终止生长，并完整地保留麦芽内酶的活力。麦芽中的酶能将麦芽和其他添加的谷物中的淀粉转化为糖，以便在发酵过程中易被酵母利用进行发酵生成乙醇和CO_2。

② 酒花 酒花是一种植物，它含有脂类和重要油类。酒花最主要的功能是给啤酒带来一种特有的苦味和爽快的香气。此外，酒花中还含有单宁，它能增加啤酒的色泽，酒花在啤酒的酿造过程中添加。酒花还具有一定的防腐作用和泡持性。

③ 谷物辅料 玉米、大米和其他一些谷物常用来作为啤酒酿造的辅料以提供生产过程中所需的碳水化合物（主要是淀粉），以便将其转化为糖，为随后的发酵所利用。

（2）生产工艺简介 啤酒生产过程主要有糖化、煮沸、发酵、贮酒和灌装灭菌等。

① 糖化 生产啤酒的第一个步骤是将麦芽和谷物辅料与水混合并进行温和的蒸煮，制成麦芽醪，以便浸出原料中的可溶组分，并使淀粉形成一种凝胶状的结构，以有利于后面的提取和被酶降解生成糊精和麦芽糖，这一过程叫糊化。采取温和的蒸煮还可以使麦芽醪中的蛋白质释放出来，这些蛋白质同样也可以被酶降解生成低分子量的化合物。糊化后进行的操作叫糖化，糖化初始温度可以为38℃，然后将温度缓慢上升到77℃。加热过程分几段进行，每段升温后的休止时间约为30min，这样阶梯式的加热可以使特异性淀粉酶和蛋白酶在最终加热钝化之前发生作用。为保证糖化过程的完成，采用专门设计的盛装糖化醪的容器叫做糖化锅。糖化锅中的液体部分含有很高含量的酵母可发酵糖，最后从麦糟中过滤分离出来，这种液体称为麦汁。

② 煮沸 麦汁接下来被泵入麦汁煮沸锅，这时加入酒花，混合物在锅内煮沸2.5h后将酒花的残渣和与蛋白质结合的凝固物沉淀下来，麦汁从煮沸锅中酒花渣床层的底部抽取出来，这样酒花渣对麦汁起到了一种特殊的过滤作用。然后，麦汁被冷却，固形物沉淀下来，被冷却的麦汁准备发酵。将麦汁和酒花一起煮沸主要有几个目的：浓缩麦汁，灭菌，灭酶，沉淀残余的蛋白质（否则这些蛋白质会引起啤酒混浊），将麦汁中的糖轻度焦化，使酒花中的香料成分、防腐剂成分及单宁类物质浸提到麦汁中。

③ 发酵 把酵母接种入冷却后的麦汁中，使由淀粉降解而来的糖发酵。发酵在罐内近乎于无菌的条件下进行，这样做可防止杂菌的污染。发酵温度一般为3～14℃，具体取决于生产用的菌株和啤酒厂的生产工艺。前发酵的时间约为9d，最终的酒精浓度为4.6%（体积分数）。发酵也使麦汁的pH降低到4.0，CO_2的浓度达到0.3%（质量分数）。

④ 贮酒 发酵完成以后，啤酒被迅速冷却到0℃，经过过滤机过滤除去绝大部分的酵母和悬浮物质，然后再泵入由CO_2背压的贮罐。鲜啤酒（或称为嫩啤酒）在这些罐中贮藏几个星期到几个月。这一贮藏过程称为后发酵或贮酒。在0℃下经过这一段时间的贮藏，啤酒中少量的悬浮蛋白质、酵母细胞和其他残留物质进一步得到沉淀，并促使啤酒中酯类物质和其他风味化合物的形成，以改善酒体并使之更加成熟。

⑤ 灌装和灭菌 贮酒后，啤酒经过精滤除去少量的悬浮物质，使啤酒拥有晶莹透亮的外观。此时可以额外加入一些CO_2，并灌装。由于啤酒中还有少量活的酵母细胞和少量可发酵糖残留在终产品中，这些酵母和其他微生物在贮酒过程中可以继续生长，如在室温贮藏条件下，它们会在瓶内产生一定的压力。因此，啤酒在灌装后还需进行巴氏灭菌，即把啤酒加热到60℃，保持几分钟。如果啤酒采用的是桶装（即所谓的生啤），则一般采取冷藏而不需巴氏灭菌。由于生啤没有经过巴氏灭菌，所以它比巴氏灭菌过的熟啤具有更好的风味。因此，啤酒也可以通过现代的一些高新技术过滤来很好地除去酵母和杂菌，以保持鲜啤风味和稳定性。

6.6.6 葡萄酒

与啤酒酿造一样，葡萄发酵酿制葡萄酒至少可追溯到公元前4000年。随着工业革命和科学技术的进步，发展十分迅速。1991年全世界葡萄酒产量已达3300万吨，其中1/3以上是在法国和意大利生产的。美国葡萄酒的年产量约为260万吨。虽然许多国家和地区也采用其他水果和浆果来酿酒，但是葡萄是最普遍和最常用的原料。中国的葡萄酒酿造已有2000多年的历史，但产量不大，且有季节限制，未受到足够的重视。1892年，华侨张弼士在烟台栽培葡萄，建立张裕酿酒公司，这是在我国出现的第一个近代新型葡萄酒厂。目前我国的葡萄酒工业有了快速的发展，现已有上百家葡萄酒厂，年产量达到100万吨以上。

（1）葡萄酒的分类　葡萄酒品种繁多，有以下几种分类方法。

① 按酒的颜色分类　按酒的颜色分为红葡萄酒和白葡萄酒。红葡萄酒用果皮带色的葡萄制成，含有果皮或果肉中的有色物质，酒色深红、鲜红或红宝石色。白葡萄酒用白葡萄或红葡萄的果汁制成，色泽淡黄色或金黄色，澄清透明。两者酒精含量均为9%～13%，风味各有特点。

② 按糖分的多少分类　原料葡萄的糖分已经完全发酵转化成酒精，残糖量不超过0.25g/100ml，已感觉不到甜味，则称为干葡萄酒。葡萄酒含糖分超过5%，能感觉到甜味的都称为甜葡萄酒。

③ 按酿造方法分类　按酿造方法分为天然葡萄酒和加强葡萄酒。天然葡萄酒是完全用葡萄汁发酵，不添加酒精和糖分。人工添加白兰地和酒精，提高酒精度的称为加强干葡萄酒；除提高酒精度外，同时提高含糖量的称为加强甜葡萄酒。

④ 按是否含二氧化碳分类　不含二氧化碳的葡萄酒称为静酒；含二氧化碳的称为气酒、香槟酒。人工加入CO_2的称为气酒，发酵产生CO_2的称为香槟酒。

（2）葡萄酒的生产工艺　受篇幅所限，仅介绍以下工艺流程。

① 红葡萄酒生产工艺流程

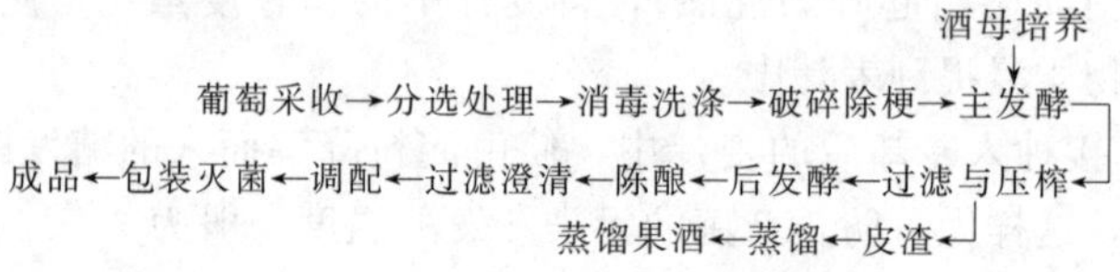

```
                                                   酒母培养
                                                      ↓
            葡萄采收→分选处理→消毒洗涤→破碎除梗→主发酵─┐
成品←包装灭菌←调配←过滤澄清←陈酿←后发酵←过滤与压榨←┘
                              蒸馏果酒←蒸馏←皮渣←┘
```

② 白葡萄酒生产工艺流程

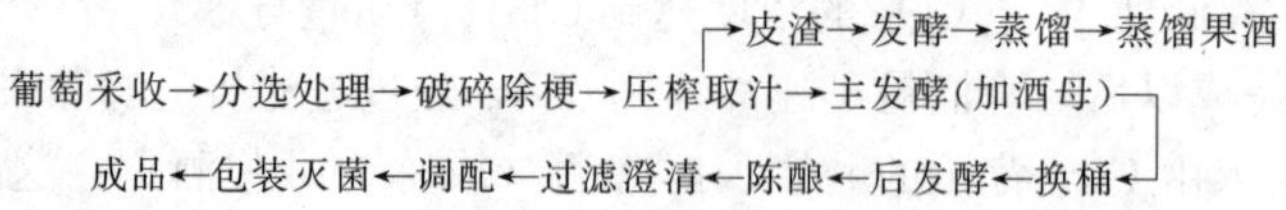

```
                                   ┌→皮渣→发酵→蒸馏→蒸馏果酒
葡萄采收→分选处理→破碎除梗→压榨取汁→主发酵(加酒母)─┐
    成品←包装灭菌←调配←过滤澄清←陈酿←后发酵←换桶←┘
```

6.7 烘焙食品

烘焙食品主要包括面包、饼干、糕点等方便食品。烘焙食品大多以面粉、油脂、糖为主要原料，再配以乳制品、蛋制品、疏松剂和调味品等，通过调制、发酵、成形、焙烤等工艺加工而成。烘焙食品的主要特点是营养丰富、组织膨松、食用方便和易于消化吸收，有的产品还耐贮藏，比如饼干，因此深受广大人民群众喜爱。

6.7.1 面包生产

（1）面包的种类　面包品种丰富多彩，按加入糖和食盐量的不同，有甜面包和咸面包；按形状有圆形面包、枕形面包、梭形面包之分；按配料不同，可分为普通面包和高级面包；

按其加入特殊的原材料可分为果子面包、夹馅面包、油炸面包及营养面包等。

（2）面包的生产过程　面包的生产过程一般可分为原辅材料的处理、面团调制、面团发酵、整形、成形、烘烤、冷却和包装等几个工序。

① 原辅材料的处理　原辅材料的处理主要包括以下几个方面。

a. 小麦面粉的处理　根据面包品种不同选择不同的面粉，比如普通面包选用标准粉，高级面包选用特制粉。然后将面粉过筛，目的是形成松散而细小微粒、清除杂质、混入空气，以有利于面团的形成和酵母的生长与繁殖，促进面团发酵与成熟，在过筛装置上通常安装有磁铁装置，吸附以除去金属杂质。

b. 酵母的处理　酵母是制造面包不可缺少的一种生物膨松剂，在投产前应进行必要的检查和处理。对于压榨酵母在使用前应检验是否符合质量标准，对活性干酵母应制备培养液进行活化处理。

c. 水的处理　水的碱性、酸性、硬度过高均不利于面团的发酵。水的硬度过高应进行软化，适当降低硬度。硬度过大会使面团韧化，发酵迟缓，极软的水又会使面团过于柔软与发黏，发酵时间缩短，降低面包质量。碱性水和酸性水均不利于酵母生长发酵，碱性水和酸性水可分别用乳酸和碳酸钠中和。

d. 砂糖和食盐　应溶化过滤后使用。

e. 奶粉　调制成乳状液使用。如将奶粉直接加入面粉中，易结块影响均匀性。

② 面团调制　面团的调制分一次发酵法和二次发酵法。一次发酵法调制面团是将全部的原辅材料（包括酵母溶液）按一定的投料顺序分别投入调粉机内搅拌均匀，然后进行发酵。二次发酵法调制面团是分两次进行的，先将全部面粉的30%～70%及全部酵母溶液和适量的水调制成面团，待其发酵成熟后，再加入剩余的原辅材料和适量的水，搅拌成熟进行第二次发酵。

③ 面团发酵　该工序是由酵母的生命活动来完成的。酵母利用面团中的营养物质，在氧气的参与下进行增殖，产生大量的 CO_2 气体和其他物质，使面团膨松富有弹性，并赋予成品特有的色、香、味、形。面团发酵质量受面粉中面筋、酶、酵母发酵力、加水量、温度和酸等因素的影响，在发酵过程中均应严格控制并探索出最优条件。

④ 整形　面团发酵成熟后应立即进行整形，主要工序有：切块、称量、搓圆、整形（圆柱形、球形、梭形）、摆盘。

⑤ 成形　整形后的面包坯，先要经过成形，才能进入烘烤工序。成形是把整形后的面包坯，经过最后一次发酵，使面包坯起发到一定的程度，形成面包基本形状，才进入烘烤阶段，所以成形也叫醒发或末次发酵。成形的时间、温度、湿度是该工序的主要控制因素，视烤炉的烘烤速度而定。

⑥ 烘烤　面包坯在炉内经过高温的作用，由于 CO_2 的膨胀使制品组织膨松，富有弹性，同时在高温下，面团中的还原糖与氨基酸反应（美拉德反应）使制品表面为褐色，并赋予制品特有的焙烤香味。面包坯的烘烤是面包生产的重要工序，在操作中应根据面包的大小、形状，严格控制好炉子的面火、底火和烘烤时间。

⑦ 冷却和包装　刚出炉的面包温度很高，中心温度约在98℃左右，而且皮硬瓤软没有弹性，不能立即包装受到挤压，否则将造成残次品，一般需在卫生干净的包装台上冷却至室温，然后进行密封包装，其目的是既可以避免水分大量损失，防止面包干硬，又保持面包的清洁卫生，减少微生物的污染。

6.7.2　饼干生产

（1）饼干的分类　分类方法有两种，即按原料配比分类和按成形方法分类。

① 按原料配比分类　按油、糖、面粉、盐等原料配比不同，大体上可分为五大类：粗饼干类、韧性饼干类、酥性饼干类、甜酥性饼干类、发酵饼干类。

② 按成形方法和油糖用量的范围分类　按此方法仍可将饼干分为五大类：苏打饼干、冲印硬性饼干、辊印饼干、冲印软性饼干、挤条饼干。此外，还有挤浆成形方法生产的杏元饼干，挤花成形的丹麦曲奇饼干等。

(2) 饼干采用的原辅料　饼干常采用的原辅料有 10 多种，它们是：小麦面粉（强筋）、小麦面粉（弱筋）、淀粉、起酥油、磷脂、白砂糖、饴糖、全脂奶粉、鸡蛋、食盐、碳酸氢钠、碳酸氢铵、鲜酵母、抗氧化剂等。各类产品的基本配方均按不同比例选用这些原辅料。

(3) 酥性面团和韧性面团

① 酥性面团　主要用于生产酥性饼干和甜酥性饼干。该面团俗称冷粉，这种面团要求具有较大程度可塑性和有限的黏弹性，使操作中的面皮有结合力，不粘辊筒和模型，成品有良好的花纹，具有保存能力，形态不收缩变形，烘烤后具有一定程度的胀发率。要达到酥性面团的性能，关键是在面团调制时控制面筋的吸水率，使其形成有限的胀润程度。

② 韧性面团　韧性面团俗称热粉，这是由于此种面团在调制完毕时具有比酥性面团较高的温度而得名。这种面团要求具有较强的延伸性，适度的弹性，柔软而光润，具有一定程度的可塑性，适用于做凹形饼干。此种面团生产的饼干胀发率较酥性制品大得多，口味松脆，但酥性不及酥性面团的制品。

在生产中，通过控制配料和调制工艺来形成以上两种面团。比如两种面团使用的改良剂不同，配料顺序不同，调粉温度不同等。

(4) 两种典型饼干的生产工艺流程

① 冲印韧性饼干生产工艺流程（见图 6-10）。

② 辊印甜酥性饼干生产工艺流程（见图 6-11）。

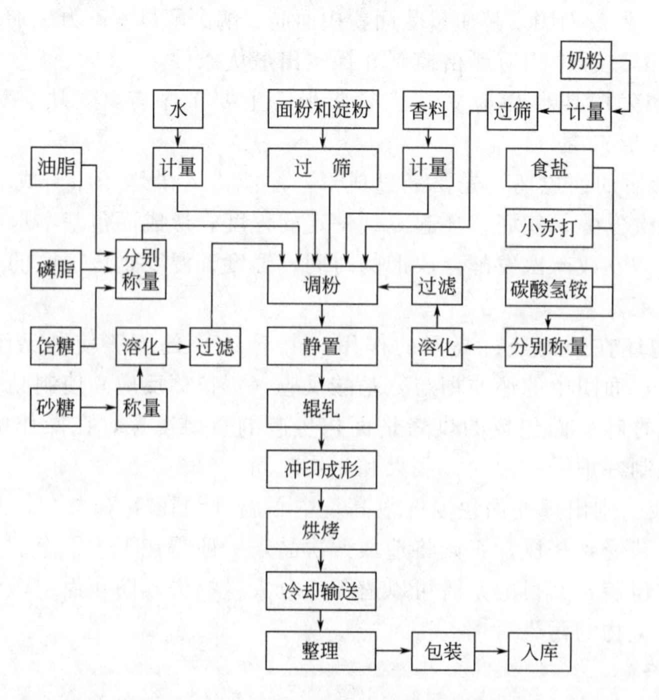

图 6-10　冲印韧性饼干生产工艺流程

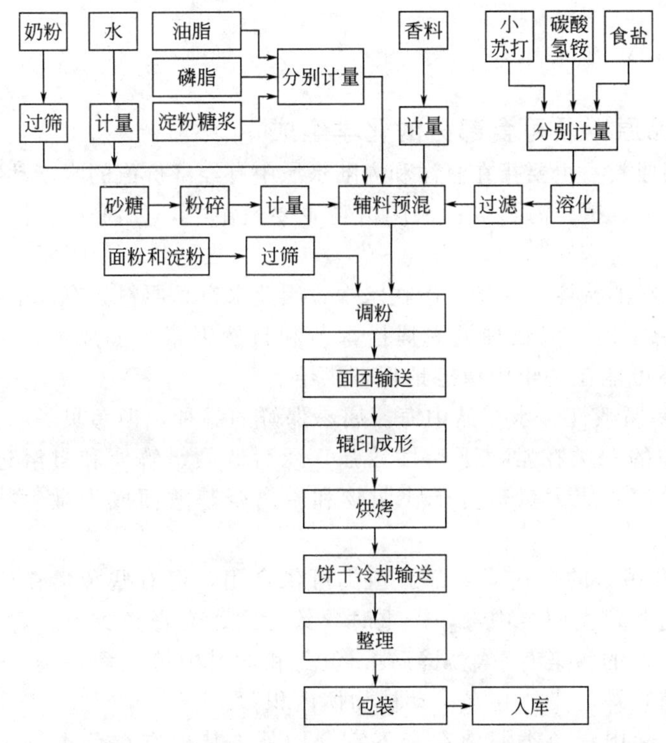

图 6-11 辊印甜酥性饼干生产工艺流程

6.7.3 蛋糕生产

蛋糕俗称"鸡蛋糕"，是糕点中含蛋量最高的一个主要品种。它营养丰富，质地松软，富有弹性，味道芳香，组织细腻，是老幼皆宜的高级食品，一向为人们所钟爱，在种类繁多的面粉制品里，它的销售量仅次于面包。但加工比制作面包简单。

(1) 蛋糕加工工艺流程

原料的选择和配比→打蛋→面糊调制(搅打)→灌模→烘烤→脱模→冷却→装饰→成品

(2) 加工过程

① 原料的选择和处理　按照产品特点选择合适的原辅料，比如面粉选择低筋粉，并对原辅料进行预处理，将面粉、淀粉过筛等。

② 打蛋　蛋糕加工中主要利用鸡蛋的发泡性能，因此应将鸡蛋打发，并充分搅打，使其充分散碎并混入大量空气。

③ 面糊调制　将面粉、砂糖粉、奶粉、膨松剂、淀粉、油脂、起泡剂等原辅料加入蛋液中，搅打或搅拌混合均匀，调制成所要求的面糊。

④ 灌模成形　通常是先在模具中刷油或垫上一干净纸，然后将面糊灌入模具中。刷油和垫纸的目的是蛋糕烘烤成熟后易于脱模。

⑤ 烘烤　通常在焙烤炉中进行，应根据蛋糕厚薄、大小等调制好烘烤温度和烘烤时间。

⑥ 脱模、冷却　将模具中烤熟的蛋糕从模具中倒出，经自然冷却至室温，以利于后面工序的操作，如装饰、切块、包装等。

⑦ 装饰　多数蛋糕需要装饰裱花，即经熟制工序后的制品选用适当的装饰料对制品进一步美化加工。所需的装饰料应在使用前制备好，比如各色奶油等。

6.8 水产食品

6.8.1 水产食品原料及可食部分的化学组成

(1) 水产食品原料 主要指在海洋和内陆水域中有经济价值的水产动物和水产植物。水产动物有鱼、虾、贝、蟹、海参等；水产植物主要是藻类，如海带、紫菜、裙带菜、螺旋藻等。

(2) 水产品原料的特性 由于生活在水中，因此水产品原料具有以下特性。

① 原料的不稳定性 多数种类受捕捞季节和自然因素，如风力、海流、赤潮、水温等的影响，几乎不可能在一年中稳定地保证供给。

② 水产品的易腐败性 水产品中海藻属易保鲜的品种，但鱼贝类特别容易腐败变质。主要原因是鱼体中的酶类在常温下活性较强，死后僵硬、解僵和自溶过程的速度快，使鱼肉蛋白质很快分解生成大量低分子代谢物和游离氨基酸而成为微生物的营养物，腐败加快。

③ 有毒种类及污染的存在 大部分鱼类可供食用，但有些鱼类在体内会产生或积累有毒物质，误食这些鱼类便会中毒，严重时导致死亡。有毒鱼类有：毒鱼类、刺毒鱼类、毒腺鱼类三种。潜在的污染有重金属污染、鱼药和饲料中抗生素污染、农药污染水域等，并进而使水生动植物被污染，在水生动植物体内积蓄。

有毒鱼类中，除肉毒鱼类肌肉有毒不宜食用外，其他有毒鱼类仅某些器官、组织或鳍棘有毒，因而并不影响人们的食用。有些种类甚至是重要的经济鱼类或上等食用鱼类。有毒鱼类还可以入药，如刺毒鱼的毒液可影响中枢神经、心血管系统和呼吸系统，可以开发获得某些具有心血管和肌肉松弛效应的药物。然而被化学污染的水生动植物类是绝对不能食用的。

(3) 可食部分的化学组成

① 蛋白质 一般鱼、虾、蟹的肉含蛋白质15%～22%；贝类稍低，为8%～15%。鱼肌肉干基蛋白质含量高达60%～90%，高于猪肉、牛肉、羊肉，因猪肉、牛肉、羊肉含有肥肉。蛋白质中氨基酸种类与禽肉相比较，除缺少甘氨酸外，8种人体必需氨基酸在水产动物肌肉中都含有相当数量，特别是赖氨酸含量高，而且肌纤维短，因此肉质细嫩，可消化性强。

② 脂肪 水产动物脂肪含量低，因品种不同波动范围较大，比如海参的粗脂肪含量仅为0.1%，而带鱼的粗脂肪含量达7.4%。就普通鱼类、贝类而言，其可食部分属于低脂肪食物。更加重要的是，鱼类、贝类脂质的特征之一是富含n-3系的多不饱和脂肪酸（PUFA），如二十碳五烯酸（EPA）、二十二碳六烯酸（DHA）。EPA、DHA具有促进智商、降低血压和胆固醇、防治心血管病和预防老年痴呆症等方面的生理活性功能，其含量海水性鱼类、贝类高于淡水性鱼类、贝类，特别是深海鱼油中含量较丰富。

③ 碳水化合物 鱼类、贝类组织中含有各种碳水化合物，但主要是糖原（glycogen）和黏多糖（包含几丁质、甲壳素、壳多糖），也有单糖、二糖等。藻类中不仅含有红藻淀粉、绿藻淀粉等不同于陆上植物的贮藏多糖，亦含有琼胶、卡拉胶、褐藻酸等陆上植物未见的海藻多糖。

④ 维生素 水产动植物的可食部分含有多种人体营养所需的维生素，如脂溶性维生素A、维生素D、维生素E和水溶性维生素B、维生素C，是维生素的良好供给源。维生素A

在鱼类的各类组织中含量以肝脏为最多，因此鱼肝曾是鱼肝油维生素A、维生素D供给源。海水鱼肝脏多含维生素A_1，而淡水鱼多含维生素A_2。鱼类肝油中维生素D的含量也较高（80～264000μg/kg），而且肌肉中的含量也相当高。海藻主要以富含水溶性维生素为特征，干海藻维生素B_1含量在0.3～0.4mg/kg，维生素B_2在一般藻类中低于10mg/kg。海藻中还含有维生素B_{12}（cyanocobalamin），不同藻类中含量相差较大，但大多数海藻的维生素B_{12}含量相当于一般动物内脏中的含量。

⑤ 矿物质和微量元素　鱼类、贝类的矿物质和微量元素含量，因动物种类及体内组织而显示很大程度的差异。骨、鳞、甲壳、贝壳等硬组织含量高，特别是贝壳高达80%～90%，而肌肉相对含量低，在1%～2%左右，但对代谢的各方面发挥着重要的作用。此外，体液的无机质主要以离子形式存在，同渗透压调节和酸碱平衡相关，是维持鱼类、贝类生命的必需成分。

6.8.2　海洋生物活性物质

限于篇幅，本书仅简要介绍近年来从海洋生物中发现的、对人体健康有益的生物活性物质。

（1）多不饱和脂肪酸（potyurisahwated fatty acid，PUFA）　在海洋生物中，如藻类及海水鱼类，含量较高的多不饱和脂肪酸主要是指DHA（$C_{22:6}$）和EPA（$C_{20:5}$）两种。这两种成分在动物体内可由亚麻酸转化而成，但这一过程在体内非常缓慢，而在一些海鱼和海藻中的转化量较大，其主要功能前已述及。

（2）牛磺酸　又称α-氨基乙磺酸，分子式为$C_2H_5NO_3S$，是一种含硫的非蛋白质氨基酸，其主要生理活性功能是加强心室功能、增加心肌收缩力、抗心律失常、防止充血性心力衰竭和降血压等，目前用作保健食品强化剂和运动饮料的成分。最早由牛黄中分离而得，现已发现在牡蛎、贝类、软体章鱼、紫菜及海藻体内均存在，特别是牡蛎肉中含量较多，平均为1.3%。

（3）海藻膳食纤维　藻类的贮藏多糖中，除红藻淀粉、绿藻淀粉同陆上植物淀粉相似之外，褐藻淀粉主要为β-1，3-糖苷键的海带聚糖，因此，褐藻淀粉也属于膳食纤维的范畴。此外，藻类植物细胞间质多糖，如琼胶、卡拉胶、褐藻胶、马尾藻聚糖、岩藻聚糖、硫酸多糖等都属于海藻膳食纤维的成分。同陆上植物比较，以干基计，谷物最低为0.8%～5%，蔬菜为15%～35%，菌菇类为20%～45%，海藻类为30%～65%。由此可见，海藻是膳食纤维高含量的食品。

（4）甲壳质及其衍生物　甲壳质（chitin）又名几丁质、甲壳素等，是甲壳类、昆虫类、贝类等的甲壳及真菌类的细胞壁的主要成分，是一种贮量十分丰富的天然多糖。甲壳胺（chitosan）又名水溶性甲壳素、壳聚糖，是甲壳质的脱乙酰衍生物。甲壳质和甲壳胺是天然多糖中少见的带正电荷的高分子物质，具有许多独特的性能，并可以通过酚化、醚化等反应制备多种衍生物。在食品、生化、医药、日用化妆品及其污水处理等许多领域具有广泛的用途。甲壳质及其衍生物的主要生理功能是降低胆固醇，调节肠内代谢，调节血压及抗菌等。

6.8.3　海洋生物的天然毒素及污染物质

海洋生物毒素是水产品化学危害的主要成分。因食用鱼、贝类而发生中毒事件在世界范围内时有发生。经过科学家的研究发现，在赤潮爆发的海区，海洋生物很易被毒化。因为有些赤潮生物能产生毒素，这些毒素可以通过贝类、鱼类或藻类等中间传递链引起人类中毒。已知毒素如下。

（1）河豚毒素（tetrodotoxin） 河豚毒素主要存在于各种河豚的肝、卵巢和肠道中，最毒种类是鲸科（Tetraodontidac）的种类，但并非本科所有鱼种都含有此毒素。通常含此种毒素的鱼其肌肉组织中并不含此毒素，但也有例外。河豚中毒在食入10～45min后发生，主要为神经病学症状，表现为脸上和四肢刺痛、麻痹、呼吸困难和心血管衰竭，最严重的病例中，6h内死亡。

（2）西加毒素（ciguatoxin） 西加毒素是由于食用了以有毒涡鞭毛藻为食并被毒化的鱼而引起的，这些藻属于微小的海洋浮游海藻。毒素主要来源是深海涡鞭毛藻中毒性岗比甲藻，毒性岗比甲藻生长于珊瑚礁附近，并紧紧附着在巨大藻类上。当礁石被扰动（飓风、礁石被炸坏）就可发现有毒涡鞭毛藻产量增加。已有报道，有400多种鱼引起西加毒素中毒，所有这些鱼都发现于热带和温带肉食性的鱼肉中，毒素蓄积下来，通过白鼠试验和层析法能在肠、肝和肌肉组织中测出毒素。

（3）麻痹性贝毒（paralytical shallfish poisining，PSP） 食用贝类中毒是一种已经认识了几个世纪的综合病症，最常见的是PSP中毒。PSP由一组毒素（石房蛤毒及其衍生物）组成。这些毒素是由涡鞭毛藻中的*Alexandrium*属、*Gymnodimium*属和*Pyrodinium*属产生的。已摄食有毒涡鞭毛藻的贻贝、蛤、乌蛤和扇贝保留毒素的时间因其种类不同而异。有些贝类清除毒素很快，只在水华时有毒，有些贝类保留毒素很长时间，甚至数年。PSP引起神经系统紊乱，其症状表现为口唇和肢端刺痛、灼烧痛、麻木、动作失调、嗜睡和语无伦次，严重的会因呼吸麻痹而死亡。在一顿饭的时间内（0.5～2h），症状逐渐发展，能承受12h以上的中毒者一般能康复。

（4）腹泻性贝毒（diarrhetic shellfish poisoning，DSP） 欧洲、日本和智利已报道了数千例由DSP引起的消化系统紊乱的病例。引起这种疾病和产毒涡鞭毛藻属于*Dinophysis*属和*Aurocentrum*属。这些藻类分布广泛，表明该疾病在世界其他地区也会发生。在食入已摄食有毒海藻的贝类半小时到几小时内发病。症状表现为消化功能紊乱（腹泻、呕吐、腹痛），中毒者在3～4d康复。还未观察到死亡病例。

（5）神经性贝毒（neurotoxic shellfish poisoning，NSP） 在食用了生长于涡鞭毛藻赤潮中的双壳贝类的人中，有NSP中毒的报道，此病限于墨西哥湾和佛罗里达沿岸地区。Breve毒素可严重致鱼死亡，这种涡鞭毛藻的赤潮也与鱼类大量死亡有关。除不发生麻痹外，NSP中毒的症状与PSP相似，但NSP很少致死。

（6）遗忘性贝毒（amnesic shellfish poisoning，ASP） ASP的毒化作用是由软骨藻酸(domoic acid)，即一种由硅藻所产生的氨基酸造成的。首次报道的ASP中毒事件发生于1987～1988年的冬天，在加拿大东部。在此地区食用养殖蓝贻贝后，有150多人发生中毒，4人死亡。ASP中毒症状的表现从轻微恶心、呕吐到丧失平衡以及中枢神经失调，包括神经错乱和记忆丧失。在幸存的中毒者中，几乎都产生短期记忆丧失，因此，专业术语叫遗忘性贝毒(ASP)。

（7）潜在毒性的化学污染物 无机化学物质：砷、铅、汞、镉、硒、锌、氟化物。有机化学物质：多氯联苯、杀虫剂（氯代烃类）。与加工过程有关的化合物：亚硝胺及与水产养殖有关的污染物（抗生素、激素、饲料添加剂）。在海洋捕捞的鱼类、贝类中，被化学物质污染的危险性很小，可以不予考虑。在沿海水域和污染严重水域捕获的鱼类、贝类被化学残留物（汞、硒、二氯二苯-三氯乙烷）污染的危险性较高。由于天然和人为原因（工业废料和污水污物往海洋倾倒），部分水产品被较大浓度的、危害健康的有机物（杀虫剂、多氯联苯）和无机物（砷、铅、汞、镉、硒、锌、氟化物等）污染，也将为消费者造成潜在的风险。

6.8.4 鱼类、贝类死后变化及其保鲜

动物屠宰或死亡后，由于酶的作用，在体内和肌肉中继续进行着与活体不同的各种生物化学变化。了解这些变化不仅有利于判定鱼类、贝类的鲜度，而且有利于采用适当的保鲜方法来保证鱼类、贝类的质量。

(1) 鱼类、贝类死后的变化　鱼类、贝类死后的整个变化过程可分为初期生化变化和死后僵硬、解僵和自溶、细菌腐败三个阶段。

① 初期生化变化和死后僵硬　初期生化变化：鱼类、贝类死后，在停止呼吸与断氧条件下，肌肉中糖原无氧酵解生成乳酸。与此同时，ATP（腺苷三磷酸）按以下顺序发生分解，ATP→ADP（腺苷二磷酸）→AMP（腺苷一磷酸）→IMP（肌苷酸）→HxR（次黄嘌呤核苷，又称肌苷）→Hx（次黄嘌呤）。此外，糖原酵解的过程中，1mol的葡萄糖能产生2molATP。通过这样的补给机制，动物即使死亡，在短时间内其肌肉中ATP含量仍能维持不变。然而随着磷酸肌酸和糖原的消失，肌肉中ATP含量显著下降，肌肉开始变硬，经过一定时间后，鱼体进入僵硬状态。该过程一般发生在死后数分钟或数小时，持续时间为数小时至数十小时，但普遍比畜肉短。

② 解僵和自溶及细菌腐败　当僵硬达到最大限度和pH下降到一定程度后，肌肉中各种蛋白酶对蛋白质的分解作用加快，肌原纤维的z线崩解断裂，组织中胶原分子结构、结缔组织等发生变化，肌动蛋白和肌球蛋白之间的结合力降低，僵硬又缓慢地解除，肌肉重新软化，这一过程称为解僵。而在这一过程中，鱼肉蛋白质在组织蛋白酶的作用下，分解成肽和氨基酸，这称为自溶。解僵和自溶使鱼体鲜度上升，肌肉组织软化细嫩，风味显著增加，这一阶段称为肉的成熟。烹饪时，刚成熟的鱼类风味最佳。但同时分解产物氨基酸和低分子的含氮化合物为细菌的生长繁殖创造了有利条件，加速了鱼体的解僵和自溶过程。特别是当鱼体肌肉在大量微生物的作用下，鱼体中的蛋白质、氨基酸及其含氮物质被分解为氨、三甲胺、吲哚、硫化氢、组胺等低级产物，使鱼体产生腐败特征的臭味，这种过程就是细菌腐败。

(2) 鱼类、贝类鱼鲜度评定　鱼类、贝类鲜度评定方法有感官评定、微生物学方法、化学方法和物理方法等。限于篇幅，不对每种方法的优缺点作详细比较，仅介绍新近发展的生物传感器检测鱼类鲜度的方法。如前所述，鱼类死后体内ATP经酶解依次形成ADP、AMP、IMP、肌苷、次黄嘌呤和尿酸，因此有人提出用k值表示鲜度。

$$k=\frac{\text{肌苷}+\text{次黄嘌呤}}{\text{ATP}+\text{ADP}+\text{AMP}+\text{IMP}+\text{肌苷}+\text{次黄嘌呤}+\text{尿酸}}\times 100\%$$

由于鱼死后5～20h，ATP、ADP和AMP已分解殆尽，生成的尿酸又很少，因此k值可简化为k_i值。

$$k_i=\frac{\text{肌苷}+\text{次黄嘌呤}}{\text{IMP}+\text{肌苷}+\text{次黄嘌呤}}\times 100\%$$

在日本，$k_i<10$，表明鱼很新鲜，可供生食；$k_i<40$为新鲜，但必须熟食；$k_i>40$，不新鲜，不宜食用。目前，利用酶作生物敏感材料，制成了检测k_i值的鱼鲜度检测生物传感器，可快速准确评价鱼鲜度。

(3) 鱼类、贝类的保鲜方法　主要原理是通过物理或化学方法抑制鱼类、贝类体内酶的活性，控制微生物的污染和繁殖，延缓或控制鱼类、贝类的腐败变质，以保持其新鲜状态和品质。鱼类、贝类保鲜的方法有低温保鲜、电离辐射保鲜、化学保鲜、气调保鲜等。

6.8.5 水产品的主要加工方法及加工新技术

(1) 水产品的主要加工方法　就目前而言，水产品成熟加工技术的主要方法有冷冻加

工、干制加工、腌制烟熏加工和罐藏加工等。加工产品有五大类：冷冻或速冻产品、鱼干制品、罐头制品、腌制烟熏制品和鱼糜类制品。各大类产品又有许多的花色品种，以满足各类消费人群的需求。这些水产品的加工方法，生产工艺和加工技术均涉及比较深的食品科学与工程方面的基础理论知识和专业知识，有的已经有专著出版，有兴趣的读者可查阅专门书籍。

(2) 加工新技术的应用　随着科学技术的飞速发展，愈来愈多的高新技术在水产品深加工中得到应用，这些技术有：真空冷冻干燥、微波干燥、超高压灭菌、生物技术、气调保鲜技术、辐照技术和微胶囊技术等。通过高新技术的应用，将为人们提供营养更加丰富、食用更加方便、品质更佳、安全性更高的水产食品。

6.8.6 水产品的综合利用

在水产品的加工中，除了冷冻、冷藏、腌制、干制、熏制和罐制等食品加工外，对食用价值较低的水产品以及水产品加工过程中的废弃物（鱼头、尾、鳞、皮、内脏等）的进一步充分利用，称为水产品综合利用。综合利用按原料的不同，可分为鱼类综合利用、贝类综合利用、藻类综合利用等。其产品有各种工业用品、农业用品、食用及医药用品等。

(1) 鱼类的综合利用　鱼类综合利用实例较多，比如以经济价值或鲜度较差的鱼类或利用鱼类加工过程中余下的废弃物加工成鱼粉作饲料中的高蛋白原料；又如以小杂鱼等为原料经腌制、发酵，再经加工提炼而成的水产调味品鱼露；再如利用鱼类肝脏提取鱼肝油等都是鱼类综合利用的例子。

(2) 虾壳、蟹壳的综合利用　虾壳中含甲壳素15%～30%、碳酸钙30%～40%；蟹壳中含甲壳素15%～20%、碳酸钙75%左右。目前的综合利用是以虾壳、蟹壳为原料提取甲壳素和生产碳酸钙产品。甲壳素具有成膜性、抗凝血性、促进伤口愈合等功能，因此可在食品、生化、医药、日用化妆品及其污水处理等领域得到广泛应用。

(3) 藻类的综合利用　主要是利用藻类生产植物胶，比如利用褐藻植物海带生产褐藻酸钠，角叉菜生产卡拉胶，红藻类植物生产琼脂等。

6.9 糖果与巧克力制品

6.9.1 糖果的定义、分类与特性

(1) 糖果的定义　糖果是含糖食品（甜食或糖食）中的一个大类。它是指由多种糖类（碳水化合物）为基本组成，添加不同营养素，采用先进的工艺技术生产的具有不同物态、质构和香味，精美而耐保藏的，甜的固体食品。糖果也是一种方便食品和休闲食品。

(2) 糖果的分类与特性　糖果的生产历史悠久，经过3000多年的发展，形成了一系列的花式品种。我国根据生产工艺相同或相似性，将糖果归纳为六大类型。

① 熬煮糖果　这类糖果经高温熬煮或真空熬煮而成，含有很高的干固形物和较低的存留水分，质地坚脆，故也称硬性糖果（hard candies）。熬煮至高浓度的糖膏在成形之前，经过不同的加工处理可改变其质构特征，因此又可分为透明、丝光、结晶、膨松等亚类。

② 焦香糖果（caramelized confections）　这类糖果也是经过高温熬煮加工而成的，但在配料中添加有较多的乳制品和脂肪，其工艺特征是物料在高温区发生羰氨缩合反应产生一种独特的焦香风味，质地细腻。该糖果也称为乳脂糖，又有韧质和砂质两类，卡拉蜜尔糖和太妃糖属于前者，勿奇糖属于后者。

③ 充气糖果（aerated confections）　这类糖果物料的熬煮程度比硬性糖果和焦香糖果

低，在配料中加有起泡剂、乳制品和一定量的脂肪，在糖膏熬煮到适宜浓度后通过机械的搅打或拉伸作用进行充气作业，形成含有无数细密气泡的糖体，外观洁白而有光泽、质地细腻疏松、有一定的弹性和咀嚼性。典型产品有棉花糖、牛轧糖、明胶奶糖和求斯糖。

④ 凝胶糖果（gelatinized confections） 凝胶糖果又称软糖，这类糖果物料组成中添加有一类重要的功能性配料——凝胶剂。糖体由凝胶剂所形成的凝胶网络构成。糖体柔嫩稠黏。常用的凝胶剂有淀粉、琼脂、果胶、明胶、树胶等。

⑤ 巧克力制品（chocolate products） 巧克力制品是一类以可可制品为主制成的特殊含糖食品。一般不经过熬煮工序，但要进行特殊的精磨、精炼、调温等工序。其质地硬脆，但入口即熔，风味和口感独特。

⑥ 其他类型 除上述五大类外，糖果中还有许多类型，如夹心糖果（filled confections）、涂衣糖果（coated confections）、结晶糖果（crystallized confections）以及胶基糖果（chew gum）等，但这些糖果部分可归入前面的类型中，部分是前面几种类型中相互交叉形成的新的类型。

6.9.2 糖果生产的主要配料

（1）砂糖 糖果制造中的常用甜味料是蔗糖。蔗糖商品名称又为砂糖，通常来自于甘蔗和甜菜，是一种结晶性物质，具有一定重结晶作用，在一定条件下溶化的蔗糖分子会重新结晶析出。糖果制造中即是利用蔗糖的结晶性质并在一定条件下与其他配料发生各种物理和化学反应生产各种糖果。

（2）玉米糖浆 玉米糖浆（com syrup）又称葡萄糖浆或淀粉糖浆，是玉米淀粉经酸、酶或酸-酶法水解得到的一种含有葡萄糖、麦芽糖、高糖（higher sugar）和糊精的黏稠液体。通过调整水解时间、水解温度、pH 和酶用量，可控制玉米糖浆的水解度或转化度（DE值）。玉米糖浆的转化度不同，其组成和对糖果质构和风味的作用也不同，随着转化度的提高，糖浆中还原糖含量增加、黏度下降、基体作用变弱、香味及香味传递作用增强、抗结晶性下降。除作甜味剂外，玉米糖浆在糖果生产中还有以下作用：控制蔗糖结晶，增加糖的黏性，降低糖体的脆性和糖果在口中的溶解速度等。

（3）转化糖 转化糖（invert sugar）常用于糖果生产中。蔗糖在酸（酒石酸）或水解酶的作用下，生成葡萄糖和果糖两种单糖。

$$\underset{\substack{\text{蔗糖}\\(342g)}}{C_{12}H_{22}O_{11}} + \underset{\substack{\text{水}\\(18g)}}{H_2O} \longrightarrow \underset{\substack{\text{葡萄糖}\\(180g)}}{C_6H_{12}O_6} + \underset{\substack{\text{果糖}\\(180g)}}{C_6H_{12}O_6}$$

转化糖的吸湿性比玉米糖浆强，也用于防止蔗糖结晶或有助于蔗糖结晶度的控制。

（4）其他甜味剂 除以上甜味剂外，在糖果生产中应用的甜味剂还有棕砂糖、蜂蜜和糖醇类、糖精、蛋白糖（aspartame）、AK 糖、甜蜜素、甘草甜以及一些功能甜味剂等。

（5）可可制品 可可制品包括可可液块（cocoa liquor）、可可脂（cocoa butter）和可可粉（cocoa powder），均由可可豆加工而得，在糖果生产中赋予巧克力特有的香气和滋味。

（6）添加剂 在糖果的制造过程中，使用的添加剂大致有以下几种。

① 增稠剂 有淀粉、果胶、明胶、琼脂等，主要用于凝胶软糖生产。

② 香精、香料 多用于水果风味软硬糖的增香补味。

③ 酸味剂 赋予糖果特别是水果风味的甜酸果味。

④ 色素 食用色素，赋予硬糖和软糖诱人的色泽。

⑤ 保湿剂 山梨糖醇和丙三醇等，保持糖果的水分。

除此之外，焦香糖果中还使用乳化剂，对乳脂肪、蛋白质和糖液起乳化、分散、稳定作用，常用乳化剂有大豆磷脂、单甘酯、蔗糖酯、山梨糖醇脂肪酸酯等。

6.9.3 糖果生产工艺技术简介

(1) 硬糖的制造工艺与技术　硬糖是以白砂糖、淀粉糖浆等为主要配料高度熬煮浓缩制成，在常温下是一种坚硬而易脆裂的固体物质，也可以说硬糖的糖体是一种过冷的、过饱和的固体溶液，或是一种无定形的固体。在硬糖的糖体化学组成中蔗糖约占50%～80%，麦芽糖、葡萄糖、果糖、转化糖约占10%～25%，高糖和糊精占10%～25%，这些糖类主要来源于白砂糖和淀粉糖浆（或转化糖浆）。硬糖的生产工艺一般包括物料的配合、溶化、熬煮、冷却、成形和包装等过程。有常压熬煮工艺和真空熬煮工艺，分别见图6-12和图6-13。通常将糖液熬煮浓缩到98%以上，温度达150℃，再经适当冷却至80～70℃时成为糖膏可塑体，然后采用浇模成形和塑压成形制成糖块。

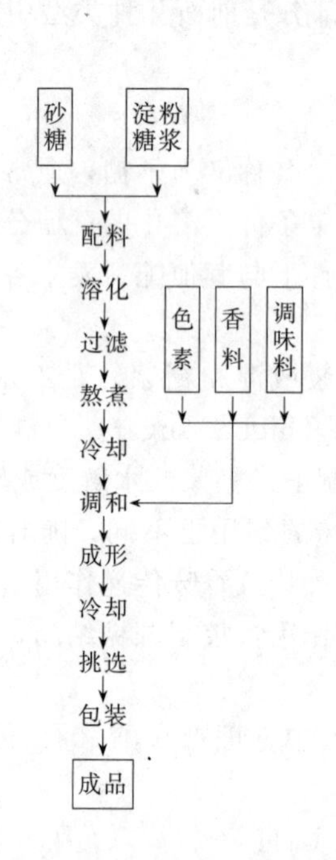

图 6-12　常压熬煮硬糖生产流程

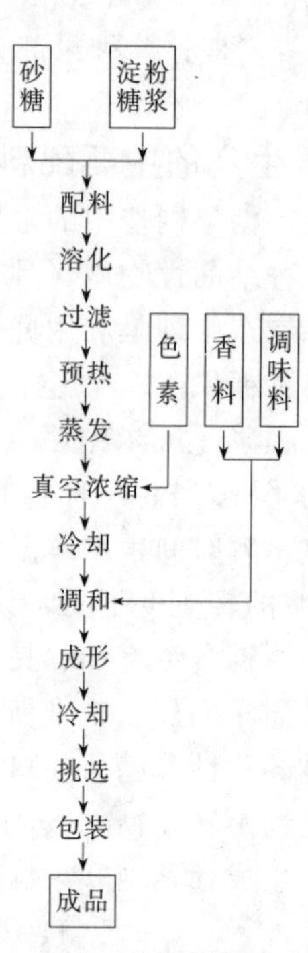

图 6-13　真空熬煮硬糖生产流程

(2) 焦香糖果的制造工艺与技术　焦香糖果也是一类熬煮浓缩程度较高的糖果类型，但在最终水分含量、配料组成、质构特性及风味方面都明显不同于硬糖品种。由于焦香糖果最终含水量比硬糖的高，且含有较多乳固体和脂肪，其糖体密度低于硬糖；焦香糖果的色泽和风味主要来源于物料在加热熬煮过程中所产生的分解、缩合产物。焦香糖果的风味类型和强度与其色泽有内在的联系，一般是随着色泽的加深，其焦香风味强度逐渐提高。此外，焦香糖果的外观和风味还受加工过程中物料的乳化、混合充气与结晶等工艺条件的影响，制作精良的产品色泽浅黄，具有明净光洁的外观与醇厚纯净的风味。焦香糖果不同于硬糖的另一个特征是糖体的不稳定性。焦香糖果经冷却凝固后，室温下虽已具备固体应有的外观形态，但它仍缺少真正固体所具有的稳定结构和特性，在外力作用下会引起糖体变形，尤其是周围温度升高，其变形会更加明显，工艺上常将这种不稳定性称为冷流动性。

焦香糖果的物料组成比硬糖复杂，其主要配料为糖类、乳制品、脂肪和香味料等。为促进焦香糖果特有风味的形成，除采用特殊工艺措施外，还常常考虑糖类组成的直接影响，因此在焦香糖果的配料中除了白砂糖外，还添加部分棕砂糖（黄砂糖）、糖蜜以及其他风味性甜味料。由于棕砂糖、糖蜜及褐色糖浆等含有较多的还原糖、色素、含氮化合物等，物料在高温熬煮过程中易于发生羰氨缩合反应和焦糖化反应，因而容易获得具有浓厚与独特焦香风味的产品。焦香糖果生产工艺流程如图 6-14 所示。为促进物料的焦香化反应，通常采用常压熬煮，糖液温度达到 120～130℃，固形物浓度 90%～92%，适当冷却后塑压成形。

（3）凝胶糖果生产工艺与技术　凝胶糖果是以亲水性胶体为基本组成的软性糖果的总称，又称为软糖。凝胶糖果的糖体透明、质地柔嫩稠韧，主要配料为糖类、香精香料、色素、一种或一种以上的亲水胶体（如果胶、琼脂、淀粉或明胶等），生产工艺见图 6-15。

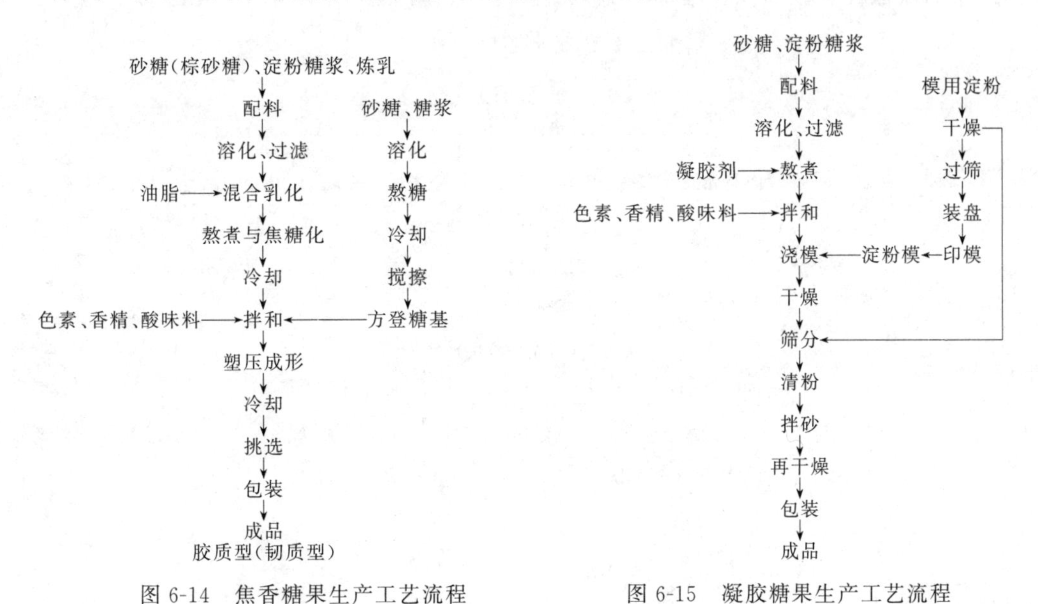

图 6-14　焦香糖果生产工艺流程

图 6-15　凝胶糖果生产工艺流程

（4）巧克力生产工艺　巧克力不仅可以直接加工成糖果，而且也可以涂布在其他糖果、果仁、水果和谷物制品的表面制成涂层产品，还可以作为其他产品的夹心。巧克力是以可可脂为连续相，糖、可可制品和乳固体为分散相构成的一种分散体系。作为分散介质的可可脂常以固体晶格的形式出现，而作为分散相的糖类、可可制品、乳制品则以细微质粒的形式被固定在油脂的晶格中。巧克力是一种热敏性很强的制品，其质构特征受温度影响很大，当巧克力处于较低温度时，坚硬而有脆性；当温度升高接近 35℃或 35℃以上时，巧克力将变软而熔化，其坚实硬脆的特性消失。巧克力的遇冷硬脆、遇热软化的特性是可可脂特有的化学组成和多晶型特性的表现。

巧克力是一类非熬煮性糖果，其加工不同于其他糖果制品。巧克力的制造一般包括可可制品（可可液块、可可脂和可可粉）的制备、配料与混合、精磨、精炼、调温、成形和包装等过程（图 6-16）。可可豆从可可树上采下后，首先进行发酵干燥，利用微生物和酶的作用，改善可可豆的色泽，促进香味前体物质的产生。要想获得良好的风味，在可可豆被进一步加工前还需将不同产地的可可豆按比例配合，然后再进行焙炒和簸筛，获得纯净的豆肉。豆肉经研磨机研磨而导致细胞破碎，并从细胞中释放出脂肪，研磨发热使可可脂熔化，因此磨碎的豆肉是一种黏稠的流体，即巧克力液块（chocolate liquor）；对可可液块进行热压榨处理则可获得可可脂和可可饼，可可饼经粉碎则可得到可可粉。

在巧克力生产过程中，可可液块和可可脂制备好后，需按产品类型进行配料、物料混合。接下来的三道重要工序对巧克力品质影响很大。第一是采用精磨设备（有辊磨、鼓式磨和球磨三种机型）对混合物料进行研磨，使物料颗粒粒度控制在15～25μm之间，巧克力口感才会细腻滑润。第二是采用精炼机对精磨后的巧克力进行精炼，其目的是：①去除残存水分、降低物料黏度，提高物料的流散性和涂布性；②脱除残留的挥发性异味物质，使香味更加完美；③搅拌摩擦使颗粒进一步变细、变光滑，促进物料乳化和均匀化，改善巧克力的口感和色泽。第三是对巧克力料进行调温处理。通过薄膜式连续调温机准确控制温度变化，使巧克力料在不同温度下进行相转变，可可脂从不稳定的晶型状态进入稳定的晶型状态，改进巧克力料的流散性、收缩性，增加巧克力的硬脆性、耐热性以及制品的光泽。

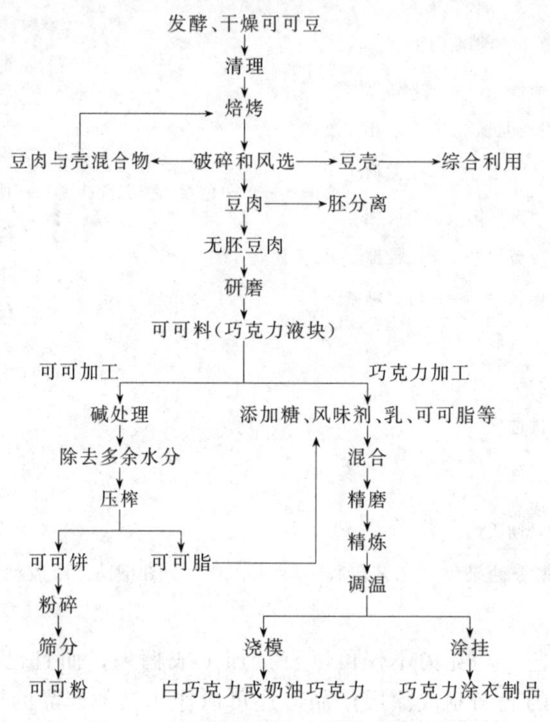

图 6-16 可可和巧克力制造生产流程

6.10 保健食品简介

（1）保健食品的定义 保健食品是指除具有食品的营养功能和食品感官功能外，还具有调节机体免疫、调节生理节律、预防疾病和促进康复等功能而设计加工的工程食品。在欧美国家通常称保健食品为健康食品（healthy food）或营养食品（nutritional food），在日本又被称为功能性食品（functional food）。按此定义，保健食品应具有三个基本属性：食品的基本属性（营养、安全），感官修饰属性（色、香、味、形），生理功能调节属性（对机体的生理功能有一定的良好调节作用）。这些属性也是保健食品与药品的根本区别。

（2）保健食品应具备的基本条件 保健食品主要应具备6个方面的条件：①保健功能明确、适应人群和不适宜人群明确；②含有明确的功能因子（有效成分）；③功能因子应具有一定的稳定性，耐贮藏性等；④食用后应有效果；⑤安全无毒副作用；⑥作为食品应被消费者所接受。

（3）保健食品的基料　随着科学研究的不断深入，被揭示的生理活性物质将会越来越多。就目前而言，业已确定的活性物质主要包括 9 个大类、数百个品种。

① 活性多糖类　包括膳食纤维、真菌多糖和植物多糖。主要功能：预防与消化道、心血管及内分泌系统有关的多种疾病。某些多糖还具有提高人体免疫力、抑制癌细胞活性等功能。

② 功能性甜味料类　包括功能性单糖、功能性低聚糖、多元糖醇和强力甜味剂等。功能：不产生热值、防止龋齿、预防糖尿病、防止血糖波动、活化肠道双歧杆菌等。

③ 功能性油脂类　包括多不饱和脂肪酸、油脂替代品、磷脂和胆碱等。主要功效：阻止动脉硬化、防止心血管疾病和老年痴呆、改善肺功能等。

④ 自由基清除剂　包括非酶类和酶类清除剂、抗氧化剂，比如茶多酚、SOD 等，主要功效：防止细胞受自由基攻击而产生癌变等。

⑤ 维生素类　包括维生素 A、维生素 B、维生素 C、维生素 D、维生素 E、维生素 K 等。

⑥ 矿物质及微量元素类　硒、锗、锌、铁、铜、铬、碘、磷、钾、镁、钙等。其中铁与造血功能、钙与骨质代谢、硒与人体免疫、铬与胰岛素作用和能量代谢等密切相关。

⑦ 活性肽与蛋白质类　这类物质具有广泛的生理活性功能，如谷胱甘肽具有对重金属解毒、防御过氧化物损害、抑制乙醇性脂肪肝等有关免疫功能；降压肽可抑制血管紧张素转换酶的活性，而使血压降低，适用于高血压患者；活性蛋白质主要有免疫球蛋白和抑胆固醇蛋白，免疫球蛋白具有抗体活性，提高免疫能力等。

⑧ 有益微生物类　主要指乳酸菌和双歧杆菌，可改善消化道微生物的分布，促进肠道蠕动、降低血清中胆固醇含量和提高免疫能力等。

⑨ 其他活性物质　例如二十八烷醇、植物甾醇、黄酮类化合物、多酚类化合物和皂苷等。这些活性物质功能各异，有的可降低血脂和血糖，有的是自由基清除剂，有的可调节肠胃功能等。

（4）保健食品的种类　就目前而言，国内外保健食品有数千种之多，按口服形态有粉剂、片剂、胶囊、口服液等，按保健功能有增强免疫力、抗氧化、延缓衰老、减肥、降血糖、降血脂、辅助降血压、补钙、补锌、补硒、补血、美容、益智健脑、抗疲劳和强身健体等产品。另外还有大量的添加了各种强化剂的强化食品。随着高新技术如生物工程技术、基因技术、超临界萃取技术、超微粉碎及纳米技术、微胶囊技术、膜分离技术等的发展，将会有越来越多的保健食品基料和保健食品品种被研发出来，以满足消费者对保健食品日益高涨的需求。

参考文献

1 天津轻工业学院，无锡轻工业学院合编．食品工艺学（中册、下册）．北京：轻工业出版社，1987
2 波特（Potter N）等著．食品科学．第 5 版．王璋等译．北京：中国轻工业出版社，2001
3 德力格尔桑主编．食品科学与工程概论．北京：中国农业出版社，2002
4 邵长富，赵晋府主编．软饮料工业学．北京：轻工业出版社，1989
5 杨桂馥主编．软饮料工业手册．北京：中国轻工业出版社，2002
6 张德全，艾启俊主编．蔬菜深加工新技术．北京：化学工业出版社，2003
7 郑建仙编著．功能性食品．北京：中国轻工业出版社，1997
8 国家食品药品监督管理局．保健食品注册管理办法（试行）．2005

9 ［美］Potter N N，Hotchkiss J H. 食品科学．王璋等译．北京：中国轻工业出版社，2001
10 赵晋府．食品工艺学．北京：中国轻工业出版社，1999
11 德力格尔桑．食品科学与工程概论．北京：中国农业出版社，2002
12 沈建福．粮油食品工艺学．北京：中国轻工业出版社，2002
13 马传国．油脂加工工艺与设备．北京：化学工业出版社，2003
14 ［英］Ranken M D，Kin R C，Baker C G J. 食品工业手册．张慜等译．北京：中国轻工业出版社，2002

7 食品包装原理简介

随着人类社会的进步，国民经济的发展，人民生活水平的提高，食品包装越来越引起人们的重视。从厂家推销产品到消费者选择商品，食品包装都作为衡量商品价值的一个尺度。

食品包装是食品保藏的有效手段，也是食品流通最重要的工具。古时候，人们为使食物得以长期保存或便于携带，将食物装入树叶或树藤制成的篮中，或装入瓦罐，或装入竹筒里。南方民间常用新鲜荷叶包裹熟肉，这种方法既方便，又可使肉在食用时带有一丝淡淡清香。

食品包装是一个古老而又现代的话题，也是人们自始至终在研究和探索的课题。无论是远古的农耕时代，还是科学技术十分发达的今天，食品包装随着社会的进步和科学技术的发展日新月异，既丰富了人们的生活，也逐渐改变着人们的生活方式。

7.1 食品包装概论

7.1.1 食品包装及分类

食品包装（food packaging）是指用合适的材料、容器、工艺、装潢、结构设计等手段将食品包裹和装饰，以便食品在加工、运输、贮存、销售过程中保持其品质或增加其商品价值。食品包装的种类有很多种，常按以下 4 种方法分类。

7.1.1.1 按流通过程中的作用分类

（1）销售包装（sale packaging）　又称小包装或商业包装，是一种促进销售、方便消费者选购的包装形式，具有保护和美化商品的作用。瓶、罐、盒、袋及其组合包装一般属于销售包装。

（2）运输包装（transport packaging）　又称大包装，通常是将若干个小包装按规定的数量组成一个整体，如 24 瓶饮料组成一箱，12 瓶啤酒组成一箱。运输包装便于商品长途运输、装卸和存放，提高商品流通效率，减少包装食品的损坏。瓦楞纸箱、木箱、金属大桶、各种托盘、集装箱等均属于运输包装。

7.1.1.2 按包装材料和包装容器类型分类

食品包装按包装材料和包装容器类型分类见表 7-1 所示。

表 7-1　包装材料和包装容器类型

包装材料	包装容器类型
纸(纸板)	纸盒、纸箱(桶)、纸袋、纸罐、纸杯、纸质托盘等
塑料	塑料薄膜袋、编织袋、周转箱、热收缩膜、软塑箱等
金属	马口铁、镀铬钢板等制成的金属罐、桶等,铝、铝箔制成的罐、软管、软包装袋等
玻璃、陶瓷	玻璃瓶、罐、坛、缸等
复合材料	纸、塑料薄膜、铝箔等组合而成的复合软包装材料制成的包装袋、复合软管等
木材	木箱、板条箱、胶合板箱、花格木箱等
其他	麻袋、布袋、草或竹制包装容器等

7.1.1.3 按包装技术方法分类

食品包装可分为真空包装、充气包装、控制气氛包装、脱氧包装、防潮包装、冷冻包装、软罐头包装、无菌包装、缓冲包装等。

7.1.1.4 按销售对象分类

食品包装可分为出口包装、内销包装、中性包装和特殊包装，其中特殊包装包括军用食品包装和宇航食品包装等。

7.1.2 食品包装的作用

食品包装对食品的流通起着极其重要的作用，包装的科学和理性会影响食品质量的可靠性和完整性，包装的设计和装潢水平会影响食品的市场竞争力、品牌和企业形象。食品包装的作用主要有以下几个方面。

7.1.2.1 保持食品品质

食品包装的重要作用就是将加工好的食品与环境隔离，形成一层保护层，防止或减少食品在加工、运输、贮存、销售过程中不利条件及环境因素的破坏和影响。对食品产生破坏的因素主要有两类：①自然因素，包括光线、氧气、水及水蒸气、温度、微生物、昆虫、灰尘等，可引起食品变色、氧化、变味、腐败和污染；②人为因素，包括冲击、振动、跌落、承压载荷、人为盗窃污染等，可引起食品变形、破损和变质等。

不同食品和不同的流通环境，对包装的要求是不同的。如饼干易碎、易吸潮，其包装应耐压防潮；油炸土豆片极易氧化变质，要求其包装能阻氧避光照；而生鲜食品为维持其生鲜状，要求包装具有一定的氧气、二氧化碳和水蒸气的透过率。因此，在包装的选择上，首先应根据包装产品的定位，分析产品的特性及其在流通过程中可能发生的质变及其影响因素，再选择适当的包装材料、容器及技术方法对产品进行适当的包装，在一定保质期内保持产品的品质。

7.1.2.2 促进销售

包装是提高商品竞争能力、促进销售的重要手段。精美的包装能在心理上征服购买者，增加其购买欲望。在超级市场中，包装更是充当着无声推销员的角色。随着市场竞争中商品内在质量、价格、成本竞争向更高层次的品牌形象竞争转化，包装形象将直接反映一个品牌和一个企业的形象。

7.1.2.3 便于贮运、销售和使用

包装能为生产、流通、消费等环节提供诸多方便。包装能方便厂家及运输部门搬运装卸、仓储部门堆放保管、商店陈列销售，也方便消费者的选购、携带和使用。包装上的标签说明，如营养成分、食用方法等可指导消费者正确选择使用。

7.1.2.4 提高商品价值

包装是商品生产的延续，产品通过包装才能免受各种损害，避免降低或失去其原有的价值。因此，投入包装的价值不但在商品出售时得到补偿，而且能给商品增加价值。这不仅体现在包装直接给商品增加价值，而且体现在通过包装塑造名牌所体现的品牌价值。品牌本身不具有商品属性，但可以被拍卖，通过赋予它的价格而取得商品形式，而品牌转化为商品的过程可能会给企业带来巨大的直接或潜在的经济效益。

7.1.3 食品包装设计的基本要求

包装是产品由生产转入市场流通的一个重要环节，包装设计是包装的灵魂，是包装成功与否的决定因素，其涉及多种学科门类，如力学、光学、化学、机械、艺术、计算机科学

等。食品包装设计是指对食品整体包装的构想，包括对包装材料、包装容器的结构造型及包装装潢的设计，包装方法、包装机械的选择，包装与运输、销售的关系以及包装试验等。要进行良好的包装设计必须了解食品理化性质，食品的运输及贮藏要求，食品的市场销售要求及包装成本。

7.1.3.1 食品理化性质

食品理化性质是选择食品包装材料、包装结构、包装方法首先要考虑的因素。

（1）食品物理状态 食品主要有固状食品和液状食品两种。固状食品依其外观状态特征有粉状、颗粒状、片状、胶囊状和块状等形式。液状食品依其流动特征有低黏性液体、黏性液体、浆（膏）状液体和固液混合物等形式。不同性状的食品，其大小、形态、重量、密度、硬度等指标对包装材料及充填包装机械的选择极为重要。

（2）食品的特殊性 根据食品的易腐性、吸湿性、挥发性、黏结性、脆性以及化学稳定性等性质，选择合适的包装材料加以防护。如空气状态的变化对吸湿性食品的稳定性有较大影响，则需要选择有隔绝性能的包装材料，或在包装结构设计时加以特殊考虑，以增加其保护功能。

7.1.3.2 食品的运输及贮藏要求

食品运输、贮藏过程需确保食品的包装不受损坏。食品运输的类型（公路、铁路、海运、空运）、运输过程控制的等级（私运或公共运输）、运输方式、贮运分配、销售过程、环境气候危害的性质与程度、贮运过程装卸条件及贮藏条件对其质量的影响，是包装容器形态和结构设计、运输包装设计的基本依据。

在食品运输成本上，最少占用空间体积具有重要意义。由于国内外贸易的发展，货物流通的扩大，运输工具和港口装卸设备功率的提高，运输包装已趋于向大型、重型、组合型发展。集合包装正是为适应这种要求而发展起来的运输包装。

食品运输包装，除了要考虑保护产品、降低成本外，还要符合有关运输包装标志规定。我国已颁布了国家标准“包装贮运指示标志”和“危险货物包装标志”。运输包装标志是用文字或图形在运输包装上附着的特定记号和说明事项，包括识别标志、指示标志和分类标志等。如“小心轻放”、“向上”、“防湿”、“防热”、“防冻”等文字说明或图形标志。运输包装有了标志，在贮存和运输时，可明显地分清楚是哪一类商品，避免串货，给装卸、搬运、分类入库带来很大方便。

7.1.3.3 食品的市场销售要求

食品要在市场上流通销售，其包装应具有良好的商业销售宣传功能，不管食品在何处销售，包装应时刻强化并保持食品的特点。因此，良好的包装设计是食品畅销的基础。食品包装设计主要包括三个基本部分：包装造型设计、包装结构设计及包装视觉传达设计。三者并不是简单的堆砌，而是相互影响、相互联系的。在进行造型时要考虑到结构关系，结构的可变性小而造型可变性大，故造型要以结构为基准，在有限的空间做无限的创造；同样，进行视觉传达设计要与包装的具体结构、造型为基础，进行与其相协调的视觉表现，才能达到最完美的包装效果。

（1）包装造型设计 包装造型设计是指运用各种美学法则将材料进行加工、组合，使之构成稳定、可使用并具有一定形态美的容器物。对食品进行包装设计不仅要从美学的观点上来考虑，还必须考虑许多实际因素。食品作为特殊商品，包装设计时必须考虑其卫生质量安全问题，如酒具有挥发性，常采用玻璃、陶瓷、金属或一些复合材料等材质做容器，且密封性要好。

（2）包装结构设计　包装结构是指包装设计产品的各部分之间的相互联系与作用，既包括包装体内部各部分的关系，也包括包装体与内装物、外环境的关系。包装结构设计的好坏，直接影响到包装的强度、刚度及稳定性，它是进行包装造型设计及视觉传达设计的基础。一个结构设计方案，首先在选材、耗材方面尽量合理，尽可能降低生产成本；其次要针对所选择的材料进行结构的力学分析，使之能有效地保护商品；最后利用点、线、面、体、色彩、纹理等来表现结构的美感，使结构具有一定的形态美。

（3）包装视觉传达设计　包装视觉传达设计是指运用各种美学法则及视觉表现手段对包装进行外观的平面设计。同样摆放在货架上，设计精美的包装往往使得消费者眼前一亮，从视觉上冲击消费者，诱导其购买。据统计，消费者在价格差异不大的同类商品之间难以取舍时，最后通常会选择包装更精美的商品。因此，包装的视觉设计对产品的促销有举足轻重的作用。

7.1.3.4　包装成本

良好的包装应在完成包装的功能基础上有较低的总消耗成本。食品包装成本主要包括包装材料或容器的价格、包装机械损耗、劳动力消耗、水电消耗、包装管理成本等。包装成本在包装食品总成本中所占的比例因不同食品及不同包装而异。对于日常生活必需食品的销售包装应注意降低包装成本；而对于某些食品，包装成本虽增加或超过了内容物的成本，但由于其具有某些特殊功能作用，仍有促进销售的效果。如易拉罐装啤酒和饮料，由于其保藏性、方便性，使销售大增、效益增大；许多礼品食品，没有豪华精致的包装，很少人会问津。食品包装的效果应以该包装食品的市场销售情况来评定。

7.2　食品包装材料与容器

食品包装材料是指所有可用来包装食品或者具有包装功能的材料，包括纸、塑料、金属、玻璃、陶瓷、木材、复合材料以及诸如黏合剂、涂覆材料等辅助品。

食品具有易生长繁殖微生物，或因环境因素造成的氧化、变色、变味，或因干燥、潮湿而变性、变质等特性。因此，食品必须进行妥善的包装以防止其在贮运、销售过程中变质。食品及其包装形式的多样繁杂，决定了对食品包装材料性能要求的多样性和复杂性，但大体可归纳为如下要求。

（1）保护被包装食品的性质　适合的阻隔性，如防潮、隔气、隔热、保香、遮光、防虫、防鼠咬等；稳定性，如耐水、耐油、耐有机溶剂、耐腐蚀、耐光、耐热性、耐寒等；足够的机械强度，如拉伸强度、撕裂强度、破裂强度、抗折强度、抗冲击强度、抗穿刺强度、摩擦强度和延伸率等。

（2）合适的加工特性　便于加工成所需形状的容器，便于密封，便于机械化操作，便于印刷，适合大规模生产的机械化、自动化操作。

（3）足够的卫生性和安全性　材料本身无毒，与食品成分不起反应，不因老化而产生毒性，不含有毒添加物。

（4）方便性和环保性　包装质量轻、携带运输方便、开启食用方便；有利于材料的回收，减少环境污染。

（5）经济性　价格低，便于生产、运输和贮藏等。

7.2.1　纸包装材料及容器

纸包装在食品包装领域一直都占有非常重要的地位。某些发达国家纸包装材料占包装总量的50%，在中国占40%左右。从发展趋势来看，纸包装材料的用量会越来越大。纸包装材料之所以能得到如此广泛的应用，是由于它具有一些其他材料无法比拟的优点：加工性能好、卫生安全性高、印刷性能好、具有一定的强度和缓冲性能、能遮光防尘又通风透气、便于复合加工，且原料来源广泛、易大批量生产、品种多样、成本低廉、重量较轻、便于运输，符合绿色环保的要求，废弃物可回收利用，不会对环境造成污染。

纸包装的以上优点使其受到广泛的青睐，但它也有不足之处，如刚性不足、密封性、抗湿性较差等。只有不断改进纸的性能，开发新的产品才能适应新产品日新月异的包装要求。

7.2.1.1 包装用纸和纸板

纸和纸板是按定量来区分的。所谓定量是指每平方米的纸与纸板的质量，以 g/m^2 为单位。凡定量在 $225g/m^2$ 以下或厚度在 0.1mm 以下的统称为纸；定量在 $225g/m^2$ 以上或厚度在 0.1mm 以上的统称为纸板。包装用纸主要用作包装商品、制作纸袋和印刷装潢商标等，而包装用纸板则主要用于生产纸箱、纸盒、纸桶、纸罐等包装容器。常用包装用纸和纸板类型、特性及应用见表 7-2。

表 7-2 常用包装用纸和纸板类型、特性及应用

类型		特性	用途/包装食品
包装用纸	牛皮纸	用未漂硫酸盐木浆抄制的高级包装用纸，呈黄褐色，机械强度高，抗水、防潮	食品的销售包装和运输包装
	羊皮纸	用未施胶的高质量化学浆纸通过硫酸浴，然后经彻底洗涤、干燥制成的具有高撕裂度的纸，其抗油性能较好，有较好的湿强度	乳制品、油脂、糖果、点心、鱼肉、茶叶等
	鸡皮纸	是一种单面光的平板薄型包装纸，一面光泽好，有较高的耐破度和耐折度，且有一定的抗水性	印刷商标或包装食品
	玻璃纸	用高级漂白亚硫酸木浆经过一系列化学处理制成黏胶液，再成形为薄膜而成。透明性极好，质地柔软，厚薄均匀，有优良的光泽度、印刷性、阻气性、耐油性、耐热性，且不带静电	糖果、糕点、化妆品、药品等商品的美化包装
	过滤纸	有一定的湿强度和良好的滤水性能，无异味	袋泡茶
	半透明纸	用漂白硫酸盐木浆经延长备料时的打浆时间充分搅拌成胶黏状而进行制造，最后经一系列特殊滚筒超级压光处理。其质地紧密，表面呈玻璃状，光滑、明亮，有较高透明度	土豆片、糕点、乳制品、糖果
	防霉防菌包装纸	用80%的漂白硫酸盐针叶木浆和20%的漂白硫酸盐阔叶木浆，打浆时添加8-羟基喹啉、硫酸铜和氢氧化钠等防霉剂抄制而成	新鲜果蔬
	复合纸	将纸与其他挠性包装材料相贴合而制成的一种高性能包装纸	大量食品的包装
包装用纸板	白纸板	一种具有2～3层结构的白色挂面纸板，是一种比较高级的包装用纸板	销售包装
	箱纸板	以化学草浆或废纸浆为主的纸板，表面平整、光滑，纤维紧密，纸质韧性好，具有较好的耐压、抗拉、耐撕裂、耐戳穿、耐折叠和耐水性能	制造瓦楞纸板
	瓦楞纸板	由轧制成屋顶瓦片状波纹的瓦楞原纸与两面箱纸板黏合制成，既坚固又富有弹性，能承受一定的压力	制造纸盒、纸箱
	黄纸板	又称草纸板，是100%碱法稻草浆经压光处理制成，组织紧密、双面平整，呈稻草的黄色	加工中纸盒、小纸盒、双层瓦楞纸板的芯层、讲义夹、书簿封面等

7.2.1.2 纸容器

纸箱与纸盒是主要的纸制包装容器，两者形状相似，习惯上将小的纸制容器称为盒，大的纸制容器称为箱，实际上没有一个严格的区分界限。作为包装容器，纸盒一般用于销售包装，而纸箱则多用于运输包装。

7.2.2 塑料包装材料及容器

塑料是一种以高分子聚合物——树脂为基本成分，再加入一些用来改善其性能的各种添

加剂制成的高分子材料。塑料用作包装材料是现代包装技术发展的重要标志，因其原材料来源丰富、成本低廉、性能优良，成为近40年来世界上发展最快、用量巨大的包装材料。塑料包装材料广泛应用于食品包装，逐步取代了玻璃、金属、纸类等传统包装材料，成为食品销售包装中最主要的包装材料。

塑料用于食品包装表现出的优越特性为：质轻、力学性能好；具有良好的阻透性；包装制品的成形加工性能良好；装饰性能好；化学稳定性较好，卫生、安全。而塑料包装材料用于食品包装中的缺点是：某些品种还存在着某些卫生安全方面的问题，包装废弃物的回收、处理及对环境的污染等问题。

7.2.2.1 塑料的组成和分类

(1) 塑料的组成　塑料的主要成分是各种高分子聚合物树脂，此外添加了少量用于改善塑料各项性能的各种添加剂。塑料中聚合物树脂约占40%～100%，是由不饱和烃及其衍生物通过加成聚合反应或缩合聚合反应，形成结构上具很多同样链节重复出现的高分子聚合物。其性能主要取决于高分子化合物的化学组成、相对分子质量、分子形状、分子结构和物理状态等，相对分子质量一般在10000以上，且具有多分散性特点。因而高分子化合物无明显的熔点，只有范围较宽的软化点。

为了改善树脂的性能，提高塑料的使用性能和寿命，通常在塑料中加入一些添加剂，如增塑剂、稳定剂、填充剂和抗氧化剂等。

(2) 塑料的分类　塑料的品种很多，性能差异很大，分类的方法很多，通常根据塑料在加热和冷却时表现出来的性质不同，把塑料分为热固性塑料和热塑性塑料两类。

热塑性塑料是指以加成聚合树脂为基料，加入适量添加剂而制成，在特定温度范围内能反复受热软化流动和冷却硬化成形，而树脂化学组成基本性能不发生变化的塑料品种。包装上常用的有聚乙烯、聚丙烯、聚氯乙烯、聚乙烯醇、聚偏二氯乙烯等塑料。这类塑料成形加工简单，包装性能良好，可反复成形，但刚硬性低，耐热性不高。

热固性塑料是指以缩合聚合树脂为基料加入填充剂、固化剂及其他适量添加剂而制成，在一定温度下经一定时间固化后再次受热只能分解，不能软化，因此不能反复塑制成形。这类塑料具有耐热性好、刚硬、不熔、不溶等特点，但较脆且不能反复成形。包装上常用的有氨基塑料和酚醛塑料。

7.2.2.2 食品包装常用的塑料树脂

目前食品包装常用的塑料树脂及其特性见表7-3。

7.2.2.3 塑料包装容器及制品

塑料通过各种加工手段，可制成具有各种功能和形状的包装容器及制品。食品包装中常用的有中空塑料容器、塑料盒、塑料箱和塑料袋等。

中空塑料容器是指采用中空吹塑成形工艺制造的塑料瓶以及用注模成形或加热成形工艺制造的塑料杯、罐、瓶等容器。吹塑成形包括注射吹塑、挤出吹塑、拉伸吹塑、共挤出和多层注坯吹塑等工艺。用于吹塑制瓶、罐的塑料主要有PE、PVC、PS、PET、采用PVDC涂覆的PP以及复合塑料。

塑料盒因透明、轻便、柜窗可陈列性及适当的密封性而成为许多糖果、蜜饯等小食品的包装形式。用于包装食品的塑料盒成形方法主要有注塑、吸塑和模压成形三种。注塑成形单位成本较高，多用于各种瓶子的塑料盖、密封内塞、糖果盒、果酱瓶以及其他对制品形状精确度要求较高的产品。吸塑成形也称塑料片材的热成形，常用于加工方便饭盒、托盘、盛热饮料的一次性杯子等。模压成形主要用于热固塑料的成形加工。

表 7-3 食品包装常用的塑料树脂及其特性

名称	缩写	特性	应用
聚乙烯	PE	由乙烯单体经加成聚合而成的高分子化合物，无臭、无毒，阻水阻湿性好，具有良好的化学稳定性和一定的机械抗拉、抗撕裂强度，但阻气、耐高温性能差	制成薄膜用于包装新鲜果蔬、肉类和冷冻食品等
聚丙烯	PP	无色、无毒、无味、可燃的带白色蜡状颗粒的材料，外观似 PE，但比 PE 更透明、更轻；阻隔性、耐高温性优于 PE，具有良好的抗弯强度和化学稳定性	制成薄膜用于许多食品包装，特别是糖果和点心的扭结包装
聚苯乙烯	PS	阻湿、阻气性能差；机械性能好，透明度高，有良好的光泽性；成形加工性好，易着色和表面印刷；无毒无味，卫生安全性好；耐热性差	制成透明食品盒、水果盘、小餐具等
K-树脂	KP	一种具有良好抗冲击性能的聚苯乙烯透明树脂，由丁二烯和苯乙烯共聚而成，无毒卫生，可与食品直接接触，其物理性质不受辐射影响	制造各种包装容器（如罐、盒、杯），尤其是辐照食品的各类包装
聚氯乙烯	PVC	具有可塑性强、透明度高、易着色、耐磨、阻燃以及对电、热、声的绝缘性等优良性能；本身无毒，但其中的残留单体氯乙烯（VC）有麻醉和致畸致癌作用，因而其用作食品包装材料时需严格控制材料中 VC 的残留量	用于啤酒和饮料瓶盖的滴塑内衬；制成 PVC 瓶用于调味品、油料及饮料等的包装；PVC 薄膜用于肉类及农产品的包装
聚偏二氯乙烯	PVDC	由偏二氯乙烯和氯乙烯等共聚而成，其商品名为赛纶（Saran）；对气体、水蒸气有很强的阻隔性；具有较好的黏结性、透明性、保香性和化学稳定性；价格较高	涂布于薄膜材料或容器表面，可显著提高阻隔性能，用于长期保存食品的包装
聚酰胺	PA	又称尼龙（nylon），具有优良的阻气性和耐高温、低温性，良好的化学稳定性和拉伸强度及成形加工性	制成薄膜用于许多食品包装；作为复合薄膜的基料
聚酯	PET	聚对苯二甲酸二乙酯的简称，具有优良的阻气、阻湿、阻油等高阻隔性，耐磨性、耐高温和低温性、透明性、化学稳定性良好；具有其他塑料所不及的高韧性，并可阻挡紫外线	制成薄膜、复合薄膜和包装容器（如 PET 瓶，用于饮料的包装）

塑料箱坚固、外观漂亮、容易清洗，可代替木箱和纸箱，常用的有钙塑瓦楞箱和周转箱等。钙塑瓦楞箱也称钙塑纸箱，具有优良的耐水性，特别适于冷冻鱼、虾等水产品和蔬菜、水果等含水量较高食品的包装。周转箱由于其体积小、质量轻、坚固、耐用，且可以叠合，可取代木箱和竹篓用于啤酒、饮料及果蔬等食品的运输销售包装。

塑料袋已从简单的单层薄膜袋发展到多层（5～7 层）的复合薄膜袋和编织袋。塑料袋的包装容量可以是几克一袋的调味料，也可以是 100kg 的大包粮食。根据材料的不同特性，塑料袋可用于保鲜包装、热杀菌包装（蒸煮袋）、冷冻食品包装、微波食品包装等专门目的。

7.2.3 金属包装材料及容器

金属材料制成的容器（主要是金属罐）具有对空气、水分、光等完全的阻隔性，对内容物有优良的保护性能；金属材料耐热性强，传热性能好，罐头食品可采用高温高压加热杀菌工艺；金属容器机械强度大，刚性好，便于商品流通及流通过程中保持内容物的质量；也有利于制罐及包装过程的高速度、机械化操作和自动控制。金属罐虽有许多优点，但也有不足之处，如无法直接看见内容物，比纸罐、塑料罐重，易锈蚀，废物对环境造成一定的危害等。

7.2.3.1 金属包装材料

食品包装常用的金属材料是镀锡薄钢板、镀铬薄钢板和铝合金材料。

(1) 镀锡薄钢板　镀锡薄钢板也称镀锡板、马口铁，是两面镀有纯锡的低碳薄钢板，依制造工艺有热浸镀锡板和电镀锡板两种。热浸镀锡板镀锡层较厚，耗锡量较多，而且不够均匀。而电镀锡板锡层较薄，且均匀。

用于制造食品罐藏容器的镀锡钢板不允许表面有凹坑、折角、缺角、边裂、气泡及溶剂斑点等缺陷，露铁点不超过 2 点/cm^2。要根据包装品种、罐型大小、食品性质以及杀菌条件等来选用何种镀锡薄钢板制作容器。一般来说，罐型较大的应选用比较厚的镀锡钢板，罐型较小的选用较薄的镀锡钢板。

（2）镀铬薄钢板　镀铬薄钢板是在低碳钢薄板上镀上一层薄的金属铬而制成的，也称无锡钢板、镀铬板。镀铬板的结构由中心向表面顺序为钢基板、金属铬层、水合氧化铬层和油膜。镀铬板的铬层较薄，厚度仅 5nm，相当于 25 号镀锡板锡层厚度的 1/100，故价格较低。但其抗腐蚀性能比镀锡板差，常需经内、外涂料后使用。镀铬板对油膜的附着力特别优良，适宜于制罐的底盖和二片罐。镀铬板不能用锡焊，但可以熔接或使用尼龙黏合剂粘接。镀铬板制作的容器可用于一般食品、软饮料和啤酒的包装。

（3）铝合金材料　纯铝的强度和硬度较低，在使用上受到一定限制，往往需在铝中加入适量的硅、铜、镁、锰等元素，制成二元或三元合金，以增强其强度和硬度。在食品包装中多数采用铝镁和铝锰合金，经铸造、热轧、冷却、退火、冷轧、热处理和矫平等工序制成薄板，其特点为轻便、美观、耐腐蚀性好，常用于蔬菜、肉类、水产类罐头，且不会产生黑色硫化斑。铝合金经涂料后可广泛应用于果汁、碳酸饮料、啤酒等食品的包装。

（4）其他金属包装材料　用于食品包装的金属材料除了镀锡板、镀铬板与铝板外，还有镀锌板、锡板、镀锡铅合金板等。其中镀锌板也称白铁皮，它是将热轧的钢板经过酸洗，除去表面氧化物后，再放进熔化的锌槽内镀上一层薄的锌制成的。锌比铁活泼，易形成一层很薄的致密氧化层，阻止空气和潮气的侵蚀，具有一定的耐腐蚀性。镀锌板多用来制作桶状容器。

7.2.3.2　金属包装容器

用金属材料制成的硬与半硬食品容器按其用途可分为食品罐头罐、铝质易拉罐、喷雾罐和钢桶等。全密封性食品罐是金属罐的主要形式，根据其容器结构构成常分为三片罐和二片罐。金属食品罐的结构、成形方法、原材料及主要用途见表 7-4。

表 7-4　金属食品罐的结构、成形方法、原材料及主要用途

名称	罐体成形方法	主要形状	金属材料	主要用途
三片罐	锡焊	圆形、方形	镀锡板	一般食品、饮料、油类化妆品、药品等
	粘接	圆形、方形	镀锡板、镀铬板、铝板	一般食品、饮料、工业用品等
	熔焊	圆形	镀锡板、镀铬板	一般食品、饮料、油类化妆品、药品等
二片罐	深冲	圆形、方形、椭圆形	镀锡板、镀铬板、铝板	一般食品
	冲拔	圆形	镀锡板、铝板	含气饮料、啤酒(铝)
	冲压	圆形	铝(锌)板	啤酒(铝)、化妆品(锌)

7.2.4　玻璃包装材料及容器

玻璃是包装材料中最古老的品种之一，玻璃器皿早就用作化妆品、油和酒的容器。19 世纪发明了自动机械吹瓶机，使玻璃工业迅速发展，玻璃瓶、玻璃罐广泛应用于食品包装。

玻璃化学稳定性高（热碱溶液除外），有良好的阻隔性，配合适当的密封盖可用于食品的长期保藏包装。玻璃有良好的透明性，可使包装内容物一目了然，有利于增加消费者购买该产品的信心。玻璃可被加工成棕色等颜色，避免光照射引起食品变质。玻璃的硬度和耐压强度高，可耐高温杀菌，便于包装操作（清洗、灌装、封口、贴标等）；玻璃容器可回收循

环使用，有利于降低成本。玻璃容器的最大缺点是密度大、运输费用高，不耐机械冲击和突发性的热冲击，容易破碎。因此长期以来，玻璃容器都以减轻质量、增加强度作为技术革新的主要目标。

玻璃容器常用于各种饮料、罐头、酒、果酱、调味料、粉体等干湿食品的包装。玻璃瓶种类依其形状及玻璃加工工艺有：普通玻璃瓶（小口瓶与广口瓶）、轻量瓶、轻量强化瓶、塑料强化瓶等。常见玻璃瓶种类、特性及应用见表 7-5。

表 7-5 玻璃瓶种类、特性及应用

分类	品种	特性	包装食品
普通玻璃瓶	小口瓶	吹制成形，封口多采用金属瓶盖、塑料瓶盖或软木塞	啤酒、葡萄酒、白酒、酱油、醋等
	广口瓶	吹塑冲压成形，封口采用螺旋盖或金属密封盖	酸奶、果酱、罐头、速溶咖啡、咖啡伴侣等
轻量瓶	小口瓶	采用窄颈压吹法成形，瓶重比一般玻璃瓶轻 33%～55%	啤酒
轻量强化瓶	小口瓶	化学强化玻璃瓶，瓶表面经热涂或冷涂处理	酱油、果汁饮料、碳酸饮料等
塑料强化瓶	小口瓶	在玻璃表面涂覆聚氨酯类树脂以提高强度，防止破裂	可口可乐、百事可乐等

7.3 食品包装技术

7.3.1 各类食品对包装的要求

7.3.1.1 生鲜食品的包装

生鲜食品包括果蔬、肉禽蛋类、鱼类等以及由其初步加工（仅采用物理方法加工）的产品。多数生鲜食品在包装前需经一系列预处理：果蔬原料需清洗、分级、防腐或切割处理，肉禽类原料需经屠宰、去内脏、清洗、去骨或分割处理；鱼类原料需经清洗、去内脏等处理过程。

(1) 果蔬的保鲜包装　水果和蔬菜在采收后仍有生命，需维持其正常的新陈代谢，才能保持其新鲜品质。按照不同果蔬的组织结构及生理活动特征，控制其呼吸代谢，减少水分损失，防止微生物的侵袭和酶的作用，保护果蔬组织的完整性，是选择包装材料及包装方式的主要因素。而低温与气调是果蔬较长时间贮运保鲜的最有效方法。用于果蔬销售包装的主要材料有塑料薄膜，如玻璃纸、PVC 膜、PE 膜、PS 膜和 PP 膜等。采用袋或收缩薄膜包装，依透气性要求选择透气膜或在膜上适当打孔，以满足果蔬呼吸的需要。对于乙烯产生量多的果蔬，可在包装袋内放入乙烯吸附剂。

(2) 肉类的保鲜包装　鲜肉的质量主要受到脱水、氧化及微生物、酶的作用等物理化学变化的影响。因此，畜禽的屠宰、切割、包装等过程的卫生条件是保证分割肉卫生指标的关键。控制低温（10℃以下）以减缓微生物及酶的活性，选择低氧、低水汽透过性材料包装及低温贮运可降低鲜肉的氧化作用及脱水作用。鲜肉的长期贮存一般采用冷冻方式，而短期存放（放在展销冷柜内）常要求有高氧透过性的包装来保持肉的鲜红色。目前广泛用于鲜肉包装的塑料膜主要有增塑的 PVC 和乙烯-乙酸乙烯共聚物（EVA），后者的透明度、热封性、耐寒性比前者优越。

(3) 鱼类的保鲜包装　鲜鱼类的包装能减少鱼脂肪的氧化倾向，防止鱼品在流通过程中脱水，避免产生细菌败坏和化学腐变，防止滴汁、气味污染等。鲜鱼运输包装采用的容器有木箱、木桶、铝合金箱、塑料箱和纤维板箱等。这些包装容器多为重复性使用，使用寿命5～10年不等。用于销售的鲜鱼包装采用尼龙薄膜或复合透明膜，包装的鲜鱼在1～3℃流通，保质期3～4d，更长时间的贮运则采用冻结方法。

7.3.1.2 饮料的包装

饮料最常用的包装是具备优良阻隔性能的塑料瓶（杯）、玻璃瓶、铁罐、铝罐及纸/塑/铝复合纸盒。在塑料瓶中，应用较多的有PET瓶，其具有强韧性、透明性，优于各种塑料瓶。此外，PET瓶还具有开启后可再密封的优点，对于大容量的包装，PET瓶更显出其经济性。在果汁饮料、碳酸饮料及其他饮料包装中，PET瓶的应用范围越来越广。

复合软包装材料，如铝/塑、塑/塑、纸/铝/塑复合包装材料是软饮料、奶类等蛋白饮料一次性包装的较佳包装材料。尤其是纸/铝/塑复合材料，由于其集各类基材的优点而成为果汁饮料、蛋白饮料等无菌包装的最佳材料。

某些饮料对包装有特殊要求，如富含维生素B_2等易受光氧化变质的成分的饮料，需选择隔光性的材料或全隔绝材料包装；需热灌装与灭菌的饮料常采用金属、玻璃瓶或耐蒸煮杀菌容器或蒸煮袋包装。

7.3.1.3 油脂及以油脂为主要成分的食品的包装

油脂（食用油）和以油脂为主要成分的食品，很容易遭受微生物的污染、氧化酸败及酶解而腐败变质。油脂食品中的化学成分，如不饱和脂肪酸、水分、微量金属（铜、铁等）、抗氧化剂等是影响其变质速率的主要因素；环境条件如光、氧、温度、辐射等对油脂食品的变质也有促进作用，需通过包装和改变贮运条件加以控制。食用油和色拉油等液态油脂常采用塑料瓶包装；奶油和人造奶油等，由于水分变化大，容易因微生物的污染而变质，且它们都有独特的香味，因此其包装要求比一般食用油脂严格，气密性包装及冷藏非常重要。羊皮纸、防油纸及铝箔/羊皮纸、铝箔/防油纸复合材料等用于包装含水分较低的固态奶油；涂塑纸板、纸/塑复合板、铝箔复合材料、PVC、PS材料用于小盒（杯）装人造奶油的容器，而较大包装则采用金属罐（桶）或硬纸板盒（涂塑）。

7.3.1.4 热加工食品的包装

（1）加热杀菌食品的包装　金属罐、玻璃瓶、塑料袋是常用的热杀菌包装容器，食品可先经热处理或不经热处理后装入容器密封，经杀菌、冷却、包装即得成品。包装材料、包装形式、包装大小及包装状态的选择，直接影响到热杀菌过程热量的传递及热杀菌工艺。金属容器热传递率高，而玻璃容器热传递率较低，且玻璃容器在使用上要防止热冷冲击造成的破裂作用。随着耐热阻隔性塑料及复合薄膜的开发，透明型与铝箔隔绝型的可杀菌袋成为热杀菌包装的重要容器。

（2）微波食品的包装　微波食品包装是指适合微波炉使用的食品包装。多数微波食品是在冻结下贮运，因而它们的包装必须具有耐高温和低温性、良好的隔热性。一般耐温要求在－20～140℃，用于烧烤的则要求在－20～230℃。常用的微波食品包装材料有用PET或TPX（聚甲基戊乙烯）涂膜的纸板、用PP复合的多层塑料膜、结晶化PET、TPX塑料及Xydar（芳香族聚酯）等。

7.3.1.5 冷冻食品的包装

冷冻食品的生产、贮藏、流通及销售过程必须保持冻结状态，因此包装材料应具有耐寒性，在低温下耐冲击、撕裂、穿刺，保证包装的完整性。此外，在低温及低湿环境下，冰晶容易升华，使冷冻食品表面干燥，使食品呈多孔质、表面积增大，进一步加速冰晶的升华而脱水，导致食品氧化、变质、风味劣变、质构发生变化等。这要求冷冻食品选用隔湿性、耐水性及隔氧性好的包装材料。对于含脂肪较多的冷冻食品，为了延缓脂质受光或紫外线的影响而氧化酸败，还需采用隔光性材料，如镀铝塑料薄膜、纸板盒等材料。与油性食品接触的材料要具有耐油性等。

用于冷冻食品包装的材料主要是软包装塑料薄膜（各种单层膜或复合膜）、纸板盒、瓦楞纸箱、塑料托盘等。按包装材料的作用分类，则有内包装材料、中包装材料和外包装材料。其中内包装材料主要是塑料膜或复合膜，用袋装或包裹的形式包装；中包装主要是一种集合包装（或称单元包装），采用涂蜡纸盒、塑料托盘、收缩薄膜组合的包装形式；外包装主要是瓦楞纸板箱或塑料箱，要求便于贮运，可防水及抵抗外界条件（如振动、气候变化等）对内容物的影响。

7.3.1.6 干制食品的包装

干制食品通常水分活度较低。水分活度是控制微生物生长、抑制酶活性及保证干制食品质量的关键指标。干制食品的保存性除了与食品组成成分、质构及干制工艺密切相关外，包装材料及包装状态也极为重要。按食品本身的吸湿性可将干制品分为高吸湿性食品、易吸湿性食品、中吸湿性食品和低吸湿性食品，它们对包装的要求也不同。

高吸湿性食品有速溶咖啡、奶粉等，这类食品的水分含量为1%～3%，要求包装环境有较低的相对湿度，包装材料隔绝水、汽、气、光性能高，包装密封性好。适合高吸湿性食品包装的有金属罐、玻璃瓶、复合铝塑纸罐、铝箔袋及铝塑复合袋等。

易吸湿性食品有茶叶、烘烤早餐谷物、饼干、脱水汤料等，水分含量2%～8%，此类食品虽然包装要求没有高吸湿性食品那么严格，但也有类似的包装要求，如隔绝水、汽、气、光。

中吸湿性食品指蜜饯类食品，水分含量25%～40%，低水分活度是该食品保藏的主要依据。但该类食品也易受酵母与细菌等微生物的侵袭，为了延长其保质期，在加工过程中常辅以合适的包装，如个体单包装、多层包装，或采用真空充氮包装。因此要求包装材料具有一定的耐热性和低水、汽、气透过性。

坚果、面包等属于低吸湿性食品，水分含量6%～30%。低吸湿性食品虽然吸湿速度较慢，如长时间与高温、高湿环境接触，依然能从环境中缓慢吸收水分而引起变质。合适的隔汽性包装，如蜡纸、玻璃纸和塑料薄膜，常用于此类食品的包装。

7.3.2 隔绝性食品包装

7.3.2.1 食品的防氧包装

品质受氧影响较大的食品，需选择防氧性能较好的包装材料，或采用真空包装、充气包装或脱氧包装，形成低氧状态，防止包装食品的变质，保持食品原有的色、香、味，并延长其保质期。

(1) 真空包装（vacuum packaging） 亦称“减压包装”，是指把被包装的食品装入气密性包装容器，在密闭之前抽真空，使密封后的容器内达到预定真空度的一种包装方法。真空的形成有两种方式：一是靠热灌装或加热排气密封；二是进行抽气密封，即在真空状态下封口。前者需结合热处理过程，常用于罐头及可热杀菌饮料、食品的包装。后者可以在常温（或低温）下操作，真空度较易控制，也有利于更好保持食品的色、香、味。

(2) 充气包装（gas packaging） 亦称气体置换包装，是采用不活泼的气体，如氮气、二氧化碳气体或它们的混合物，置换包装单元内部的活泼气体（如氧、乙烯等）的一种包装方法。气体置换有两种方式：一次性置换气体密封包装也称MAP法（modified atmosphere packaging），一般是把产品充填于包装容器中，先抽真空，再以不同比例的混合气体取代及密封，贮藏过程中也不再进一步控制气体组成成分，常用于加工食品的隔绝性包装；另一种是非密封性（或半密封性）充气包装，常称CAP（controlled atmosphere packaging），用于果蔬、粮食等有生理活性的食品材料的大容量贮藏包装。为了保证气体置换包装的保存效果，应根据不同食品材料的保藏要求采用不同的气体组成，同时要考虑包装材料的气密性和密封的适应性。

（3）脱氧包装（deoxygen packaging）　是指在密封的包装容器内，封入能与氧起化学作用的脱氧剂，从而除去包装内的氧气，使被包装物在氧浓度很低，甚至几乎无氧的条件下保存的一种包装技术。脱氧包装在欧洲、美国、日本等发达国家较广泛应用于食品贮藏保鲜，一些典型实例见表7-6。

表 7-6　加工食品的脱氧包装

典型食品	类别	脱氧剂的作用
蛋糕	糕点	防止脂肪氧化，保持风味，防止霉菌繁殖
茶叶	茶叶	防止褐变，防止维生素氧化
大米、大豆	谷物	防止虫蛀，防止霉菌繁殖
火腿	肉制品	防止脂肪氧化，防止褐变，保持风味，防止霉菌繁殖
精致水产品	水产品	防止霉菌繁殖

脱氧包装是在真空包装和充气包装出现之后形成的一种新的包装方法，它克服了真空包装和充气包装去氧不彻底的缺点，同时封入脱氧剂包装还具有所需设备简单、操作方便、高效、使用灵活等优点。

7.3.2.2　食品的防湿包装

食品的防湿包装是指为了防止包装内食品从环境中吸收水分（蒸汽）或防止食品中的水分流失到环境而影响内装食品质量所采取的一种防护性包装措施。食品贮藏的理想湿度条件与环境湿度相差愈大，则对包装的阻湿性要求愈高。

选择有优良阻湿性的包装材料，加强包装容器封口检查，是防湿包装的根本保证。对湿度特别敏感的食品，也可采用内藏吸湿剂的防湿包装。使用的吸湿剂有两种形式：一种是吸湿剂和食品在同一初级包装内共存，称并列式包装；另一种是食品在初级包装内，吸湿剂在初级包装外、二级包装内，或者相反，称直列式包装。防湿包装中的吸湿剂不能与食品直接接触，以免污染食品。常用的吸湿剂有氯化钙、硅胶等。氯化钙装在纸袋里，有较强的吸湿作用，但在高湿环境下易从纸袋中渗出而污染食品。现在多采用硅胶，硅胶有人工合成与天然产品两种。在硅胶中，添加钴之后变成蓝色，这种蓝色吸湿剂具有吸水后逐渐变色的特征（由蓝变粉红）。由此可依据硅胶的颜色变化来了解其吸湿状况。

7.3.2.3　食品对环境其他因素的阻隔性包装

光可以催化许多化学反应，进而影响食品的贮存品质。如光可促进油脂的氧化，产生复杂的氧化腐败产物；光能引起植物类产品的绿色、黄色和红色素，鱼虾类中的虾青素、虾黄素等发生变色；某些维生素（如核黄素）对光敏感，暴露在光下很容易失去其营养价值。

光对食品的作用大小除了与其波长有关外，还与光的强度、食品暴露在光下的时间有关，因此选择合适的包装材料阻挡某种波长光线的通过或减弱光的强度，是隔光包装的主要目的。采用涂覆偏二氯乙烯的材料或用铝、纸等隔光性能较好的材料制造复合膜，可将光透过量降至最低程度。包装装潢设计中，印刷颜色可降低光的透过性。另外，许多食品的二级或二级以上的包装或运输包装（如纸板箱等）都有良好的隔光性。

温度对包装食品的品质影响较大，可采用保温性能好的包装容器（如发泡聚乙烯），保证包装食品的品质；为防止其他生物对包装食品的侵袭，可采用密封包装以阻隔大气环境中的微生物、病毒，采用隔香性好的包装以防止昆虫、鼠类靠近；防止环境机械冲击、震动对包装食品的影响，可采用多层次的包装来减缓。

7.4 食品绿色包装

7.4.1 绿色包装的概念

包装与环境的问题，多年来一直是全球关注的热门话题。由于包装在加速经济发展、促进社会进步和改善人们生活水平等方面起着极重要的作用，但同时，包装对环境产生诸多影响，特别是包装废弃物的处理。这样，就引发了包装如何适应环境保护要求的一个重大课题，即所谓绿色包装。

到目前为止，还未见到绿色包装的正式定义。一般认为，绿色包装是指对生态环境和人体健康无害，能回收和循环再生利用，可促进持续发展的包装。也就是说，包装产品从原材料选择、产品制造、使用、回收和废弃的整个过程均应符合生态环境保护的要求。据此，世界发达工业国家都要求包装做到“4R1D”，即减量化（reduce）、重复利用（reuse）、回收再生（recycle）、可复原（recover）和可降解（degradable），以达到绿色包装要求。

7.4.2 食品的绿色包装与资源环境

资源消耗与环境保护是食品产业生态化的两大课题。食品包装与这两者关系尤为密切，包装制造所用材料将大量消耗自然资源，包装中因不能分解的各种废料对环境将造成严重污染，这些因素均会助长自然生态环境的恶化。因此，食品产业生态化中必须高度重视食品包装与资源环境的关系。

（1）包装与自然资源　包装将消耗大量资源和能源，比如在美国，用于包装的纸和纸板占纸制品总量的50%；包装铝箔占铝箔总量的90%；包装塑料占塑料树脂总量的20%。各种用于包装的材料均占据相当的比率，这充分说明了包装正消耗着相当比率的资源。而且，各种包装材料或容器的生产和使用，均需要能源。因此，食品包装应力求精简合理、防止过分包装和夸张包装，充分考虑包装材料的轻重比、提高材料综合性能、探索包装容器薄壁化、寻找新型代用材料，以实现食品产业生态化中省料节能、持续发展的目标。

（2）包装与环境保护　包装在促进商品和经济发展的同时，对环境造成的危害日趋严重。据有关资料显示，我国县以上城市的固态垃圾年生产量约2亿吨，其中包装废弃物约占1/10，即每年达2000万吨，并有逐年增长的趋势；在发达国家中，包装废弃物差不多占固态垃圾总量的1/3。据日本的调查显示，在该国的包装废弃物中，塑料占37.8%、纸占34.8%、玻璃占16.9%、金属占10.5%。在人们的生活环境中，因食物消费所产生的“塑料白色污染”随处可见，按照塑料在自然界中的降解速度，如果不加以控制和综合回收处理，后果将不堪设想。因此，在进行食品包装时，更应注重生态环境的保护，从单纯地解决最基本的功能性需求转向生存环境条件的综合性要求，才能使食品包装和食品本身一起与人及自然环境建立一种共生的和谐状态。首先，合理定位产品的包装，避免过分及华而不实的包装，尽量采用高性能的包装材料和高新的包装技术；其次，在保证商品使用价值的前提下，尽量减少包装用料和提高其重复使用率，降低综合包装的成本；最后，也是最重要的，应大力发展绿色包装和生态包装，并研究包装废弃物的回收利用和处理问题。

7.4.3 食品的绿色包装材料

绿色食品包装材料除有利于回收利用和资源再生，不造成环境污染外，还要对人体无害或具有一定的保健作用。随着经济发展和科技进步，用于食品的绿色包装材料种类也越来越多。

7.4.3.1 可降解材料

可降解材料是指在特定时间内造成性能下降失效后化学结构会发生变化的一种材料。它在使用后，可被微生物或紫外线降解或还原，最终以无毒形式回归大自然。由于可降解材料易于加工成形且成本日渐降低，现已广泛应用于食品包装，主要有以下几种。

(1) 生物降解材料　生物降解材料可分为完全生物降解和不完全生物降解两类。完全生物降解材料主要采用淀粉等天然高分子材料和具有天然降解性的合成材料或水溶性高分子材料为原料制成。如联邦德国 ZSSEN 大学以甜菜渣为原料制成的牛奶包装罐可在 60d 内分解完；我国也有用麦秸、稻草和蔗糖渣生产的降解餐盒等。不完全生物降解材料主要是往塑料中填充淀粉等物质引发降解，在国内外尚处于研制阶段。

(2) 光降解材料　光降解材料是指一种在日光和紫外线照射一段时间后可分解的材料，典型代表是聚酮材料。如一氧化碳和单一烯烃的交替共聚物，再添加其他烯烃和乙醇乙烯酯、甲基丙烯酸甲酯类形成的三元共聚物，可作为食品和饮料很好的包装材料。另外，瑞典 Filltec 公司研制了在光照 4～18 个月可降解成粉末的 TPR 绿色包装材料。

(3) 生物分解塑料　生物分解塑料是现有塑料与生物可降解大分子共存而制成的一类不完全生物分解材料，如以低密度聚乙烯为主要原料，填充经特殊处理的玉米淀粉和其他辅助材料制成的包装薄膜，其已广泛用于肉类、豆制品和其他食品的包装。

(4) 生物/光双降解材料　既可生物降解又可光照降解的包装材料，目前对其研究和应用十分活跃。如兰州大学化学系研制的生物/光双降解塑料，光解性能优良，可在 50～100d 内脆化，降解产物又进一步被霉菌裂解成微生物碳源，回归大自然，可直接用于快餐饭盒和垃圾袋的生产。

7.4.3.2 纸质包装材料

纸质包装是目前国际流行的“绿色包装”，其主要成分是天然植物纤维素，易被微生物分解，还可回收再造，重新加入自然循环，减少处理包装废弃物的成本。同时，纸质包装的原材料丰富易得。因而可以用它代替金属制成无菌灌装纸易拉罐和纸包装来盛装各种液体饮料、食品和牛奶等。如用伸缩性纸袋来包装面粉时，面粉的保质期比用布袋包装的长 2～3 个月。

纸浆模塑制品是纸包装的一次突出革命，其除具有质量轻、价廉、防震等优点外，还具有透气性好的特点，因而有利于生鲜食品的保鲜，在出口市场上几乎成为公认的水果蔬菜标准包装。以纯天然纸浆为原料开发的“纸模餐具”，若废弃在大自然中，7～15d 内就完全分解，且不会残留任何有害物质。欧美等发达国家则用纸塑类复合材料，并结合无菌包装技术包装牛奶、果汁类饮料产品，不仅节省了大量包装能源和成本，也较好保持了食品原有的质量和风味。

7.4.3.3 可食性包装

可食性包装是指包装在实现功能后，即将成为“废弃物”时，使它转变为一种食用原料，实现包装功能转型的特殊包装。例如美国克雷姆逊大学研制的谷类薄膜，以玉米、大豆、小麦为原料，提取的植物蛋白质加工成薄膜，既能保持水分，又具有较好的防潮隔氧能力，还有一定的抗菌性，适用于香肠等食品的包装，使用后可供家禽食用或作肥料。澳大利亚昆士兰一家土豆片容器公司推出了可食容器，其味道不亚于所装的土豆片。人们吃完土豆片后，还可美餐该容器。用壳聚糖可食性包装膜包装去皮的水果，具有较好的保鲜作用。

7.4.3.4 可回收再利用的包装材料

包装材料的重复使用和再生是保护环境、促进包装材料再循环的一种有效方法，如啤酒、饮料、醋等包装所采用的玻璃瓶可以反复使用。目前，瑞典等国家规定聚酯 PET 饮料瓶和 PC 奶瓶的重复再用次数达 20 次以上；荷兰 Wellman 公司与美国 Johnson 公司都对 PET 容器进行 100%的回收。在美国和日本，包装材料的回收再利用已形成产业化、商品化。

7.4.3.5 天然包装材料

我国的竹林面积居世界首位，竹类包装具有资源广、无毒、无污染、可回收的特点，符合绿色包装材料的选择原则。因此，使用竹材料生产餐具或食品包装容器，不仅原材料供应无后顾之忧，而且容器在生产和使用过程中无污染，有利于环境保护。目前，竹类的应用方式主要有原生态竹筒（酒、茶叶）和竹编器具（果盘、果盒）等。

槲叶是一种环保型食品包装材料，是日本、韩国等国食品的重要包装材料。河南嵩县生产的槲叶质量上乘，已逐渐成为日本、韩国最大的槲叶供应商。据报道，2005 年嵩县已向日本出口 4 万箱优质槲叶。

7.4.3.6 绿色印刷材料

食品包装印刷材料，作为一种包装辅助材料，虽然用量在包装材料总量中所占的比重不大，但对于食品包装的“绿色”与否却影响颇大。因此，应努力开发无公害、污染小的绿色印刷材料。水性油墨、水性上光油等水性印刷材料的开发利用，毫无疑问可以给食品包装领域注入活力。它的应用和完善符合环保要求，必将促进食品包装业的大发展。

参考文献

1 赵晋府主编．食品技术原理．北京：中国轻工业出版社，2005
2 章建浩主编．食品包装大全．北京：中国轻工业出版社，2000
3 章建浩主编．食品包装技术．北京：中国轻工业出版社，2001
4 高德主编．实用食品包装技术．北京：化学工业出版社，2004
5 杨昌举主编．食品科学概论．北京：中国人民大学出版社，1999
6 Norman N Potter，Joseph H Hotchkiss 著．食品科学．第 5 版．王璋，钟芳，徐良增等译．北京：中国轻工业出版社，2001
7 高原军，熊卫东主编．食品包装．北京：化学工业出版社，2005
8 德力格尔桑主编．食品科学与工程概论．北京：中国农业出版社，2002
9 张文学主编．食品生态学．北京：化学工业出版社，2006
10 陆勤丰．绿色食品的绿色包装现状及对策．食品与机械，2005，22（4）：79～80
11 李素珍．绿色环保，食品包装印刷的必由之路．上海包装，2005，（4）：50～53
12 庚莉萍．发展食品绿色包装的有效途径．中国食品工业，2006，（3）：57～59
13 向贤伟编著．食品包装技术．长沙：国防科技大学出版社，2002
14 Raija Ahvenainen 编著．Novel food packaging techniques. England：Woodhead Publishing Limited，2003
15 Aaron L Brody，Eugene R Strupinsky，Lauri R Kline 编著．Active Packaging for Food Applications. USA：CRC Press，2001

8　食品感官分析

8.1　食品感官分析概述

8.1.1　食品感官分析的定义

食品是人类赖以生存和发展的最基本最重要的物质条件之一，食品质量的好坏首先表现在感官性状的变化上。食品感官分析是食品感观质量的一种评价、检验的方法。它是运用人体内外感觉器官的感觉对食品的色、香、味、形进行判断和分析，并且通过科学、准确的评价方法，使获得的结果具有统计学特性。人的外感觉器官主要指人的五官和皮肤；内感觉器官是人体内部能产生诸种感觉的各类器官的总称。为了提高人的感官分辨能力，食品感官分析不排除采用某些感觉放大器的可能性，如放大镜、显微镜、带扩音器的传感器等。

8.1.2　食品感官分析的主要任务和作用

食品感官分析方法广泛地应用于食品生产、加工、贮藏、流通、贸易、消费和新产品开发等的过程中。例如，从肉的色泽到香味、酒的勾兑到评优、新产品的研制到市场调查等均离不开感官分析。关于感官分析的主要任务和作用可概括为以下几个方面。

（1）食品原材料及最终产品的质量控制　这是指对食品加工所用的原材料进行验收和对出厂产品质量进行检验的过程。目的是防止不符合质量要求的原材料进入生产过程和不合格食品进入流通领域。

（2）食品加工过程的工序检验　工序检验是指在食品加工过程中，某一工序加工完毕时的检验。其目的是防止不合格制品流入下道工序。这种检验有利于及时发现生产过程中的产品质量问题，结合化学分析，找出原因，为进一步改进工艺，提高产品质量提供依据。

（3）食品贮藏试验　贮藏试验是指将食品按某种要求加工处理后，原封不动放置起来，然后在一定时间间隔内对其品质变化进行的检测。其目的是掌握和研究食品在贮藏过程中的变化情况和规律，确定食品的保质期和保存期。

（4）产品评比　这是指在各种评比活动中，对参评产品质量进行感官评估和评分的过程。其目的是鼓励企业不断提高产品质量，努力生产优质名牌产品，以满足广大消费者的生活需要。

（5）降低生产成本的研究　通过食品的感官评价，在保持原有风味不变的前提下，采用原材料的替代或减少某些昂贵成分的含量，降低生产成本，以提高产品的市场竞争力。

（6）新产品的开发　每当一种新型食品问世时，应当组织食品品评专家及消费者进行偏好性感官评价，以确定该产品是否会受到多数消费者的喜爱。

（7）市场商品检验　这是指对流通领域内的食品按照其质量标准进行抽样检验的过程。市场商品检验要求准确、快速、及时。其目的是遏制伪劣商品流入市场，维护正常的经济秩序，保护消费者的利益。

（8）监督检验　监督检验是指国家指定的产品质量监督专门机构按照正式产品标准的规定，对企业生产的产品质量进行监督性检验。其目的是促进企业不断提高管理水平和产品质量水平，保障国家经济权益和消费者利益。

8.1.3 食品感官分析的特点

（1）食品感官分析的优点

① 弥补仪器分析的缺陷 一种食品的独特风格，除决定于所含的成分及各成分的数量外，还取决于各成分之间相互协调、平衡、相乘、相抵、缓冲等效应的影响。利用仪器进行食品物理、化学分析检测，只能了解组成食品的化学成分和物理状态，而对风味的好坏、口感的优劣则难以用理化指标准确地表示出来。譬如，茅台酒与五粮液酒的口味哪个更好？吃巧克力和吃冰淇淋的感觉有什么区别？又比如两种酒样经过理化分析，组成成分可以基本相同，但它们的风格却相差很远。人的感官评价可以检测出各成分之间这种错综复杂相互作用的结果，但分析仪器无法实现。而且，食用者可通过视觉、味觉、嗅觉，对食品的色、香、味、形、质进行全面评价，综合地反映出来，这也是仪器分析难以办到的。

② 简单、迅速、灵敏度高、费用低 据实验，人的触觉简单反应时间仅为90～220ms，听觉（声音）120～180ms，视觉（光）150～220ms，嗅觉（气味）310～390ms，温度觉（冷、热）280～600ms，味觉（咸、甜、酸、苦）450～1080ms，痛觉130～890ms。因此靠感官来分析、检验、评价食品，十分迅速。感官分析灵敏度高，理论及实践均已证明，人的感觉器官是非常精密的“生物检测器”，它可以检测到用化学分析仪器无法测到的微量成分，经过严格训练的人甚至可以非常灵敏地分辨出几千种不同的气味。例如人的嗅觉能闻出5×10^{-8}mg麝香的气味，浓度为1μg/L的硫化氢等，这是任何现代分析仪器都难以达到的灵敏度。感官分析法不需使用昂贵的仪器、化学试剂，分析费用低廉。

（2）感官分析的不足 感官分析的不足主要表现在以下4个方面。

① 食品感官分析结果不易量化 食品的感官质量标准大都是非量化的标准，一般包括预先制备的基准样品、文字说明、照片、图片、录音、味和嗅的配方以及某种风味特征等。

② 感官分析误差难以消除 感官分析因人而异，对于同一食品，不同的人会有不同的评价，甚至有截然相反的看法，这种误差不易校正。

③ 影响因素众多 分析人员、分析工作条件、方法、环境以及试料的抽取与制备等都对感官分析有影响。感官分析人员还受籍贯、性别、年龄、习俗、性格、嗜好、阅历、文化程度以及心理、生理健康状况等因素的影响。

④ 不能确定食品的生物学价值和引起感觉的真正原因 由于感官分析不能定量地确定食品的理化成分，因而，感官分析不能精确地确定食品的生物学价值，有时也不能确定引起某种感觉的真正原因。

8.1.4 食品感官分析的分类

食品感官分析根据食品质量特性的不同分为嗜好型检查（又称Ⅱ型或B型）和分析型检查（又称为Ⅰ型或A型）两类。食品的质量特性有两种类型，即食品的固有质量特性和食品的感觉质量特性。前者不受人的主观影响而存在，例如食品的色、香、味、形、质是食品本身所固有的，与人的主观变化无关，对食品固有质量特性的分析称为分析型检查。后者受人的感知程度与主观因素的影响，例如食品的色泽是否赏心悦目，香气是否诱人，滋味是否可口，形状是否美观，质构是否良好等则是依赖人的心理、生理的综合感觉去判别的，对食品感觉质量特性的分析称为嗜好型检查。

8.2 食品感官分析的生理基础

感官分析是运用人的感觉器官对被分析样品进行检查、检验、分析和评价，其实质是样品某些感官特性，如色泽、形状、气味、滋味、质地等对人的感觉器官产生刺激，通过神经传递到大脑后所产生的相应感觉。人要感知客观世界的自身状况，依靠的就是各种各样的感觉。概括地说，感觉就是人体大脑对环境和自身的状况及变化的认知。感觉是感官评价的生理基础，感觉有缺失的人不能从事感官评价工作。

8.2.1 感觉的基本规律

（1）感觉的基本概念

① 几个术语解释

a. 感受器（receptor），感觉器官的一部分，它对特定的刺激产生反应。

b. 刺激（stimulus），能使感受器兴奋的因素。

c. 感觉（sensation），个别感官的刺激效应。

d. 知觉（perception），单一或多种感官效应所形成的整体意识。

e. 敏感性（sensitivity），感觉器官对刺激的感受、识别和分辨能力。

② 感觉的特点　感觉的特点主要表现在两个方面。第一，感觉器官必须受到刺激才能产生感觉。任何食品都具有一定的色、香、味、形，其颜色和形状刺激视觉器官，香气刺激嗅觉器官，滋味刺激味觉器官，这些刺激反映到大脑后，每一种属性都会产生一种感觉，所有感觉的综合就能使食用者对这一食品产生色、香、味、形的认知，即对该食品色、香、味、形的好坏有个大致的评价和判断。第二，感觉的敏感性因人而异，受先天和后天因素的影响。人的某些感觉可以通过训练或强化获得特别的发展，即敏感性增大；反之，某些感觉器官发生障碍时，其敏感性降低甚至消失。因此，在感官分析中，对候选评价员的感觉敏感性应进行测定，针对不同试验，挑选不同评价员，对评价员进行培训，可以提高评价员的感觉敏感性。我国制定的一些国家标准，如“GB/T 15549—1995 感官分析　方法学检测和识别气味方面评价员的入门培训”、“GB/T 14195—1993 感官分析　选拔与培训感官分析优选评价员导则”、“GB/T 16291—1996 感官分析　专家的选拔、培训和管理导则”等对评价员的选拔、培训与考核认证作了详细的规定。

③ 感觉阈限　感觉的产生需要有适当刺激的作用。所谓适当刺激是指能够引起感受器有效反应的刺激，如光波对眼睛、声波对耳朵等都是适当刺激。刺激强度太大或太小都不能引起有效反应，即产生不了感觉。感觉阈限是指从刚能引起感觉到刚好不能引起感觉刺激强度的一个范围。它是通过多次试验得出的。感觉阈限的测定是选择和确定评价员的一个重要指标。

（2）感觉的基本规律

① 适应现象　感受器在同一刺激的持续作用下，敏感性发生变化的现象称适应现象。例如，吃第一个饺子觉得很香很鲜，而后来就觉得不像开始那么香那么鲜了。这就是味觉的适应现象。古人云：“入芝兰之室，久而不闻其香；入鲍鱼之肆，久而不闻其臭”，这就是典型的嗅觉适应现象。这一现象说明，在刺激强度不变，感受器经连续或重复刺激后，其敏感性将发生变化。一般情况下，强刺激的持续作用，会使敏感性降低；微弱刺激的持续作用，能使敏感性提高。评价员的培训正是利用这一特点。

② 对比现象　当两个刺激同时或连续作用于同一感受器时，一般把一个刺激的存在能强化另一个刺激的现象称为对比现象，所产生的反应称为对比效应。同时给予两个刺激时引起的对比称为同时对比，先后连续给予两个刺激引起的对比称为相继对比或先后对比。在舌头的一边舔上低浓度的食盐溶液，在舌头的另一边舔上极淡的砂糖溶液，即使砂糖的甜味浓度在阈值下，也会感到甜味；同一种颜色，而浓淡不同的两种对比时，给人的感觉是浓的颜

色比原来的深，淡的颜色比原来的浅，这些现象就是同时对比效应。吃过糖后再吃中药，会觉得药更苦，这是先后对比。由于对比效应强化了两个同时或连续刺激的差别反应，因此，在进行感官检验时，应尽可能避免对比效应的发生。例如，在品尝评比几种食品时，品尝每一种食品前都要彻底漱口，以避免对比效应带来的影响。

③ 协同效应和拮抗效应　协同效应是指感受器在两种或多种刺激的作用下，导致感觉水平超过预期的每种刺激的各自效应的叠加。协同效应又称相乘效果。拮抗效应是指因一种刺激的存在，而使另一种刺激强度减弱的现象。拮抗效应又称相抵效应，其作用与协同效应正好相反。在感官评价中应避免出现协同效应和拮抗效应，以免影响分析的结果。

④ 掩蔽效应　当两种或两种以上的刺激同时或相继作用于同一感受器时，由于某一刺激的存在而降低感受器对其他刺激的感觉，这种现象称掩蔽现象。例如，在烹调新鲜食品原料时，如果添加过多的调味料，就会掩蔽原料的本味。

8.2.2　感官评价中的几种基本感觉

（1）视觉　研究资料表明，人类从外部世界获取的全部信息中，有90%的信息是靠视觉提供的。在感官评价中，视觉检查占有重要位置，几乎所有产品的检查都离不开视觉检查。在市场上销售的产品能否得到消费者的欢迎，往往与“第一印象”即视觉印象有密切的关系。感官检查顺序中首先由视觉判断物体的外观，确定物体的外形、色泽。感官评价中的视觉检查应在相同的光照条件下进行，特别是同一次试验过程中的样品检查。视觉检查可感知产品的质量，如奶粉的色泽变黄，说明奶粉发生了美拉德反应；腌腊肉的脂肪变黄，则说明脂肪已氧化酸败。面包和糕点的烘烤也可通过视觉观察其色泽的变化来控制烘烤时间和温度。

（2）听觉　利用听觉进行感官检查的应用范围十分广泛。对于同一种物品，在外来的敲击下或内部自身的原因，应该发出相同的声音。但当其中的一些成分、结构发生变化后，会导致原有的声音发生一些变化。据此，可以检查许多产品的质量。如敲打罐头，用听觉检查其质量，生产中称为打检；容器有无裂缝等，也可通过敲打经听觉判断。

（3）嗅觉

① 嗅觉感受器与嗅觉的形成　嗅觉感受器位于鼻腔最上端的嗅上皮内，其中嗅细胞是嗅觉刺激的感受器，接受有气味的分子。一种气味浓度很低的气体，必须用力吸气，才能使气体分子到达嗅区，产生嗅感。嗅觉的适宜刺激物必须具有挥发性和可溶性的特点，否则不易刺激鼻黏膜，无法引起嗅觉。

② 嗅觉的生理特点　嗅细胞容易产生疲劳，而且当嗅球等中枢系统由于气味的刺激陷入负反馈状态时，感觉受到抑制，气味感消失，这便是对气味产生了适应性。嗅觉的个体差异很大，有嗅觉敏锐者和嗅觉迟钝者。嗅觉敏锐者并非对所有气味都敏锐，因不同气味而异。如长期从事评酒工作的人，其嗅觉对酒香的变化非常敏感，但对其他气味则不一定敏感。人的身体状况可以影响嗅觉器官。如人在感冒、身体疲倦或营养不良时，都会引起嗅觉功能降低；女性在月经期、妊娠期及更年期，都会发生嗅觉缺失或过敏的现象。

③ 在感官检查中的应用　主要用于检测食品的香味或风味，通常与仪器分析检测配合使用。如关于食品风味化学的研究，在试验中通常由色谱和质谱将风味各组分定性和定量，但整个过程中的提取、搜集、浓缩等都必须进行感官和嗅觉检查，才可保证试验过程中风味组分无损失。再如酒的调配也需要用嗅觉评判，结合色谱分析，才可最后投入生产。

（4）味觉

① 味觉的概念　味觉是指人们从准备进食到看见食物，然后从口腔到消化道所引起的

一系列感觉，包括有心理味觉、物理味觉、化学味觉、基因味觉和知识味觉五个方面。

心理味觉：指在进食前和进食当中，对食物的外观、形态、色泽以及就餐环境、季节、风俗、生活习惯等因素使食用者产生的第一感觉。实验证明，心理味觉良好，可刺激消化神经，诱人食欲，提高消化率。所以，在菜肴和食品的制作中应注重色泽、形状的和谐搭配。

物理味觉：指菜肴的物理性质对口腔触觉器官的刺激，通常称为“口感”，例如食品的软、嫩、爽、滑、松、脆等。

化学味觉：指化学物质刺激味觉器官所引起的感觉，其中咸、甜、苦、酸四种由味觉神经感受到的，称为“生理基本味”。除此之外，还有麻、辣、鲜等多种味道。在制作食品中适当添加调味品来改善化学味觉。

基因味觉：是指人生下来的本能所限定的因素（除极少数人以外）。

知识味觉：是指人们对食品知识的了解。当对食品不了解时是唤不起味觉的。比如螃蟹，当人们不了解时是不敢食用的，只有第 1 个人吃了后有了对螃蟹的认识，才成为美味佳肴。

② 味觉的生理特点　舌上不同位置的味蕾对不同味的敏感性是不同的，其中舌尖处对甜味敏感；舌前部两侧对咸味敏感；舌后侧对酸味敏感；舌根对苦味敏感。味觉的反应时间一般为 1.5～4.0ms，其中咸味的感觉最快，苦味的感觉最慢。所以，一般苦味总是在最后才有感觉。

味觉的强度和出现味觉的时间与味刺激物（呈味物质）的水溶性有关。完全不溶于水的物质实际上是无味的。只有溶在水中的物质才能刺激味觉神经，产生味觉。因此，味觉产生的时间和味觉维持的时间因呈味物质的水溶性不同而有差异。水溶性好的物质味觉产生快消失也快，水溶性较差的物质味觉产生较慢，但维持时间较长。

温度对味觉的影响很大。即使是相同的呈味物质，相同的浓度，也因温度的不同而感觉不同。最能刺激味觉的温度在 10～40℃之间，其中以 30℃时味觉最为敏感。也就是说，接近舌温对味的敏感性最大。低于或高于此温度，各种味觉都稍有减弱，如甜味在 50℃以上时，感觉明显地迟钝。

不同年龄的人对呈味物质的敏感性不同。随着年龄的增长，味觉逐渐衰退。有研究结果表明，50 岁左右味觉敏感性明显衰退。甜味约减少 1/2，苦味约减少 1/3，咸味约减少 1/4，但酸味减少不明显。

③ 味觉在感官评价中的运用　味觉在食品感官质量评价中所占的权重最大。人们在评价食品时，除了观色看形闻香外，最终落实到味上。即使食品有美丽的外表，如无鲜美的味道，消费者照样不会问津。味觉的感官评价就是以物理、心理、化学等综合的形式，通过品尝感受食品所含的由多种呈味成分组成的复杂滋味，从而判断食品味道的好坏和感官品质的优劣。

（5）肤觉　肤觉分为触觉和压觉以及触摸觉和触压觉等。肤觉在感官评价中是通过人的手、皮肤表面接触物体时所产生的感觉来分辨和判断产品质量特性，主要用于检查产品表面的粗糙度、光滑度、软、硬、弹性、塑性、冷、热、潮湿等感觉。

8.3 食品感官分析的基本条件

8.3.1 评价员的基本要求

现代感官分析是由一组评价员来进行的，以取代单个专家作评价。评价小组中的评价员应经过专门训练，组内由一名组长负责，主要有以下要求。

（1）小组长　小组长必须具备很强的感官评价能力，并且对检验的难易程度能做出正确的判断；必须非常熟悉各种感官评价方法，并且能根据检验的内容和要求来选择分析方法；具有数理统计的基本知识及技能。

（2）评价员　对评价员的基本要求如下。

① 灵敏度　评价员的嗅觉、味觉灵敏性应处在正常范围内，并且通过训练能不断提高。

② 年龄　不论年龄大小，任何人员都可接受感官训练。年轻人感官灵敏度高，但经验不足。老年人虽感官灵敏度不如年轻人，但富有经验，注意力容易集中。因此在一个小组里，评价员的年龄不同，可使最终统计结果得到平衡。

③ 性别　对食品感官评价来讲，男性与女性的资格是相同的。但也发现，对某些香料如麝香，男性与女性的反应不完全相同。

④ 吸烟　吸烟和不吸烟者都可参加训练及检验。但香烟气味会干扰感官评价的进行，因此，检验开始前，抽烟者应停止吸烟，最好是不吸烟者。

⑤ 健康　评价员应身体健康，在患感冒时最好不要参加感官检验。

⑥ 检验过程中应尽量避免干扰因素　感官评价要求小组成员精力高度集中，必须避免任何干扰因素，如声音、异味等。评价员不得通过面部表情或口头等方式来传播结果，甚至相互影响。检验结果在检验表格上填写后，直接交给小组长。

⑦ 评价员的数量　虽然统计分析要求评价员越多越好，但受样品及样品制备的限制，评价员的数量不可能无限制地增加。关于评价员最佳数量的选择，在每种检验方法中都做了详细讨论，可参照执行。对于企业日常组织的感官评价，一般限制在16～18人较理想。一般来说，评价员水平越低，需要的数量就越多。

（3）感官评价前应注意的事项　距检验开始30min以内，要避免吃浓香食物、喝后味拖延的饮料、吮食糖果或咀嚼口香糖。吸烟者在30min前不能吸烟。检验前，禁止使用强气味的化妆品（洗脸液、发乳、雪花膏、香型唇膏等）。注意自身卫生（无汗臭、手和衣服洁净），洗手最好使用无味肥皂。在强气味实验室工作一段时间的人员，不能立即进入感官评价场所，因为他们衣服上吸入了实验室的气味，会扰乱其他人，甚至会影响自己的评价结果。评价员不能在身体处于过度紧张、劳累、激动状态时投入检验。任何烦躁和兴奋对检测都会产生负效应。感官实验员对样品的制备（称量或测量）应严格认真，准确无误。

8.3.2 感官试验区的基本条件

（1）试验区

① 试验区的位置　试验区应设在比较安静的环境中，评价员出入应较为方便。试验区与样品制备区、洗涤室应相邻近。制备区与试验区最好有2～3道墙相间隔，样品由分配区能迅速送入试验间。评价员从走廊进入试验区时，不能观察到样品的制备过程和闻到制备样品的气味。

② 试验区环境应安静　试验区内噪声要小，最好低于40dB，以免影响评价效果。试验区内禁止安装电话，目的是防止评价员分散注意力。

③ 试验区应控温控湿　如果试验区的温度、湿度不适当，不仅会使人体感到不快，还会很大程度地影响嗜好和味觉。所以最好有恒温、恒湿设备，使评价员处于舒适的环境中。一般室温控制在21～25℃，相对湿度约60％。

④ 换气　感官评价的环境必须是无味，一般用气体交换器和活性炭过滤器排除异味。单独试验间易产生和存留碳酸气和一氧化碳，必须及时排除。尤其在处理香料试验室时，为

了驱逐室内的香味物质，必须有相当能力的换气设备。以 1min 内可换室容积的 2 倍量空气的换气能力为最好，使试验区保持一个清新的空气环境。试验区的建筑材料必须无味和容易打扫，内部的各种设施，如桌椅、试验器具等都应是无味的。此外，在工厂地带由于外界空气污染较严重，所以必须设置外界空气的净化装置。

⑤ 室内装饰　试验区的墙、地板和各种设施应涂以稳重、柔和的颜色。一般使用浅灰色或乳白色较好，其颜色不能影响试验样品的色泽。使用的室内材料要考虑耐水、耐湿、耐腐蚀、耐磨、耐火、价格等因素。

⑥ 采光和照明　感官试验时的光线问题是非常重要的，在色泽评价时其重要性尤为突出，其条件简述如下：尽可能使用标准光，也可用日光灯、白炽灯等；照明度在 250lx 以上，不晃眼；有光泽的样品，在正反射下看不清正确的颜色，因此应避免在产生正反射光的位置观察；光源发出的光束应与样品的面相垂直，然后从 45°方向观察，此时的光射是漫反射。

一般情况都在自然光下或类似自然光的光照条件下观察样品。若在绿色光下品尝食品，食欲下降，对产品的评价就会降低。某些试验要用特殊光遮盖一些明显的颜色，再研究产品的风味、滋味和组织。由于产品的外观、色泽会给评价员带来某些特定概念，因此，有时必须遮盖颜色。例如两种不同酱色肉汁会使人猜测其风味不同，由此影响分析结果。此时，要使用有效的颜色灯光，使遮盖后样品间的色差很小。判定时每个可能的暗示都会影响评价员的分析，有时特殊灯光会使评价员分心，因此在确定评价过程前，最好用各种灯光证实其效果。

试验区的灯光要求：照明均匀，无阴影，具有灯光控制器，使评价员能正确评价样品特性。通常使用红色、绿色、黄色遮盖样品不同的颜色。

(2) 试验区的设计　试验区一般分为两部分：其一是为了不影响其他人的判断，每个评价员要进入被隔开的小间里进行试验，即单独试验间；其二是数个评价员边交换意见，边评价样品品质，即群体试验区。

① 单独试验区　单独试验区内一般设数个单独试验间，每个试验间设有提供样品、试验器具以及问答表等的窗口。单独试验间内还应有吐废液的杯或池、冲洗器具设施。

② 群体试验区　群体试验区用于评价员与组织者一起讨论问题、评价员培训及试验前的讲解。群体试验区应尽可能大些，有计算机、多媒体、黑板、桌、椅等，用于记录重点问题和讨论、讲解试验中的难点。

(3) 样品制备区应具备的条件　在样品制备区内将选择试验用器具、样品制备及对样品编码等。为了向评价员提供一个符合检验内容、统一的样品及器具，制备区应具备下列条件：制备区与试验区相邻；评价员进入试验区时不能经过制备区；通风条件好；不能使用有味的建筑和装饰材料；试验器具、设备、室内设施必须用无味或阻味性材料制成；制备区设计方式应使样品在制备时，其风味不会流入试验区。制备区常备的设备应包括：加热器、冰箱、恒温箱、烤箱、干燥箱、贮藏柜、微波炉等。

(4) 附属部分　感官分析室的附属部分主要包括休息室、洗涤室和办公室等，限于篇幅，不再赘述。

8.4 食品感官分析样品的准备和制备

在食品的感官分析中，对样品的制备有严格的要求。每次试验时均必须保证各项条件应完全一致。试验中所选择的温度、时间以及使用的设备器皿等必须符合同一标准，尽最大可能地避免对分析试验和评价员的生理、心理产生干扰。

8.4.1 感官分析样品的准备

（1）器具的选择　在感官评价中需要评价的对象五花八门，因此要求使用相应的器具。由于某些非评定特性会引起刺激偏差，如同一样品放在不同颜色、形状、花纹的容器内会使得评价员感觉不同，所以应采用同一类器皿盛装，其数量、形状也应相同。通常使用的器具应是清洁、白色或无色的容器，并确保其无味、无臭，所有重复使用的用具和容器必须彻底冲洗干净。

（2）样品的编号　向评价员提供的样品应是未知的，因此，试验样品需要编号，编号时应注意以下几点。

① 以字母编号时，避免使用字母表中相邻字母或开头与结尾字母，双字母最好，以防产生记号效应。

② 使用数字编号时，最好使用 3 位数以上的随机数字，但同次试验中各个编号的位数应一致。数字编号比字母编号干扰小。

③ 不要使用人们忌讳的和“吉祥”的数字。有些数字会在人们心里产生不同的反应，如中国人不喜欢 250，欧洲人不喜欢 13，日本人不喜欢 4、9 等。在编号时，就要相应地避免使用这些数字。与此相反，所谓吉祥的数字也不宜使用，如 518、666、888 等。此外，人们具有倾向性的编号也应尽量避免，如与自己或单位相同的电话号码、邮编等，往往也有一定的倾向性，也不宜使用。

④ 在同次感官试验中，递送给每位评价员的评价样品，其编号最好互不相同。同一个样品应有几个号码，以防评价员间相互讨论结果。在进行较频繁试验时，必须避免使用重复编号数，否则会使评价员联想起以前同样编号的样品，干扰评价的结果。

（3）样品的顺序与排列　为了克服由于样品的顺序、摆放位置、样品的分组等对评价员产生的负面影响和对试验结果造成偏差，通常在分析评价实验时采取以下措施。

① 当连续进行数种分析试验时，首先安排不易引起疲劳的项目进行，以防止品尝最后几个样品时，评价员产生味觉和嗅觉疲劳、厌烦乏味，偏差较大。

② 每次重复的试验配置顺序随机化，以克服过大过高地评价第一和第二个刺激的现象。

③ 递送的样品尽量避免直线摆放，最好圆形摆放，以克服品尝时人们倾向于选择中间样品和两端样品的习惯，这种倾向又称为位置效应。

④ 两种样品在进行颜色分析时，两者应尽可能靠近。

8.4.2 感官分析样品的制备

感官分析时供给评价员的样品必须充足、均匀，并能充分反映产品的性能。为避免产品一些偶然因素如外表不一致和温度不同等对评价员产生误导，因此样品在分析评价前必须经过处理和制备。供分析评价的食品一般分为两类：一类可直接用于感官评价；另一类需要用载体才可达到直接分析的要求和体现出产品本身的性质。

（1）可直接感官评价样品的制备

① 样品温度　人舌头的感觉在 15～30℃最敏感，低温使舌头麻痹，高温则使舌感迟钝。温度对嗅觉的影响也很大，温度上升时，香味物质的挥发量增大，刺激增强。但在高温下，嗅觉易产生疲劳。所以作为实验条件的样品温度应遵循 6 个原则：所有同次实验样品的温度一致；该种食品平常食用时的温度；容易检出品质间差异的温度；试验中容易保持的温度；

不易产生感觉疲劳的温度；不使样品变性的温度。

② 样品的量 由于提供给评价员的样品量对他们的判断会产生很大影响。因此，在试验中要根据样品品质、试验目的制备恰当的样品量。同次试验给予评价员的样品量必须完全相同。此外，两个以上评价员连续品尝一个样品时，由于品质好的样品具有需要量大的倾向，所以可以依照原给定样品的情况补充样品。

供给样品量的方式有：根据评价员欲望自由地给予足够量或供给评价员 8～12ml。偏好检验常采用前者。

③ 其他 制备样品的器具应使用无味清洗剂洗涤。样品与器具的贮藏柜应无味，不相互污染。样品制备者在工作前不应使用香味化妆品，不可用香皂洗手。

在星期一和周末不应进行感官试验，尤其是评价员刚上班或快下班时。在饮食前 1h 至饮食后 1h 期间最好不进行试验。

(2) 不能直接感官评价样品的制备 有些试验样品由于风味浓郁（如香精、调味品、糖浆）或物理状态（黏度、粉状度）等原因，不能直接进行感官评价，必须通过载体来进行。

检验浓缩饮料，其浓度较高易产生味觉疲劳，难以检出品质差异，有必要根据检查目的进行稀释。

不能直接感官评价样品的制备必须根据检验目的和要求，通过样品—载体处理使样品具有的感官特性能直接评价，并充分体现样品原有特性。为此，载体应具备以下条件：在口中能均匀分散样品；在唾液作用下与样品同样溶解或互溶；易得、简便、制备时间短；熟食且在室温下可食、开胃、刺激小；没有强的风味，不影响样品性质，风味与样品具有一定的适合程度；载体温度与样品的品尝温度尽可能相一致。

在选择样品和载体混合的比例时，应避免二者之间的拮抗效应或协同效应。将样品定量混入选用的载体中或置于载体表面，常用载体有牛奶、油、面条、大米饭、馒头、菜泥、面包、乳化剂和奶油等。在检验系列中，被评估的每种组分应使用相同的样品—载体比例，根据分析样品种类和试验目的选择制备样品的温度，但评估时，同一检验系列的温度应与制备样品的温度相同。

(3) 辅助剂 为了防止变味现象、对比现象、协同效应和拮抗效应对分析品尝时造成的错觉，在感官评价时，评价员在做新的评价之前应充分清洁口腔，直至余味全部消失所采用的试剂或食品。在评估过程中应根据检验样品来选择冲洗或清洗口腔有效的辅助剂。最常用的辅助剂是水，因为水无味、无泡沫、无臭、不影响检验结果。除水外，还有无盐饼干、米饭、新鲜馒头、无味面包、稀释的柠檬汁和不加糖的浓缩苹果汁等。对具有浓郁味道或余味较大的样品，应使用后者辅助剂。

8.5 食品感官分析方法

食品感官分析的方法很多。在选择适宜的检验方法之前，应根据检验的目的、要求及统计方法不同，选择适宜的方法。常用的感官分析方法有下列 3 类：差别检验；使用标度和类别的检验；分析或描述性检验。

8.5.1 差别检验

差别检验要求评价员回答两个或两个以上的样品中是否存在感官差异（或偏爱某一个），以得出两个或两个以上的样品间是否存在差异的结论。差别检验的结果分析是以每一类别的评价员数量为基础，例如，有多少人偏爱样品 A，多少人偏爱样品 B，多少人回答正确。其结果解释主要运用统计学的二项分布参数检验。

在检验过程中，可能有的评价员没能觉察出两种样品之间的差别，而回答“无差别”，但是为了统计分析的需要，一般规定不允许“无差别”的回答（即强迫选择）。如果允许出现“无差别”的回答，那么可用以下两种处理方法：①忽略“无差别”的回答，即从评价小组的总数中减去这些数；②将“无差别”的结果分配到其他类的回答中。

差别检验中常用的检验方法有下列几种：二点检验法；二-三点检验法；三点检验法；“A”，“非 A”检验法；五中取二检验法；选择检验法；配偶检验法。限于篇幅，本书仅介绍前三种检验法。

（1）二点检验法　本法是以随机的顺序同时出示两个样品给评价员，要求评价员对这两个样品进行比较，判定整个样品或某些特征强度顺序的一种检验方法。此检验法可用于确定两种样品之间是否存在某种差别、差别方向如何、是否偏爱两种产品中的某一种，还可用于选择与培训评价员。

表 8-1　二点检验法问答表参考例

______年______月______日
姓名____________________产品____________________组____________________
a. 评价您面前的两个样品。两个样品中，哪个更____________（比如酸、甜、香、软等）。请在空格中填入您选择样品的编码。____________样品更____________。
b. 两个样品中，更喜欢____________。
c. 选择的理由是：____。

检验方法：把 A、B 两个样品同时呈送给评价员，要求评价员根据问答表（表 8-1）进行评价。在检验中，应使样品 A、B 和 B、A 这两种次序出现的次数相等。注意，为避免使评价员从提供样品的方式中得出有关样品性质的结论，可随机选取 3 位数组成样品编码，而且每个评价员之间所得的样品编码应尽量不重复。

结果分析：问题 a. 为差别检验。统计有效问答表的正解数，此正解数与表 8-2 中相应的某显著性水平的数比较，若大于或等于表 8-2 中的数，则说明在此显著性水平上样品间有显著性差异。

若有效问答表数大于 100 时（$n>100$），表明有差异的评价最少数可用式（8-1）计算。此式根据二项分布的正态近似导出，最大误差不超过 1，答案的最少数取最近整数。

$$x=\frac{n+1}{2}+k\sqrt{n} \tag{8-1}$$

式中的 k 值为：

显著水平	5%	1%	0.1%
k 值	0.82	1.16	1.15

例：在 20 张有效问答表中，有 17 张回答正确。查表 8-2，16（1%）＜17＜18（0.1%），说明在 1%显著水平时，两个样品间有差异。

问题 b. 为偏爱检验。从有效的问答表中收集 A 较好的回答数和 B 较好的回答数，运用回答数较多的数字，查表 8-3。若此数字大于或等于表 8-3 中某显著水平的相应数字，则说明两样品的嗜好程度有差异；若此数小于表 8-3 中的任何显著水平的数字，则说明两样品间无显著差异。

表 8-2　二点差别检验法检验表

答案数目(n)	显著水平			答案数目(n)	显著水平			答案数目(n)	显著水平		
	5%	1%	0.1%		5%	1%	0.1%		5%	1%	0.1%
7	7	7	—	24	17	19	20	41	27	29	31
8	7	8	—	25	18	19	21	42	27	29	32
9	8	9	—	26	18	20	22	43	28	30	32
10	9	10	10	27	19	20	22	44	28	31	33
11	9	10	11	28	19	21	23	45	29	31	34
12	10	11	12	29	20	22	24	46	30	32	34
13	10	12	13	30	20	22	24	47	30	32	35
14	11	12	13	31	21	23	25	48	31	33	36
15	12	13	14	32	22	24	26	49	31	34	36
16	12	14	15	33	22	24	26	50	32	34	37
17	13	14	16	34	23	25	27	60	37	40	43
18	13	15	16	35	23	25	27	70	43	46	49
19	14	15	17	36	24	26	28	80	48	51	55
20	15	16	18	37	24	27	29	90	54	57	61
21	15	17	18	38	25	27	29	100	59	63	61
22	16	17	19	39	26	28	30				
23	16	18	20	40	26	28	31				

表 8-3　二点偏爱检验法检验表

答案数目(n)	显著水平			答案数目(n)	显著水平			答案数目(n)	显著水平		
	5%	1%	0.1%		5%	1%	0.1%		5%	1%	0.1%
7	7	—	—	24	18	19	21	41	28	30	32
8	8	8	—	25	18	20	21	42	28	30	32
9	8	9	—	26	19	20	22	43	29	31	33
10	9	10	—	27	20	21	23	44	29	31	34
11	10	11	11	28	20	22	23	45	30	32	34
12	10	11	12	29	21	22	24	46	31	33	35
13	11	12	13	30	21	23	25	47	31	33	36
14	12	13	14	31	22	24	25	48	32	34	36
15	12	13	14	32	23	24	26	49	32	34	37
16	13	14	15	33	23	25	27	50	33	35	37
17	13	15	16	34	24	25	27	60	39	41	44
18	14	15	17	35	24	26	28	70	44	47	50
19	15	16	17	36	25	27	29	80	50	52	56
20	15	17	18	37	25	27	29	90	55	58	61
21	16	17	19	38	26	28	30	100	61	64	57
22	17	18	19	39	27	28	31				
23	17	19	20	40	27	29	31				

当有效问答表数大于 100 时（$n>100$），表明有差异的评价最少数使用式（8-1）计算，答案的最少数取最近整数。式中的 k 值为：

显著水平	5%	1%	0.1%
k 值	0.98	1.29	1.65

例：设有120张有效问答表，在1%显著水平下，表明有差异的评价最少数为x，那么：

$$x=\frac{n+1}{2}+k\sqrt{n}=\frac{120+1}{2}+1.29\sqrt{120}=74.63$$

结论为：120张有效问答表，在1%显著水平下，表明有差异的评价最少数应为75张。

（2）二-三点检验法　此检验法用于区别两个同类样品间是否存在感官差别，尤其适用于评价员很熟悉对照样品的情形，常用于成品检查。

方法：先提供给评价员一个对照样品，再提供两个编码样品，并告知其中一个样品与对照样品相同。要求评价员挑选出那个与对照样品相同的样品。在检验对照样品后，最好有10s左右的停歇时间。两个样品作为对照样品的概率应相同。

二-三点检验法可设置的问题见表8-4。

表8-4　二-三点检验法问答表参考例

＿＿年＿＿月＿＿日
姓名＿＿＿＿＿＿＿＿产品＿＿＿＿＿＿＿＿组＿＿＿＿＿＿＿＿
在检验了对照样品之后，请指出与对照样品相同的样品编码为＿＿＿＿＿＿＿＿＿＿＿＿。

结果分析：如有效问答表数为n，回答正确的问答表数为R，查表8-2中答案数目为n的一栏的数值。若R小于其中所有数，则说明在5%的水平，两样品间无显著差异。若R大于或等于其中某数，说明在此数所对应的显著水平上两样品间有差别。

例：某肉制品厂，为降低羊肉制品的膻味，在羊肉加工中添加适量的砂仁去膻。为了了解砂仁去膻效果，运用二-三点法进行检验。由30名评价员进行评价。其中有15名评价员接受到的对照样品是未经去膻的羊肉制品，另外15名评价员接到的对照样品是经去膻处理的羊肉制品。共收回30张有效问答表，其中有22张回答正确，查表8-2中$n=30$一栏，正好与显著水平$\alpha=1\%$相等。那么，结论为在1%显著水平，两个样品间有显著差异。即砂仁的去膻效果显著。

应用此方法时，应注意以下几点。

① 若两个样品可明显地通过色泽、组织等外观区别出来，那么这两个样品不适于用此方法检验。

② 如果被测样品有后味，这种检验方法就不如成对比较检验法适宜。

（3）三点检验法　同时提供3个编码样品，其中有2个是相同的，要求评价员挑选出其中单个样品的检验方法称为三点检验法。

目的：适用于鉴别两个样品间的细微差别，也可应用于挑选和培训评价员或者考核评价员的能力。

方法：向评价员提供一组3个编码的样品，并告知其中2个是相同的，要求评价员挑出其中单个样品（表8-5）。为使3个样品的排列次序、出现次数的概率相等，可运用以下6组组合：

BAA　　ABA　　AAB　　ABB　　BAB　　BBA

在实验中，6组出现的概率也应相等。当评价员人数不足6的倍数时，可舍去多余样品组，或向每个评价员提供6组样品做重复检验。

结果分析：统计问题a.中回答正确的问答表数，查表8-6，可得出两个样品间有无差异。

例：在30张有效问答表中，有18张正确地选择出单个样品。查表8-6答案数目为30一栏，由于18大于$\alpha=1\%$的临界值17，小于$\alpha=0.1\%$的临界值19，那么就可说明在1%显

表 8-5 三点检验法问答表参考例

	______年______月______日
姓名____________________产品____________________组____________________	
a. 按规定顺序检验 3 个试验样品，有 2 个样品完全一样，其中单个样品的编号为____________。	
b. 单个样品与另外两个完全一样样品差别的程度是__________（没有，很弱，弱，中等，强，很强）。	
c. 您更喜欢的样品是__________（两个完全一样的样品，单个样品）。	

著水平，两样品间有差异。当 $n>100$ 时，表明有差异的最少数 x 用式(8-2) 计算。

$$x=0.4714-z\sqrt{n}+\frac{(2n+3)}{6} \tag{8-2}$$

式中的 z 值为：

显著水平	5%	1%	0.1%
z 值	1.64	2.33	3.10

统计问题 b. 中样品间的差异程度由那些正确地选出单个样品的评价员指出。把所答出的差异程度转化为数字：很弱=1，弱=2，中等=3，强=4，很强=5。统计出样品间差异强度（以数字表示）的平均值。例如，统计出的平均值为 4.2，说明两样品间具有较强的差异程度。

表 8-6 三点检验法检验表

答案数目(n)	显著水平			答案数目(n)	显著水平			答案数目(n)	显著水平		
	5%	1%	0.1%		5%	1%	0.1%		5%	1%	0.1%
5	4	5	—	37	18	20	22	69	31	33	36
6	5	6	—	38	19	21	23	70	31	33	36
7	5	6	7	39	19	21	23	71	31	34	37
8	6	7	8	40	19	21	24	72	31	34	37
9	6	7	8	41	20	22	24	73	32	34	38
10	7	8	9	42	20	22	25	74	32	35	38
11	7	8	10	43	20	23	25	75	32	35	39
12	8	9	10	44	21	23	26	76	33	36	39
13	8	9	11	45	21	24	26	77	33	36	39
14	9	10	11	46	22	24	27	78	34	36	40
15	9	10	12	47	22	24	27	79	34	37	40
16	9	11	12	48	22	25	27	80	34	37	41
17	10	11	13	49	23	25	28	81	35	38	41
18	10	12	13	50	23	26	28	82	35	38	41
19	11	12	14	51	24	26	29	83	35	38	42
20	11	13	14	52	24	26	29	84	36	39	42
21	12	13	15	53	24	27	30	85	36	39	43
22	12	14	15	54	25	27	30	86	37	40	43
23	12	14	16	55	25	28	30	87	37	40	44
24	13	15	16	56	26	28	31	88	37	40	44
25	13	15	17	57	26	28	31	89	38	41	44
26	14	15	17	58	26	29	32	90	38	42	45
27	14	16	18	59	27	29	32	91	39	42	46
28	15	16	18	60	27	30	33	92	39	42	46
29	15	17	19	61	27	30	33	93	40	43	46
30	15	17	19	62	28	30	33	94	40	43	47
31	16	18	20	63	28	31	34	95	40	44	47
32	16	18	20	64	29	31	34	96	41	44	48
33	17	18	21	65	29	32	35	97	41	44	48
34	17	19	21	66	29	32	35	98	41	45	48
35	17	19	22	67	30	33	36	99	41	45	49
36	18	20	22	68	30	33	36	100	42	46	49

统计问题 c. 中从正确选择出单个样品的问答表中，统计出多数认为更喜欢某一样品的人数。查表 8-3，可说明两样品间的喜好程度是否有差异。例如，30 张有效问答表中，有 18 张正确地选出了单个样品，在此 18 张问答表中有 17 张表示喜欢样品 A，查表 8-3 中 $n=18$ 一栏，可说明 A、B 两样品间有显著差异（$\alpha=0.1\%$）。

当 $n>100$ 时，表明有差异的最少数使用式（8-3）计算。

$$x=\frac{z\sqrt{5n}\,(n-3)}{6} \tag{8-3}$$

式中 z 值与式（8-2）中相同。

8.5.2 使用标度和类别的检验

在本检验中，要求评价员对两个以上的样品进行评价，并回答出哪个样品好，哪个样品差，它们之间的差异大小、存在何种差异等。通过试验可得出样品间差别的顺序和大小，或样品应归属的类别或等级。选择何种手段解析数据取决于检验的目的及所检验的样品数量。常用的检验方法有：排序检验法、分类检验法、评分检验法、成对比较检验法和评估检验法共 5 种。限于篇幅，本书仅介绍前两种。

（1）排序检验法　通过比较数个样品，按指定特性的强度或程度排出一系列样品的次序称为排序检验法。该检验法只排出样品的次序，不估计样品间差别的大小。

用途：此检验方法可用于进行消费者的可接受性检查及确定偏爱的顺序；选择产品，确定由于不同原料、加工、处理、包装和贮藏等环节对产品感官特性的影响；在对样品作更精细的感官评价之前，也可首先采用此方法作筛选检验。

效果：当评价少数样品（6 个以下）的复杂特性（如质地、风味等）或多数样品（20 个以上）的外观时，该法迅速而有效。

方法：第一，由组长对检验提出具体的规定（如对哪些特性进行排列，特性强度是从强到弱还是从弱到强进行排列等）和要求（如在评价气味之前要先摇晃等）。排序只能按一种特性进行，如果要求对不同的特性排序，则应按不同的特性安排不同的顺序。第二，评价员得到全部被检样品后，按规定的要求将样品排成一定顺序，并在限定时间内完成检验。进行感官刺激的评价时，可以让评价员在不同的评价之间使用水、淡茶或无味面包等，以恢复原感觉能力。

评价员在评价过程中，可将样品先初步排定一下顺序，然后再作进一步的调整。对于不同的样品，不应排为同一秩次，当实在无法区别两种样品时，应在问答表中注明。

设置问题举例：品尝样品后，请根据所感受到的甜度，按甜味从强到弱的顺序，把样品的号码填入适当的空格中（每格中必须填一个号码）。

甜味最强________ ________ ________ ________ ________ ________**甜味最弱**

进行具体的检验时，可根据检验的目的和检验的样品对记录的内容作详细的规定。

结果分析：排序检验法的结果分析方法较多，这里只介绍两种较常用的分析方法。

方法 1：首先将每一检验中的每一特性和每一评价员对每一检验的每一特性的评价，记录在如表 8-7 所示的表格内。当有相同的秩次时，相同秩次的样品之间用符号“＝”标出。表 8-7 是 6 个评价员对 A、B、C、D 4 种样品的排序结果。

每个评价员对每个样品排出的秩次中，当有相同秩次时，则取平均秩次，并统计每种样品的秩和（见表 8-8）。

表 8-7 评价员的排序结果

评价员 \ 样品 \ 秩次	1		2		3		4
1	A		B		C		D
2	C		B	=	A		D
3	A		B	=	C	=	D
4	A		B		D		C
5	A		B		C		D
6	A		C		B		D

表 8-8 样品秩次和秩和

评价员 \ 样品 \ 秩次	A	B	C	D	秩和
1	1	2	3	4	10
2	3	1.5	1.5	4	10
3	1	3	3	3	10
4	1	2	4	3	10
5	1	2	3	4	10
6	1	3	2	4	10
每种样品的秩和 R_P	8	13.5	16.5	22	60

通过比较样品的秩和，对样品之间是否有显著性差别做出评价。首先，应用下式计算出统计量 F。

$$F=\frac{12}{JP(P+1)}(R_1^2+R_2^2+\cdots+R_P^2)-3J(P+1)$$

式中 J——评价员数；

P——样品（或产品）数；

R_1，R_2，…，R_P——J 个评价员对 P 种样品评价的秩和。

本例的 F 值为：

$$F=\frac{12(8^2+13.5^2+16.5^2+22^2)}{6\times4(4+1)}-3\times6(4+1)=10.25$$

查表 8-9，若 F 值大于或等于表中对应于 P、J、α 的临界值，就可以判定样品间有显著性差异；若 F 值小于相应的临界值，则无显著性差别。

表 8-9 弗里德曼（Friedman）秩和检验临界值表

评价员数目(J)	样品的数目(P)					
	3	4	5	3	4	5
	显著水平 $\alpha=0.05$			显著水平 $\alpha=0.01$		
2	—	6.00	7.00	—	—	8.00
3	6.00	7.00	8.53	—	8.20	10.13
4	6.50	7.50	8.80	8.00	9.30	11.00
5	6.40	7.80	8.96	8.40	9.96	11.52
6	6.33	7.60	9.49	9.00	10.20	13.28
7	6.00	7.62	9.49	8.85	10.37	13.28
8	6.25	7.65	9.49	9.00	10.35	13.28
9	6.22	7.81	9.49	8.66	11.34	13.28
10	6.20	7.81	9.49	8.60	11.34	13.28
11	6.54	7.81	9.49	8.90	11.34	13.28
12	6.16	7.81	9.49	8.66	11.34	13.28
13	6.00	7.81	9.49	8.76	11.34	13.28
14	6.14	7.81	9.49	9.00	11.34	13.28
15	6.40	7.81	9.49	8.93	11.34	13.28

（2）分类检验法　评价员评价样品后，划出样品应属的预先定义的类别，这种检验方法称为分类检验法。

适用与样品打分有困难时，用分类法评价出样品的好坏差别，从而得出样品的好坏、级别，也可以鉴定出样品的缺陷等。

把样品以随机的顺序出示给评价员，要求评价员按顺序评价样品之后，根据问答表中所规定的分类方法，对样品进行分类。下面是分类检验法问答的一个例子。

例：评价您面前的 4 个样品后，请按规定的级别定义，把它们分成 3 级，并在适当的级别下，填上对应的样品号码。

级别定义：

1 级：……

2 级：……

3 级：……

样品应为 1 级；

样品应为 2 级；

样品应为 3 级。

结果分析：统计每一种产品分属每一类别的频数，然后用 χ^2 检验比较两种或多种产品落入不同类别的分布，从而得出每一种产品应属的级别。

例：有 4 种火腿肠制品，它们的配方不同。通过检验，了解由于配方的不同，对制品质量所造成的影响。

统计各样品被划入各等级的次数，并把它们填入表 8-10（由 40 位评价员进行评价分级）。

表 8-10　分类检验法结果汇总表

样品 \ 样品被划入各等级次数（Q_{ij}） \ 等级	1 级	2 级	3 级	合计
样品 A	9	28	3	40
样品 B	24	12	4	40
样品 C	26	12	2	40
样品 D	16	15	9	40
合计	75	67	18	160

假设各样品的级别分布相同，那么各级别的期待值为：

1 级，$\frac{75}{160}\times 40$；2 级，$\frac{67}{160}\times 40$；3 级，$\frac{18}{160}\times 40$

根据计算结果，各样品不同级别的期待值 E_{ij} 如表 8-11 所示。

表 8-11　样品级别的期待值 E_{ij}

i \ j	1 级	2 级	3 级	合计
样品 A	18.75	16.75	4.5	40
样品 B	18.75	16.75	4.5	40
样品 C	18.75	16.75	4.5	40
样品 D	18.75	16.75	4.5	40
合计	75	67	18	160

计算出实际测定值与期待值的差（$Q_{ij}-E_{ij}$），如表 8-12 所示。

表 8-12 实际测定值与期待值的差（$Q_{ij}-E_{ij}$）

i \ j	1级	2级	3级	合计
样品 A	−9.75	11.25	−1.5	0
样品 B	5.25	−4.75	−0.5	0
样品 C	7.25	−4.75	−2.5	0
样品 D	−2.75	−1.75	4.5	0
合计	0	0	0	0

表 8-12 中：−9.75＝9−18.75，5.25＝24−18.75，…，4.5＝9−4.5。

从表 8-12 可见，样品 A 作为 2 级的实际测定值大大高于期待值；样品 B、C 作为 1 级的实际测定值大大高于期待值；样品 D 作为 3 级的实际测定值大大高于期待值。这样，就不难得出：样品 C、B 应为 1 级，样品 A 应为 2 级，样品 D 应为 3 级。

8.5.3 分析或描述性检验

本检验要求评价员指出一个或多个样品的某些特征或对某些特定特征进行描述、分析。常用的方法有：简单描述检验法、定量描述和感官剖面检验法。

（1）简单描述检验法　本法要求评价员对样品各个特征指标进行定性描述，尽量完整地描述出样品品质。本检验用于识别或描述某一特殊样品或许多样品的特殊指标，或将感觉到的特性指标建立一个序列，常用于质量控制。

这种检验适用于一个或多个样品，当在一次评价中呈现多个样品时，样品可以拉丁方的顺序随机分发，以免使样品的分发顺序对评价结果产生影响。若有对照样品的话，最好作为第一个样品分发。检验前，可先由评价组组长主持一次讨论，然后再评价。评价时，可提供一张指标检查表，每个评价员独立地评价样品并作记录。

简单描述检验法的问答表一般有两种形式。

① 由评价员用任意的词汇，对样品的特性进行描述。这种问答表应尽量由非常了解产品特性或受过专门训练的评价员来回答。

例如，请评价盘中的两块奶酪（样品 1 和样品 2），它们的风味、色泽、组织结构如何？有哪些特征？请尽量详尽地描述。

② 评价员根据所提供的指标检查表进行评价。

例如，请用下列的词汇表分别评价盘中的两块奶酪（样品 1 和样品 2），并把您认为适当的特性词汇归入应属的样品中。

风味：一般、正好、焦味、苦味、酸味、咸味、油脂味、不新鲜味、油腻味、金属味、蜡质感、霉臭味、腐败味、鱼腥味、不洁味、陈腐味、滑腻感、风味变坏、有涩味。

色泽：一般、深、苍白、暗淡、油斑、盐斑、白斑、褪色、斑纹、波动（色泽有变幻）、有杂色。

组织结构：一般、黏性、油腻、厚重、薄弱、易碎、断面粗糙、裂缝、不规则、粉状感、有孔、油脂析出、有流散现象。

样品 1：________________________________

样品 2：________________________________

结果分析：评价员完成评价后，由评价组组长根据每一描述性词汇的使用频数得出评价结果。最好对评价结论作公开讨论。

(2) 定量描述和感官剖面检验法　本法要求评价员尽量完整地对样品感官特征的各个指标进行评价。由简单描述检验法确定的词汇中选择词汇，描述样品感官特征的各个指标强度并形成产品的感官剖面。这种方法可被单独或结合地用于评价气味、风味、外观和质地，主要用于质量控制、确定产品之间差别的性质、新产品研制、产品品质改良等。还可提供与仪器检验数据对比的感官数据，提供产品特征的持久记录。

本法既可从简单的描述检验所确定的词汇中选择可描述整个样品感官印象的词汇，也可从对产品特征非常熟悉的人规定出描述样品特征的词汇进行选择。评价员对照词汇检查样品，在强度标度上给每一出现的指标打分。必要时，应注意所感觉到的各因素顺序，包括后味出现的顺序。

定量描述和感官剖面检验的方法可分成两大类型，描述产品特征达到一致的称为一致方法；不需要一致的称为独立方法。

一致方法中的必要条件是评价组组长也参加评价，所有评价员都作为一个集体成员而工作，目的是使对产品特征的描述达到一致。评价组组长组织讨论，直至对每个结论都达到一致的意见，从而可以对产品特征进行一致的描述。如果不能达到一致，可以引用参比样来帮助达到一致。为此有时必须经过一次或多次讨论，最后由评价组组长报告和说明结果。

在独立方法中，组长一般不参加评价，评价小组意见不需要一致。评价员在小组内讨论产品特征，然后单独记录其感觉，由评价组组长汇总和分析这些单一结果。

不管是用一致方法还是用独立方法对样品进行描述，在正式小组成立之前，需有一个熟悉情况的阶段。此间召开一次或多次信息会议，以检验被研究的样品，介绍类似产品，以便建立比较的办法和统一评价识别的标准。

评价员和一致方法的评价组长应该做以下几项工作：①制定记录样品的特性目录；②确定参比样（纯化合物或具有独特性质的天然产品）；③规定描述特性的词汇；④建立描述和检验样品的最好方法。

对于此方法，可以根据不同的目的，设计出不同的检验形式，通常有以下几项检验内容：①特性、特征的鉴定，即用叙述词或相关的术语规定感觉到的特性、特征；②感觉顺序的确定，即记录显现和察觉到各特性、特征所出现的顺序；③强度评价。每种特性特征强度（质量和持续时间）可由评价小组或独立工作的评价员测定。特性特征强度可用如下几种标度来评估。

数字评估：0＝不存在；1＝刚好可识别；2＝弱；3＝中等；4＝强；5＝很强。

用标度点“○”评估：在每个标度的两端写上相应的叙述词，如弱○○○○○○○强，其中间级数或点数根据特性特征而改变，在标度点○上写出的数值1～7应符合该点的强度。

用直线评估：例如，在100mm长的直线上，距每个末端大约10mm处，写上叙述词。评价员在线上做一个记号表明强度，然后测量评价员所做记号与线左端之间的距离（mm），表示强度数值。

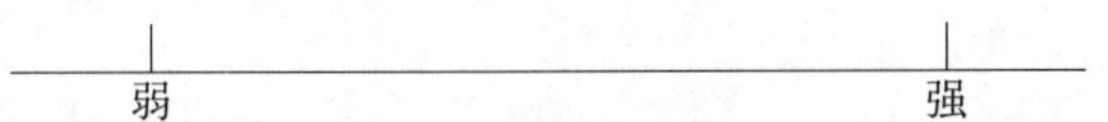

余味审查和滞留度的测定：样品被吞下后（或吐出后），出现的与原来不同的特性、特征称为余味。样品已经被吞下（或吐出后），继续感觉到的同一特性、特征称为滞留度。在某些情况下，可要求评价员鉴别余味，并测定其强度，或者测定滞留度的强度和持续时间。

综合印象的评估：综合印象是对产品的总体评估，它考虑到特性、特征的适应性、强度、相一致的背景特征和特征的混合等。综合印象通常在一个三点标度上评估：3—高；2—中；1—低。在一致方法中，评价小组赞同一个综合印象；在独立方法中，每个评价员分别评估综合印象，然后计算其平均值。

强度变化的评估：有时，可以根据检验的目的，用曲线（时间-感觉强度曲线）表现从接触样品刺激到脱离样品刺激的感觉强度变化，如食品中的甜味、酸味和苦味等强度随时间的变化曲线。

在独立方法中，当评价小组对规定特性、特征的认识达到一致后，评价员就可单独工作并记录感觉顺序，用同一标度去测定每种特性强度、余味或滞留度及综合印象。

分析结果时，由评价组组长收集、汇总评价员的评价结果，并计算出各特性、特征的强度（或喜好）平均值，用表或图表示。若有数个样品进行比较时，可利用综合印象的结果得出样品间的差别大小及方向。也可利用各特性、特征的评价结果，用一个适宜的分析方法分析结果（如评分法的分析方法），确定样品之间差别的性质。

8.6 电子鼻和电子舌简介

随着嗅觉与味觉传感器技术的发展，电子鼻和电子舌技术在食品感官分析中得到不断研究和应用。电子鼻又称气味扫描仪，是20世纪90年代发展起来的一种快速检测食品风味的一种新技术。它由气敏传感器、信号处理系统和模式识别系统（人工神经网络和统计模识别）组成，能模拟人类嗅觉神经细胞，根据气味标识和利用化学计量统计学软件对不同气味进行快速鉴别。电子舌是一种使用类似于生物系统的材料作传感器的敏感膜，当膜的一侧与味觉物质接触时，膜电势发生变化，从而产生响应，检测出各类物质之间的相互关系。目前在英国、日本、法国和我国台湾地区等均已有商业化产品，已在果蔬成熟度检测、饮料和酒类的感官分析中得到应用。其优点是既可克服感官分析中人为主观因素对产品品质的影响，又能弥补仪器分析样品前处理费时费力的不足。

参考文献

1 朱红，黄一贞，张弘编．食品感官分析入门．北京：轻工业出版社，1990

2 余疾风编著．现代食品感官分析技术．成都：四川科学技术出版社，1991

3 杨昌举编著．食品科学概论．北京：中国人民大学出版社，1999

4 王俊等．电子鼻与电子舌在食品检测中的应用研究进展．农业工程学报，2004，3（20）：292～294

9 食品工业废弃物及其处理

食品工业是以农业、林业、牧业、渔业产品为主要原料进行加工的工业。近年来，食品工业作为我国经济高速增长中的低投入高效益产业得到迅速发展，在促进国民经济增长和提高人民生活水平以及充分利用资源方面发挥了非常重要的作用，但也产生了大量的废弃物，这些废弃物中不仅含有未被利用的营养成分，而且隐含了不必要的水源和能源消耗，它们的排放加重了环境污染。

在过去很长一段时间里，食品加工废弃物一直被认为是食品生产过程中不可避免的，并且是花短时间和低费用所不能解决的负担，故这些废弃物不是直接排入环境中，就是移交他人处理。近年来，随着环境保护的呼声日益高涨和各种环境法规的建立，人们开始重新审视传统的食品加工过程和模式，并将食品加工中产生的废弃物作为一种无成本的资源加以回收利用。为此开发了各种新技术，将废弃物转化为有价值的食品、饲料和燃料等，不仅满足环境保护的要求，而且取得了较好的经济效益。对食品工业来说，以后的发展重点除提高加工技术含量，优化加工工艺，最大限度地利用和转化原料，降低产品成本，提高经济效益外，还应最大限度地减少废弃物，减少环境污染。本章重点讨论食品工业废弃物处理（特别是废弃物的资源化、减量及清洁生产），循环经济及其在食品工业中的应用。

9.1 概述

近十几年来，我国食品工业迅速发展，极大地促进了社会经济的增长和人民生活水平的提高，但也产生了大量的食品废弃物。食品废弃物有不同的分类方法，按产生的形态可分为固体废弃物、废水和废气，按生产工艺可分为发酵食品工业废弃物和非发酵食品工业废弃物。

在食品加工过程中，可利用的只是原料的一部分，其中大约有 30%～50%的原料未被利用或在加工过程中被转化为废弃物，有时候这个比例会更高。以发酵工业为例，生产中只

表 9-1 我国食品行业废渣、废水排放量情况

行业	产量/万吨	废渣名称	废渣排放量/(m^3/t 产品)	废水排放量/$\times 10^4 m^3$
啤酒	1987	麦糟	0.2	397
白酒	300	白酒糟	3	900
黄酒	150	黄酒糟	3	450
淀粉	400	皮渣	10	4000
淀粉糖	50	玉米浆渣	0.3	90
味精	59	米渣	3	177
柠檬酸	20	薯干渣	3	60
酒精	308	酒精糟	15	4620
甘蔗制糖	550	甘蔗渣	10	5500
		甘蔗泥	1	550
甜菜制糖	276	甜菜粕	6.7	1849
		甜菜泥	1	276

利用了原料中的淀粉，而蛋白质、脂肪、矿物质和纤维素等多种有用物质都留在废渣和废水中。据不完全统计，我国食品工业中主要发酵行业每年产生的废渣将近 $4\times10^{8}m^{3}$，表 9-1 是我国食品工业部分代表性食品废渣、废水的排放情况。

因此，随着食品工业产量的增加，消耗的原料量也增加，产生的副产物和废弃物也增加，这些副废物大多可作为农田肥料，有的则富含营养物质，如果合理利用，可节约资源并促进农副业的发展，如果不加以利用或利用不好，就将成为主要的环境污染源。

9.2　食品工业废弃物处理技术

食品工业废弃物中，大多是废水和废渣的混合物，混合物中固形物含量一般只有 5%～6%，其中含有大量蛋白质、氨基酸、维生素及多种微量元素，是很好的微生物营养物和饲料原料（或添加剂）。在处理前，一般都需要先进行固-液分离，然后再作处理和利用。这些技术包括分离技术、干燥技术、生物发酵技术、好氧堆肥技术和厌氧消化技术等。

9.2.1　分离技术

在食品废渣、废水混合物中，悬浮颗粒大小的分布范围很广，从微小的胶体物质到粗大的悬浮颗粒，因此，需要有比较有效的方法对其进行分离。常用的固-液分离技术有离心法、沉降法和过滤法等。

9.2.1.1　离心法

离心是利用离心力的作用，使混合物中固体颗粒和液体分离的过程。离心过程一般在离心机中完成。离心机特别适用于粒状物料、纤维类物料与液体的分离。其主要部分为一快速旋转的鼓，鼓安装在直立或水平轴上，鼓壁分为有孔式和无孔式。当鼓壁有孔且高速旋转时，鼓内液体由于离心力的作用被甩出，而固体颗粒留在滤布上，这一过程称为离心过滤；当鼓壁无孔时，物料受离心力作用按密度大小分层沉淀，称为离心沉降；当物料为乳浊液时，液体在离心力作用下按密度分层则成为离心分离。离心法是食品废弃物处理中最常用的固-液分离方法，可用来分离各种食品废渣、废水，其工业化程度高，工作效率高，但能耗和维修费用较高。

9.2.1.2　沉降法

沉降是利用固体颗粒本身重力的作用，使颗粒沉降下来，并从液体中分离出来的过程。沉降速度的大小是决定沉降效果的关键因素之一，它与颗粒的大小、密度以及液体分散密度和黏度等有关。颗粒大、密度大、分散介质密度和黏度小时，沉降速度就快，反之则慢。沉降设备分为间歇式、半连续式和连续式沉降器三种。间歇式沉降器是将固液混合物间歇地泵入其内，经一定时间沉降，澄清液和颗粒物分离后，再分别排出。其结构简单，但生产效率低，不适合工业化使用。半连续式沉降器是将固液混合物以一定的速度流过沉降槽，通过对流速的调节，使得其中的固体颗粒在离开沉降槽前，有足够的时间沉于底部。它的进料和澄清液的排除是连续的，但颗粒沉降物的排出是间歇的。连续式沉降器是将固-液混合物连续泵入、澄清液和悬浮物也都连续排出的沉降设备。它的优点是可实现工业化的连续生产。

9.2.1.3　过滤法

过滤是利用一种能将悬浮液中的固体微粒截留而使液体物料自由通过的多孔介质，使悬浮液固-液分离的过程。过滤法在食品废弃物分离中主要有三种形式：滤饼过滤、深层过滤和膜过滤。其中膜过滤是采用有机膜、多孔陶瓷介质膜和半透膜等膜材料，从液体中除去极细小颗粒的方法。过滤操作的关键设备是过滤机，按过滤推动力可分为重力过滤机、加压过滤机和真空过滤机，按过滤介质可分为粒状介质过滤机、滤布介质过滤机、多孔陶瓷介质过滤机和半透膜介质过滤机，按操作方法可分为间歇式过滤机和连续式过滤机等。

9.2.2　干燥技术

干燥单元操作可以减少物料的水分含量，制得干制品，防止制品霉烂变质，使制品能较长时间贮存，减少体积和重量，便于加工、运输，扩大供应范围。通过固-液分离后，食品废渣、废水中的固体物质被分离出来，为了保存物料的营养物质，可采用干燥技术进行物料干燥，防止其腐烂变质，便于长期保存、运输和进一步加工。干燥的方法有多种，如通风干燥、滚筒干燥、真空干燥、喷雾干燥、升华干燥等。食品固体废弃物常用的干燥器见表9-2。

表9-2　食品固体废弃物常用的干燥器

行　业	废渣名称	水分含量/%	常用干燥器
啤酒	麦糟废酵母	80～85	列管式滚筒干燥机
白酒	白酒糟	60～65	滚筒式热风干燥机、振动流化床干燥机
黄酒	黄酒糟	50～55	列管式滚筒干燥机
玉米酒精	酒精糟	80～85	盘式干燥机、列管式滚筒干燥机
糖蜜酒精	酒精糟	50～55	桨叶式干燥机
味精	废酵母液	93～95	滚筒干燥机、气流干燥机

9.2.3　生物发酵技术

通过生物发酵可把食品有机废弃物转化成菌体蛋白。菌体蛋白是良好的饲料，既可解决废弃物的处理问题，又可开发新的饲料资源，是一种非常有发展前途的方法。生物发酵的关键是优良菌株的选育和发酵参数的优化组合。由于食品工业废弃物种类多、成分杂，因此，常采用优良菌株进行优化组合发酵。生物发酵的一般工艺过程如下。

废渣→配料→拌料→蒸煮→冷却→接种→固体发酵池发酵→干燥→粉碎→包装→成品

在经过固体发酵后，食品废渣的性质会发生很大的改变，其利用价值（如饲料养分）常会得到较大的提高。以柠檬酸废渣为例，经固体发酵后，粗蛋白含量由9.75%提高到32.48%，而粗纤维含量却由22.40%降低到8.53%，其饲料价值得到了明显的提高（详见表9-3）。

表9-3　柠檬酸废渣发酵前后成分的比较

项　目	培养前	培养后	项　目	培养前	培养后
pH值	2.70	6.50	粗脂肪/%	14.77	4.81
水分/%	73.50	8.52	纤维素酶/(U/g)	0.00	7.20
粗蛋白/%	9.75	32.48	Ca/%	0.83	1.40
粗纤维/%	22.40	8.53	P/%	0.26	1.46
灰分/%	12.11	8.56			

9.2.4　堆肥技术

堆肥是指利用自然界中广泛存在的微生物，通过人为的调节和控制，促进可生物降解的有机物向稳定的腐殖质转化的生物化学过程。几乎所有的食品废弃物都可通过堆肥转化成有用的产品，如有机肥料，实现废弃物的资源化转化。依据堆肥过程中利用的是好氧微生物还是厌氧微生物，可把堆肥分为好氧堆肥和厌氧堆肥。好氧堆肥是指在有氧条件下，好氧微生物通过自身的生命活动进行的氧化分解和生物合成的过程。通过氧化分解过程，一部分有机物转化成简单的成分，并释放出能量；另一部分有机物则通过合成过程转化成新的物质，使微生物生长繁殖，产生更多的中间产物和微生物体等组成。厌氧堆肥则是在无氧条件下，厌氧微生物对有机物进行氧化分解和生物合成的过程。

厌氧堆肥利用的是厌氧微生物的活动，无需供给氧气，因而动力消耗较低，但缺点是发酵效率低、堆肥速度慢、稳定化时间长。好氧堆肥利用的是好氧微生物的活动，需要始终供给足够的氧气，因而动力消耗较高，但好氧堆肥发酵效率高、堆肥速度快、稳定化时间短，易于实现大规模工业化生产，因此，工业化堆肥一般都采用好氧堆肥的方法。

9.3 食品工业废弃物处理工程

9.3.1 食品工业废弃物的减量

减量（reduction）是从省资源、少污染角度提出的要在保证产量的情况下减少原材料用量，其有效途径之一是提高转化率、减少损失率，减少“三废”排放量，“三废”排放必须控制在国家规定的排放标准值以下。因此，食品工业中“三废”的减量越来越受到人们的关注，尤其是绿色食品、无公害食品等概念的相继提出使得“三废”减量逐渐变为现实。当前减量的主要途径如下。

① 优化生产工艺，削减产生废物流的途径。如采用高效的加工技术，提高原料的利用率，减少加工后废物的排放量。

② 加强管理与控制。防止加工时控制不善，或包装不恰当，或流通期间管理失误产生“三废”。如现在市场所用的一次性塑料袋，就是因为包装材料不当，给环境带来了大量的“白色垃圾”。许多饮料所用的包装也是城市固体垃圾的重要组成部分。

③ 对加工所产生的副废物进行综合利用，即对废弃物进行资源化，使其转化为有价值的食品、饲料和燃料等。

在食品生产中不可避免的要产生出“三废”，需从“三废”的减量和资源化方面着手，实现食品的生态化生产。

9.3.2 食品工业废弃物的资源化

资源化是指通过回收、加工、循环利用、交换等方式对废物进行综合利用，使之转化为可利用的二次原料或再生资源。在食品加工过程中，有30%～50%的原料未被利用或在加工过程中被转化为废弃物，这些废弃物中含有丰富的营养成分。对废弃物的资源化，使其转化为有价值的食品、饲料和燃料等，不仅满足环境保护的要求，且可为企业带来较好的经济效益。因此，废弃物的资源化具有重要意义。下面仅举两例来说明食品工业废弃物的资源化处理技术。

9.3.2.1 啤酒工业副废物的资源化

啤酒生产的主要原料是大麦、大米和酒花，但并不是利用这些原料的全部，而只是利用其中的淀粉，大部分蛋白质留在麦糟及凝固物中。在啤酒整个生产过程中，主要的副产品及废弃物有：制麦过程中的麦根，糖化过程中的糖化糟、酒化糟、沉淀蛋白，发酵过程中的剩余酵母，各工艺中排出的废水以及废酒花、废啤酒、二氧化碳等。这些副废物含有许多营养成分，且无毒，适合于生产饲料和食品，但目前大部分啤酒厂尚未进行回收利用，直接外排，既污染了环境，又浪费了大量宝贵资源。

（1）啤酒废酵母的资源化　传统啤酒工艺中，啤酒酵母约为啤酒产量的0.1%～0.2%（干基），而露天发酵大罐，由于选择的酵母菌种不同，啤酒酵母约为啤酒产量的0.2%～

0.3%（干基）。目前，啤酒厂除将小部分酵母泥留作种子使用外，大部分连同其中残留的啤酒直接排入下水道，严重污染环境（酵母泥的生物耗氧量、化学耗氧量均高于100g/L）。啤酒废酵母含有丰富的蛋白质（约占酵母的50%，见表9-4），还含有丰富的维生素和矿物质，因此，啤酒废酵母作为人类食品或家禽饲料添加剂都具有很高的营养价值。

表9-4 啤酒废酵母的营养成分（以干酵母计）

成分	含量	成分	含量
蛋白质	52.6%	水分	6.5%
脂肪	4.1%	灰分	7.8%
纤维	5.1%	热量	289cal/100g
碳水化合物	23.9%		

注：1cal=4.1840J。

在食品工业中，啤酒酵母的最新用途是生产酵母蛋白营养粉。其生产过程是：酵母泥稀释过筛后，自动沉淀，沉淀物用5%左右的氯化钠清洗脱苦，再经离心分离，加温自溶（控制温度在50℃±1℃，pH值为5），制成的酵母乳液在85℃进行灭菌。此乳液添加一些营养成分，干燥即得成品。酵母蛋白营养粉可添加到面包、饼干和香肠等食品中。它能赋予食品以复杂而广阔的口味和浓郁感，在食品加工领域有广阔的应用前景。

利用啤酒废酵母制取鲜酱油、营养酱油的工艺已获得成功，为啤酒废酵母的应用开辟了一条新途径。啤酒酵母还可生产酵母精膏，用作发酵工业的培养基，特别是用它作霉菌等真菌的培养基效果最佳。另外，啤酒废酵母生产肉香剂、核苷酸天然调味剂，提取甘露糖蛋白等都很有现实意义。

(2) 啤酒糟的资源化　啤酒糟可以直接作为饲料，但一般采取深度加工利用，加工方法简单，产品附加值可大幅度提高。其一般的生产过程为：将鲜啤酒糟压榨，滤去10%的水分，然后再用列管式滚筒干燥机进行干燥，使含水量降至10%，再通过粉碎和筛分分级，得到的产品可用作食品和饲料的原材料。

啤酒糟还可经过发酵生产单细胞蛋白（SCP）。武汉东啤集团公司已在这方面取得成效，具体做法是：将平菇、黑曲霉、啤酒酵母进行不同的组合，加入到啤酒糟中，经发酵促进SCP的合成。单细胞蛋白是高质量的蛋白饲料，约含50%的粗蛋白，氨基酸组分齐全，其营养成分与鱼粉相近，完全可以代替三级鱼粉。此外，啤酒糟可用于生产糖化酶、柠檬酸，所得的糖化酶和柠檬酸又可用于啤酒厂的生产，可大幅度降低成本。

(3) 酒花糟和麦根的资源化　利用酒花糟可提取酒花浸膏，进一步制取酒花素片和酒花油剂。酒花素是一种疗效高、副作用小、疗程短的广谱抗菌类药物。酒花素中的葎草酮、蛇麻酮具有脂溶性能，容易穿透结核杆菌的薄膜而发生复合作用，破坏菌体的生长而使之死亡。故酒花素作抗结核病药效果好。酒花浸膏的传统生产已工业化，目前最新的工艺是采用超临界二氧化碳萃取技术，解决了常规萃取溶剂的残留问题。

麦根含有丰富的磷脂酸酶，可用于生产复合磷酸酯酶。复合磷酸酯酶可以催化多种磷酸酯的水解，调节人体的新陈代谢，对各种肝炎、早期肝硬化、冠心病、血小板减少及硬皮症等疾病有一定疗效。

(4) 冷热凝固物的资源化　麦汁冷却后由泵输送至回旋沉淀槽澄清冷却时即形成蘑菇状沉淀（冷热凝固物），其含有一定量麦汁（COD约为13000mg/L）和凝固蛋白质（蛋白质在煮沸锅内与酒花中单宁酸结合形成的一种鞣酸蛋白质沉淀物，其蛋白质含量达40%～

50%)，可用板框压滤机进行压滤回收。冷热凝固物可作奶牛饲料，提高产奶率；也可经脱苦处理后，用作食品添加剂替代可可脂。冷热凝固物还可返回糖化后的麦汁过滤。

(5) 浮麦的资源化　浮麦是由纤维素和淀粉等组成的固体有机物，在废水生物处理中属于难降解的污染物，因此废水在进入处理装置前必须进行预处理。从洗麦槽中随浸麦、洗麦水漂出的浮麦量占精选麦质量的1.5%～2.0%，可通过过滤机截留，经干燥后作为饲料销售。增加浮麦回收工序后，不仅可使混合废水中的悬浮物质减少26.3%，而且可变废为益，增加收入，补贴部分废水处理费用。

(6) 二氧化碳的回收利用　啤酒发酵属厌氧发酵，每生产1t啤酒约产生20kg二氧化碳，啤酒厂理应回收继续用于本厂啤酒生产或向外销售。二氧化碳的回收工艺流程如图9-1所示。

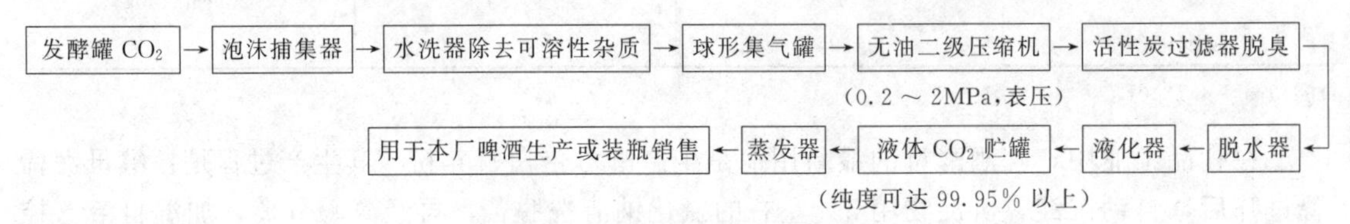

图9-1　二氧化碳回收工艺流程

9.3.2.2　玉米淀粉工业副产物的资源化

玉米经过精选、除杂、浸泡、破碎、细磨、筛分、分离蛋白、脱水及干燥制成淀粉，在生产过程中产生玉米浸泡水、玉米胚芽、玉米麸质水和玉米渣皮等副产物，对这些副产物进行深加工可得到蛋白质饲料、玉米胚芽油、麸质粉、玉米黄色素、玉米醇溶蛋白、食用纤维等系列产品（见图9-2）。

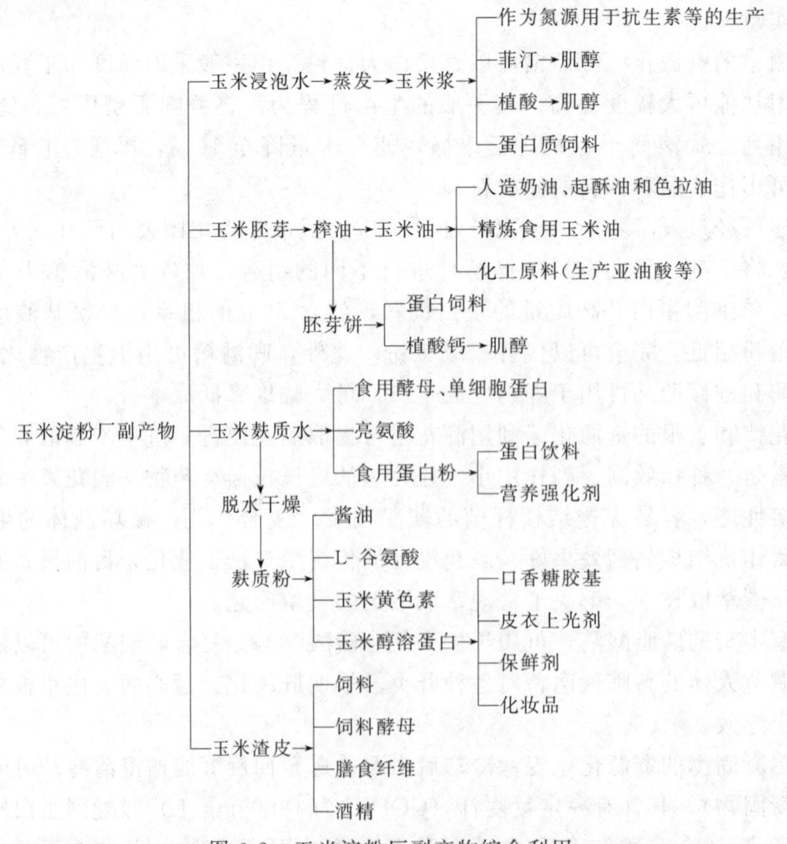

图9-2　玉米淀粉厂副产物综合利用

(1) 玉米浸泡水的资源化 玉米在浸渍过程中会产生大量的浸泡水，大部分淀粉厂直接把浸泡水排放，造成了环境污染，为此需增加适量投资对浸泡水进行综合利用。

① 在发酵工业上的用途 玉米浸泡水含有很高的营养成分，经过真空浓缩后制得玉米浆，可广泛用于抗生素及其他发酵产品作培养基用的氮源。

② 用浸泡液生产菲汀、植酸制肌醇 从玉米淀粉厂的玉米浸泡水中提取植酸钙（菲汀）、植酸的工艺简单，可利用淀粉厂的余热设备，投资少，经济效益高，无环境污染。有条件可进一步加大投资生产肌醇。

(2) 玉米胚芽的资源化 玉米在浸泡、破碎后分离得到玉米胚芽，胚芽是一种重要的食品原料。它不但能用来制油，而且还可以添加到各种食品中，增加食品的营养价值。因为玉米胚芽中不仅含有高达36.5%～47.2%的脂肪酸，而且还含有15%～24.5%的蛋白质。

在玉米淀粉生产中，从胚芽洗涤系统出来的湿胚芽含有95%的水分，需先用螺旋挤压脱水机进行脱水，使水分降至60%以下，再用干燥器使水分降至3%以下。干燥后的胚芽即可用来制取玉米油，榨油产生的胚芽饼可以用于生产饲料或提取植酸钙。

(3) 玉米麸质水的资源化 玉米麸质水是淀粉乳经淀粉分离机分出的蛋白质水。该水经浓缩、干燥可制得玉米麸质粉（亦称黄浆粉）。麸质粉的蛋白质含量达60%以上，此外还含有淀粉、玉米黄素、叶黄素、脂肪及纤维等成分，是一种高蛋白和高能量的物质。我国黄浆粉主要用作蛋白饲料出售，经济效益低。为了提高企业经济效益，可用黄浆粉提取天然食品添加剂——玉米黄色素和性质优良的玉米醇溶蛋白，该生产工艺简单易行、投资少、收效大、产品用途广泛，对国内淀粉行业提高综合利用率，具有积极作用，同时为食品工业提供了安全性高的天然营养性添加剂。

(4) 玉米渣皮的利用 从淀粉生产排出的渣皮含水分在90%以上，是经筛分工序分离粗淀粉乳后残留的纤维渣。玉米渣皮的干物质组成及含量见表9-5。

表 9-5 玉米渣皮的干物质组成

成分	淀粉	粗蛋白	脂肪	纤维素	半纤维素	木质素和果胶
含量/%	25～40	3～6	3～9	20～25	35～40	5～7

目前国内大部分淀粉厂将玉米渣皮以湿基作饲料出售，有些厂家为了提高营养价值，而掺入部分玉米浆或蛋白粉制成玉米蛋白饲料。国外资料报道，用玉米渣皮可以制取酒精。玉米外皮主要由半纤维素构成，半纤维素经水解能产生木糖和葡萄糖，经发酵制取酒精，然后再将酒糟干燥作饲料。渣皮发酵也可用于制取柠檬酸，剩余的发酵湿渣干燥后可作饲料。

玉米渣皮的膳食纤维含量高达85%，是制取膳食纤维的绝佳材料。目前，随着对膳食结构的深入研究，膳食纤维越来越受到人们的重视，各种纤维食品应运而生。用玉米渣皮制取膳食纤维的方法有以下两种：通过碱溶液或二步发酵法制得水不溶性膳食纤维素；用高压法制得水溶性膳食纤维素。用高压法提取得到的纤维素具有纯度高、水溶性强、成本低等特点，食用纤维产品可作为面包、饼干、点心、辣酱油、汤汁、罐头饮料等的添加剂，也可作为食品的物性改善剂。

9.3.3 食品工业的清洁生产

在现代食品生产中，实现废弃物减量和资源化的有效手段是实行清洁生产，即从产品设计、原材料选择、工艺路线、设备采用、副废物利用各个环节入手，通过不断地加强管理和改进工艺，提高资源利用率，减少污染物排放量，把污染尽可能地消除在生产过程中，并尽可能地实现零排放。

9.3.3.1 清洁生产的概念

清洁生产也称产品寿命循环工程（life cycle engineering）或更洁净的生产（cleaner production），是涉及资源及环境保护学、社会科学、材料科学、设计与制造科学等学科在内的交叉性边缘学科。联合国环境规划署（UNEP）对清洁生产所下的定义为：清洁生产是指将综合预防的环境策略持续应用于生产过程、产品和服务中，以便减少对人类和环境的风险性。食品清洁生产，即在食品生产过程中，尽量减少废弃物在终端的堆积，符合清洁食品（指不含抗生素、残留农药等对人体有害、有毒的终端产品）生产的生态化要求。

清洁生产主要包括清洁的能源、清洁的生产过程和清洁的产品三个方面的内容。清洁的能源是指采用各种方法对常规的能源予以清洁利用；清洁的生产过程是指原材料从投入到生产产品的全过程，包括节约原材料和能源，替代有毒原料，改进工艺技术和设备，充分利用劣质原料和资源综合利用，并将排放物的废弃数量和毒性削减在离开生产过程之前；清洁的产品是指覆盖产品的整个生命周期，即产品的设计、生产、包装、运输、流通、消费、报废，从全过程减少对人类和环境的不利影响。

9.3.3.2 清洁生产在食品工业中的应用举例

（1）茶叶的清洁生产　茶叶的清洁生产包括茶园选择、种植中的清洁化、茶叶加工中的清洁化、加工厂的清洁化、包装和运输过程的清洁化。

① 茶园选择　要考虑到茶园与工厂、矿区、居民区、其他农田的隔离以及农药、重金属和其他污染物的污染来源。

② 茶叶种植中的清洁化　重点是农药残留和重金属污染的控制以及土壤的改良。合理选用农药，继续贯彻禁止使用国家禁用的农药种类（如氰戊菊酯、三氯杀螨醇、乐果、甲胺磷、乙酰甲胺磷、甲氰菊酯等）。严格实施安全间隔期规定。要摸清不同地区铅污染的来源，针对性地采取措施降低污染。对酸化严重的土壤进行改造。

③ 加工中的清洁化　严格贯彻食品卫生法，杜绝在茶叶中加入添加剂，严防夹杂物的进入；加强茶厂中设备现代化改造和清洁卫生管理，尽可能实现茶厂生产的连续化；严格茶厂加工人员的清洁卫生。

④ 包装和运输过程的清洁化　茶叶包装材料的卫生规格应符合《茶叶包装标准的要求》，茶叶包装必须不受杀菌剂、防腐剂、熏蒸剂、杀虫剂等物的污染。对包装废弃物应及时清理，分类并进行无公害处理。茶叶仓库必须清洁，防潮无异味，远离污染源。茶叶运输过程中严禁与有异味、易污染的物品混装。

（2）啤酒的清洁生产　啤酒清洁生产首先应从源头抓起，减少制麦过程的排污量，从有利于清洁生产的角度来考虑，目前宜采用大麦代替部分麦芽生产啤酒技术；其次在啤酒生产过程中，对啤酒废酵母进行回收利用；最后通过加强工艺设备管理，最大限度地减少麦汁、啤酒等的损失。这样就可以大幅度地减少污水的排放量并降低污染负荷，充分利用原料，提高社会效益和经济效益。

① 大麦代替部分麦芽生产啤酒技术　麦芽本身是由大麦制成的，二者有许多成分相同：大麦与麦芽具有相同的谷皮，皆可形成良好的滤层；大麦蛋白质与麦芽蛋白质基本性质相同，蛋白质分解工艺条件相同；大麦淀粉与麦芽淀粉基本性质相同。二者的主要区别在于：麦芽含有α-淀粉酶，而大麦没有；麦芽中的蛋白酶含量比大麦中的高。根据大麦酶系较之于麦芽酶系的缺陷，在糖化时添加适量α-淀粉酶、蛋白酶进行弥补。在选择合理的原料配比的前提下，根据大麦淀粉糖化、糊化及蛋白质分解的特点确定基本工艺参数。据张华等研究，

采用大麦代替部分麦芽生产啤酒工艺较之于传统工艺，10000t 啤酒可减少水耗 2223t，减少 COD 负荷 2580kg，污水排放量也相应减少，同时节省了部分制麦过程，降低能耗，减少人力物力的投入。

② 啤酒废酵母回收利用技术　在啤酒生产过程中，每生产 10000t 啤酒，约有 15t 剩余酵母产生，其中 2/3 是主酵酵母，这部分酵母质量较好、活性高、杂质少，回收之后约有 1/5（即 2t）用作接种酵母。其他 1/3 的后酵酵母，在贮酒过程中，与其他杂质共同沉淀于贮酒罐底，一般弃置不用，排放于下水道内，造成了很大的污染。啤酒废酵母中含有丰富的氨基酸、核苷酸及其他营养成分，经深度处理加工后可应用于食品、调味品、医疗和啤酒酿造，制成酵母抽提物、核苷酸、蛋白粉、酱油等，具体应用详见本章前部分内容。

③ 加强工艺、设备管理，尽量降低总损失　啤酒生产所排放的废水负荷，有相当一部分是由于生产过程中的跑、冒、滴、漏等环节流失的麦汁或啤酒等物质形成的，啤酒生产总损失可以衡量这种流失的程度。啤酒生产总损失是指在生产过程中，各工序生产期所发生的流失量与总量之比的综合指标。它包括冷却损失、发酵损失、过滤损失、包装损失等几个方面。要解决啤酒生产总损失就必须抓好工艺管理和设备管理。

9.4　循环经济及其在食品工业中的应用

9.4.1　循环经济

循环经济是指在可持续发展的思想指导下，按照清洁生产的方式，对能源及其废弃物实行综合利用的生产活动过程。它使经济活动由传统的“资源—产品—废弃物”的单一线性流程变为一个“资源—产品—再生资源”的反馈式流程（见图 9-3），以“减量化、再使用、再循环”（3R 原则）来缓解资源、环境的有限性与发展无限性之间的矛盾，解决日益严重的资源短缺、环境污染、生态破坏等问题；通过建立起以清洁生产、生态工业、生态农业以及废弃物综合利用为特征的经济发展模式，来保持经济、社会、自然系统的良性循环和可持续发展。

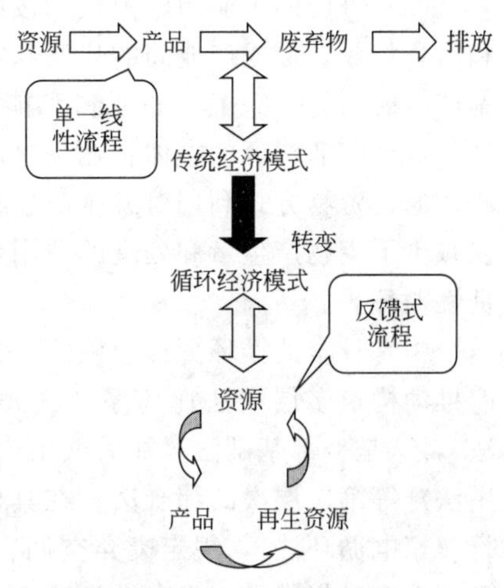

图 9-3　传统经济与循环经济流程

9.4.1.1　循环经济的原则

循环经济的原则是德国在 1996 年生效的《循环经济与废物管理法》中提出的。它包括：资源利用的减量化（reduce）原则、产品的再使用（reuse）原则和废弃物的再循环（recycle）原则，通常简称为循环经济的“3R 原则”（见表 9-6），已成为指导各主要国家发展循环经济实践的共同操作原则。

表 9-6　循环经济三原则

3R 原则	针对对象	目的
减量化(reduce)原则	减量化原则针对的是输入端	减少进入生产和消费过程的物质和能量流量，从源头节约资源使用和减少污染物的排放
再使用(reuse)原则	再使用原则属于过程性方法	延长产品和服务的时间强度，提高产品和服务的利用效率。要求产品和包装容器以初始形式多次使用，减少一次性用品的污染
再循环(recycle)原则	再循环原则属于输出端方法	把废弃物再次变成资源以减少最终处理量，即废品回收利用和废物综合利用。再循环能够减少垃圾的产生，制成使用能源较少的新产品

9.4.1.2 循环经济的模式

随着全球经济的不断发展，世界各国人口、资源和环境的矛盾日益尖锐，而我国的现代化进程也面临同样的严峻挑战。由于循环经济在美国、德国以及日本等国家取得巨大的成功，以资源节约、实现环境友好和可持续发展为特征的循环经济模式受到世界各国的关注，各国纷纷采取相应的举措以增强经济可持续发展的能力。目前，发达国家发展循环经济的模式主要有以下四种。

(1) 美国的企业内部的循环经济模式　通过组织厂内各工艺之间的物料循环，延长生产链条，减少生产过程中物料和能源的使用量，尽量减少废弃物和有毒物质的排放，最大限度地利用可再生资源；提高产品的耐用性等。美国某公司创造性地把循环经济三原则发展成为与化学工业相结合的“3R制造法”，通过放弃使用某些环境有害型的化学物质、减少一些化学物质的使用量以及发明回收本公司产品的新工艺，到1994年已经使该公司生产造成的废弃塑料物减少了25%，空气污染物排放量减少了70%。

(2) 德国的DSD回收再利用体系　德国的包装物双元回收体系（DSD）是专门组织回收处理包装废弃物的非盈利社会中介组织，1995年由95家产品生产厂家、包装物生产厂家、商业企业以及垃圾回收部门联合组成，目前有1.6万家企业加入。它将这些企业组织成为网络，在需要回收的包装物上打上绿点标记，然后由DSD委托回收企业进行处理。任何商品的包装，只要印有它，就表明其生产企业参与了“商品包装再循环计划”，并为处理自己产品的废弃包装交了费。“绿点”计划的基本原则是：谁生产垃圾谁就要为此付出代价。企业交纳的“绿点”费，由DSD用来收集包装垃圾，然后进行清理、分拣和循环再生利用。

(3) 丹麦的工业园区模式　按照工业生态学的原理，通过企业间的物质集成、能量集成和信息集成，形成产业间的代谢和共生耦合关系，使一家工厂的废气、废水、废渣、废热或副产品成为另一家工厂的原料和能源，建立工业生态园区。典型代表是丹麦卡伦堡工业园区。这个工业园区的主体企业是电厂、炼油厂、制药厂和石膏板生产厂，以这4个企业为核心，通过贸易方式利用对方生产过程中产生的废弃物或副产品，作为自己生产中的原料，不仅减少了废物产生量和处理的费用，还产生了很好的经济效益，形成经济发展和环境保护的良性循环。

(4) 日本的循环型社会模式　日本在循环型社会建设方面主要体现在如下三点。一是政府推动构筑多层次法律体系。2000年6月，日本政府公布了《循环型社会形成促进基本法》，这是一部基础法。随后又出台了《固体废弃物管理和公共清洁法》、《促进资源有效利用法》等第二层次的综合法。在具体行业和产品第三层次立法方面，2001年4月，日本实行《家电循环法》，规定废弃空调、冰箱、洗衣机和电视机由厂家负责回收；2002年4月，日本政府又提出了《汽车循环法案》，规定汽车厂商有义务回收废旧汽车，进行资源再利用；2002年5月底，日本又实施了《建设循环法》，到2005年，建设工地的废弃水泥、沥青、污泥、木材的再利用率要达到100%。第三层次立法还包括《促进容器与包装分类回收法》、《食品回收法》、《绿色采购法》等。二是要求企业开发高新技术，首先在设计产品的时候就要考虑资源再利用问题，如家电、汽车和大楼在拆毁时各部分怎样直接变为再生资源等。三是要求国民从根本上改变观念，不要鄙视垃圾，要把它视为有用资源。堆在一起是垃圾，分类存放就是资源。

9.4.2 食品工业循环经济

食品工业循环经济是指仿照自然界生态过程物质循环的方式来规划食品工业生产系统的一种工业发展模式。在食品工业循环经济系统中，各生产过程不是孤立的，而是通过物质流、能量流和信息流互相关联，一个生产过程的废弃物可以作为另一过程的原料加以利用。

食品工业循环经济追求的是系统内各生产过程从原料、中间产物、废弃物到产品的物质循环，达到资源、能源、投资的最优利用。以通过不同企业或工艺流程间的横向耦合及资源共享，为废弃物找到下游的“分解者”，建立食品工业循环系统的“食物链”和“食物网”，达到变污染负效益为资源正效益的目的。

工业发展循环经济有两种模式：一种是工业企业内部的循环；另一种是工业企业间的循环，通过建立生态工业园区来进行。

(1) 工业企业内部循环　食品企业根据循环经济的思想设计生产过程，促进原料和能源的循环利用，通过实施清洁生产和 ISO 环境管理体系，积极采用生态工业技术和设备，设计和改造生产工艺流程，形成无废、少废的生态工艺，使上游产品所产生的“废弃物”成为下游产品的原料，在企业内部实现物质的闭路循环和高效利用，减轻甚至避免环境污染，节约资源和能源，实现经济增长和环境保护的双重效益。

(2) 生态工业园区（工业企业间循环）　生态工业园区（eco-industrial parks，EIP）的概念是由美国 Indigo 发展研究所在 1992 年最先提出的。它所采用的企业与企业之间的循环，是继工业园区和高新技术园区的第三代工业园区，是指以工业生态学及循环经济理论为指导，生产发展、资源利用和环境保护形成良性循环的工业园区建设模式，是一个能最大限度地发挥人的积极性和创造力的高效、稳定、协调和可持续发展的人工复合生态系统。

生态工业园区的发展是按照自然生态系统的模式，强调实现工业体系中的闭环循环，其中一个重要的方式就是建立工业体系中不同工业流程和不同行业之间的横向共生。通过模拟自然生态系统建立工业系统“生产者—消费者—分解者”的循环途径和食物链网，采用废物交换、清洁生产等手段，通过不同企业或工艺流程间的横向耦合及资源共享，为废物找到下游的“分解者”，建立工业生态系统的“食物链”和“食物网”，实现副产品的信息共享与交换，最终达到变污染负效益为资源正效益的目的。

在我国，广西贵港国家生态工业示范园区（见图 9-4），以蔗田系统、制糖系统、酒精系统、造纸系统、热电联产系统、环境综合处理系统为框架，通过盘活、优化、提升、扩张等步骤建设生态工业示范园区。各系统通过产品和废弃物的相互交换而互相衔接，使园区内的资源得到最佳配置，废弃物得到有效利用，环境污染降到最低水平。其中，甘蔗—制糖—蔗渣造纸生态链、制糖—糖蜜制酒精—酒精废液制复合肥生态链以及制糖（有机糖）—低聚果

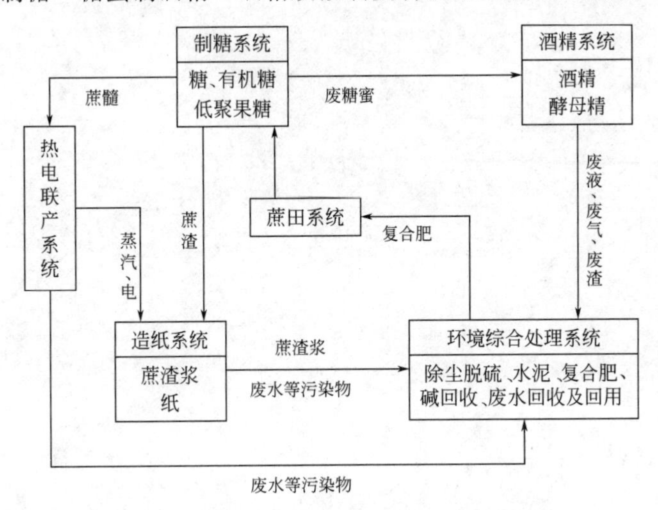

图 9-4　广西贵港国家生态工业示范园区模式

糖生态链这三条主要生态链，相互间构成了横向耦合的关系，并在一定程度上形成了网状结构。物流中没有废物概念，只有资源概念，各环节实现了充分的资源共享，变污染负效益为资源正效益。

参考文献

1 高福成主编．现代食品工程高新技术．北京：中国轻工业出版社，2000
2 李秀金主编．固体废物工程．北京：中国环境科学出版社，2003
3 唐受印，戴友芝，刘忠义等编．食品工业废水处理．北京：化学工业出版社，2001
4 王嘉儒编译．食品工业废水及其处理技术．北京：中国食品出版社，1987
5 周中平编著．清洁生产工艺及应用实例．北京：化学工业出版社，2002
6 邹连生．啤酒副产品及废弃物的开发利用．四川食品与发酵，1999，(3)：21～24
7 薛业敏．利用啤酒废酵母生产鲜味营养酱油．中国调味品，1997，(4)：20～21
8 丁正国．啤酒酿造酵母的开发应用．酿酒科技，1995，(5)：33～34
9 肖亚新．浅谈啤酒酵母的回收和利用．酿酒，1998，(4)：66～68
10 顾宏帮，史建裴．从酒糟中提取植酸及菲汀的研究．山西食品工业，1995，(4)：5～7
11 向东，张根保，汪永超等．清洁化生产的基本概念及其实施策略．机械与电子，1998，(6)：27～29
12 张华，阚久方，张雁秋．略论啤酒清洁生产．重庆环境科学，2001，23 (3)：66～69
13 初丽霞．循环经济发展模式及其政策措施研究．济南：山东师范大学，2003
14 黄敬华．我国循环经济发展模式研究．长春：东北师范大学，2006
15 常媛媛．循环经济发展战略探讨．保定：河北大学，2006
16 黄圣明．“十一五”中国食品工业发展趋势分析．中国食物与营养，2006，(1)：4～7

10 食品的安全性及其控制

食品是人们的生存之本，是人类的基本需求。随着社会经济的发展和收入水平的提高，大多数人不再为果腹操劳后，除转向追求营养与美味外，人们更加关切身体健康，对食品越来越挑剔，对食品安全性倍加关注。因此，他们期望在市场购买的食品或在餐馆饭桌上摄入的食品应绝对安全、绝对无害、绝对有营养和高质量。然而，由于工业高速发展带来的日益严重的环境污染，化肥、农药、添加剂和不合格包装材料的滥用，不法商贩和个别食品生产厂家追求食品产品的最大利润而销售和生产低劣食品，使不安全食品在市场上屡禁不止，如农药含量超标的蔬菜水果、已严重污染的虾蟹贝螺、含抗生素牛奶、瘦肉精猪肉、高残留兽药家禽家畜肉、重金属超标水产品、毒大米、毒奶粉、毒酒、毒酱油和苏丹红染色食品等事件，使人们防不胜防并严重成为人们心头之患。种种事例足以说明，食品安全问题在今天和将来分外突出。因而，认识食品安全性问题的诸多方面，理顺影响食品安全性链条上的各种关系，建立保证食品安全性的有效监控体系，确保食品安全，是包括食品科学工作者、生产者、管理者、经营者和消费者在内的全社会的重要课题和责任。

10.1 食品安全性、毒害性和危险性

（1）国际组织对食品安全的定义　1996年世界卫生组织（WHO）将食品安全界定为：“对食品按其原定用途进行制作，食用时不会使消费者健康受到损害的一种担保”。

FAO/WHO国际食品卫生法典委员会关于食品安全的概念：食品安全是指消费者在摄入食品时，食品中不含有害物质，不存在引起急性中毒、不良反应或潜在疾病的危险性。或者是指食品中不应包含有可能损害或威胁人体健康的有毒、有害物质或因素，从而导致消费者急性或慢性中毒或感染疾病，或产生危害消费者及其后代健康的隐患。

（2）食品安全的狭义概念和广义概念　食品安全概念从最早的避免中毒、保护生命，到现今的营养、卫生、有利于健康，以及未来的有利于保持生态平衡和可持续发展，内涵在不断地丰富和外延。狭义的食品安全概念主要是指食品卫生，即食品应该无毒、无害，保证人类健康和生命安全，维持身体健康。经过近30年的发展，“食品安全”的内涵已有了进一步延伸，食品安全已成为一个大概念，食品安全问题已成为一个系统工程，而不是单一的食品卫生。因此，广义的食品安全概念是指持续提高人类的生活水平，不断改善环境生态质量，使人类社会可以持续、长久地存在与发展。其内容包括卫生安全、质量安全、数量安全、营养安全、生物安全、可持续性安全六大要素。

其中，食品卫生安全即为狭义的食品安全。食品质量安全是指食品产品品质的优劣程度，即指食品的外观和内在品质，外观如感官指标色、香、味、形，内在品质包括口感、滋味、气味等。营养安全是指“在人类的日常生活中，要有足够的、平衡的，并且含有人体发育必需的营养元素供给，以达到完善的食品安全”。中国阜阳劣质奶粉事件即是营养不安全的实例，该劣质奶粉经有关部门检验符合卫生标准，也没有掺入有毒、有害的非食品原料，所用原料都是可食的，但是蛋白质、脂肪、微量元素三个营养指标严重低于国家标准，不符合对婴幼儿营养安全标准的要求，同样给婴幼儿造成严重危害，导致数名婴儿严重营养不良

而成为“大头娃娃”和数名婴儿死亡的严重食品安全事故。食品数量安全是指食品数量满足人民的基本需求，从数量的角度，要求人们既能买得到又能买得起需要的基本食品。目前，食品数量安全国内外主要是指粮食供应上的安全，即粮食充足，丰衣足食。

食品生物安全是指现代生物技术的研究、开发、应用以及转基因生物的跨国、越境转移时，可能会对生物多样性、生态环境和人体健康及生命安全产生潜在的不利影响，特别是各类转基因活生物体释放到环境中可能对生物多样性构成潜在风险与威胁。研究和监测表明，转基因生物可能对生物多样性、生态环境、人体健康和生命安全产生多方面的负面影响。

食品可持续安全是从发展的角度，要求食品的获取要注重生态环境保护和资源利用的可持续性。

按照前面所述，如今的食品安全性主要是指食品的卫生安全和质量安全，即食品在原料生产、贮藏、加工和消费时没有受到任何有害的化学物、微生物、放射性物质污染。

通常认为，食品安全性包括危害性和危险性两个方面。危害性是指某个事物对人造成伤害的能力，但并不是说一定会造成伤害，而是说在某些条件下它可能造成伤害以及怎样的伤害。危险性是指与某种危害有关的伤害出现的可能性，比如从楼梯上摔下来的危害就是会受伤，也许会摔断腿，但受伤的可能性取决于摔落的高度。如果一个人是从最低一级摔下，危险或受伤的可能性很低。如从最高一级摔下就会有更大的危险性和伤害性。两种情况都有危害，但危险性和伤害性的大小却是不同的。

在评估食品安全性时，科学家们使用了同样的思维方式。他们首先鉴别出与食品或食物成分有关的危害，然后再估计出该危害出现时危险性的大小。从辨别危害开始需要一个多步骤的过程。例如，要确定某种农药可能存在的危害，首先需要经过一系列的试验，比如在实验动物身上试验它的致癌能力，如果结果是阳性的，就可以说这种农药的危害性之一是“可能致癌”。要注意的是，此说法尚未涉及危害性大小。第二步则是要估计该农药危险性大小。科学上探求的是这种危害出现的统计学概率。这一点是通过对“在最坏条件下，该危险性可对人造成的危险究竟有多大”进行统计学计算来完成。这种鉴别危害性并估计其危险性大小的方法称为“危险性评估”，用数字来表达与食品相关的危险性大小。危险性评估是一种科学的方法，主要依靠毒理学、微生物学以及统计学方法来完成。然后再考虑下一个危害性，如是否会导致神经损伤。

下一步是“危险性处理”。这一环节由政府部门对危险性的可接受程度做出限定。危险性管理人员有权禁止那些危险性被认为是过高的物品，或者对某些物品的使用进行限制以降低其危险性。

所有的食品都存在某种程度的危险性，没有什么食品是绝对安全的。研究食品安全性的目的，是将危险程度降低到最低的合理水平，同时又不会影响到食品的供应。

10.2 食品的生物危害性及其控制

10.2.1 含天然有毒物质食物的危害及其预防控制

有些食品或食品原料含有某种天然毒物，烹饪加热时间不足或食用不当，会危害人体健康，严重时还会引起食物中毒。

(1) 植物性食物中的天然毒物及其预防　植物性食物中的天然毒物依据其化学结构的特点，可分为下列几类。

① 有毒植物蛋白和氨基酸　主要存在于某些豆类、谷类种子中，其有毒成分主要有如

下两种。

a. 凝集素。豆类（如四季豆、蚕豆、生豆浆等）籽实中的凝集素能使红细胞凝集，若生食含有凝集素的豆类，或加热的温度、时间不足，就会引起食用者恶心、呕吐，甚至死亡。

b. 酶抑制剂。存在于豆类和马铃薯块茎中的胰蛋白酶抑制剂能使人体的胰蛋白酶受到抑制，不仅降低了蛋白质的消化率，而且还会引起胰腺肿大；在小麦、菜豆、芋头、未成熟的香蕉和芒果中含有淀粉酶抑制剂，这些食品如大量生吃或烹饪不足，容易引起食用者消化不良。

② 毒苷类　某些植物性食物中含有一些有毒的苷类物质，主要有下列几种。

a. 氰苷类。存在于木薯的块茎、核果和仁果的种仁中，在酸或酶的作用下，可产生毒性极大的氢氰酸（HCN），其氰离子能使维系人体生命的呼吸链中断，抢救不及时可导致死亡。

b. 茄苷。主要存在于茄子和马铃薯的表皮中，正常情况下含量很低，但发芽马铃薯的芽眼附近和见光变绿后的表皮层中，茄苷的含量急剧增加，达到 38～45mg/kg 时，就可使食用者发生生命危险。

c. 硫苷。存在于十字花科蔬菜和葱蒜中的辛辣味成分里，经水解、环构化后会生成一种被称为致甲状腺肿素的新物质，妨碍人体甲状腺对碘的吸收，从而抑制甲状腺素的合成。

d. 其他苷类。油菜、甘蓝、芥菜、萝卜等含有芥子油苷，是阻止机体生长发育和致甲状腺肿的毒素，不同的植物，同一种植物的不同部位其含量差别很大。榨油后的菜籽饼，蛋白质含量很高，但含硫代葡萄糖苷，经酶水解后可裂解为异硫氰酸盐和噁唑烷硫酮等有毒物质，它可致牲畜甲状腺肿大，代谢紊乱，出现中毒症状，甚至死亡。

③ 生物碱　植物中的生物碱能与核酸或蛋白质的酸性基团起反应，故可抑制体内酶的活性，并能在体内形成 NH_4^+，对组织中带负电荷的部位能产生较强的吸引力，干扰体内代谢的正常进行。

食物中有毒的生物碱主要存在于非食用蕈类中，如在丝盖伞属和杯伞属的蕈类中含有毒蝇伞菌碱，误食者会大量出汗、恶心、呕吐和腹痛，有时会出现幻觉。

鲜黄花菜中存在着一种名为秋水仙碱的生物碱，它本身无毒，但被氧化为氧化二秋水仙碱后则有剧毒，大量食用炒不透的鲜黄花菜后会引起恶心、呕吐、腹痛、腹泻和头昏等。

④ 亚硝酸盐　青菜和一些荠菜、灰菜等野菜都含有一定量的亚硝酸盐，当亚硝酸盐浓度较高时，尤其是青菜腐烂变质、煮熟的菜闷存过久、腌制不久的腌菜都会使亚硝酸盐含量明显增加，食后即可引起中毒。这种亚硝酸盐进入人体血液后，将正常的血红蛋白氧化成高铁血红蛋白，血红蛋白内的 Fe^{2+} 转变为 Fe^{3+}，高铁血红蛋白化学性质稳定并阻止氧合血红蛋白释放氧，由此引起组织机体缺氧，发生中毒。

⑤ 银杏毒素　银杏又名白果，是我国特产，因含生物黄酮可作药用。但种皮、种仁和绿色的胚芽均含有毒成分白果二酸、白果酚和白果酸等，白果二酸毒性比较大。白果中毒的轻重与食用量和体质有关。一般儿童中毒量为 10～50 粒白果，毒素进入小肠，再经吸收，即可发生中毒，主要作用于中枢神经。当人的皮肤接触种仁或肉质外种皮后，还可引起皮炎、皮肤红肿。

⑥ 植物性食物中毒的预防控制措施　对豆类食物，在食用时一定要煮熟煮透，严禁生食新鲜嫩蚕豆、木薯、生果仁（杏仁、白果等）、发芽或皮肉已呈深绿色的马铃薯；煮熟的菜不宜久闷存放，腌菜应在腌制 1 个月后再充分洗涤才可食用；菜籽饼不宜作为饲料，如作

为畜禽饲料必须通过高温（140～150℃）破坏芥子酶活性。

（2）动物性食物中的天然毒物及其预防　含有天然毒物的动物性食物大多是水产品，以及动物的一些器官等。

① 河豚鱼毒素　存在于河豚鱼的卵巢、肝脏、肾脏、血液、皮肤及卵子中。河豚鱼毒素的毒性极大，而且对热相当稳定，食用后极易引起食物中毒。预防措施是严禁销售和食用河豚鱼。

② 贝类毒素　海产贝类的毒素并不是贝类的代谢产物，而是贝类摄取的藻类食物所含的一种毒素，如双鞭甲藻类含有毒性很大的岩藻毒素。预防措施是防止贝类污染，一旦发现则禁止销售和食用。

③ 某些含有毒物质的动物器官

a. 甲状腺。动物和人一样，都有甲状腺。甲状腺分泌的激素称甲状腺素，其生理作用是维持正常的新陈代谢。人一旦误食甲状腺，则可因摄入过量甲状腺素而扰乱人体正常的内分泌活动，出现类似甲状腺亢进的症状，使代谢加快，分解代谢增高，产热增加和器官系统活动失调，出现甲状腺功能亢进现象，中毒特点表现为头晕、头痛、胸闷、恶心、呕吐、心悸和其他症状。防止措施是屠宰者和消费者都应注意摘除甲状腺。猪甲状腺位于气管、喉头的前下部，是一个椭圆形肉状物，附着在气管上，俗称“栗子肉”。屠宰者应将其摘除，不得与“碎肉”混淆一起出售。甲状腺素性质非常稳定，600℃以上的高温才能被破坏，普通烹调方法不可能去毒除害。

b. 肾上腺。肾上腺也是动物的内分泌腺，它位于两侧肾脏上端，所以叫肾上腺，俗称“小腰子”。肾上腺的功能和人体的一致，如果人误食了屠畜的肾上腺，可使肾上腺素浓度升高，引起中毒，出现血压急剧上升，恶心呕吐，四肢、口舌发麻等症状，冠心病者则诱发中风、心肌梗死等，所以屠宰者、消费者均应注意预先摘除肾上腺。

c. 变性淋巴结。淋巴结是动物的免疫器官之一，为灰白色如豆粒或枣大小的颗粒物，有称“花子肉”，当病原微生物等异物侵入机体后，淋巴结首先产生炎症反应，以消除其有害作用。淋巴结的病理变化可能包括充血、出血、肿胀、化脓、坏死等，同时还含有大量包括微生物在内的异物。食用这种淋巴结无疑对人有害无益。禽类的尾部臀尖不可食用，因为像鸡的臀尖位于鸡肛门的背面上方，呈三角形的肥厚肉块，此处也是淋巴结集中的地方，是病菌、病毒和致癌物质的大本营，即使病菌被吞噬清除，但对3,4-苯并［*a*］芘等致癌物却无能为力。所以，为了食用安全，无论对有无病变的淋巴结，消费者均应将其除去为宜。

d. 动物肝脏。肝脏是富含营养的美味食品，含有丰富的蛋白质、肝糖、维生素和微量元素，尤其维生素A的含量较高，但同时又是各种动物解毒的大工厂，体内的各种毒素要靠肝脏来处理、消除，当超出肝脏解毒能力，肝脏就会有残毒。进入体内的细菌、寄生虫等往往会在肝脏生长、繁殖，例如肝片吸虫就是一个例子。另外，动物也能患肝炎、肝硬化和肝癌等病症。所以食用动物肝脏，必须注意原料选择和良好烹调。一是选择食用健康动物的肝脏，对于肝淤血、肿大，表面有白色结节、坚硬以及胆管扩张者，都作为病理肝脏，不可食用；二是对可食肝脏也应充分洗尽，排出肝内可能残存的有毒物质，可以在肝表面切上数刀，然后用水浸泡，除去肝内积血之后，方可烹调；三是不可一次过量食用或少量连续食用，防止因摄入过量的维生素A而产生中毒。

（3）毒蘑菇　毒蘑菇又叫毒蕈，产生的毒素有毒蝇碱、毒肽等，若食用者不慎食用有毒蕈类，会引起食物中毒，主要是损害肝脏和肾脏，有的会引起精神错乱和溶血性中毒。预防的最有效措施是绝不采摘不认识的野蘑菇，也不吃没有吃过的蘑菇。

10.2.2 食品的生物危害及其预防

（1）食品的生物性危害 食品的生物性危害包括真菌、细菌、病毒和寄生虫（包括原生动物和寄生蠕虫）及其毒性。表10-1列出了由细菌、霉菌、病毒、原生动物和寄生虫造成的常见食源性疾病。表10-2列出了食品中主要的危害性微生物和寄生菌及其传播特性。

表10-1 由细菌、霉菌、病毒、原生动物和寄生虫造成的常见食源性疾病

疾病(病原)	潜伏期(持续期)	基本病状	相关食品
细菌			
食物中毒，腹泻（蜡状芽孢杆菌，*Bacillus cereus*）	8～16h(12～24h)	腹泻，抽筋，有时呕吐	肉制品，汤，香肠，蔬菜
食物中毒，呕吐（蜡状芽孢杆菌）	1～5h(6～24h)	恶心、呕吐，有时腹泻和抽筋	熟米饭和面食
肉毒杆菌食物中毒[肉毒梭状芽孢杆菌(*Clostridium botulihum*)，热不稳定毒素]	12～36h(数月)	疲劳，虚弱，视觉模糊，说话含糊，呼吸衰竭，有时死亡	A型和B型：蔬菜，水果，肉，鱼和禽类产品；E型：鱼和鱼制品
肉毒杆菌食物中毒，婴儿感染	未知	便秘，虚弱，呼吸衰竭，死亡	蜂蜜，土壤
空肠弯曲病（空肠弯曲菌，*Campylobacter*）	3～5d(2～10d)	腹泻，腹痛，发烧，恶心，呕吐	禽类，生肉，生乳
霍乱（霍乱菌）	2～3d(数小时到数天)	大量水样大便，脱水，可能死亡	生的或烹煮不足的海产品
食物中毒（产气荚膜梭菌）	8～22h(12～24h)	腹泻，抽筋，少见有恶心和呕吐	熟肉和禽类
食源性感染EHEC、VTEC（大肠杆菌）	12～60h(2～9d)	水样或血样腹泻	生的或未煮熟的牛肉，生乳
食源性感染EIEC（大肠杆菌）	至少18h(不定)	腹泻，发烧，痢疾	生的食物
食源性感染ETEC（大肠杆菌）	10～72h(3～5d)	大量水样腹泻，有时抽筋呕吐	生的食物
沙门杆菌病（沙门菌）	5～72h(1～4d)	腹泻，腹痛，寒战，发烧，呕吐，脱水	生的或未煮熟的鸡蛋，生乳，肉和禽类
志贺病（志贺菌，*Shigella*）	12～96h(4～7d)	腹泻，恶心，发烧，有时呕吐，抽筋	生的食物
食物中毒[金黄色葡萄球菌(*Staphylococcus aureus*)，热稳定性肠毒素]	1～6h(6～24h)	恶心，呕吐，腹泻，发烧	汉堡，肉和禽类制品，奶油夹心馅饼，奶酪
食源性感染（副溶血弧菌，*Vibrio parahaemoliticus*）	1～6h(4～7d)	腹泻，抽筋，有时恶心，呕吐，发烧头痛	鱼和海产品
食源性感染（*Vulnificus*弧菌）	含免疫血清铁多的人，1d	寒战，发烧，虚脱，经常发生死亡	生龙虾和蛤
耶尔森病（耶尔森菌）	3～7d(2～3周)	腹泻，类似阑尾痛，发烧，呕吐等	生的或未煮熟的牛肉和猪肉，牛奶
病毒			
甲肝（甲肝病毒）	15～50d(数周到数月)	发烧，虚弱，恶心，不适，常见黄疸	生的或未煮熟的贝类，三明治，沙拉等
滤过性病毒引起的胃肠病（诺瓦克病毒）	1～2d(1～2d)	恶心，呕吐，腹泻，头痛，低烧	生的或未煮熟的贝类，三明治，沙拉等
滤过性病毒引起的胃肠病（轮状病毒）	1～3d(4～6d)	腹泻（特别是婴幼儿）	生的或处理不当的食物
霉菌			
黄曲霉毒素中毒（曲霉菌和相关霉菌的黄曲霉毒素）	随摄入量而不同	呕吐，腹痛，肝损伤，肝癌（多见于亚非地区）	谷物，花生，牛奶
营养中毒性类白血病（镰霉菌的单端孢菌毒素）	1～3d(数周到数月)	腹泻，恶心，呕吐；皮肤和骨髓坏死；有时死亡	谷物
麦角中毒（麦角菌属毒素）	随摄入量而不同	坏疽，惊厥，痴呆，流产	黑麦，小麦，大麦，燕麦

续表

疾病(病原)	潜伏期(持续期)	基本病状	相关食品
原生动物			
阿米巴性痢疾(痢疾阿米巴)	2～4周(不等)	痢疾,发烧,寒战,有时肝脓肿	生的或处理不当的食物
隐孢菌病(隐孢菌)	1～12d(1～30d)	腹泻,有时发烧,恶心,呕吐	水,污染的食品
鞭毛虫病(梨形兰伯鞭毛虫)	5～25d(不等)	有含油大便的腹泻,腹绞痛,肿胀	水,污染的食品
弓形体病(弓形体)	10～23d(不等)	类似单核细胞增多症胎儿畸形或死亡	生的或未煮熟的肉,生乳,处理不当的食物

表 10-2 食品中主要的危害性微生物和寄生菌及其传播特性

病原	重要污染源	传播方式[1]				相关食品
		水	食品	人↔人	食品繁殖	
细菌						
蜡状芽孢杆菌	土壤	−	+	−	+	熟米饭,熟肉,蔬菜,淀粉布丁
布鲁杆菌	牛,山羊,绵羊	−	+	−	+	生乳,乳制品
空肠弯曲菌	小鸡,狗,猫,牛,猪,野鸟	+	+	+	−[2]	生乳,禽肉
肉毒梭状芽孢杆菌	土壤,哺乳动物,鸟,鱼	−	+	−	+	肉,鱼,蔬菜(家庭贮藏),蜂蜜
产气荚膜梭菌	土壤,动物,人	−	+	−	+	熟的肉和禽肉,肉汁,豆类
大肠杆菌						
肠产毒性	人	+	+	+	+	色拉,生蔬菜
肠致病性	人	+	+	+	+	乳
肠侵染性	人	+	+	0	+	奶酪
肠出血性	牛,家禽,绵羊	+	+	+	+	生的或烹调不足肉末制品,生乳
李斯特菌(*Listeria moncytogenes*)	环境	+	+	−[3]	+	奶酪,生乳,油菜卷心菜色拉,肉制品
牛结核杆菌	牛	−	+	−	−	生乳
伤寒沙门杆菌和副伤寒沙门杆菌	人	+	+	±	+	乳制品,肉制品,贝类,蔬菜色拉
非伤寒型沙门杆菌	人和动物	±	+	±	+	肉、禽、蛋、乳制品,巧克力
志贺菌	人	+	+	+	+	西红柿/鸡蛋色拉
金黄色葡萄球菌(肠毒素)		−	+	−	+	汉堡,禽肉,鸡蛋色拉,奶油夹心的焙烤制品,冰淇淋,奶酪
霍乱弧菌(*Vibrio cholerae*),01型	人和海生动物	+	+	±	+	色拉,贝类
霍乱弧菌,非01型	人和海生动物	+	+	±	+	贝类
副溶血弧菌	海水,海生动物	−	+	−	+	生鱼,蟹和其他贝类
Vulnificus 弧菌	海水,海生动物	+	+	−	+	贝类
小肠结肠炎耶尔森菌(*Yersinia enterocolitica*)	水,野生动物,猪,狗,家禽	+	+	−	+	乳,猪肉,禽肉
病毒						
甲肝病毒	人	+	+	+	−	贝类,生水果和蔬菜
诺瓦克病毒	人	+	+	−	−	贝类色拉

续表

病原	重要污染源	传播方式①				相关食品
		水	食品	人↔人	食品繁殖	
轮状病毒	人	+	+	+	−	
原生动物						
寄生性原生动物	人	+	+	+	−	生乳，生香肠(非发酵型)
痢疾阿米巴	人	+	+	+	−	蔬菜和水果
梨形兰伯鞭毛虫	人，动物	+	±	+	−	蔬菜和水果
啮齿动物毒浆体寄生虫	猫，猪	0	+	−	−	未煮熟的肉，生蔬菜
蛔虫	人	+	+	−	−	土壤污染性食品
中华肝吸虫	淡水鱼类	−	+	−	−	烹调不足的或生的鱼
肝片吸虫	牛，羊	+	+	−	−	水田荠
(暹罗)猫后睾吸虫	淡水鱼类	−	+	−	−	烹调不足的或生的鱼
并殖吸虫	淡水蟹类	−	+	−	−	烹调不足的或生的蟹
无钩绦虫	牛，猪	−	+	−	−	烹调不足的肉
旋毛虫	猪，食肉动物	−	+	−	−	烹调不足的肉
鞭毛虫	人	0	+	−	−	土壤污染性食品

① 几乎所有的由感染引起的急性腹泻均发生在夏季或潮湿的月份，而由感染轮状病毒和小肠结肠炎耶尔森菌引起的腹泻在较冷的季节其传染性较强。

② 在一定的环境下可观察到一些繁殖，该流行病学特征不是很明显。

③ 经常在孕妇和她们的胎儿之间发生垂直传播。

注：1. +表示肯定有；±表示很少；−表示没有，0表示没有信息。

2. 来源于姚卫蓉，钱和，2005。

(2) 微生物污染的预防及控制　微生物污染的预防和控制措施主要有以下几方面的内容。

① 防止食品原料被微生物污染　从理想角度来说，在食物原料的生长和收获阶段可以对食品污染进行控制。如果食品原料不带有致病微生物，那它就不会污染其他食品。

② 学会运用食品卫生基本原理　为防止食品被微生物污染，有必要使所有会接触到食品的人，包括食品生产加工者、厨师、家庭主妇和儿童等，都懂得并会运用食品卫生的基本原理，这些原理隐含在世界卫生组织制定的十条金箴中，见表10-3。

③ 采用现代食品工程技术原理控制微生物生长或杀灭微生物　该技术的基本原理是改变食品的温度、水分含量、pH、渗透压以及采用抑菌、杀菌等措施，控制微生物的生长繁殖或杀灭微生物，从而保证食品的安全性。常用的技术有：低温保存、高温灭菌、超高压灭菌、辐照灭菌、脱水与干燥、高糖和高盐腌制、添加准许使用的防腐剂等。

(3) 食品中的寄生虫危害及控制　食品中的寄生虫主要有猪囊虫和旋毛虫。

猪囊虫俗称“米猪肉”，是指带有囊尾蚴的猪肉。囊尾蚴主要寄生在猪的臀肌、腰肌、舌肌、股部内侧肌、肩胛外侧肌和心肌等部位。人食用了没有死亡的猪肉囊虫后，在肠液和胆汁的刺激下，囊虫的头须可伸出包囊，以带钩的吸盘，牢固地吸附在人的肠壁上，从中吸取营养并发育成成虫，即绦虫，使人患绦虫病。如果虫卵经消化道进入人体各组织，特别在横纹肌中发育成囊尾蚴，使人患囊尾蚴病。侵入眼中，会影响视力，甚至失明。寄生在脑

表 10-3 世界卫生组织制定的关于安全食品制备的金箴

① 选择以安全性为目的的加工食品

许多食品，如水果和蔬菜在天然状态下是最好的，其他状态就不安全，除非经过了加工。例如，一般应选择巴氏杀菌乳而不是生乳；选择新鲜的或电离辐射处理过的冷冻家禽肉。购物时，应牢记食品加工不仅是为了延长货架期还要提高安全性。某些可以生吃的食品，如生菜，需进行彻底清洗

② 蒸煮食品要彻底

许多生食品，特别是家禽肉、肉制品和未进行巴氏杀菌的牛乳，通常含有能导致疾病的致病菌。彻底蒸煮可杀灭致病菌，但是应记住，务必使食品所有部位温度至少达到70℃。如果蒸煮后的鸡肉在靠近骨头的地方仍然很生，应把它重新放回灶中，直至全熟为止。冷冻的肉制品、鱼和家禽肉在烹调前必须进行彻底解冻

③ 立即食用煮熟食品

当煮熟后的食品冷却至室温时，微生物就开始增生扩散。放置时间越长，风险就越大。出于安全的考虑，热量一散尽就应食用煮熟食品

④ 小心保存熟食

如果你想提前准备食品或想放置剩菜，如果你想贮存食品超过4h或5h时，务必在热的条件（靠近或高于60℃）或冷的条件（靠近或低于10℃）下进行保存。这条规则尤为重要。婴儿食品根本不适合贮存。常犯的错误是将大量温热食品放于冰箱内，从而造成食源性疾病。在一个超载的冰箱里，食品中心不能尽快冷却至它们所需要的温度。如果食品中心温度在温热（超过10℃）条件下持续时间很长，微生物会重新活跃起来，迅速增殖达到致病水平

⑤ 彻底再加热食品

这是预防贮存期间增殖微生物危害（正确的贮存条件会减缓微生物的生长但不会杀灭微生物）的最好方法。彻底再加热在这里也同样指食品所有部位——温度至少达到70℃

⑥ 避免生熟食品接触

煮熟安全食品即使稍微接触生食品也会被污染。交叉污染可能是直接的，如当生的家禽肉与煮熟食品接触时，这个过程也可能是不知不觉发生的。例如，切生鸡肉用的砧板和菜刀未经冲洗便马上切割煮熟鸡肉。这样做会将微生物重新引入煮熟食品中，导致与未煮熟食品一样的潜在风险

⑦ 反复洗手

在开始制备食品前和在每一次中断后——特别是当你想抱一下婴儿之前或在去洗手间后，都要彻底洗手。在处理完生食品，如鱼、肉制品或家禽肉之后，在接触其他食品之前必须洗手。如果你的手受感染了，在制备食品前用绷带绑紧或用东西裹住。记住，家养的宠物（狗，鸟，特别是海龟）都含有大量的危险性致病菌，能通过手将微生物传播到食品中

⑧ 务必保持厨房内所有表面的清洁

由于食品很容易受到污染，因此所有可能与制备食品接触的表面必须保持绝对干净。每一块食品的碎屑、碎片都含有大量的微生物。接触到盘子和厨房用具的衣服应该每天换，且在重新使用之前进行煮沸灭菌。用于清 扫地板的拖布也需要经常换洗

⑨ 防止食品受到昆虫、啮齿类动物和其他动物的侵袭

动物通常携带有致病微生物。最好将食品保存于高度密封容器内

⑩ 使用纯净水

纯净水对制备食品和饮用同样重要。如果你对所使用水的水质有怀疑，最好煮沸后再加入到食品中或再制备冰块。制作婴儿膳食时更要小心所使用的水

注：来源于世界卫生组织（WHO）食品安全小组，瑞士。

内，会出现神经症状，造成抽搐、癫痫、瘫痪等症状。

旋毛虫的病原体是旋毛线虫，人、畜可共患该种寄生虫病，对人危害极大，能致人死亡。旋毛虫常寄生在膈肌、舌肌、喉肌、咬肌、颈肌、肋间肌和腰肌中，其中膈肌的寄生率最高，被寄生肌肉发生变性，旋毛虫也有钙化的，但钙化并不意味虫体必然死亡。相反，在钙化的包囊内，旋毛虫还能保持活力，据文献报道，可存在10年、20年甚至更长时间。患者初期呈恶心、呕吐、腹痛和下痢等，随之体温升高并可多日稽留，但在高烧期间，神智始终清醒。由于在肌肉内寄生，肌肉发炎，疼痛难忍，根据寄生的部位，出现声音嘶哑，呼吸和吞咽困难等。

预防控制措施是尽可能不食生肉或半生不熟的肉制品，同时对猪肉要严格检验，对受检的肉在40cm^2面积内，发现猪囊虫和钙化的虫体，在3个以下者，整个胴体需经冷冻或盐腌无害处理后才可出厂；如40cm^2内有4～5个虫体者，则高温处理后才可出厂；6个或6个以上者，要做工业用或销毁。对旋毛虫，在24个肉片标本内小于5个者，横纹肌、心肌需高温处理后方可出厂；超过5个者，横纹肌和心肌只能工业用或销毁。

10.3 食品的化学性污染及控制

10.3.1 农药残留污染

(1) 农药污染食品的途径 农药污染食品的途径主要有：施用农药后对农作物产生直接污染。作物从环境中吸收所需的养分时，散落或残留在环境中的农药亦随之进入，导致对食品的间接污染。在被农药污染的环境中通过生物的富集作用，使农药通过食物链进入食物，这种富集系数藻类达500倍，鱼类、贝类可达2000～3000倍，而食鱼的水鸟在10万倍以上。随便排放未经处理的含有农药的工业废水，会污染农作物和水产品。仓库使用农药防虫杀菌，有可能导致食品残留农药。禽畜身上施药防病时可能污染饲料，从而导致禽畜产品含有农药。使用、运输、保管农药时所发生的各种事故，也可能会造成污染。

(2) 不同农药污染食品所造成的危害

① 有机氯农药 主要指"六六六"和DDT，虽然这两种农药已停止使用10多年，但由于它们的半衰期长，仍然有可能污染食品。主要危害是影响人体的肝脏组织，还会引起血液细胞染色体畸变，损害男性精子和生殖功能等。

② 有机磷农药 主要有敌百虫、马拉松、乐果、敌敌畏、对硫磷等。有机磷农药属神经毒物，进入体内主要抑制血液和组织胆碱酯酶活性，引起神经功能紊乱、出汗、震颤、精神错乱等症状。

③ 氨基甲酸酯类农药 我国常用品种有西维因、速灭威、呋喃丹等，多数为杀虫剂，对人、畜毒性低，易分解，在体内不积累，但该农药含有氨基，在胃酸条件下可与食物中亚硝酸盐类反应生成致癌物质亚硝胺。

④ 其他农药 包括除虫类农药、杀菌剂、除草剂等。这几类农药的毒性特点各不相同，但很多是致癌原和致畸原。

以上农药残留已成为我国人民膳食中的主要食品安全性问题，已引起我国政府的高度重视。

10.3.2 食品中的兽药残留

兽药残留是指"动物产品任何可食部分所含兽药的母体化合物及/或其代谢物，以及与兽药有关的杂质的残留。"这表明兽药残留不仅包括原药，还包括药物在动物体内的代谢产物，以及药物或其代谢产物与内源大分子结合产物。

兽药残留主要污染动物性食品原料，如肉食品、奶食品和鱼食品等。污染的途径有：预防和治疗动物疾病时，通过口服、注射、局部用药而导致残留；在饲料中加入药物防治疾病、促进生长等导致残留。兽药残留的种类有：抗生素类，主要有四环素、土霉素、金霉素、螺旋霉素、青霉素、氯霉素等；磺胺类药残留；激素类药残留，如烯雌酚、己烷雌酚、双烯雌酚和雌二酚等，我国香港特区1995年后要求不准使用这类激素，因为它们可使小孩肥胖；还有瘦肉精（我国规定不准在饲料中使用）、呋喃类药物和驱虫药等。就目前而言，各国都对各类兽药的最大残留限量（MRL）作了相关规定，如我国规定磺胺类总计MRL（mg/kg）：牛、羊、猪、禽的肉、肝、肾、脂肪分别为0.3，乳为0.05等。

10.3.3 有毒金属污染

有毒金属污染主要指镉、汞、铅、砷等。

(1) 镉（Cd） 一般食品中均能检出镉，含量为0.004～5mg/kg。工业上镉用途很广，如电镀、颜料、荧光体塑料、油漆、陶瓷等都用镉作原材料，因此很容易通过工业"三废"

污染环境，特别是直接污染水和土壤，通过生物富集作用，农作物和水产食品中镉的浓度将很高，海产食品、动物性食品含镉量将高于植物性食品。镉主要损害肾小管上皮细胞，导致中毒。镉中毒会引起贫血、高血压、肾损害、骨质疏松、骨骼变形、骨痛等，也会使动物产生癌变。我国标准 GB 15201—1994 规定，食品中镉允许限量为（≤mg/kg）：大米 0.2，面粉 0.1，肉、鱼 0.1，蛋 0.05，杂粮和蔬菜 0.05，水果 0.03。

（2）汞（Hg） 在多种工业中广泛使用汞，因此汞污染环境的机会也较多。在汞污染水、土壤、饲料后，均会由于富集和生物链作用，造成农作物、肉、奶、蛋等被汞污染。微量的汞在人体内能从尿、粪便、汗液、头发等中排出，不致引起危害。但如果吸收量增加，积蓄到一定数量，就会危害健康，如食用含汞 5～6mg/kg 的粮食，15d 后就有中毒现象发生；即使粮食含汞量仅为 0.2～0.3mg/kg，食用半年后也有人可能出现汞中毒。食品中甲基汞对人体危害最为严重，它主要在肝脏和肾脏蓄积，干扰蛋白质和酶的生化功能，并通过血液循环进入脑组织，造成中毒。慢性中毒症状为运动失调、失语、失听等。

（3）铅（Pb） 主要来自于工业“三废”和汽车尾气的排放。与食品接触的生产设备、容器、包装材料等，若含有铅也有可能对食品造成污染。铅在生物体中的半衰期很长，主要沉积在骨骼中，会对神经系统、造血系统和消化系统造成明显的损害，主要症状有食欲不振、胃肠炎、便秘、腹泻、头晕、失眠、贫血等，严重者会引起休克和死亡。

（4）砷（As） 工业“三废”、含砷农药、某些添加剂等都有可能导致砷污染食品。由于水生生物食物链的作用，一些水产品的含砷量可比水体高出 3000 多倍。急性砷中毒主要是胃肠炎症状，严重者可致中枢神经系统麻痹而死亡，慢性中毒主要为神经衰弱综合征。砷的氧化物（As_2O_3）及其盐毒性较大，无机砷毒性大于有机砷。

另外，还有铝、锡、铜、锌、铬、锑等，限于篇幅，不再一一作介绍。

10.3.4 对食品的其他化学性污染

这里指的其他化学污染主要包括 *N*-亚硝基化合物和 3,4-苯并[*a*]芘对食品的污染，这两种化学物质对动物均有明显的致癌性。

（1）*N*-亚硝基化合物 来源有三个方面：①食品中存在着 *N*-亚硝基化合物的前体物质，比如芹菜、青菜、菠菜、萝卜和茄子等都含有大量硝酸盐，采后贮藏或在腌制过程中，被微生物和酶的作用，硝酸盐被还原为亚硝酸盐；②肉制品（香肠、火腿、腊肉等）在制作过程中添加硝酸盐和亚硝酸盐以便生成一种诱人食欲的粉红色；③食品的霉变、蛋白质的分解等也会使亚硝基化合物含量明显增高。危害：这些亚硝基化合物在适当条件下会形成亚硝胺和 *N*-亚硝酰胺，动物试验表明，这些化学物质均是强致癌物。

（2）3,4-苯并[*a*]芘 主要来源：食品熏制过程中，熏烟中的 3,4-苯并芘；柏油路上晒粮食，沥青中的 3,4-苯并芘；食品在油炸和烘烤时，脂类物质在高温下热聚为 3,4-苯并芘；食品在加工过程中与机油、石蜡等接触，有可能受石蜡、机油中的苯并芘污染等。据报道，苯并芘可致胃癌、消化道癌和肺癌等。胃癌和消化道癌高发区，与当地居民常食含苯并芘较高的熏鱼、熏肉有关。吸烟人群肺癌的发病率高，也可能与香烟燃烧时产生的苯并芘类化合物有关。

（3）多氯联苯污染 主要是工业化学物，限于篇幅，不再赘述。

10.3.5 食品化学性污染的控制

（1）严格执行《中华人民共和国农产品质量安全法》，从源头上保障食品安全 中华人民共和国第十届全国人大常委会第二十一次会议于 2006 年 4 月 29 日审议通过了《中华人民共和国农产品质量安全法》，并于 2006 年 11 月 1 日起施行。该法对保障农产品的质量安全作了详细的规定，仅举两点。

① 农产品产地的规定　农产品质量安全法规定，县级以上政府应当加强农产品产地管理，改善农产品生产条件。禁止违反法律、法规的规定向农产品产地排放或者倾倒废水、废气、固体废物或者其他有毒有害物质；禁止在有毒有害物质超过规定标准的区域生产、捕捞、采集农产品和建立农产品生产基地。县级以上地方政府农业主管部门按照保障农产品质量安全的要求，根据农产品品种特性和生产区域大气、土壤、水体中有毒有害物质状况等因素，认为不适宜特定农产品生产的，应当提出禁止生产的区域，报本级政府批准后公布执行。

② 农产品生产过程中生产者应当遵守的规定　主要有三方面的规定。

a. 依照规定合理使用农业投入品。农产品生产者应当按照法律、行政法规和国务院农业主管部门的规定，合理使用化肥、农药、兽药、饲料和饲料添加剂等农业投入品，严格执行农业投入品使用安全间隔期或者休药期的规定，禁止使用国家明令禁止使用的农业投入品，防止因违反规定使用农业投入品危及农产品质量安全。

b. 依照规定建立农产品生产记录。农产品生产企业和农民专业合作经济组织应当建立农产品生产记录，如实记载使用农业投入品的有关情况、动物疫病和植物病虫草害的发生和防治情况，以及农产品收获、屠宰、捕捞的日期等情况。

c. 对其生产的农产品的质量安全状况进行检测。农产品生产企业和农民专业合作经济组织应当自行或者委托检测机构对其生产的农产品的质量安全状况进行检测，经检测不符合农产品质量安全标准的，不得销售。

(2) 防止亚硝酸盐和苯并芘进入肉制品中　在肉制品的发色和熏制过程中，尽可能采用新型替代物，减少用量。

(3) 注意饮食卫生、养成合理卫生习惯　对国民加强科普知识的宣传教育，注意饮食安全和卫生，在食用食物前应充分洗涤、削皮、烹饪、加热等处理。据试验，粮食中的六六六经加热处理可减少34%～56%，滴滴涕可下降13%～49%。各类食品经加热处理（94～98℃）后，六六六的去除率平均为40.9%，滴滴涕为30.7%。有机磷农药在碱性条件下洗涤更易消除。不吃或少吃腌腊制品和烟熏制品，刮去烤焦部分，不吃霉变食品。

10.4　加工与贮藏不当造成的食品危害性

在将食物原料加工成食品产品的过程中，为提高食品的感官品质、营养质量和耐贮藏性，通常采用一系列食品工程技术对食品原料或成品进行加工处理。这些技术包括：油炸、巴氏杀菌和高温杀菌、辐照、浓缩、脱水、干燥、采用食品添加剂和包装等。如果这些加工技术和贮藏不当，也会造成食品的危害性。

(1) 热加工工艺不当造成的食品危害性　热加工工艺主要有油炸、热杀菌、干燥、浓缩等。当温度低、热处理时间很短时，不会对食品造成危害；但当温度高、热处理时间很长或反复热处理，将会对食品造成危害。主要体现在以下两方面。

① 食品营养质量下降　食品经不适当的高温热加工后，食品中的某些热敏性营养成分将受影响，造成食品营养质量下降。比如维生素会失活，特别是维生素C、维生素B和维生素B_6等；蛋白质将与碳水化合物进行热反应，使食品褐变，氨基酸会热分解并重新聚合生成不消化蛋白质；不饱和脂肪酸高温下会加速过氧化反应和裂解，不仅造成不饱和脂肪酸的损失，还产生不良风味和色泽等；植物油精炼过程中加工不当、反复高温油炸和在氢化植物

油及人造奶油制造过程中生成反式脂肪酸，过多摄入反式脂肪酸将引起低密度脂蛋白（LDL）增加和高密度脂蛋白（HDL）减少，造成动脉粥样硬化、心血管疾病。

② 生成有害物质 食品在高温下，特别是在不适当高温油炸、烧烤、烹饪处理过程中，会生成一系列的致癌、致突变物质，比如脂肪在400℃将会发生高温降解、环化、聚合等反应生成多环芳烃（PAH），在烟熏、烧烤或烘焦等制作过程中热聚生成苯并芘；又如蛋白质与碳水化合物反应生成杂环芳胺和丙烯酰胺等。

（2）不适当使用食品添加剂造成的食品危害性 食品添加剂是指能改善食品色、香、味、形以及为防腐和加工工艺的需要而加入食品中的化学合成或天然物质，有色素、发色剂、防腐剂、抗氧化剂、呈味剂、香精香料、乳化增稠剂、疏松剂、营养强化剂、品质改良剂等。这些添加剂的使用及用量是通过一系列的毒理学试验后，经国家卫生部门批准准许使用的。但有些食品添加剂属于化学物质，不能排除有致癌之嫌，滥用或使用不当会有一定负效应，长期过量摄入会对消费者的身体健康造成一定损害。因此在应用中应严格执行国家关于食品添加剂的使用卫生标准，决不允许在食品中使用未经批准的化学物质，如苏丹红等。

（3）贮藏不当造成的食品危害性 贮藏和运输不当也会对食品的安全性产生影响，比如贮运的环境条件恶劣、不卫生，将造成食品的微生物污染和腐败变质，又比如与化学品或有毒物质共同贮藏、运输，将造成食品化学污染的可能性，仓储中杀虫剂、杀菌剂、熏剂、保鲜剂等的不适当使用，也会在食品中残留，造成食品的化学性污染。

10.5 一些新型食品的安全性问题

10.5.1 转基因食品

随着生物技术的发展，转基因食品也陆续出现，如转基因大豆、玉米、番茄、马铃薯等。转基因食品具有产量高、富含营养、抗病虫害等优点，有良好的发展前景。在一些国家（如美国和英国等）转基因食品有一定市场，但在另一些国家，有人担心美国推出的转基因玉米可能含抗生素基因，危害食用者的安全，与此同时，美国也曾发现一种转基因大豆可诱发食用者出现过敏反应。为此，一些国家规定转基因食品应在食品标签上加以注明，让消费者自行选用，这表明转基因食品的安全性有待进一步研究。虽然转基因食品从技术上讲是中性的，不应对人类身体健康产生危险，但由于各种原因的影响，转基因食品仍有可能对人类健康产生潜在影响，尽管这种影响短时间内不一定表现出来。因此，对这一类产品应加强监管和审批。一方面着手对生物安全性进行立法，并与国际规定接轨；另一方面，加大对生物安全的研究力度，制定符合我国国情的生物安全评价体系，以便有序地促进转基因食品的发展。

10.5.2 强化食品

强化食品是指以某一种食品为基础，人为加入某些特殊营养素，为特定目的生产的一类食品。强化食品种类很多，例如强化某些矿物元素、微量元素和维生素的食品等，但强化应该有“度”，过“度”可能走向反面。例如，硒是一种机体的必需微量元素，在缺硒地区适当补硒，可得到事半功倍效果，但如摄入过多也可引起中毒，而且目前还没有特效的解毒剂。所以人们摄入硒不能多多益善，也不应在许多食品中强化硒，因为食品不同于药品，人们可不受限制的食用。美国营养学会最近提出，补充微量元素和维生素的最佳途径是天然食品的多样化。

另外，中国传统的药膳和保健食品，它们的确能改善人体某种功能，但其食用也有特定的针对性。随意和盲目地食用不仅无益，还可能给人体带来不良后果。

10.6 HACCP系统的建立与应用

HACCP是英文hazard analysis and critical control point的缩写，称为危害分析与关键控制点，是一种食品安全保证系统。近年来愈来愈受到世界各国重视并已成为食品工业的一种新的产品安全质量保证体系。

HACCP体系起源于1959年美国航天工业中航天食品的开发。当时美国航空航天局（NASA）和美国空军NICK实验室把“零失误”（zero-defect program）的概念应用于航天员的食品及其加工设备，与皮尔柏利（Pillsbwry）公司联合开发航天食品时形成了HACCP食品质量安全管理体系。该HACCP主要包括三个部分：①确定和分析与食品产品或原材料有关各环节的危害；②决定可控制的危害控制点；③建立各种措施来监控关键点。经过多年来的不断应用、修改和完善，形成了HACCP的7个基本原理，见图10-1。

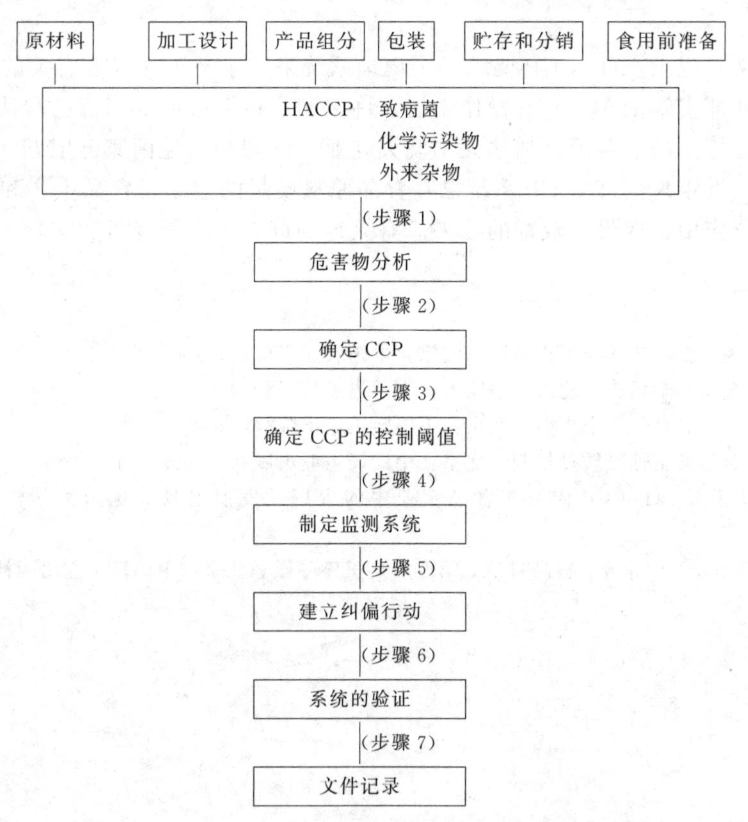

图10-1 食品法典委员会制定的HACCP体系及其7个步骤

采用这一方法可以控制包括微生物、化学和物理等所有的食品危害物。这一系统的具体实行包括7个步骤。

第一步，危害物分析（HA）。确定与食品生产各阶段有关的潜在危害性。它包括原材料生产、食品加工制造过程、产品贮运、消费等各环节。它不仅要分析可能发生的危害及危害的程度，也要涉及用防护措施来控制这种危害。

第二步，关键控制点（CCP）的确定。CCP指的是可以被控制的点、步骤或方法，经过控制可以使食品潜在的危害得以防止、排除或降到可接受的水平。每个步骤可以是食品生产制造的任一步骤，包括原材料及其收购或其生产、收获、运输、产品配方及加工、贮运各个步骤。

第三步，确定关键限值，保证 CCP 限制在安全值以内。这些关键限值常常是一些食品保藏的有关参数，如温度、时间、物理性能、水分、水分活度、pH 等。

第四步，确定监控 CCP 的措施。监控是有计划、有顺序地观察或测定以判断 CCP 是在控制中，并有准确的记录，可用于未来的评价。应尽可能通过各种物理及化学 CCP 进行连续的监控，若无法连续监控关键限值，应有足够的间歇频率来观察测定 CCP 的变化特征，以确保 CCP 是在控制中。

第五步，确立纠偏措施。当监控显示出现偏离关键限值时，要采取纠偏措施。虽然 HACCP 系统已有计划防止偏差，但从总的保护措施来说，应在每一个 CCP 上都有合适的纠偏计划，以便万一发生偏差时能有适当的手段来恢复或纠正出现的问题，并有纠偏动作的记录。

第六步，系统的验证。用于确保 HACCP 系统按照预计目标正常工作地补充信息和检测。

第七步，文件记录。HACCP 要求一个记录系统来记录与 HACCP 有关的一切程序。

现在已有几部实施 HACCP 的操作手册，许多国家机关政府部门都已承认 HACCP 是保证食品安全的最好方法，美国、加拿大、澳大利亚、欧盟和其他国家已把 HACCP 列入了食品法规和条例。近年来，HACCP 系统已在食品原料质量的控制、食品生产和食品添加剂的生产中得到广泛应用，取得了较好的效果。有兴趣的读者可查阅专著和文献。

参考文献

1 德力格尔桑主编. 食品科学与工程概论. 北京：中国农业出版社，2002
2 杨昌举编著. 食品科学概论. 北京：中国人民大学出版社，1999
3 姚卫蓉，钱和主编. 食品安全指南. 北京：中国轻工业出版社，2005
4 江汉湖主编. 食品安全性与质量控制. 北京：中国轻工业出版社，2002
5 崔福顺，权任荣等. HACCP 体系在食品企业中的应用及发展前景. 延边大学学报，2002，(4)：300～303
6 [美] 波特 (Potter N) 等著. 食品科学. 第 5 版. 王璋等译. 北京：中国轻工业出版社，2001

11 食品法律法规与标准

人类为维持生命活动需要从食物中汲取营养，而安全的食品是人类获取食物营养的前提。近年来，随着经济全球化及全球性食品安全重大事件的频繁发生，特别是“苏丹红”事件的爆发，人们越来越关注食品安全。规格化、标准化是食品安全的基础，也是国际贸易的要求。目前，我国食品工业标准化程度不高，标准体系与国际有较大差距。因此，需完善我国现有的食品法律法规与标准，加快相关法规体系和标准化体系的建设，与国际标准接轨，保证食品安全，适应食品工业的飞速发展和国际食品贸易的需要。

11.1 中国食品法规与标准

食品法律法规是指由国家制定或认可，以加强食品监督管理，保证食品卫生，防止食品污染和有害因素对人体的危害，保障人民身体健康，增强人们体质为目的，通过国家强制力保证实施的法律规范的总和。

依据食品法律法规的具体表现形式及其法律效力，我国的食品法律法规体系由以下不同法律效力的规范性文件构成。

(1) 法律　1995 年 10 月 30 日第八届全国人民代表大会常务委员会第十六次会议通过的《中华人民共和国食品卫生法》是我国食品法律体系中法律效力层级最高的规范性文件，是制定食品安全卫生法规、规章及其他规范性文件的依据。

我国现已颁布实施的与食品相关的法律有《产品质量法》、《农业法》、《进出口商品检验法》、《进出境动植物检疫法》、《广告法》、《商标法》、《标准化法》、《计量法》等。

(2) 行政法规　行政法规分为国务院制定的行政法规和地方性行政法规两类，其法律效力仅次于法律。食品行业管理行政法规是指国务院的部委依法制定的规范性文件，如《食品加碘消除碘缺乏危害管理条例》、《食品添加剂卫生管理办法》、《保健食品管理办法》等。地方性食品行政法规是指省、自治区、直辖市人民代表大会及其常务委员会依法制定的规范性文件，如《河北省食品卫生法实施细则》，其只在河北省有效，且不得与宪法、法律和行政法规等相抵触，并需上报全国人民代表大会常务委员会备案后才生效。

(3) 部门规章　部门规章包括国务院各行政部门制定的规章和地方人民政府制定的规章，如《新资源食品卫生管理办法》、《有机食品认证管理办法》、《转基因食品卫生管理办法》等。

(4) 食品标准　食品标准是指食品工业领域各类标志的总和，包括食品产品标准、食品卫生标准、食品添加剂标准、食品管理标准、食品分析方法标准和食品术语标准等。

(5) 其他规范性文件　其他规范性文件是指不属于法律、行政法规和部门规章，也不属于标准的规范性文件，包括国务院或个别行政部门所发布的各种通知、地方政府相关行政部门制定的食品卫生许可证发放管理办法，以及食品生产者采购食品及其原料的索证管理办法，如《国务院关于进一步加强食品安全工作的决定》。这类规范性文件也是食品法律体系的重要组成部分，同样不可缺少。

11.1.1 食品卫生法

1982 年 11 月 9 日第五届全国人民代表大会常务委员会第 25 次会议通过并颁布《中华

人民共和国食品卫生法（试行）》并试行，标志着我国食品卫生工作由以往的卫生行政管理走上了法制管理的轨道。1995年10月30日第八届全国人民代表大会常务委员会第十六次会议通过《中华人民共和国食品卫生法》（以下简称《食品卫生法》），同时以中华人民共和国主席令第59号公布并正式实施。

《食品卫生法》共设9章57条，对食品卫生法律规范的适用条件、行为模式和法律后果都做出了明确规定。

第一章，总则（共5条），规定了立法宗旨和法律调整范围。凡在中华人民共和国领域内从事食品生产经营的，都必须遵守该法。总则规定国务院卫生行政部门主管食品卫生监督管理工作，国务院有关部门在各自职责范围内负责食品卫生管理工作。

第二章，食品的卫生（共5条），规定了食品生产经营过程中的卫生要求和禁止生产经营的食品。同时还规定了食品应当无毒、无害，符合应有的营养要求，具有相应的色、香、味等感官性状。在食品中不得加入药物，但是按照传统既是食品又是药品的除外。

第三章，食品添加剂的卫生（仅1条），规定了生产经营和使用食品添加剂，必须符合食品添加剂使用卫生标准和卫生管理办法。

第四章，食品容器、包装材料和食品加工用工具、设备的卫生（共2条）。

第五章，食品卫生标准和管理办法的制定（共3条），规定了国家卫生标准、卫生管理办法和检验规程，以及地方卫生标准的制定机构和程序。

第六章，食品卫生管理（共15条），规定了7项卫生管理制度：①食品企业新建、扩建、改建工程的选址和设计的管理规定；②利用新资源生产的食品、食品添加剂的新品种的管理规定；③食品标识的管理规定；④具有特定保健功能食品的卫生管理规定；⑤食品生产者采购食品及其原料的管理规定；⑥食品生产经营人员的健康检查和食品生产企业、摊贩的卫生许可证的管理规定；⑦进出口食品、食品添加剂、食品容器、包装材料和食品用工具及设备的卫生管理规定。

第七章，食品卫生监督（共7条），规定了食品卫生监督部门的职责。食品卫生监督部门应进行食品卫生监测检验和技术指导，培训食品生产经营人员，监督食品生产经营人员的健康检查，宣传食品卫生知识，公布食品卫生情况，对新建、扩建、改建的食品经营企业进行卫生审查验收，对食品中毒和食品污染事故进行调查并采取控制措施，对违反本法行为进行监督检查、追查责任、进行行政处罚。

第八章，法律责任（共15条），规定了生产者、销售者及卫生监督者因食品卫生违法行为而应当承担的行政责任和刑事责任。

第九章，附则（共4条），规定了食品卫生法的含义。

11.1.2 产品质量法

《中华人民共和国产品质量法》（以下简称《产品质量法》）于1993年2月22日第七届全国人民代表大会常务委员会第三十次会议审议通过，根据2000年7月8日第九届全国人民代表大会常务委员会第十六次会议《关于修改〈中华人民共和国产品质量法〉的决定》修正，自2000年9月1日起实施。

所谓“产品质量”，通常是指产品满足需求的适用性、安全性、可靠性、耐用性、可维修性、经济性等特征和特性的总和。产品质量的主体是从事生产销售活动的生产者和销售者。国家建立产品质量监督体制，包括管理机制和管理职责。国务院产品质量监督管理部门具有产品质量执法监督的职能，国务院有关部门和县级以上人民政府有关部门在各自职责范围内负责产品质量监督工作。产品质量管理制度包括产品质量检查监督制度和企业质量体系认证、产品质量认证制度。国家对涉及国家安全、人类健康或安全、环境和动植物保护等重要工业产品实施生产许可证制度，如“食品质量安全市场准入”制度，即食品生产“QS”认证制度。

生产者应对其生产的产品质量负责。产品应不危及人身和财产安全，具备该产品的使用性质，符合产品标准及产品说明所表明的质量状况。产品或其包装上的标识应有质量检验合格证明，有产品名称、厂名厂址、产品规格、主要成分名称和含量、生产日期、保质期、警示标志或说明等。生产者不得生产国家明令淘汰的产品，不得伪造冒用他人的厂名厂址，不得伪造或冒用认证标志、质量标志，不得生产假冒伪劣产品。

销售者应对销售的产品质量负责。销售者进货时应执行检查验收制度；应当采取相应的措施，保证产品质量；不得销售国家明令淘汰的产品，不得销售伪造或冒用他人厂名厂址、认证标志、质量标志的产品，不得在产品中掺杂掺假，不得以不合格充合格的产品，不得销售假冒伪劣产品。

产品质量法还规定了生产者因产品质量的违法行为应承担的行政责任和刑事责任。行政处罚形式包括责令停止生产、责令停止销售、吊销营业执照、没收产品、没收违法所得、罚款、责令公开更正、限期改正、责令改正等。生产销售各种伪劣产品，国家公务人员利用职务之便包庇各种产品质量罪犯，以及产品质量管理人员滥用职权、玩忽职守、徇私舞弊都构成犯罪。刑事处罚的方式有拘役、有期徒刑、无期徒刑、死刑 4 种主刑和罚金、没收财产 2 种附加刑。

11.1.3 食品添加剂标准

我国于 1977 年制定了《食品添加剂使用卫生标准（试行）》，1981 年制定了《食品添加剂使用卫生标准》，并于 1986 年、1996 年进行了两次修订，形成了国家标准 GB 2760—1996。《食品添加剂使用标准》提供了食品添加剂安全使用的定量指标，规定了允许使用的品种、用途、使用范围、最大使用量及使用方法。

1993 年，我国颁布了《食品添加剂卫生管理办法》，2001 年进行修订，新管理办法于 2002 年 7 月 1 日起施行。其明确了食品添加剂是为改善食品品质和色香味以及为防腐和加工工艺的需要而加入食品中的化学合成或天然物质，并对食品添加剂的生产、进出口、卫生评价、使用作了详细规定。

11.1.4 食品标签标准

（1）《预包装食品标签通则》（GB 7718—2004）《预包装食品标签通则》是国家强制性标准，于 2004 年 5 月 9 日由国家质量监督检验检疫总局、国家标准化管理委员会发布，并于 2005 年 10 月 1 日起正式实施。该标准是对《食品标签通用标准》的第二次修订。预包装食品，是指“经预先定量包装，或装入（灌入）容器中，向消费者直接提供的食品”。食品标签，是指“食品包装上的文字、图形、符号及一切说明物”，是对食品质量特性、安全特性、食用（饮用）说明的描述。《预包装食品标签通则》要求食品加工企业必须按照标准正确标注标签。预包装食品必须标示的内容有：食品名称、配料清单、净含量和沥干物（固形物）含量、制造者的名称和地址、生产日期（或包装日期）和保质期、产品标准号。如果消费者发现并证实其标签的标识与实际品质不符，可以依法投诉并可获得赔偿。

（2）《预包装特殊膳食食品标签通则》（GB 13432—2004）《预包装特殊膳食食品标签通则》是国家强制性标准，与《预包装食品标签通则》同时发布和实施。该标准是对强制性标准《特殊营养食品标签》（1992 年颁布）实施后的首次修订。该标准允许在食品标签上作营养声称及标识营养知识，提倡并鼓励一般食品标签标识能量和营养成分，特殊膳食食品必须标识营养成分。

11.1.5 保健食品管理办法

1996年我国卫生部发布《保健食品管理办法》，加强保健食品的监督管理，促进保健食品沿着规范化的道路发展。该法规定保健食品必须报经卫生部审查批准，生产者在提交申请书时，还应提交保健食品的配方、生产工艺及质量标准、毒理学安全性评价报告、保健功能评价报告、功能因子及其检验方法、功能稳定性报告、产品样本、卫生学检验报告、标签及说明书及相关资料。卫生部在确认送审食品为安全无毒无害和具有保健功能后，发给保健食品批准书，准许使用卫生部制定的保健食品特有标志。保健食品的说明书必须经卫生部审查批准，不得有虚假的夸大宣传。

11.1.6 转基因食品卫生管理办法

《转基因食品卫生管理办法》由卫生部制定，自2002年7月1日起实施。转基因食品是指利用基因工程技术改变基因构成的动物、植物和微生物生产的食品和食品添加剂，包括转基因动植物、微生物产品，转基因动植物、微生物直接加工品，以及以转基因动植物、微生物或其直接加工品为原料生产的食品和食品添加剂。

《转基因食品卫生管理办法》共6章26条，包括总则、食用安全性与营养质量评价、申报与批准、标识、监督和附则。

11.2 国际食品法规与标准

11.2.1 国际食品法典

食品法典委员会（Codex Alimentarius Commission，CAC）是联合国粮农组织（FAO）和世界卫生组织（WHO）于1961年建立的政府间协调食品标准的国际组织。目前，CAC有171个成员国家和1个成员组织（欧洲共同体）。它的工作宗旨是通过建立国际协调一致的食品标准体系，保护消费者的健康，确保食品贸易的公平进行。CAC通过协调国际政府组织和非政府组织在制定食品标准工作上的关系，发起和指导标准草案的拟定工作，在得到各国政府认可以后将标准草案提交大会通过，最后将食品法典标准予以公布，并请各国政府按照各自既定的法律程序和行政程序通知CAC秘书处食品法典标准的地位或使用情况。

国际食品法典是一套食品安全和质量的国际标准/食品加工规范和准则，其汇集了国际公认的、统一的食品标准，包括所有向消费者销售的加工食品、半加工食品或食品原料标准。食品卫生、食品添加剂、农药残留、污染物、标签及其描述以及分析采样方法方面的规定也包括其中。另外，食品法典还包括食品加工的操作规范、准则和其他建议性措施等指导性条款。

11.2.2 国际标准化组织标准

国际标准化组织（International Organization for Standardization，ISO）是当今世界上最大、最权威的标准化机构，它是非政府性的，由各国标准化团体组成的世界性联合会。其成立于1947年，总部设在瑞士日内瓦。国际标准化组织的宗旨是在全球范围内促进标准化工作的发展，以利于国际资源的交流和合理配置，扩大各国在知识、科学、技术和经济领域的合作。

制定国际标准的工作通常由ISO的技术委员会完成，各成员团体若对某技术委员会确立的项目感兴趣，均有权参加该委员会的工作。此外，ISO还负责协调世界范围内的标准化工作，组织各成员国和技术委员会进行情报交流，并和其他国际性组织如 WTO、UN 等保持联系和合作，共同研究感兴趣的有关标准化问题。

ISO 系统中与食品相关的标准主要有食品标准（ISO TC34）、质量管理体系标准（ISO 9000）和环境管理体系标准（ISO 14000）。

（1）ISO TC34　由 ISO 食品标准化技术委员会（ISO/TC34）制定。食品标准化技术委员会包括 14 个分支委员会及 4 个相关的技术委员会，负责油籽和水果（SC2）、果蔬产品（SC3）、谷物和豆类（SC4）、乳及乳制品（SC5）、肉及肉制品（SC6）、香料及调味料（SC7）、茶叶（SC8）、微生物学（SC9）、动植物油脂（SC11）、感官检验（SC12）、干果和干蔬菜（SC13）、咖啡（SC15）、淀粉（ISO TC93）等标准的制定。虽然 ISO TC34 比不上专业化的国际食品法典，但是 ISO TC34 目前在商品标准方面仍占一定优势，而且是《贸易技术壁垒协议》（Agreement on Technical Barriers to Trade，TBT 协议）所指的国际标准。

（2）ISO 9000　由 ISO 质量管理和质量保证技术委员会（ISO/TC176）制定的国际标准。在广泛征求意见，综合考虑各行业要求的基础上，ISO 分别于 1987 年、1994 年和 2000 年先后发布了第一、二、三版 ISO 9000 系列标准，并不断完善整个标准族。世界各国积极响应，纷纷将其转化为本国标准，等同或等效 ISO 9000 使用，认证企业数量迅速增加。目前，我国已有很多食品企业通过该认证。

（3）ISO 14000　由国际环境管理技术委员会（ISO/TC207）负责制定的一个国际通行的环境管理认证体系标准，是为促进全球环境质量的改善而制定的。该标准包括环境管理体系、环境审核、环境标志、生命周期分析等国际环境管理领域内的许多焦点问题，通过一套环境管理的框架文件来加强公司和企业等组织的环境意识、管理能力和保障措施，从而达到改善环境质量的目的。目前，ISO 14000 是组织（公司、企业）自愿采用的标准，是组织的自觉行为。在我国是采取第三独立认证来验证组织所生产的产品是否符合要求。

11.2.3 部分发达国家的法规与标准

11.2.3.1 美国的法规与标准

美国有关食品的法律主要有《联邦食品、药品和化妆品法》（FFDCA）、《联邦肉类检验法》（FMIA）、《禽肉制品检验法》（PPIA）、《蛋制品检验法》（EPIA）和《食品质量保护法》（FQPA）。其中《联邦食品、药品和化妆品法》是美国关于食品和药品的基本法，经过无数次修订后，成为世界同类法中最全面的一部法律。其禁止在美国销售或进口伪劣或牌号错误的食品、药品和化妆品，禁止销售需经 FDA 批准而未获得批准的物品以及未获得相应报告的物品和拒绝对规定设施进行检查的厂家生产的产品。

美国是一个标准大国，其制定的包括技术法规和政府采购细则等在内的标准有 50000 多个，私营标准机构、专业学会、行业协会等制定的标准在 40000 个以上，其中不包括一些约定俗成的行业标准。美国食品标准的主要内容包括三个方面：①食品的特征性规定（standards of identity），其作用在于防止掺假和特征辨别，FDA 已制定了 400 余种食品的特征性规定；②质量规定（standard of quality），包括一般质量要求和相关质量要求，如安全与营养要求等；③装量规定（standard of fill of container），对定型包装食品的装量规格作规定，其目的是为了保护消费者的经济权益，此类规定有别于我国的食品卫生标准，这是因为美国食品法立法的目的不但强调保护消费者的健康权益，同时也保护消费者的经济权益，而我国的《食品卫生法》则只适用于健康保护。

11.2.3.2 欧盟的法规与标准

欧洲标准化委员会（CEN）是由欧洲经济共同体（EEC）和欧洲自由贸易联盟

(EFTA）国家及西班牙共同组成，负责制定欧盟标准。为了简化并加快欧洲各国标准的协调过程，1985 年当时的欧共体（1993 年才正式成立欧盟）通过了《技术协调和标准化方法》的决议，决定采用“新方法”指令来减少欧盟贸易中的技术壁垒。

经过二十几年的发展，欧盟逐步形成了由上层为数不多的但具有法律强制力的欧盟指令，下层是上万个包含具体技术内容、制造商可自愿选择的技术标准组成的两层结构的欧盟指令和技术标准体系。该体系的建立有效地消除了欧盟内部市场的贸易障碍。欧盟同时规定，属于指令范围的产品必须满足指令的要求才能在欧盟市场销售，达不到要求的产品不许流通。这一规定同样适用于欧盟以外的国家。

我国食品和农产品在以往的对欧贸易中，由于对欧盟指令、标准等缺乏深入的了解，曾出现过贸易障碍，造成很大的经济损失。因此，需要随时注意欧盟标准化工作的动态，保证我国对欧盟的食品和农产品贸易顺利进行。

11.2.3.3 日本的法规与标准

1948 年，日本颁布了《食品卫生法》，由卫生部和地方政府两个系统负责执行。与我国的《食品卫生法》一样，日本的《食品卫生法》不涉及食品的一般质量问题。在食品卫生方面，日本制定的标准并不多，只包括了谷物制品、肉制品和清凉饮料等 30 种食品，对于没有标准的食品，就按《食品卫生法》进行管理。对于违反《食品卫生法》中的一般卫生要求，如腐败、变质、重金属超标、含有致病菌等食品需要进行处理；对于任何不符合食品卫生标准的食品，按照《食品卫生法》的规定给予不同处罚，如停止销售、销毁、罚款甚至追究刑事责任。

参考文献

1 德力格尔桑主编．食品科学与工程概论．北京：中国农业出版社，2002

2 吴晓彤主编．食品法律法规与标准．北京：科学出版社，2005 年

3 预包装食品标签通则 GB 7718—2004. 北京：中国标准出版社，2004 年

4 预包装特殊膳食食品标签通则 GB 12432—2004. 北京：中国标准出版社，2004 年

5 田静，刘秀梅．食品法典委员会简介及我国食品法典工作的进展．中国食品卫生杂志，2005，17（6）：571～573

6 Kaarin Goodburn. EU Food Law：A Practical Guide. England：Woodhead Publishing Limited，2001